光盘主要内容

本光盘为《入门与实战》丛书的配套多媒体教学光盘，光盘中的内容包括 18 小时与图书内容同步的视频教学录像和相关素材文件。光盘采用全程语音讲解和真实详细的操作演示方式，详细讲解了电脑以及各种应用软件的使用方法和技巧。此外，本光盘附赠大量学习资料，其中包括 3~5 套与本书内容相关的多媒体教学演示视频。

光盘操作方法

将 DVD 光盘放入 DVD 光驱，几秒钟后光盘将自动运行。如果光盘没有自动运行，可双击桌面上的【我的电脑】或【计算机】图标，在打开的窗口中双击 DVD 光驱所在盘符，或者右击该盘符，在弹出的快捷菜单中选择【自动播放】命令，即可启动光盘进入多媒体互动教学光盘主界面。

光盘运行后会自动播放一段片头动画，若您想直接进入主界面，可单击鼠标跳过片头动画。

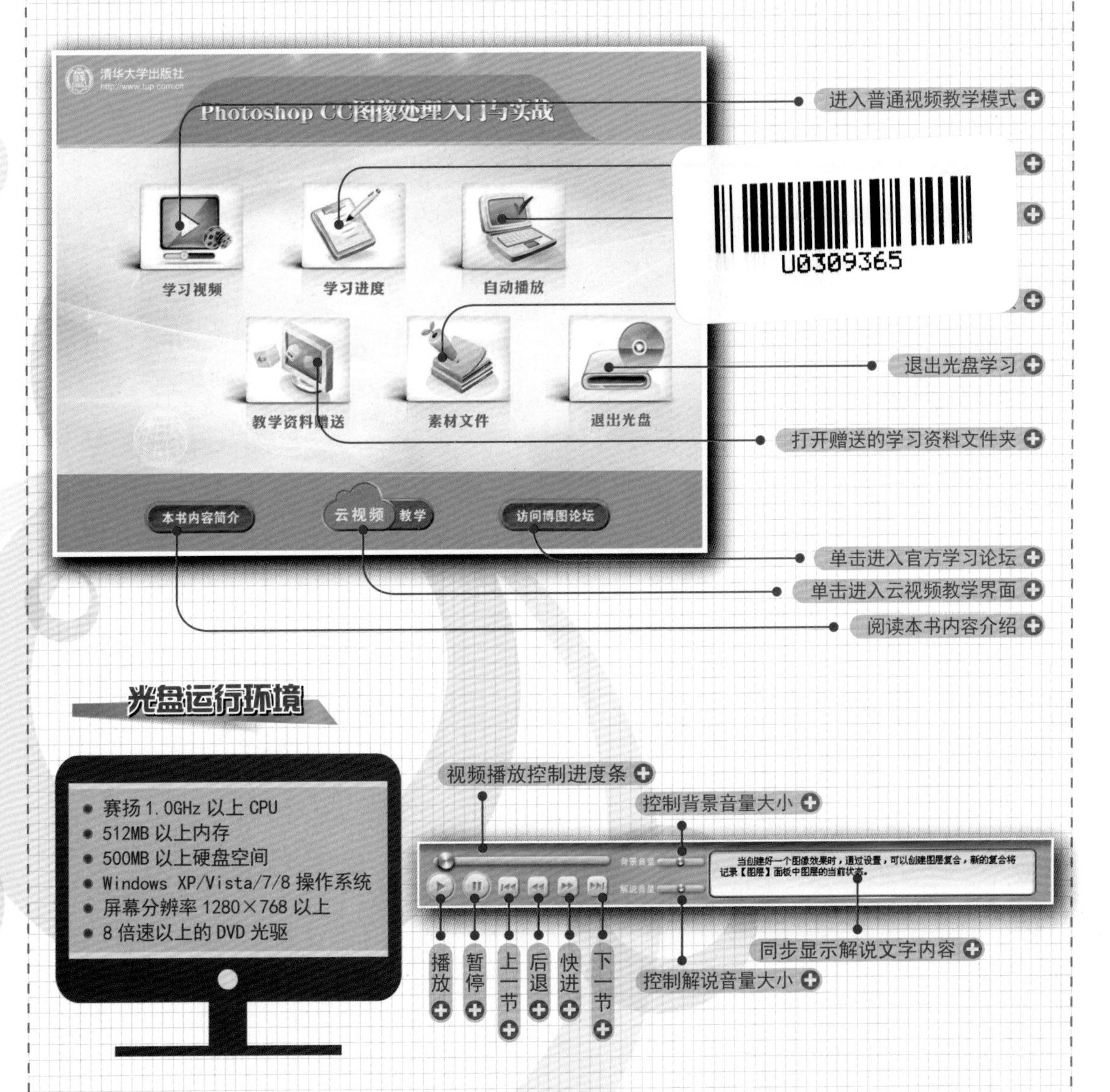

光盘运行环境

光盘使用说明

普通视频教学模式

图1

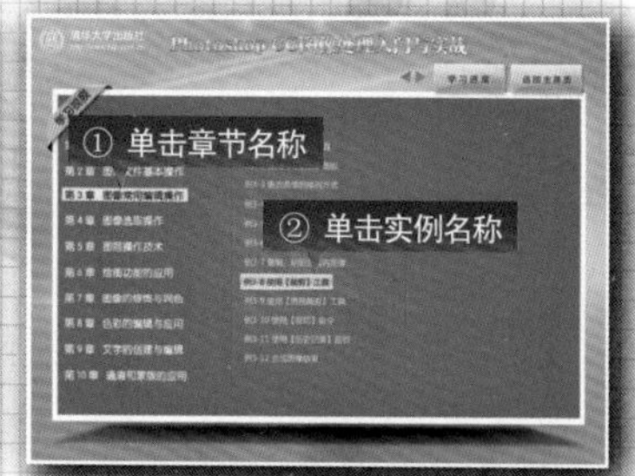

图2

图3

学习进度查看模式

图1

图2

图3

自动播放演示模式

图1

图2

赠送的教学资料

图1

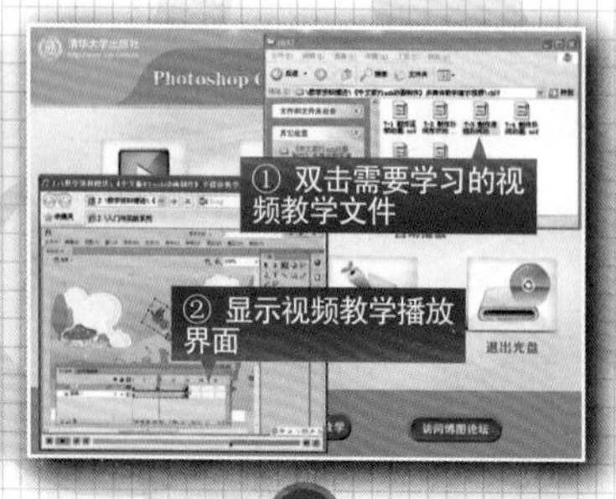

图2

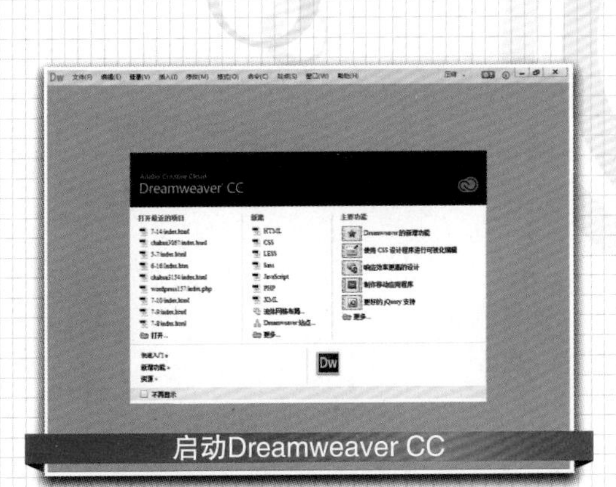
启动Dreamweaver CC

新建空白网页

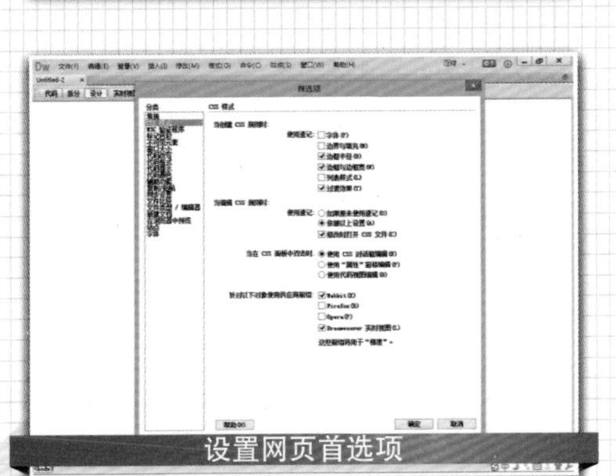
设置网页首选项

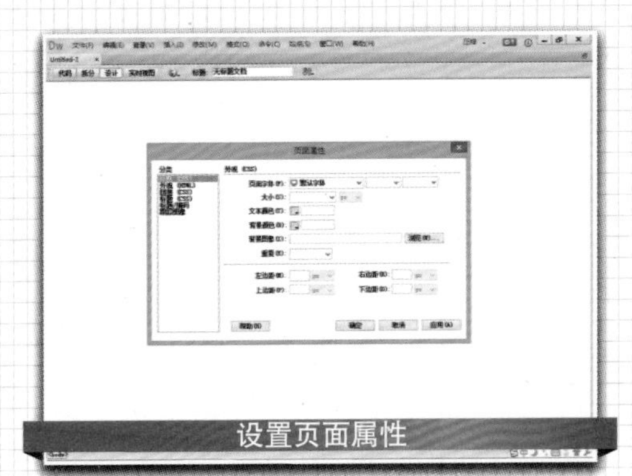
设置页面属性

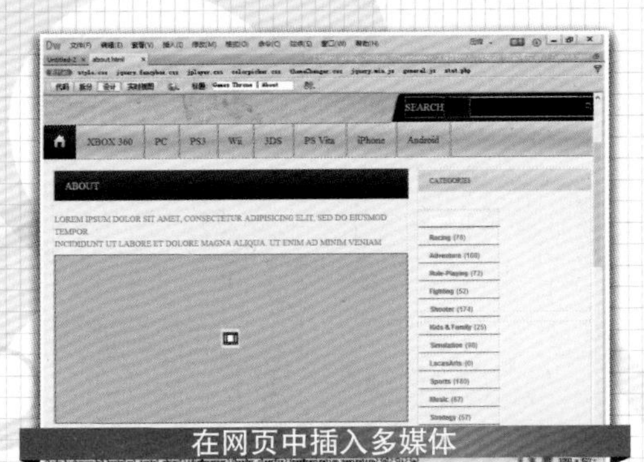
在网页中插入多媒体

在网页中插入文本与图片

Dreamweaver拆分视图

Dreamweaver代码视图

使用“标尺”功能

使用“网格”功能

制作用户登录页面

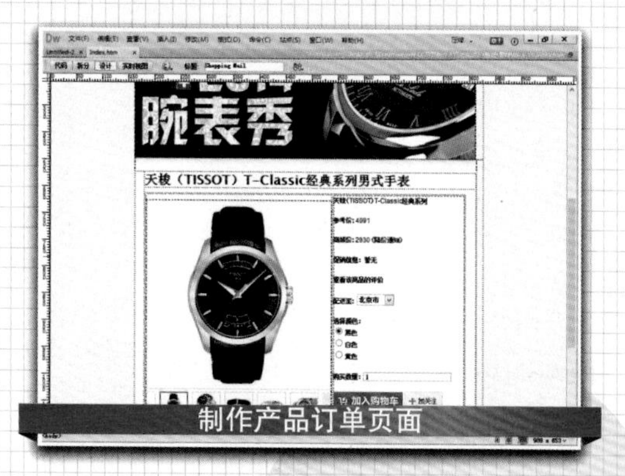
制作产品订单页面

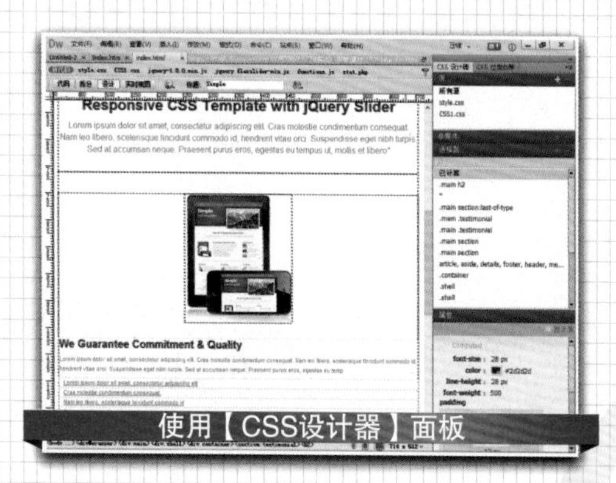
使用【CSS设计器】面板

编辑CSS规则

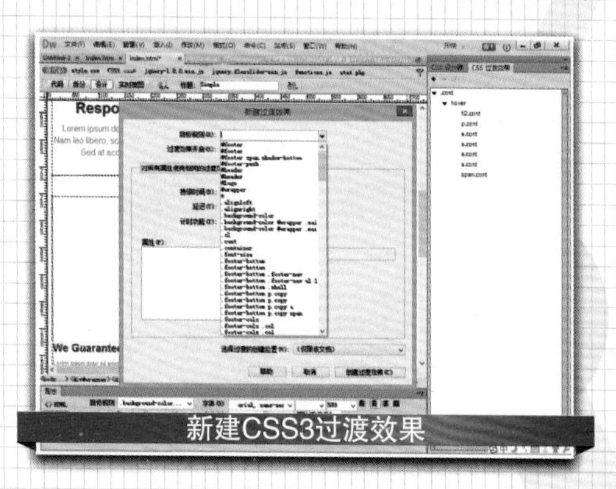
新建CSS3过渡效果

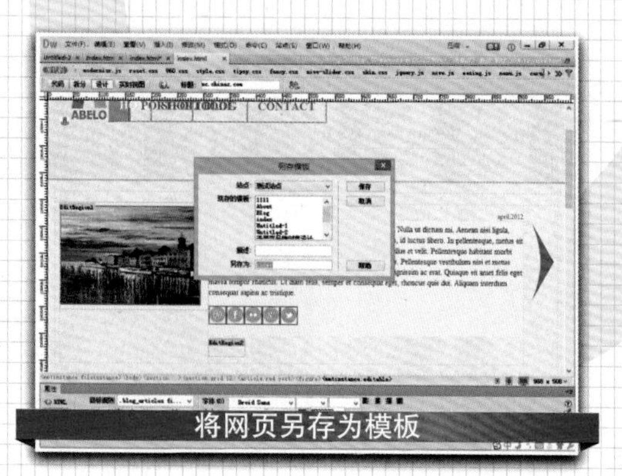
将网页另存为模板

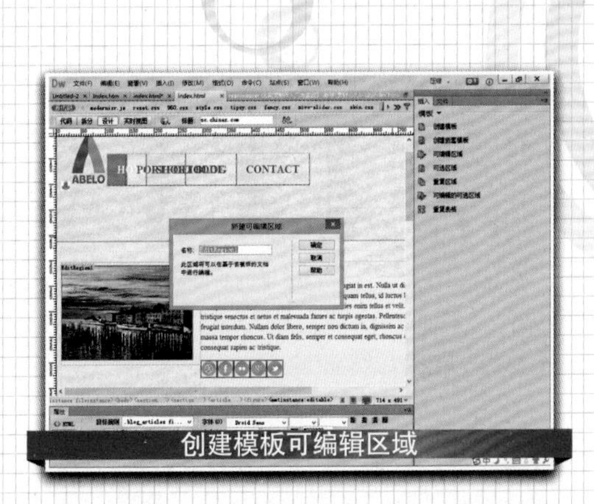

创建模板可编辑区域

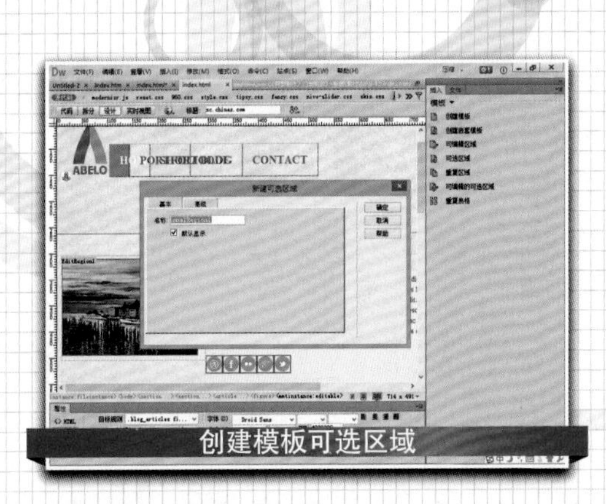

创建模板可选区域

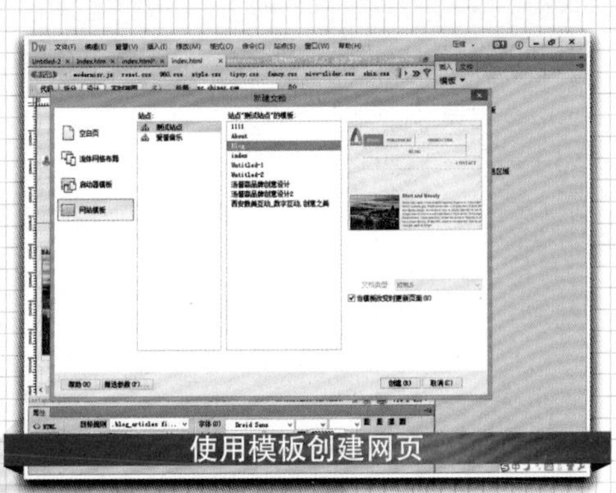

使用模板创建网页

显示【行为】面板

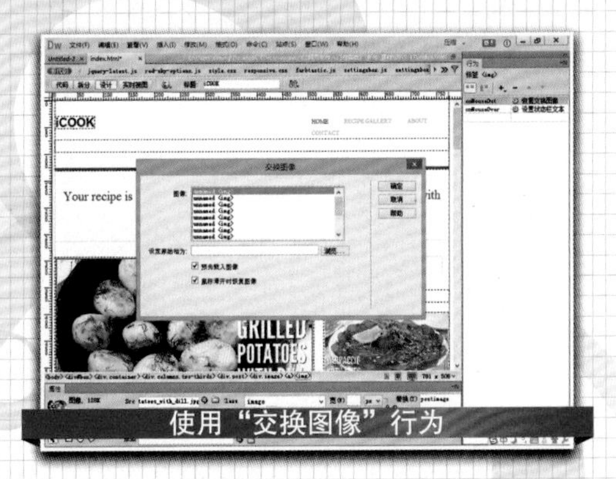

使用“交换图像”行为

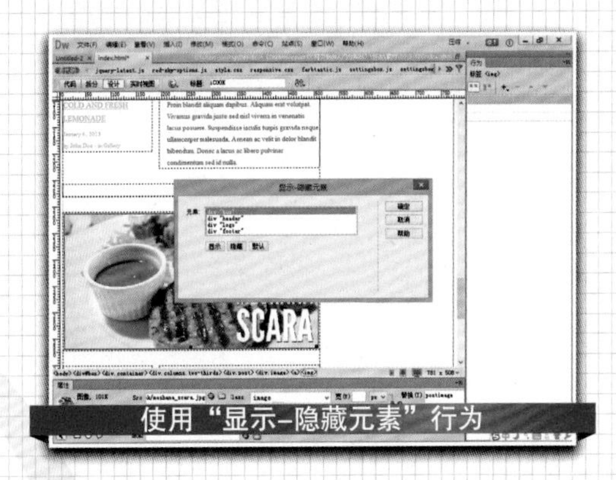

使用“显示-隐藏元素”行为

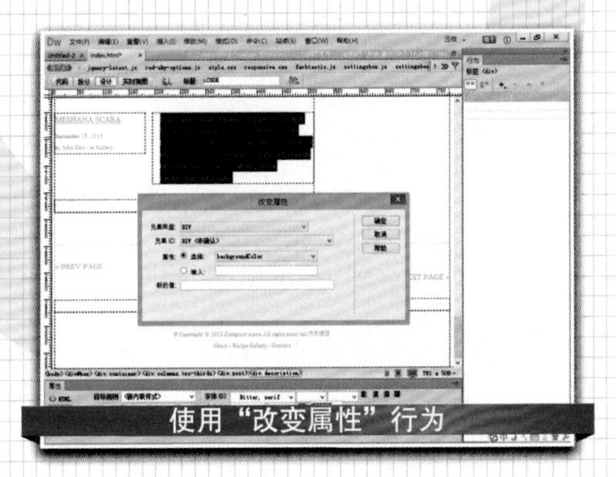

使用“改变属性”行为

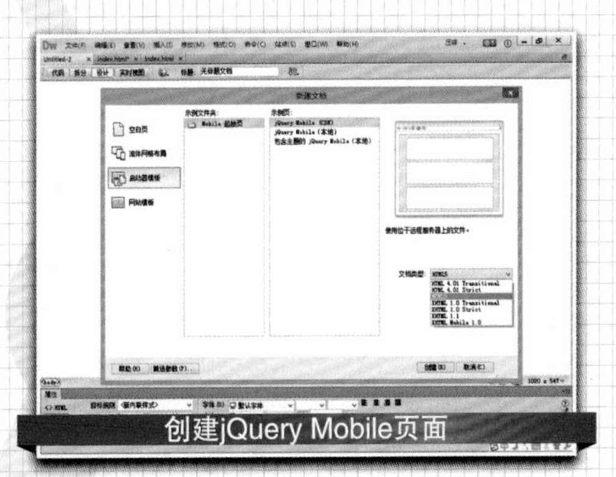

创建jQuery Mobile页面

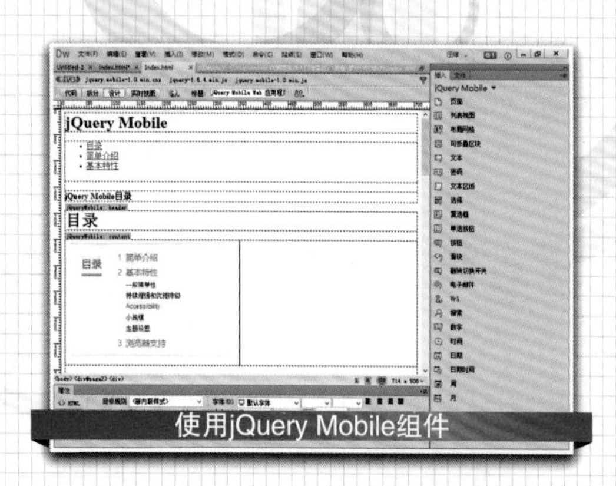
使用jQuery Mobile组件

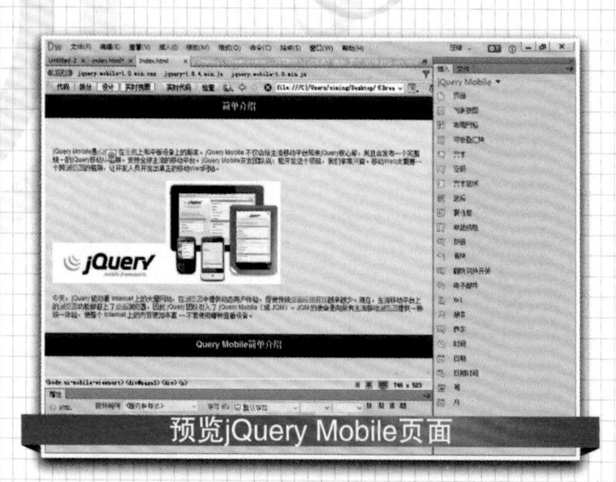
预览jQuery Mobile页面

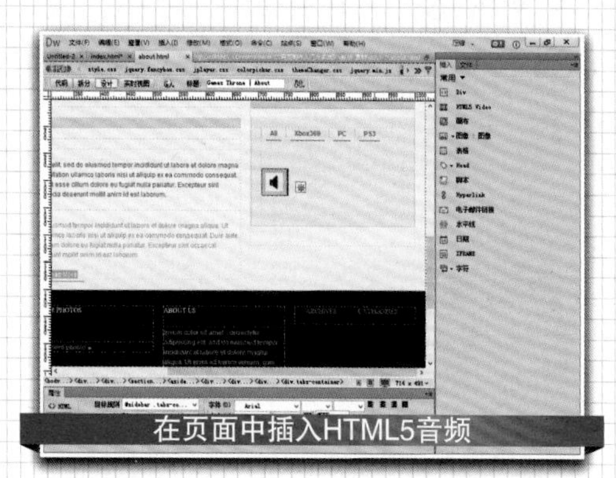
在页面中插入HTML5音频

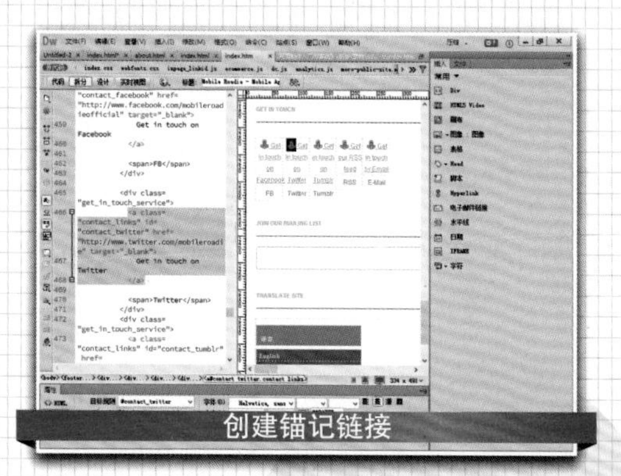
创建锚记链接

制作产品介绍网页

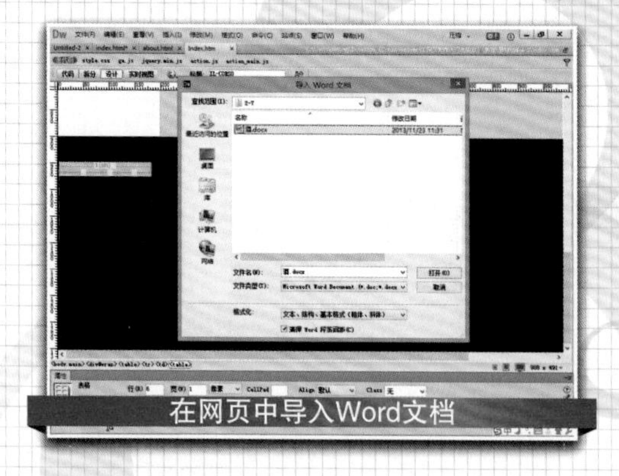
在网页中导入Word文档

显示“库”项目

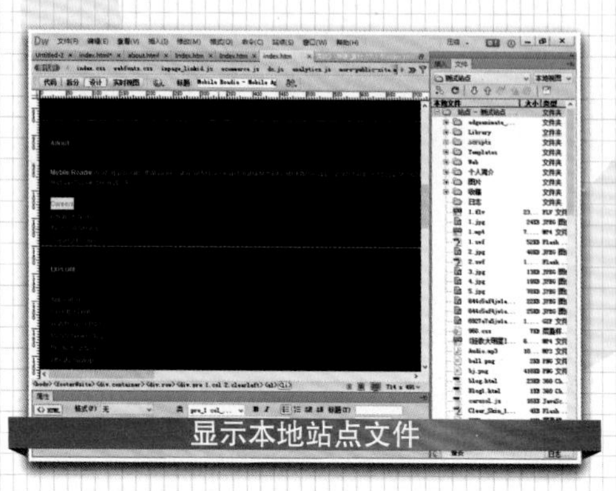
显示本地站点文件

入门与实战

超值畅销版

Dreamweaver CC网页制作入门与实战

曹小震 ◎编著

清华大学出版社
北 京

内容简介

本书是《入门与实战》系列丛书之一，全书以通俗易懂的语言、翔实生动的实例，全面介绍了Dreamweaver CC软件的相关知识。本书共分10章，涵盖了网页制作快速入门，创建简单图文网页，制作多媒体网页，使用表格布局页面，设置页面链接功能，创建表单页面，利用CSS样式表修饰网页，使用模板和库创建网页，利用行为创建特效网页以及制作jQuery Mobile页面等内容。

本书采用图文并茂的方式，使读者能够轻松掌握。全书双栏紧排，全彩印刷，同时配以制作精良的多媒体互动教学光盘，方便读者扩展学习。附赠的DVD光盘中包含18个小时与图书内容同步的视频教学录像和3～5套与本书内容相关的多媒体教学视频。此外，光盘中附赠的“云视频教学平台”能够让读者轻松访问上百GB容量的免费教学视频学习资源库。

本书面向电脑初学者，是广大电脑初中级用户、家庭电脑用户，以及不同年龄阶段电脑爱好者的首选参考书。

图书在版编目(CIP)数据

Dreamweaver CC网页制作入门与实战 / 曹小震 编著. —北京：清华大学出版社，2015
(入门与实战)
ISBN 978-7-302-37667-5

Ⅰ. ①D… Ⅱ. ①曹… Ⅲ. ①网页制作工具 Ⅳ. ①TP393.092

中国版本图书馆CIP数据核字(2014)第186445号

责任编辑：胡辰浩 袁建华
封面设计：牛艳敏
责任校对：邱晓玉
责任印制：王静怡

出版发行：清华大学出版社
网 址：http://www.tup.com.cn，http://www.wqbook.com
地 址：北京清华大学学研大厦A座 **邮 编：**100084
社 总 机：010-62770175 **邮 购：**010-62786544
投稿与读者服务：010-62776969，c-service@tup.tsinghua.edu.cn
质 量 反 馈：010-62772015，zhiliang@tup.tsinghua.edu.cn
印 装 者：北京亿浓世纪彩色印刷有限公司
经 销：全国新华书店
开 本：185mm×260mm **印 张：**14.25 **插 页：**4 **字 数：**365千字
(附光盘1张)
版 次：2015年2月第1版 **印 次：**2015年2月第1次印刷
印 数：1~4000
定 价：48.00元

产品编号：053231-01

丛书序

首先，感谢并恭喜您选择本系列丛书！《入门与实战》系列丛书挑选了目前人们最关心的方向，通过实用精炼的讲解、大量的实际应用案例、完整的多媒体互动视频演示、强大的网络售后教学服务，让读者从零开始、轻松上手、快速掌握，让所有人都能看得懂、学得会、用得好电脑知识，真正做到满足工作和生活的需要！

· 丛书、光盘和网络服务特色

双栏紧排，全彩印刷，图书内容量多实用

本丛书采用双栏紧排的格式，使图文排版紧凑实用，其中220多页的篇幅容纳了传统图书一倍以上的内容。从而在有限的篇幅内为读者奉献更多的电脑知识和实战案例，让读者的学习效率达到事半功倍的效果。

结构合理，内容精炼，案例技巧轻松掌握

本丛书紧密结合自学的特点，由浅入深地安排章节内容，让读者能够一学就会、即学即用。书中的范例通过添加大量的“知识点滴”和“实战技巧”的注释方式突出重要知识点，使读者轻松领悟每一个范例的精髓所在。

书盘结合，互动教学，操作起来十分方便

丛书附赠一张精心开发的多媒体教学光盘，其中包含了18小时左右与图书内容同步的视频教学录像。光盘采用全程语音讲解、真实详细的操作演示等方式，紧密结合书中的内容对各个知识点进行深入的讲解。光盘界面注重人性化设计，读者只需要单击相应的按钮，即可方便地进入相关程序或执行相关操作。

免费赠品，素材丰富，量大超值实用性强

附赠光盘采用大容量DVD格式，收录书中实例视频、源文件以及3～5套与本书内容相关的多媒体教学视频。此外，光盘中附赠的云视频教学平台能够让读者轻松访问上百GB容量的免费教学视频学习资源库，在让读者学到更多电脑知识的同时真正做到物超所值。

在线服务，贴心周到，方便老师定制教案

本丛书精心创建的技术交流QQ群(101617400、2463548)为读者提供24小时便捷的在线交流服务和免费教学资源；便捷的教材专用通道(QQ：22800898)为老师量身定制实用的教学课件。

· 读者对象和售后服务

本丛书是广大电脑初中级用户、家庭电脑用户和中老年电脑爱好者，或学习某一应用软件用户的首选参考书。

最后感谢您对本丛书的支持和信任，我们将再接再厉，继续为读者奉献更多更好的优秀图书，并祝愿您早日成为电脑高手！

如果您在阅读图书或使用电脑的过程中有疑惑或需要帮助，可以登录本丛书的信息支持网站(http://www.tupwk.com.cn/practical)或通过E-mail(wkservice@vip.163.com)联系，本丛书的作者或技术人员会提供相应的技术支持。

电脑操作能力已经成为当今社会不同年龄层次的人群必须掌握的一门技能。为了使读者在短时间内轻松掌握电脑各方面应用的基本知识，并快速解决生活和工作中遇到的各种问题，我们组织了一批教学精英和业内专家特别为电脑学习用户量身定制了这套《入门与实战》系列丛书。

《Dreamweaver CC 网页制作入门与实战》是这套丛书中的一本，该书从读者的学习兴趣和实际需求出发，合理安排知识结构，由浅入深、循序渐进，通过图文并茂的方式讲解 Dreamweaver CC 软件的各种应用方法。全书共分为 10 章，主要内容如下。

第 1 章：介绍了网页制作的基础知识和 Dreamweaver CC 的基本操作。

第 2 章：介绍了使用 Dreamweaver CC 创建简单图文网页的方法。

第 3 章：介绍了在网页中插入各种多媒体元素的方法。

第 4 章：介绍了在 Dreamweaver CC 中使用表格规划网页布局的方法。

第 5 章：介绍了在网页中设置各类超链接的方法。

第 6 章：介绍了使用 Dreamweaver CC 创建表单页面的方法。

第 7 章：介绍了利用 CSS 样式表修饰网页效果的方法。

第 8 章：介绍了在 Dreamweaver CC 中使用模板和库的方法。

第 9 章：介绍了利用 JavaScript 行为创建网页特效的方法。

第 10 章：介绍了使用 Dreamweaver CC 制作 jQuery Mobile 页面的方法。

本书附赠一张精心开发的 DVD 多媒体教学光盘，其中包含了 18 小时左右与图书内容同步的视频教学录像。光盘采用全程语音讲解、情景式教学、互动练习、真实详细的操作演示等方式，紧密结合书中的内容对各个知识点进行深入的讲解。让读者在阅读本书的同时，享受到全新的交互式多媒体教学。

此外，本光盘附赠大量学习资料，其中包括 3 ～ 5 套与本书内容相关的多媒体教学视频和云视频教学平台。该平台能够让读者轻松访问上百 GB 容量的免费教学视频学习资源库。使读者在短时间内掌握最为实用的电脑知识，真正达到轻松进阶，无师自通的效果。

除封面署名的作者外，参加本书编写的人员还有陈笑、高娟妮、李亮辉、洪妍、孔祥亮、陈跃华、杜思明、熊晓磊、曹汉鸣、陶晓云、王通、方峻、李小凤、曹晓松、蒋晓冬、邱培强等人。由于作者水平所限，本书难免有不足之处，欢迎广大读者批评指正。我们的邮箱是 huchenhao@263.net，电话是 010-62796045。

《入门与实战》丛书编委会

2014 年 12 月

目录 Contents

第1章 网页制作快速入门

1.1 网页设计概述……2
1.1.1 网页与网站的关系……2
1.1.2 网页的布局结构……2
1.1.3 网页的制作流程……3
1.2 Dreamweaver CC简介……5
1.2.1 Dreamweaver的工作界面……6
1.2.2 Dreamweaver的基本操作……8
1.3 创建与设置站点……11
1.3.1 站点简介……11
1.3.2 规划站点……12
1.3.3 创建本地站点……14
1.3.4 设置本地站点……15
1.3.5 创建网站文件……16
1.4 设置Dreamweaver视图……17
1.4.1 切换【文档】视图……17
1.4.2 使用可视化助理……19
1.5 实战演练……20
1.5.1 创建“爱普音乐”网站……20
1.5.2 设置网站操作环境……21

第2章 创建简单图文网页

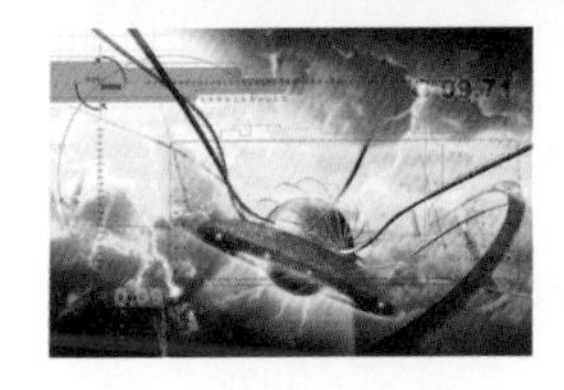

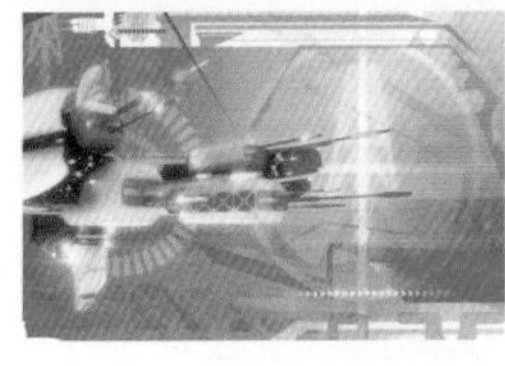

2.1 在网页中插入文本……24
2.1.1 输入网页文本……24
2.1.2 插入特殊符号……25
2.1.3 插入日期和时间……25
2.1.4 插入水平线……27
2.1.5 插入滚动文字……28
2.2 创建无序列表和有序列表……28
2.2.1 制作无序列表……28
2.2.2 创建有序列表……29
2.3 设置网页文本属性……30
2.3.1 设置文字基本属性……30
2.3.2 添加网页文本字体……32
2.4 在网页中插入图像……33
2.4.1 网页图像简介……33
2.4.2 插入普通网页图像……34
2.4.3 设置网页背景图……34
2.4.4 插入Photoshop智能对象……35
2.4.5 应用鼠标经过图像……38
2.5 编辑网页图像……40
2.5.1 更改图像基本属性……40
2.5.2 使用图像编辑器……42
2.6 实战演练……43
2.6.1 制作网页导航条……43
2.6.2 制作网站引导页……46

第3章 制作多媒体网页

3.1 在网页中插入Flash动画……50
3.1.1 Flash动画和网页……50
3.1.2 插入并设置Flash动画……50
3.2 在网页中插入视频与音频……52

3.2.1 插入Flash视频 52
3.2.2 插入普通音视频 53
3.3 在网页中插入HTML 5视频与音频 55
3.3.1 插入HTML 5 Video 55
3.3.2 插入HTML 5 Audio 57
3.4 实战演练 58
3.4.1 制作网站Flash引导网页 58
3.4.2 制作音视频在线播放页面 59

第4章 使用表格布局页面

4.1 在网页中使用表格 64
4.1.1 网页中表格的用途 64
4.1.2 创建基本表格 64
4.1.3 插入表格元素 66
4.1.4 设置表格属性 66
4.2 编辑网页中的表格 69
4.2.1 选择表格元素 69
4.2.2 调整表格大小 71
4.2.3 更改列宽和行高 71
4.2.4 添加与删除行或列 71
4.2.5 拆分与合并单元格 72
4.2.6 复制与粘贴单元格 72
4.2.7 设置表格内容排序 72
4.2.8 导入表格式数据 73
4.3 实战演练 75
4.3.1 使用表格制作网站首页 75
4.3.2 使用表格制作产品页面 80

第5章 设置页面链接功能

5.1 制作网页基本链接 86
5.1.1 创建文本链接 86
5.1.2 创建图像映射链接 87
5.2 制作锚点链接 88
5.2.1 锚点链接简介 88
5.2.2 创建锚点链接 88
5.3 制作音视频链接 90
5.4 制作下载链接 91
5.5 制作邮件链接 92
5.6 实战演练 93

第6章 创建表单页面

6.1 在网页中创建表单 98
6.1.1 表单的基础知识 98
6.1.2 制作表单 99
6.2 插入表单对象 100
6.2.1 插入文本域 100
6.2.2 插入密码域 101

6.2.3 插入文本区域 ······ 102
6.2.4 插入选择(列表/菜单) ······ 103
6.2.5 插入表单按钮和复选框 ······ 105
6.2.6 插入文件域 ······ 108
6.2.7 插入标签和域集 ······ 110
6.2.8 插入按钮和图像按钮 ······ 111
6.2.9 插入隐藏域 ······ 114
6.2.10 插入颜色选择器 ······ 114
6.2.11 插入日期时间设定器 ······ 115
6.2.12 插入范围滑块 ······ 117
6.3 实战演练 ······ 118
6.3.1 制作用户登录页面 ······ 118
6.3.2 制作商品订单页面 ······ 120

第 7 章 利用 CSS 样式表修饰网页

7.1 认识CSS样式表 ······ 126
7.1.1 CSS样式表简介 ······ 126
7.1.2 CSS的规则分类 ······ 126
7.2 使用全新的【CSS设计器】面板 ······ 127
7.2.1 认识【CSS设计器】面板 ······ 127
7.2.2 创建与附加CSS样式表 ······ 128
7.2.3 设定媒体查询 ······ 130
7.2.4 定义选择器 ······ 131
7.2.5 设置CSS规则属性 ······ 132
7.3 在Dreamweaver中使用CSS样式 ······ 135
7.3.1 应用CSS样式 ······ 135
7.3.2 使用多CSS类选区 ······ 137
7.4 在Dreamweaver中编辑CSS规则 ······ 138
7.4.1 设定类型属性 ······ 138
7.4.2 设定背景属性 ······ 139
7.4.3 设定区块属性 ······ 139
7.4.4 设定方框属性 ······ 140
7.4.5 设定边框属性 ······ 140
7.4.6 设定列表属性 ······ 141
7.4.7 设定定位属性 ······ 141
7.4.8 设定扩展属性 ······ 142
7.4.9 设定过渡属性 ······ 142
7.5 创建并应用CSS3过渡效果 ······ 142
7.5.1 创建CSS3过渡效果 ······ 142
7.5.2 编辑CSS3过渡效果 ······ 144
7.5.3 删除CSS3过渡效果 ······ 145
7.6 实战演练 ······ 146

第 8 章 使用模板和库创建网页

8.1 利用模板创建有重复内容的网页 ······ 154
8.1.1 模板简介 ······ 154
8.1.2 建立模板 ······ 154
8.1.3 创建模板区域 ······ 155
8.1.4 使用模板创建网页 ······ 158
8.1.5 创建嵌套模板 ······ 161
8.2 利用库创建每页相似的内容 ······ 161
8.2.1 认识库项目 ······ 161
8.2.2 创建库项目 ······ 162
8.2.3 设置库项目 ······ 162
8.2.4 应用库项目 ······ 162
8.2.5 修改库项目 ······ 163
8.3 实战演练 ······ 165
8.3.1 使用模板制作网页 ······ 165
8.3.2 使用库项目制作网页 ······ 168

第9章 利用行为创建特效网页

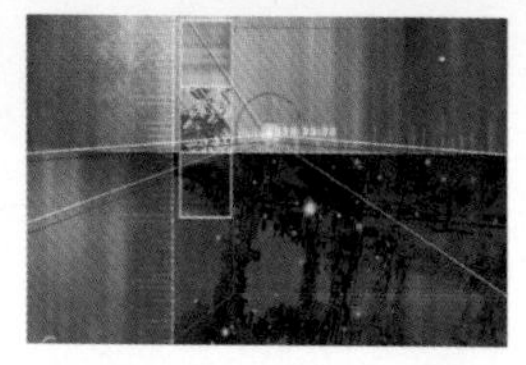

9.1 认识网页行为 ······ 172
9.1.1 行为的基础知识 ······ 172
9.1.2 使用【行为】面板 ······ 172
9.1.3 编辑网页行为 ······ 173
9.2 利用行为调节浏览器窗口 ······ 173
9.2.1 打开浏览器窗口 ······ 174
9.2.2 调用JavaScript ······ 175
9.2.3 转到URL ······ 175
9.3 利用行为应用图像 ······ 176
9.3.1 交换图像 ······ 176
9.3.2 预先载入图像 ······ 178
9.4 利用行为显示文本 ······ 179
9.4.1 弹出信息 ······ 179
9.4.2 设置状态栏文本 ······ 180
9.4.3 设置容器的文本 ······ 181
9.4.4 设置文本域文字 ······ 182
9.5 利用行为控制多媒体 ······ 183
9.5.1 检查插件 ······ 183
9.5.2 改变属性 ······ 185
9.5.3 显示-隐藏元素 ······ 186
9.6 利用行为控制表单 ······ 187
9.6.1 跳转菜单 ······ 187
9.6.2 跳转菜单开始 ······ 188
9.6.3 检查表单 ······ 189
9.7 实战演练 ······ 190
9.7.1 制作网页内容特效 ······ 190
9.7.2 制作网页文本特效 ······ 194

第10章 制作jQuery Mobile页面

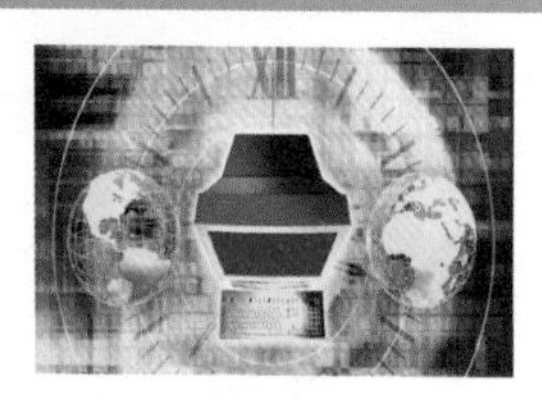

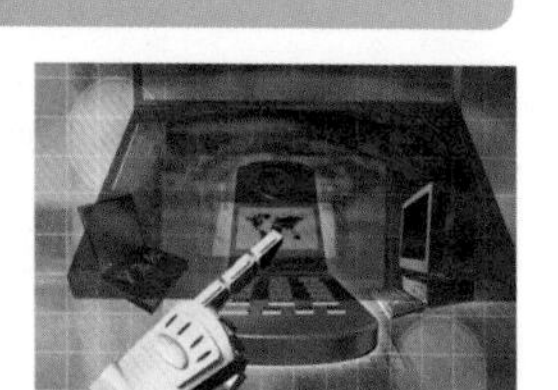

10.1 jQuery与jQuery Mobile简介 ······ 198
10.1.1 jQuery ······ 198
10.1.2 jQuery Mobile ······ 198
10.2 创建jQuery Mobile页面 ······ 199
10.2.1 使用jQuery Mobile起始页 ······ 199
10.2.2 使用HTML5页面 ······ 199
10.2.3 jQuery Mobile页面结构 ······ 201
10.3 使用jQuery Mobile组件 ······ 202
10.3.1 使用列表视图 ······ 202
10.3.2 使用布局网格 ······ 205
10.3.3 使用可折叠区块 ······ 207
10.3.4 使用文本输入框 ······ 208
10.3.5 使用密码输入框 ······ 208
10.3.6 使用文本区域 ······ 209
10.3.7 使用选择菜单 ······ 209
10.3.8 使用复选框 ······ 210
10.3.9 使用单选按钮 ······ 211
10.3.10 使用按钮 ······ 212
10.3.11 使用滑块 ······ 213
10.3.12 设置翻转切换开关 ······ 214
10.4 使用jQuery Mobile主题 ······ 215
10.5 实战演练 ······ 216

第1章 网页制作快速入门

对应光盘视频

例1-1 创建空白网页
例1-2 打开网页
例1-3 保存网页
例1-4 规划网站目录
例1-5 创建本地站点
例1-6 创建站点文件夹
例1-7 使用“标尺”功能
例1-8 创建“爱普音乐”网站

网页是网站中的一个页面，是构成网站的基本元素，也是承载各种网站应用的平台。随着互联网的不断发展，越来越多的人想要学习设计与制作网页。但是，要实现较好的网页效果，首先需要了解网页的相关知识。

1.1 网页设计概述

网页设计和网站开发既是网络技术的延伸，也是计算机网络与平面设计、计算机编程的交集。因此，在进行网页设计与建立网站时，需要了解网页与网站、网页的布局以及网页的制作流程等知识。

1.1.1 网页与网站的关系

关于网站，有着各种各样的专有名词。弄清楚它们之间的概念和联系，对于学习网页知识有极大的裨益。

1. 网页的概念

网页(web page)是网站上的一个页面，它是一个纯文本文件，是向访问者传递信息的载体。网页以超文本和超媒体为技术，采用HTML、CSS、XML等语言来描述组成页面的各种元素(包括文字、图像、声音等)，并通过客户端浏览器进行解析，从而向访问者呈现网页的各种内容。

网页由网址(URL)来识别与存放，访问者在浏览器地址栏中输入网址后，经过一段复杂而又快速的程序，网页将被传送到计算机，然后通过浏览器程序解释页面内容，最终展示在显示器上。

2. 网站的概念

网站(website)，是指在互联网上，根据一定的规则，使用HTML、ASP、PHP等工具制作的用于展示特定内容的相关网页集合，其建立在网络基础之上，以计算机、网络和通信技术为依托，通过一台或多台计算机向访问者提供服务。

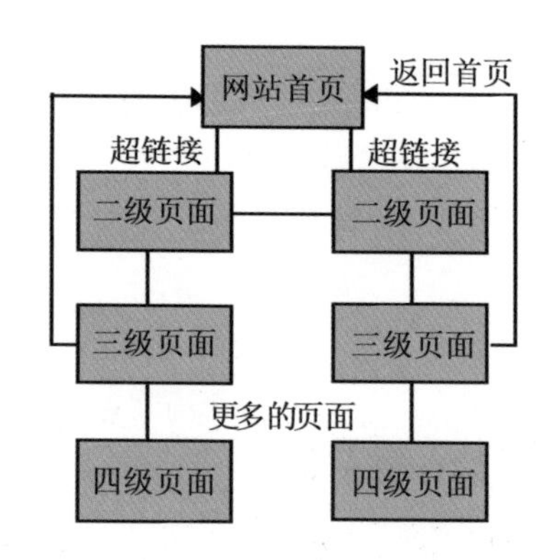

1.1.2 网页的布局结构

结构化布局是最基本的网页布局之一，其特点是将网页的各种结构模块进行平面排列，以构成整个网页。在设计网页布局的过程中，应遵循对称平衡、异常平衡、对比、凝视和空白等原则。一般情况下，网页的常见布局有以下几种结构。

1. π型布局

π型结构经常被用于设计网站的首页，其顶部一般为网站标志、导航条和广告栏。网页的下方分为3个部分，左、右侧为链接、广告(或其他内容)，中间部分为主题内容的局部。π型布局页面的整体效果类似于符号π，这种网页的优点是充分利用栏页面的版面，信息容纳量大；缺点是页面可能会因为大量的信息而显得拥挤。

2. T型布局

T型结构网页的顶部一般为网站的标志和广告条，页面的左侧为主菜单，右侧为主要内容。T型布局的优点是页面结构清晰，内容主次分明，是初学者最容易掌握的布局方式；缺点是布局规格死板，如果不注意细节上的色彩调整，很容易让访问者产生乏味感。

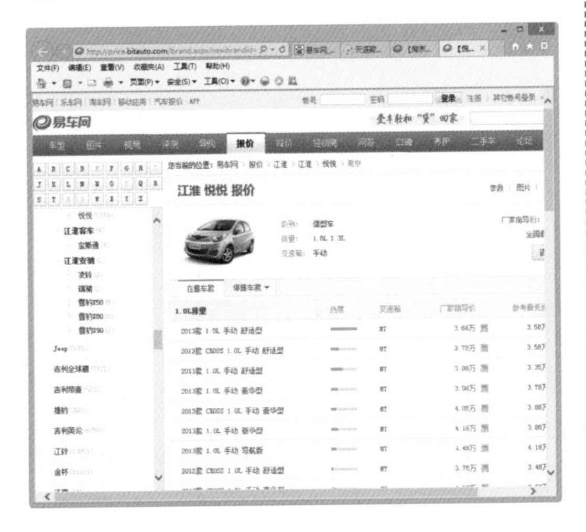

3. 三型布局

“三”型结构的网页常见于国外网站，此类网页布局在页面上用横向的两条色块将整个网页划分为上、中、下3个区域，如下图所示。“三”型网页布局中间的色块中一般放置广告和版权等内容。

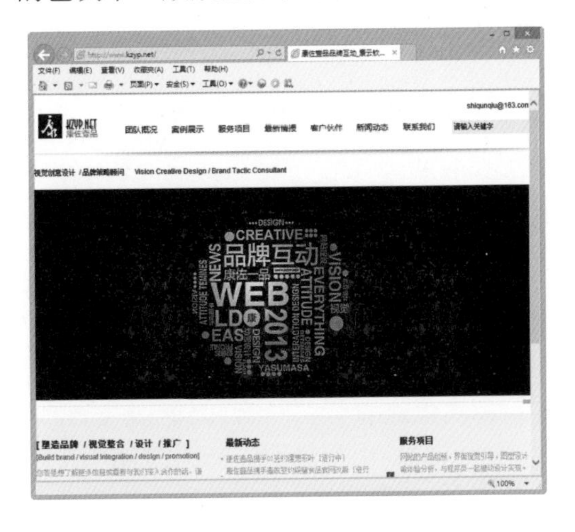

4. Flash布局

Flash网页布局的整体就是一个Flash动画，动画的画面一般制作得绚丽活泼，此类布局是一种能够迅速吸引访问者注意的新潮布局方式。

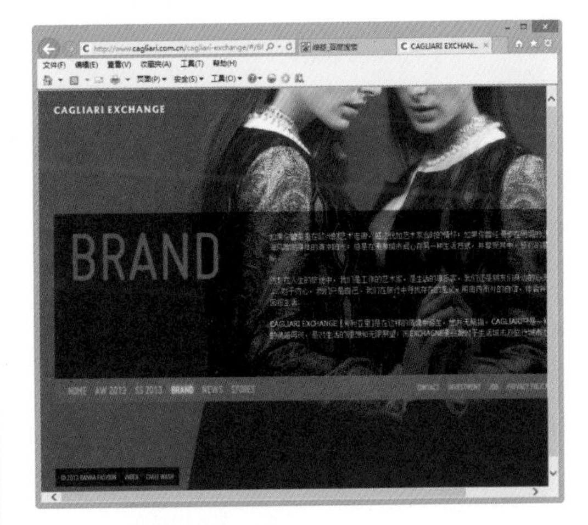

知识点滴

除了以上介绍的常见网页布局方式以外，因特网上还有几种其他类型的网页布局方式，例如“川”型布局(页面在垂直方向分三列显示)、标题型布局(页面内容以标题文本为主)等。

1.1.3 网页的制作流程

在制作网站时，首先应考虑网站的主

题，然后根据主题制作演示图板，并准备各个网页上要插入的文字、图像、多媒体文件等所需元素，这些都准备好后就可以开始制作网页了。下面将介绍网页的制作流程。

1. 网站策划

网站界面是人机之间的信息交互界面。交互是一个结合计算机科学、美学、心理学和人机工程学等学科领域的行为，其目的是促进设计，执行和优化信息与通信系统以满足用户需要。如果想制作出合格的网页，首先要考虑的是网页的理念，也就是要决定网页的主题以及构成方式等内容。

(1) 确定网站主题

策划网站时，首先需要确定网站的主题。一般的商业性网站会体现企业本身的理念，制作网页时可根据这种理念来进行设计；对于个人网站，则需要考虑下面几个问题。

- 网站的目的：制作网站前先想清楚为什么要制作网站。根据制作网站的理由及目的决定网站的性质。例如，需要把自己掌握的信息传达给其他人时，可以制作讲座型网站；想和其他人一起分享兴趣爱好时，可以制作社团型网站。

- 网站的有益性：即使是个人网站，也需要为访问者提供有利的信息或能够作为互相交流意见的空间，在自己掌握的信息不充分的时候，可以从访问者处收集到一些有用的信息。

- 更新与否：可以说网站的生命力体现在更新的频率上，如果不能经常更新，可以采用在公告栏中公布最近信息的方法，多与访问者进行意见交流。

(2) 预测访问者

确定网站的主题后，还需预测访问者的群体类型。例如，教育型网站的对象可以是儿童，也可以是成人。如果以儿童为对象最好使用活泼可爱的风格来设计页面，同时采用比较单纯的结构。

(3) 绘制演示图版及流程图

确定网站主题和目标访问者以后，就可以划分网页的栏目了。主要考虑分为几个栏目，各栏目是否再设计子栏目，若设计子栏目，一共要设计几个等问题。确定导航栏的时候，最好将相似内容的栏目合并起来，以主栏目>子栏目>子栏目>子栏目的细分形式，但要注意避免单击五六次才能找到所需信息的情况。

确定好栏目后，还需要考虑网站的整体设计。简单地画出各页面中的导航栏位置、文本和图像的位置等，这种预先画出的页面结构称为演示图版。

完成演示图版后，需要画出流程图。所谓流程图指的是预先考虑网站访问者的移动流程而绘制的图。如果做的只是栏目不多的个人网站，则不需要过多考虑这些流程；如果制作的是将主栏目和子栏目复杂连接在一起的大型网站，则需要在绘制流程图的同时考虑演示图版的栏目设置是否合适。

2. 准备工作

在确定了网站的性质和主题后，就可以准备网站设计所需要的内容。

- 准备填充网页的内容：准备填充网页的文本和图像，根据需要，有时还要准备动画或Flash、音频或视频等。

- 准备上传网站的空间：制作好网站所需的全部文件后，下一步就要准备上传这些文件的空间。为了使网页能够被访问者看到，应该将这些文件上传到服务器(Server)中。所谓服务器是指在网络中能够为其他计算机提供某些服务的计算机系统，用户可以随时查看服务器上的文件。

3. 制作并上传网页

准备好填充网页的文本和图像等元素后，正式进入网页的制作阶段。本书主要介绍利用Dreamweaver CC制作网页的方法，在该软件中，即使不熟悉HTML标签，也可以轻松地制作出网页。

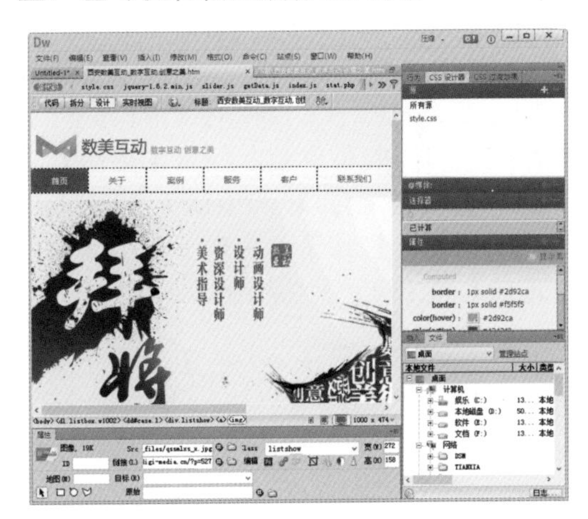

1.2 Dreamweaver CC简介

Dreamweaver Creative Cloud (CC)是一款可视网页制作与编辑软件，它可以针对网络及移动平台设计、开发并发布网页。Dreamweaver CC提供直觉式的视觉效果界面，可用于建立及编辑网站，并与最新的网络标准相兼容(同时对HTML5/CSS3和jQuery 提供支持)。本节将详细介绍Dreamweaver CC的工作界面和基本操作，帮助用户初步了解该软件的使用方法。

1.2.1 Dreamweaver的工作界面

Dreamweaver CC的工作界面效果秉承了Dreamweaver系列软件产品一贯简洁、高效和易用的特点，软件的多数功能都能在功能界面中非常方便地找到。

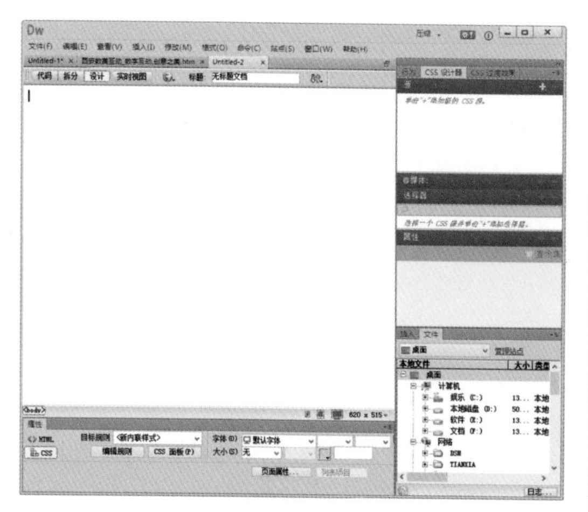

Dreamweaver软件的工作界面主要由【文档】窗口(设计区)、菜单栏、状态栏、面板组和【属性】面板等部分组成。

1. 菜单栏

Dreamweaver CC软件的菜单栏提供了各种操作的标准菜单命令，由【文件】、【编辑】、【查看】、【插入】、【修改】、【格式】、【命令】、【站点】、【窗口】和【帮助】10个菜单命令组成。

菜单栏中比较重要的菜单功能如下。

- 【文件】菜单：用于文件操作的标准菜单选项，例如【新建】、【打开】和【保存】等命令。
- 【编辑】菜单：用于基本编辑操作的标准菜单选项，例如【剪切】、【复制】和【粘贴】等命令。
- 【查看】菜单：该命令用于查看文件的各种视图。
- 【插入】菜单：用于将各种对象插入到页面中的各种菜单选项，例如插入表格、图像、表单等网页元素。
- 【修改】菜单：用于编辑标签、表格、库和模板的标准菜单选项。
- 【文本】菜单：用于文本设置的各种标准菜单选项。
- 【命令】菜单：用于各种命令访问的标准菜单选项。
- 【站点】菜单：用于站点编辑和管理的各种标准菜单选项。
- 【窗口】菜单：用于打开或关闭各种面板、检查器的标准菜单选项。
- 【帮助】菜单：用于了解并使用Dreamweaver软件和相关网站链接的菜单选项。

2. 【插入】面板

在Dreamweaver CC软件的【插入】面板中包含了可以向网页文档添加的各种元素，例如文字、图像、表格、字符等。

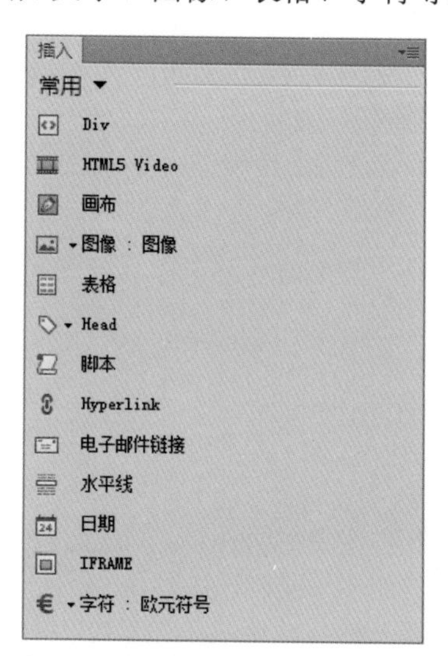

单击【插入】面板中的下拉按钮，在下拉列表中显示了所有类别，根据类别不同，【插入】面板由【常用】、

【结构】、【媒体】、【表单】、jQuery Mobile、jQuery UI、【模板】和【收藏夹】组成。

【插入】面板中主要选项的功能如下。

- 【常用】类别：包括网页中最常用的元素对象，例如插入图像、表格、水平线或日期等。
- 【结构】类别：整合了网页制作中常用的结构，如项目列表、编号列表、页眉、段落、页脚等。
- 【表单】类别：该类别是动态网页中最重要的元素对象之一，可以定义表单和插入表单对象。
- 【媒体】类别：该类别用于显示可插入页面的媒体元素列表。
- jQuery Mobile类别：该类别用于插入jQuery Mobile页面和相应元素。
- jQuery UI类别：该类别用于显示可插入jQuery UI元素的列表。
- 【模板】类别：用于显示创建与编辑网页模板的相应命令列表。
- 【收藏夹】类别：可以将常用的按钮添加到【收藏夹】类别中，以方便以后使用。右击该类别面板，在弹出的快捷菜单中选择【自定义收藏夹】命令，可以打开【自定义收藏夹对象】对话框，在该对话框中可以添加【收藏夹】类别。

3. 【文档】工具栏

Dreamweaver CC的【文档】工具栏主要包含一些对文档进行常用操作的功能按钮，通过单击这些按钮可以在文档的不同视图模式间进行快速切换。

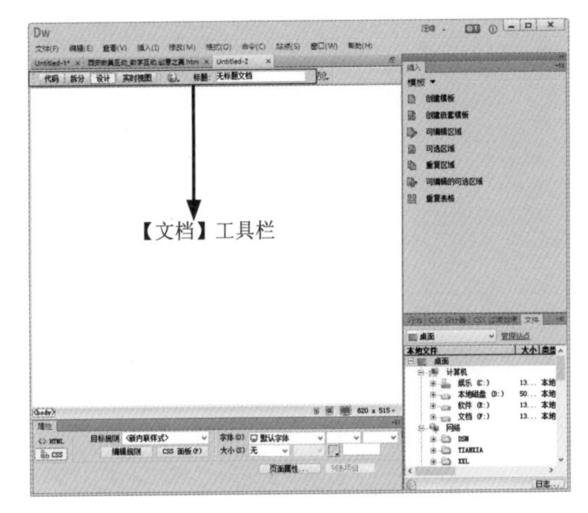

【文档】工具栏中主要的功能如下。

- 【代码】按钮：用于在文档窗口中显示HTML源代码视图。
- 【拆分】按钮：用于在文档窗口中同时显示HTML源代码和设计视图。
- 【设计】按钮：系统默认的文档窗口视图模式，显示设计视图。
- 【实时视图】按钮：可以在实际的浏览器条件下设计网页。单击该按钮将显示【实时代码】和【检查】按钮，显示实时代码或启动检查模式。

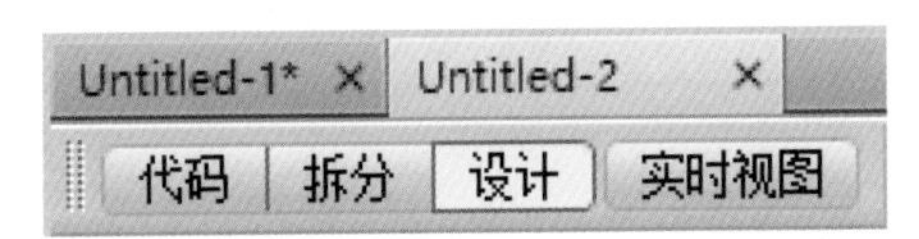

- 【标题】文本框：可以输入要在网页浏览器上显示的文档标题。
- 【在浏览器种预览/调试】按钮：该按钮通过指定浏览器预览网页文档。在文档中存在JavaScript错误时可以查找错误。

● 【文件管理】按钮：用于快速执行【获取】、【取出】、【上传】、【存回】等文件管理命令。

4. 【文档】窗口

【文档】窗口也就是设计区，它是Dreamweaver进行可视化编辑网页的主要区域，可以显示当前文档的所有操作效果，如插入文本、图像、动画等。

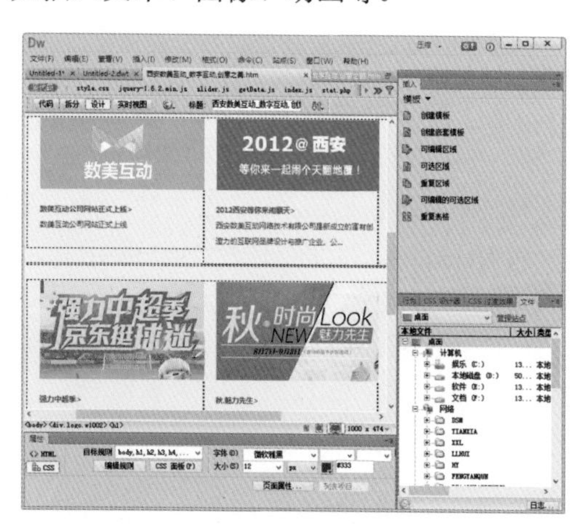

通过单击【文档】工具栏中的【代码】、【拆分】和【设计】按钮，可以切换不同的【文档】窗口显示模式。

5. 【属性】检查器

在【属性】检查器中，可以查看并编辑页面上文本或对象的属性，该面板中显示的属性通常对应于标签的属性，更改属性通常与在【代码】视图中更改相应的属性具有相同的效果。

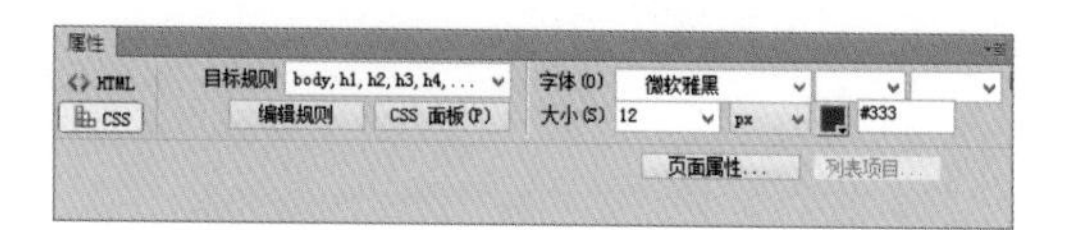

6. 状态栏

Dreamweaver的状态栏位于文档窗口的底部，它的作用是显示当前正在编辑文档的相关信息，例如当前窗口大小和显示网页所采用的窗口类型等。

1.2.2 Dreamweaver的基本操作

使用Dreamweaver CC编辑网页之前，应掌握该软件的基本操作方法，如创建网页、保存网页、打开网页、设置网页属性以及预览网页效果等。

1. 创建新网页

Dreamweaver提供了多种创建网页文档的方法，可以通过菜单栏中的【新建】命令创建一个新的HTML网页文档，或使用模板创建新文档。

● 通过启动时打开的界面新建网页文档：启动Dreamweaver软件，在该软件启动时打开的【快速打开】界面中单击【新建】栏中的HTML按钮，即可创建一个网页文档。

● 通过菜单栏创建新网页文档：启动Dreamweaver后，选择【文件】|【新建】命令，打开【新建文档】对话框，然后在该对话框中选中【空白页】选项卡后，选中【页面类型】列表框中的HTML选项，并单击【创建】按钮，即可创建一个空白网页文档。

【例1-1】使用Dreamweaver CC新建一个空白网页文档。 视频

步骤 01 启动Dreamweaver CC后，选择【文件】|【新建】命令。

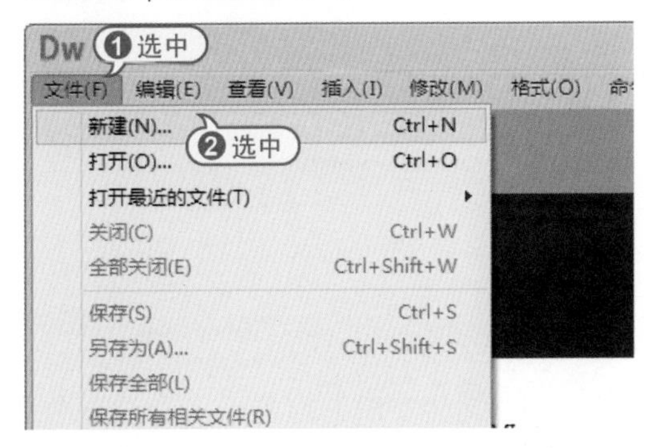

步骤 02 在打开的【新建文档】对话框中选中【空白页】选项卡，在【页面类型】列表框中选中HTML选项，在【布局】列表框中选中【无】选项。

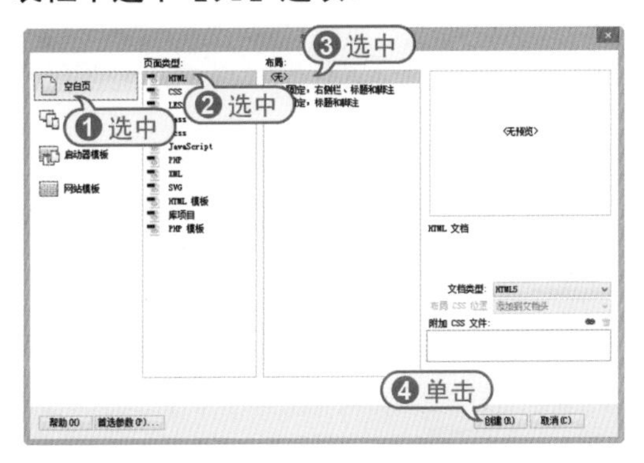

步骤 03 最后，在【新建文档】对话框中单击【创建】按钮，即可创建一个空白网页。

2. 打开网页

在Dreamweaver中选择【文件】|【打开】命令，然后在打开的【打开】对话框中选中一个网页文档，并单击【打开】按钮即可该网页文档。

【例1-2】在Dreamweaver CC中打开一个名为“广告”的网页。

视频+素材(光盘素材\第01章\例1-2)

步骤 01 启动Dreamweaver CC后，选择【文件】|【打开】命令，打开【打开】对话框。

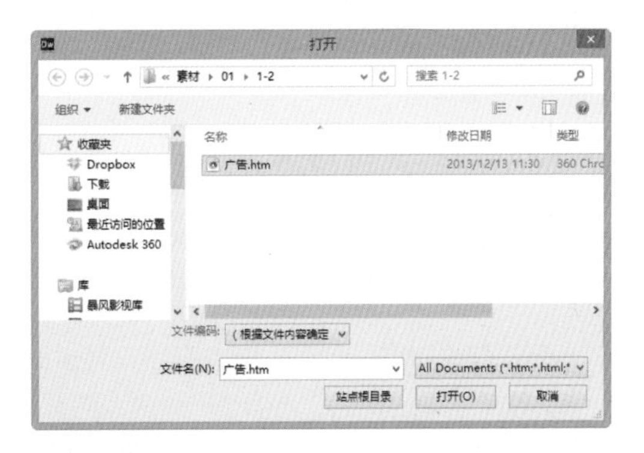

步骤 02 在【打开】对话框中选中“广告.html”网页文件后，单击【打开】按钮，即可将该网页文件在Dreamweaver中打开。

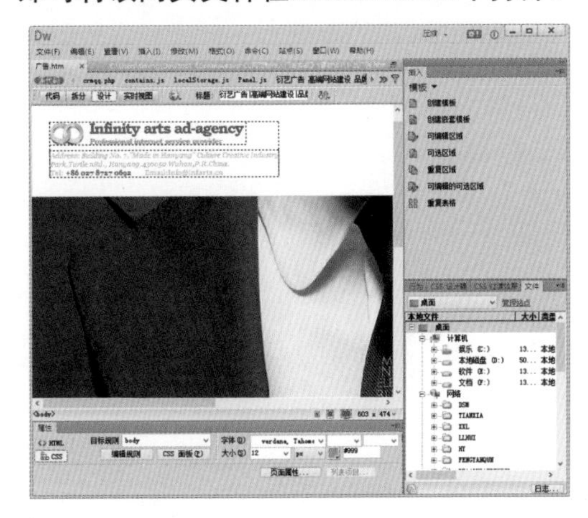

3. 设置网页

在Dreamweaver中打开一个网页文档后，选择【修改】|【页面属性】命令，在打开的【页面属性】对话框中可以设置网页文档的所有属性。

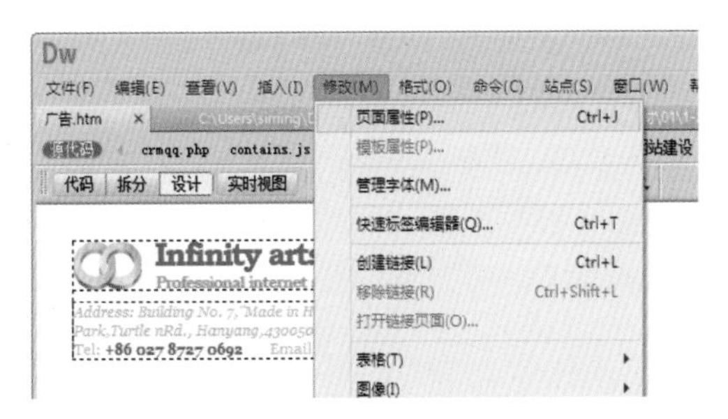

在【页面属性】对话框的【分类】列表框中显示了可以设置的网页文档分类，包括【外观(CSS)】、【外观(HTML)】、【链接(CSS)】、【标题(CSS)】、【标题/

编码】和【跟踪图像】6个分类选项，其各自作用如下。

- 【外观(CSS)】选项：用于设置网页默认的字体、字号、文本颜色、背景颜色、背景图像以及4个边距的距离等属性，会生成CSS格式。

- 【外观(HTML)】选项：用于设置网页中文本字号、各种颜色等属性，会生成HTML格式。

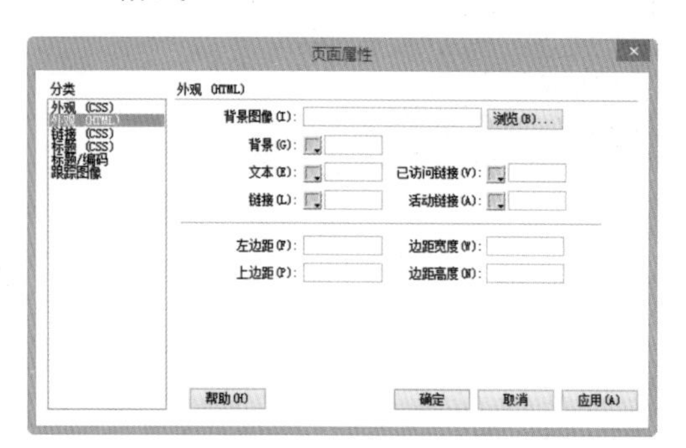

- 【跟踪图像】选项：用于指定一幅图像作为网页创作时的草稿图，该图显示在文档的背景上，便于在网页创作时进行定位和放置其他对象。在实际生成网页时并不显示在网页中。

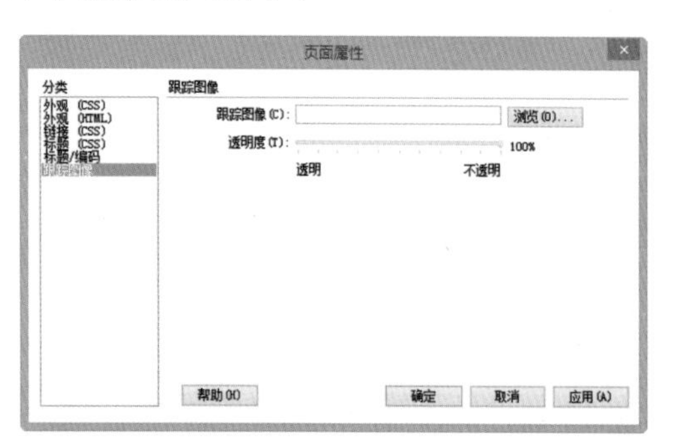

- 【链接(CSS)】选项：用于设置网页文档的链接，会生成CSS格式。

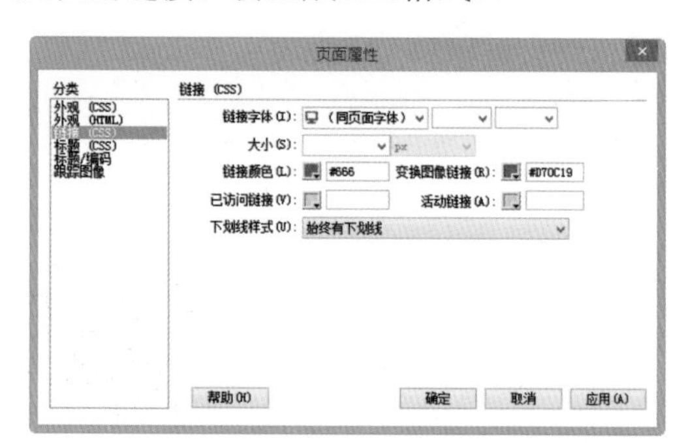

- 【标题(CSS)】选项：用于设置网页文档的标题，会生成CSS格式。

- 【标题/编码】选项：设置网页的标题及编码方式。

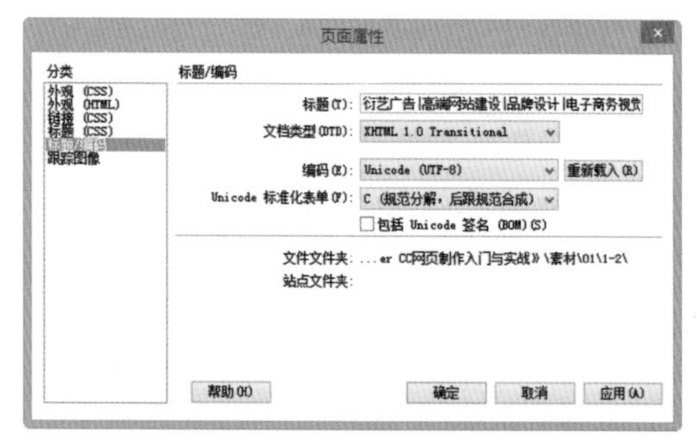

网页文档的属性主要包括页面标题、背景图像、背景颜色、文本和链接颜色、边距等。其中，页面标题确定和命名了文档的名称，背景图像和背景颜色决定了文档显示的外观，文本颜色和链接颜色则可以帮助站点访问者区别文本和超文本链接。

4. 预览网页

在Dreamweaver CC中打开一个网页后，可以通过单击【文档】工具栏中的

【实时视图】按钮实时视图，在【文档】窗口中预览网页的设计效果。

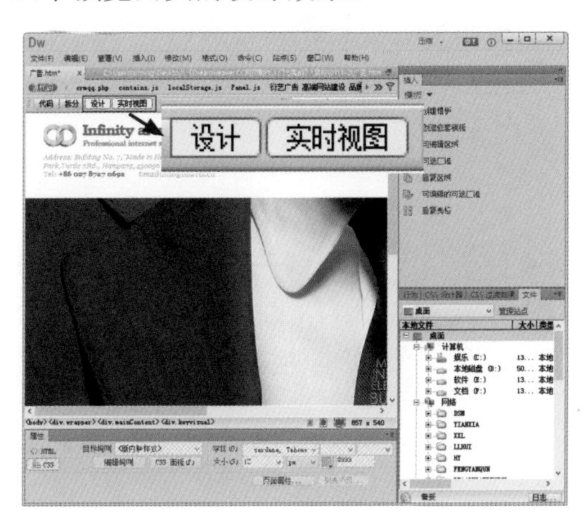

5. 保存网页

在Dreamweaver中选择【文件】|【保存】命令(或按Ctrl+S键)，打开【另存为】对话框，然后在该对话框中选择文档存放位置并输入保存的文件名称，单击【保存】按钮即可将当前打开的网页保存。

【例1-3】在Dreamweaver CC中将打开的网页“广告.html”另存为Index.html。视频

步骤01 在Dreamweaver中打开“广告.html”网页后，选择【文件】|【另存为】命令。

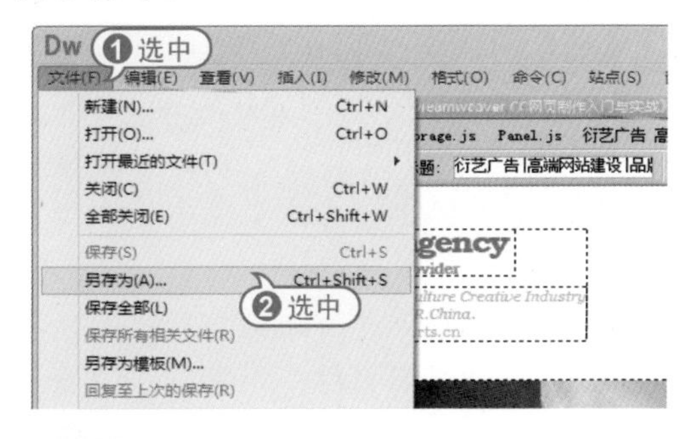

步骤02 在打开的【另存为】对话框中设置网页文件的保存路径后，在【文件名】文本框中输入“Index.html”。

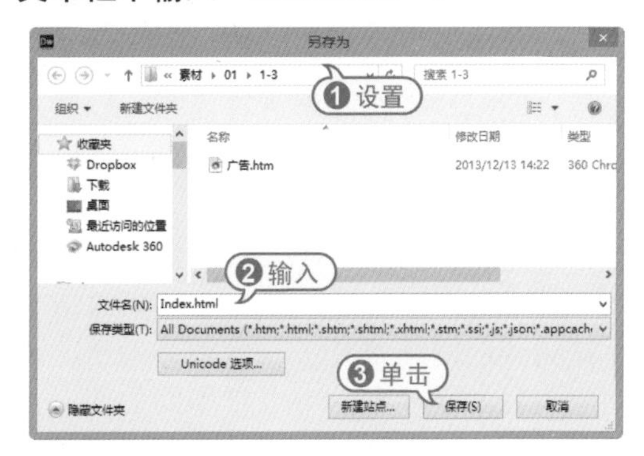

步骤03 最后，单击【保存】按钮即可将网页保存。

1.3 创建与设置站点

在Dreamweaver中，可以创建本地站点，本地站点是本地计算机中创建的站点，其所有的内容都保存在本地计算机硬盘上，本地计算机可以被看成是网络中的站点服务器。本节将通过实例操作，详细介绍在本地计算机上创建与管理站点的方法。

1.3.1 站点简介

互联网中包括无数的网站和客户端浏览器，网站宿主于网站服务器中，它通过存储和解析网页的内容，向各种客户端浏览器提供信息浏览服务。通过客户端浏览器打开网站中的某个网页时，网站服务软件会在完成对网页内容的解析工作后，将解析的结构回馈给网络中要求访问该网页的浏览器，大概的流程如下图所示。

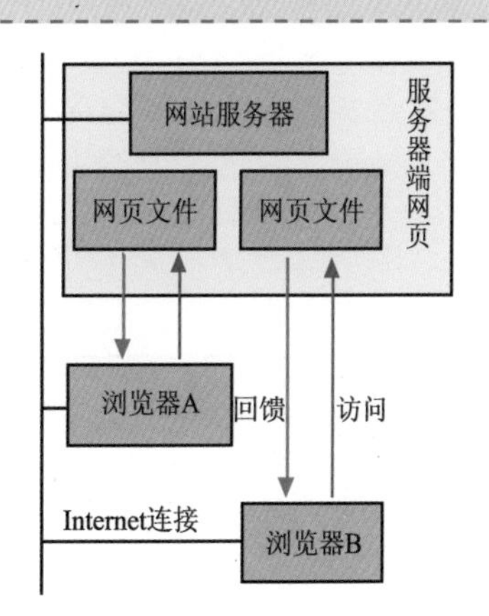

1. 网站服务器与本地计算机

一般情况下，网络上可以浏览的网页都存储在网站服务器中，网站服务器是指用于提供网络服务(例如WWW、FTP、E-mail等)的计算机，对于WWW浏览服务，网站服务器主要用于存储用户所浏览的网页站点和页面。

对于大多数网页访问者而言，网站服务器只是一个逻辑名称，不需要了解服务器具体的性能、数量、配置和地址位置等信息，用户在浏览器的地址栏中输入网址后，即可轻松浏览网页。对于浏览网页的计算机就称为本地计算机，只有本地计算机才是真正的实体。本地计算机和网站服务器之间通过各种线路进行连接，以实现相互的通信。

2. 本地站点和网络远程站点

网站由文档及其所在的文件夹组成，设计完善的网站都具备科学的体系结构。利用不同的文件夹，可以将不同的网页内容进行分类组织和保存。

在互联网上浏览各种网站，其实就是用浏览器打开存储于网站服务器上的网页文档及其相关资源，由于网站服务器的不可知特性，通常将存储于网站服务器上的网页文档及其相关资源称为远程站点。

知识点滴

利用Dreamweaver CC软件，用户可以对位于网站服务器上的站点文档直接进行编辑和管理，但是由于网速和网络传输的不稳定等因素，将对站点的管理和编辑带来不良影响。可以先在本地计算机上构建出整个网站的框架，并编辑相关的网页文档，然后再通过各种上传工具将站点上传到远程的网站服务器上。

3. Internet服务程序

在某些特殊情况下(如站点中包含Web应用程序)，在本地计算机上是无法对站点进行完整测试的，这时就需要借助Internet服务程序来完成测试。在本地计算机上安装Internet服务程序，实际上就是将本地计算机构建成一个真正的Internet服务器，可以从本地计算机上直接访问该服务器，这时计算机已经和网站服务器合二为一。

知识点滴

目前，Microsoft公司的IIS是应用较广泛的Internet服务程序。依据不同的操作系统，应安装不同的服务程序。在计算机上成功安装IIS后，可以通过访问http://localhost来确认程序是否安装成功。成功安装后，就可以在未接入Internet的情况下创建站点，并对站点进行测试。

4. 网站文件的上传与下载

下载是资源从网站服务器传输到本地计算机的过程，而上传则是资源从本地计算机传输到Internet服务器的过程。在浏览网页的过程中，上传和下载是经常使用的操作。如浏览网页就是将Internet服务器上的网页下载到本地计算机上，然后进行浏览；用户在使用E-mail时输入用户名和密码，就是将用户信息上传到网站服务器的过程。

1.3.2 规划站点

在规划网站时，应明确网站的主题，并搜集所需要的相关信息。规划站点指的是规划站点的结构。完成站点的规划后，在创建站点时，既可以创建一个网站，也可以创建一个本地网页文件的存储地址。

1. 设计网站目录结构

站点的目录指的是在建立网站时存放网站文档所创建的目录，网站目录结构的好坏对于网站的管理和维护至关重要。在规划站点的目录结构时，应注意以下几点：

- 使用子目录分类保存网站栏目内容文档。应尽量减少网站根目录中的文件存放数量。要根据网站的栏目在网站根目录中创建相关子目录。
- 站点每个栏目的目录下都要建立Image、Music和Flash目录，以存放图像、音乐、视频和Flash文件。
- 避免目录层次太深。网站目录的层次最好不要超过3层，因为太深的目录层次不利于维护与管理。
- 避免使用中文作为站点文件目录名称。
- 不要使用太长的站点目录名称。
- 应尽量使用意义明确的字母作为站点目录名称。

2. 设计网站链接结构

站点的链接结构，是指站点中各页面之间相互链接的拓扑结构，规划网站链接结构的目的是利用尽量少的链接达到网站的最佳浏览效果，如下图所示。

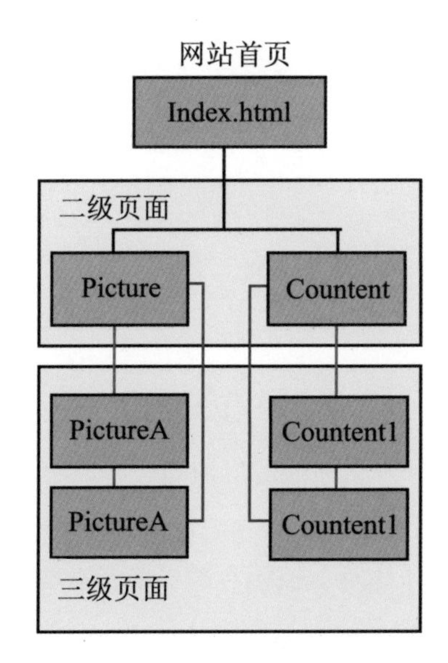

通常，网站的链接结构包括树状链接结构和星型链接结构，在规划站点链接时应混合应用这两种链接结构设计站点内各页面的链接，尽量使网站的浏览者既可以方便快捷地打开自己需要访问的网页，又能清晰地知道当前页面处于网站内的确切位置。

【例1-4】规划一个网站的站点目录结构和链接结构。 视频

步骤 01 在本地计算机的D盘中新建一个文件夹，并将该文件夹命名为webSite(该文件夹将来作为站点的根目录)。

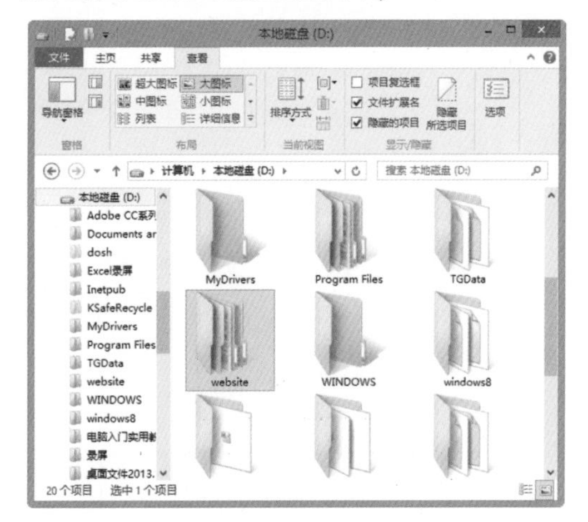

步骤 02 打开webSite文件夹，然后在该文件夹中创建"个人简介"文件夹，用于存储"个人简介"栏目中的文档；创建"日志"文件夹，用于存储"日志"栏目中的文档；继续创建"相册"、"收藏"等文件夹，用于存储对应栏目中的文档。

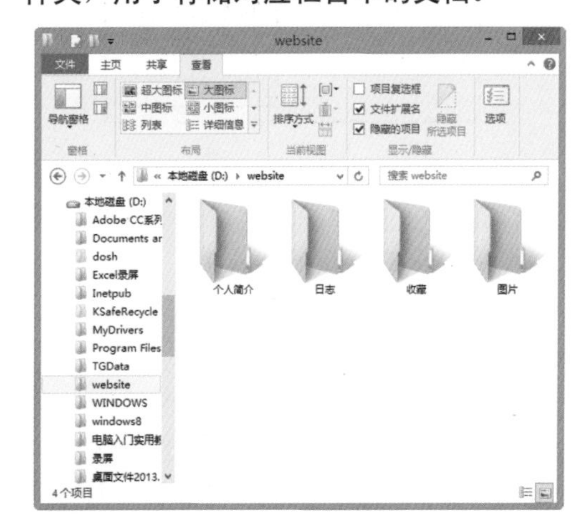

步骤 03 打开"个人简介"文件夹，然后在该文件夹中创建"基本资料"、"详细资料"文件夹。重复以上操作，分别在其

他文件夹中创建相应文件夹，存储相应的文件，完成网站的目录结构。

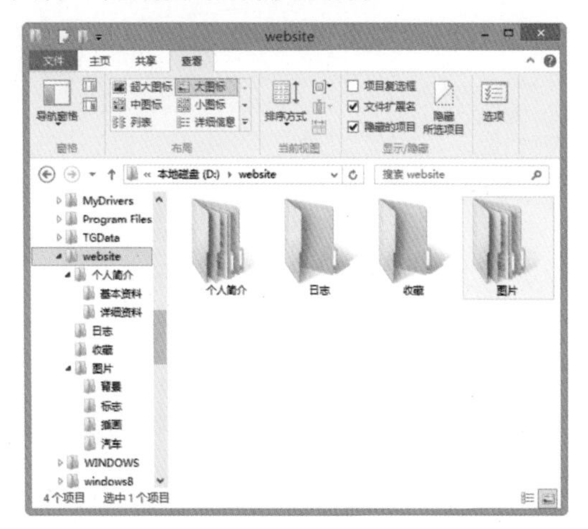

步骤 04 根据创建的文件夹，规划个人网站的站点目录结构和链接结构，如下图所示。

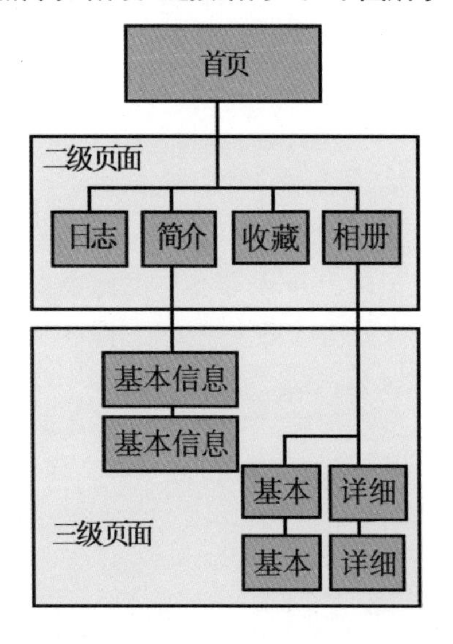

1.3.3 创建本地站点

在网络中创建网站之前，一般需要在本地计算机上将整个网站完成，然后再将站点上传到网站Web服务器上。在Dreamweaver软件中，创建站点既可以使用软件提供的向导创建，也可以使用高级面板创建。

1. 通过向导创建本地站点

下面通过实例来介绍在Dreamweaver中使用向导创建本地站点的具体操作方法。

【例1-5】在Dreamweaver中，使用向导创建本地站点。视频

步骤 01 启动Dreamweaver CC后，选择【站点】|【新建站点】命令，打开【站点设置对象】对话框，然后在该对话框中单击【站点】类别，显示该类别下的选项区域，并在【站点名称】文本框中输入站点名称“测试站点”。

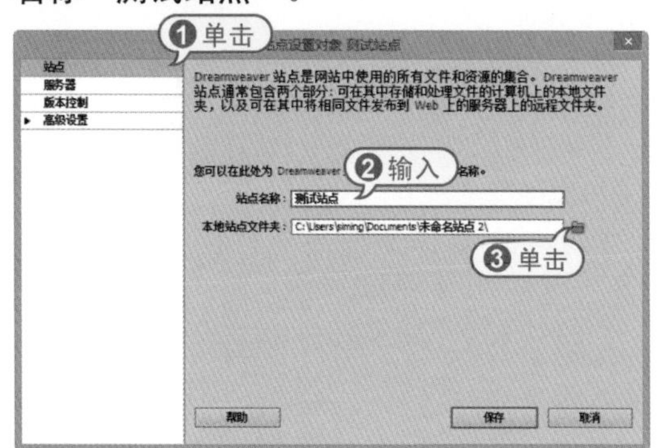

步骤 02 单击【浏览文件夹】按钮，打开【选择根文件夹】对话框，然后选择website文件夹，并单击【选择】按钮。

步骤 03 最后，在【站点设置对象】对话框中单击【保存】按钮，即可创建本地站点。

2. 使用高级面板创建站点

在Dreamweaver中，选择【站点】|【新建站点】命令，打开【站点设置对象】对话框，然后选中【高级设置】类别，即可展开相应的选项区域。

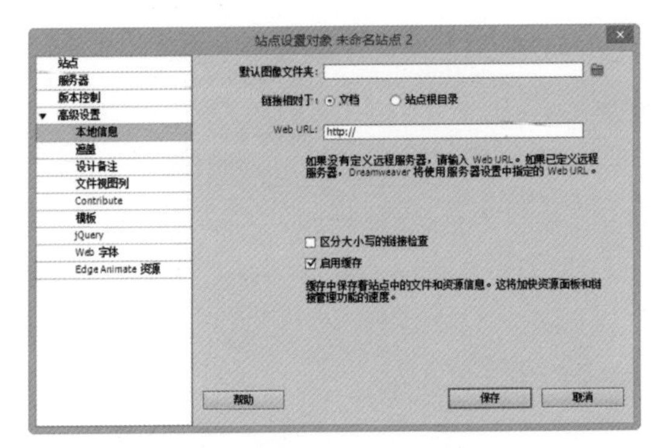

在【高级设置】选项区域中可以设置创建站点的详细信息，具体如下。

- 【默认图像文件夹】文本框：单击该文本框后的【浏览文件夹】按钮，可以在打开的【选择图像文件】对话框中设定本地站点的默认图像文件夹存储路径。

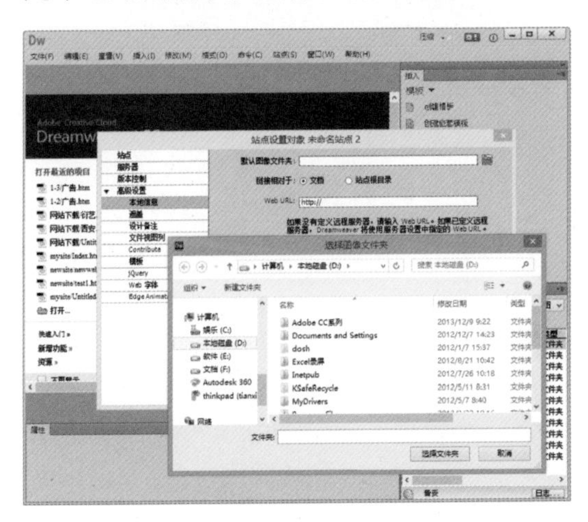

- 【链接相对于】：在网站站点中创建指向其他资源或页面的链接时指定创建的链接类型。
- Web URL：Web站点的URL。Dreamweaver使用Web URL创建站点根目录相对链接，并在使用链接检查器时验证这些链接。

1.3.4 设置本地站点

在Dreamweaver中完成本地站点的创建后，可以选择【站点】|【管理站点】命令，打开【管理站点】对话框，并利用该对话框中的工具栏对站点进行一系列的编辑操作，例如重新编辑当前选定的站点、复制、导出或删除站点等。

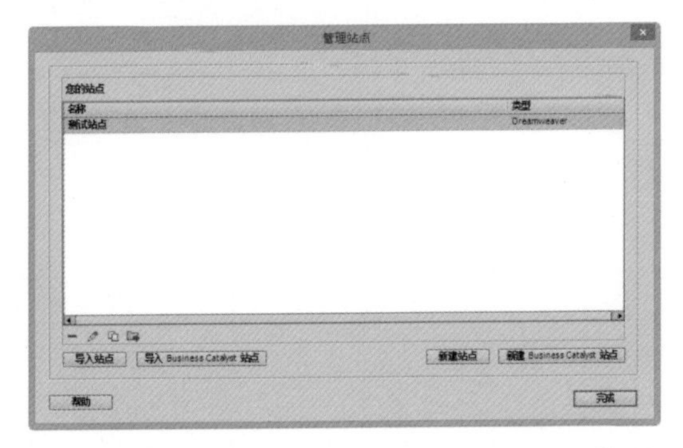

【管理站点】对话框中比较重要的按钮功能如下。

- 【删除当前选定的站点】按钮：单击该按钮可删除当前在【管理站点】对话框中选中的站点。
- 【编辑当前选定的站点】按钮：单击该按钮，可打开【站点设置对象】对话框，编辑在【管理站点】对话框中选中的站点。
- 【复制当前选定的站点】按钮：单击该按钮，可以在【管理站点】对话框中创建一个当前选中站点的复制站点。

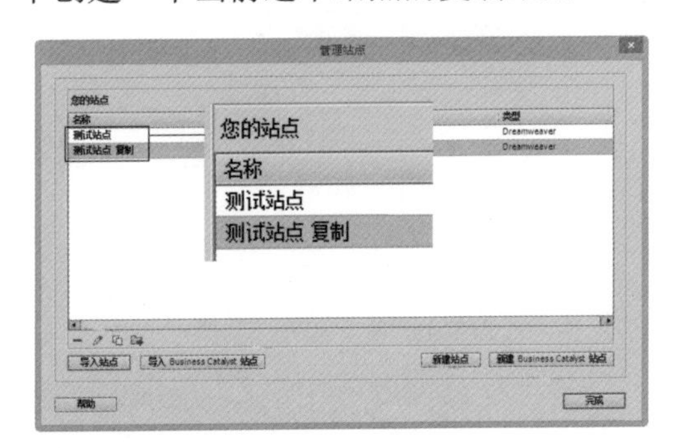

- 【导出当前选定的站点】按钮：单击该按钮，可以打开【导出站点】对话框，设置导出当前选中的站点。
- 【新建站点】按钮：单击该按钮，可以打开【站点设置】对话框创建一个新的站点。

在【管理站点】对话框中完成对站点的操作后，单击该对话框中的【完成】按钮即可使设置生效。

1.3.5 创建网站文件

成功创建Dreamweaver本地站点后，可以根据需要创建各栏目文件夹和文件，对于创建好的站点也可以进行再次编辑，或复制与删除这些站点。

1. 创建站点文件与文件夹

创建文件夹和文件相当于规划站点。用户在Dreamweaver中选择【窗口】|【文件】命令，打开【文件】面板，然后在该面板中右击站点根目录，在弹出的快捷菜单中选择【新建文件夹】命令，即可新建名为untitled的文件夹；选择【新建文件】命令，可以新建名称为untitled.html的文件。

【例1-6】在创建的本地站点中创建文件夹Web与网页文件Index.html。视频

步骤 01 启动Dreamweaver后，选择【窗口】|【文件】命令，显示【文件】面板，然后单击该面板中的下拉列表按钮，在弹出的下拉列表中选中【测试站点】选项，显示本地站点。

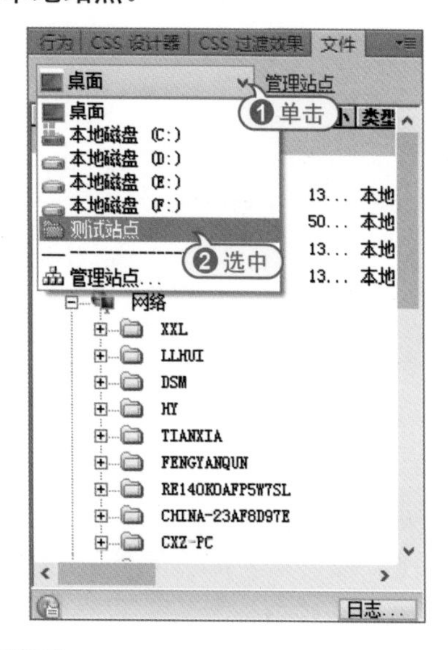

步骤 02 在【文件】面板中右击站点根目录，在弹出的菜单中选择【新建文件夹】命令，创建一个名为untitled的文件夹。

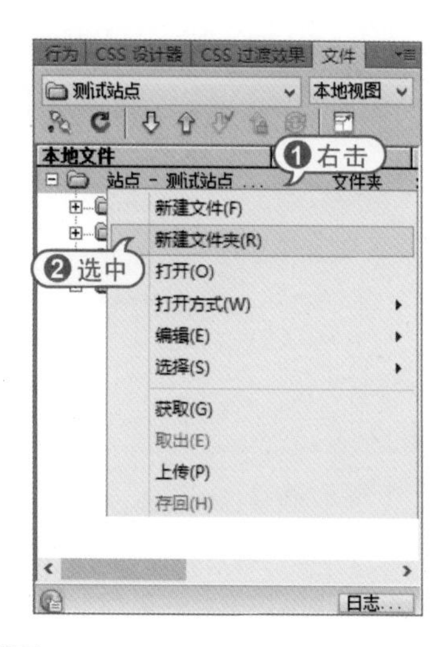

步骤 03 直接输入Web，然后按下Enter键即可创建一个名为Web的文件夹。

步骤 04 重复步骤(2)的操作，右击站点根目录，在弹出的菜单中选择【新建文件】命令，然后输入Index并按下Enter键即可创建一个名为Index.html的网页文件。

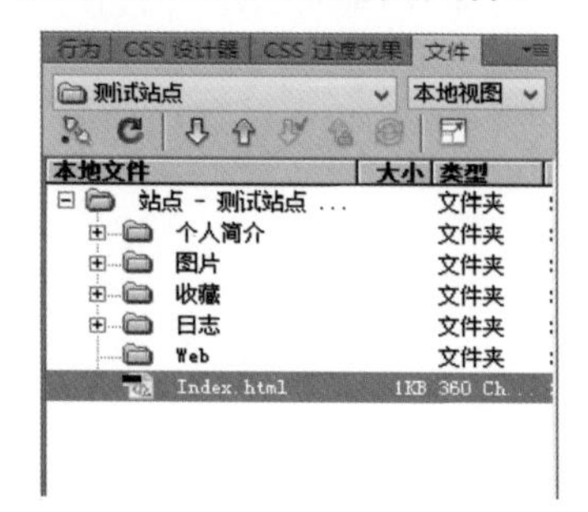

知识点滴

在【文件】中选中站点中的文件夹，然后通过右击鼠标创建文件夹或文件，即可在选定的文件夹中进行文件夹或文件的创建操作。

2. 重命名站点文件与文件夹

重命名文件和文件夹可以更清晰地管理站点。可以在【文件】面板中单击文件或文件夹名称，输入重命名的名称，按下Enter键即可。

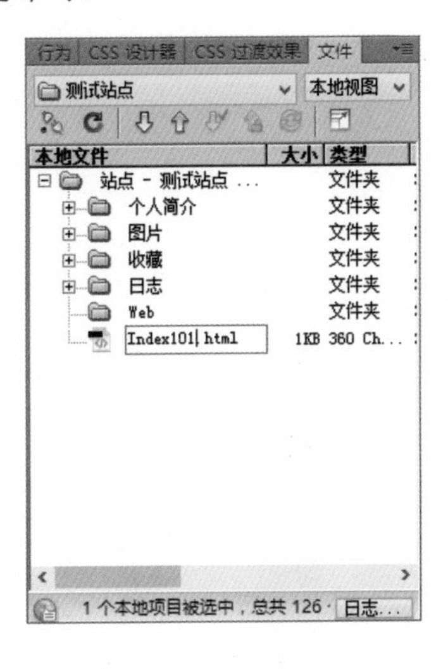

3. 删除站点文件与文件夹

在站点中创建的文件和文件夹，如果不再使用，可以删除它们。选中要删除的文件或文件夹，按下Delete键，然后在打开的信息提示框中单击【是】按钮即可。

1.4 设置Dreamweaver视图

在Dreamweaver CC中，软件提供了【设计】、【代码】、【拆分】、【实时视图】等多种视图模式，可以帮助设计者随时查看网页的设计效果和相应代码的对应状态。除此之外，在【设计】视图中，还可以使用标尺和网格功能，精确定位网页中的各种页面元素。

1.4.1 切换【文档】视图

Dreamweaver CC文档窗口显示了当前文档，选择【查看】命令，在【文档】视图下拉菜单中，包括【设计】、【代码】、【拆分】、【实时视图】等视图模式，其各自的功能如下。

1. 【设计】视图

【设计】视图为Dreamweaver默认视图，该视图显示可视化页面布局、可视化编辑和快速应用程序开发的设计环境。在【设计】视图中显示栏文档完全可编辑的可视化表示形式，类似于在浏览器中查看页面时看到的内容。

2. 【代码】视图

Dreamweaver的【代码】视图用于显示编写和编辑HTML、JavaScript、服务器语言代码以及任何其他类型代码的手动编码环境。

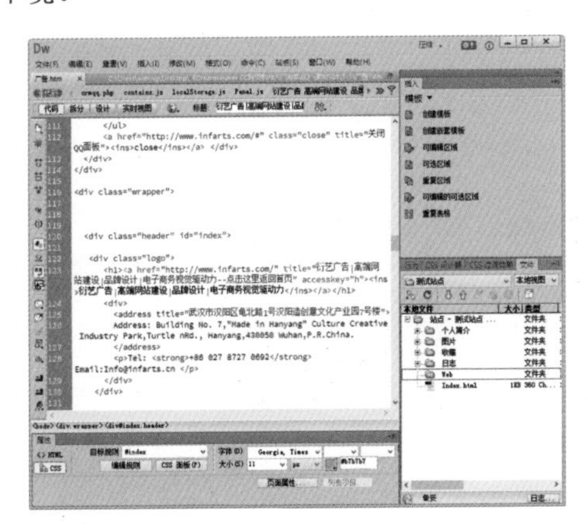

可以在【代码】视图中使用视图左侧的工具栏对当前打开网页页面的代码进行语法检查、自动换行、应用注释以及折叠所选等操作。

3.【拆分】视图

使用【拆分】视图可以在一个窗口中同时显示网页文档的代码视图和设计视图。

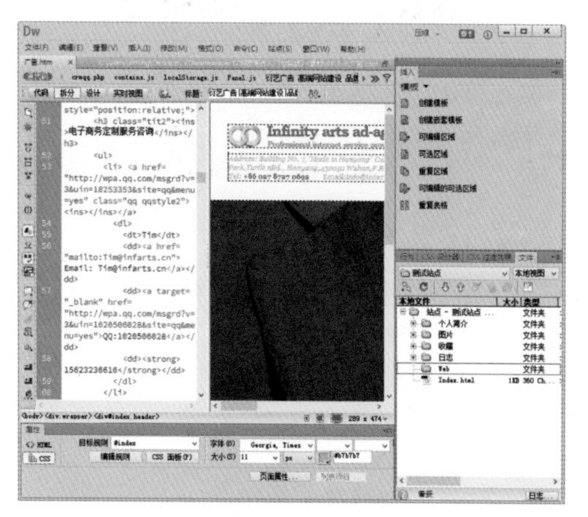

在【拆分】视图中，选中视图右侧设计视图中的网页元素，左侧代码视图中将会自动显示并标注相应的网页代码。

4.【实时】视图

【实时】视图模式与【设计】视图类似，【实时】视图可以逼真地显示文档在浏览器中的表示形式，并使用者能够像在浏览器中那样与文档交互。该视图虽然不可编辑，但是可以在代码视图中对网页进行编辑。

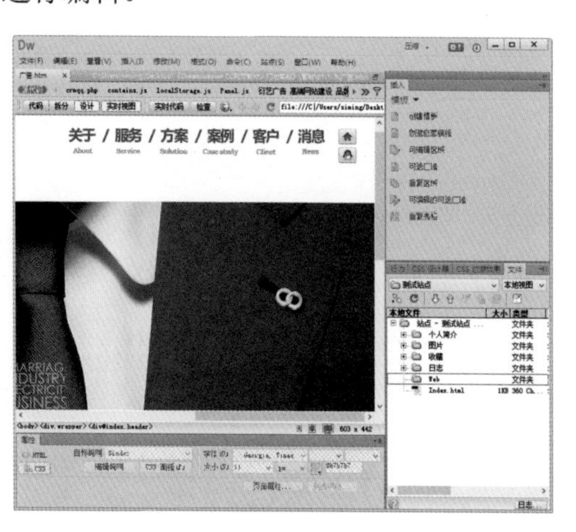

5.实时代码模式

实时代码模式仅在实时视图模式中查看文档时可用(单击【实时视图】按钮将会显示【实时代码】按钮)。【实时代码】视图显示浏览器用于执行网页页面的实际代码，在【实时】视图中与页面进行交互时，【实时代码】视图可用动态变化。在【实时代码】视图中，Dreamweaver不允许执行编辑操作。

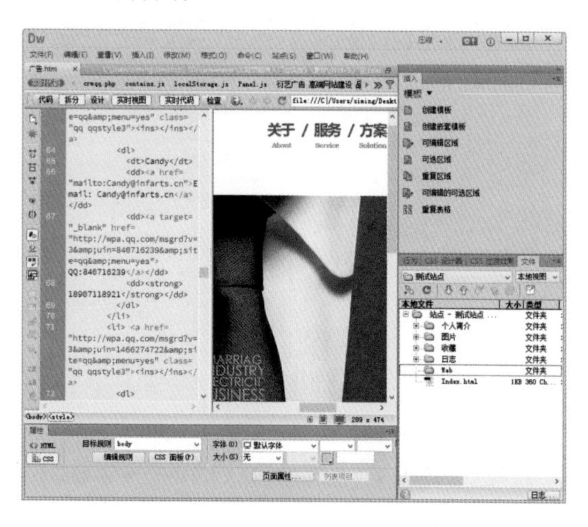

6.检查模式

检查模式与【实时】视图一起使用有助于快速识别HTML元素及其关联的CSS样式。打开检查模式后，将鼠标悬停在页面上的元素上方即可查看任何块级元素的CSS盒模型属性。

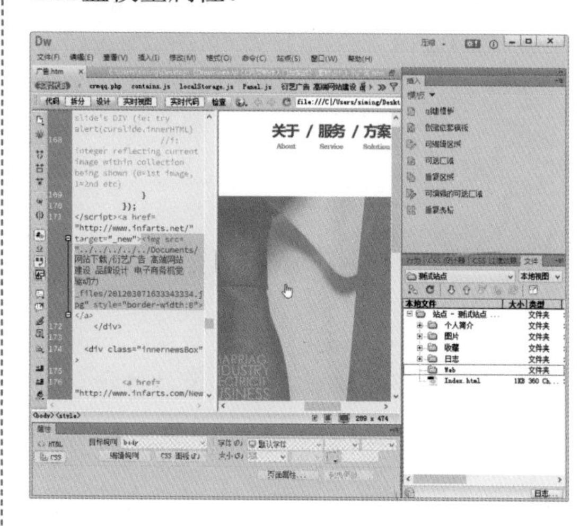

1.4.2 使用可视化助理

Dreamweaver提供了标尺和网格功能，用于辅助设计网页文档。标尺功能可以辅助测量、组织和规划布局；网格功能可以绝对定位网页元素在移动时自动靠齐网格，还可以通过指定网格设置更改网格或控制靠齐行为。

1. 使用标尺功能

在设计页面时需要设置页面元素的位置，可以参考以下方法使用【标尺】功能。

【例1-7】在Dreamweaver中使用标尺。

视频+素材(光盘素材\第01章\例1-7)

步骤 01 在Dreamweaver中打开一个网页文档。

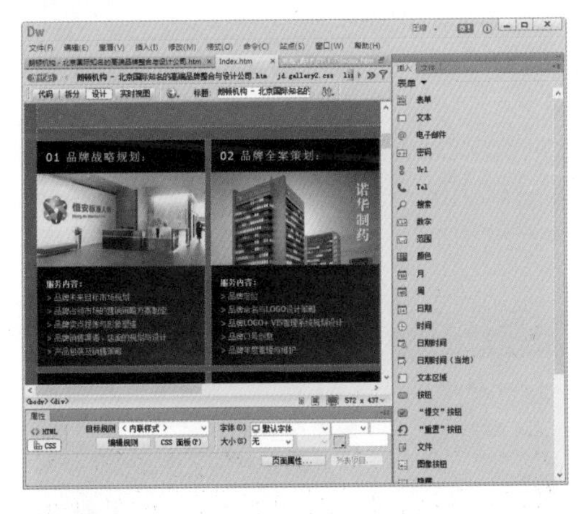

步骤 02 选择【查看】|【标尺】|【显示】命令，在文档窗口中显示标尺。

步骤 03 单击文档窗口左上方的标尺原点，然后移动鼠标至网页中合适的位置，定义标尺原点在页面中的位置。

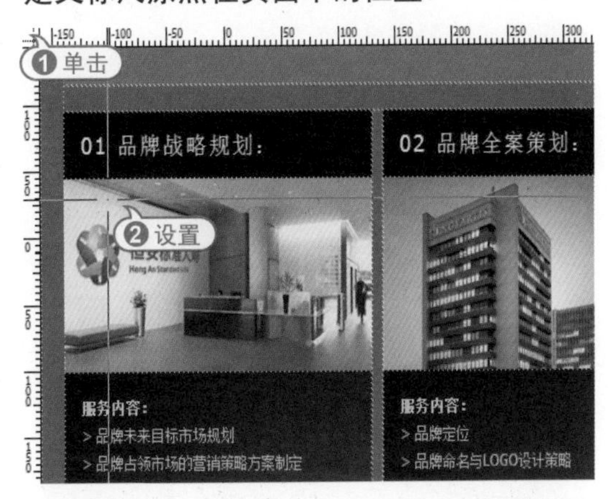

步骤 04 单击标尺左侧的Y轴，然后按住鼠标左键不放，拖动一根辅助线至页面中合适的位置。此时，在参考线上方将显示原点位置到标尺辅助线之间的距离。

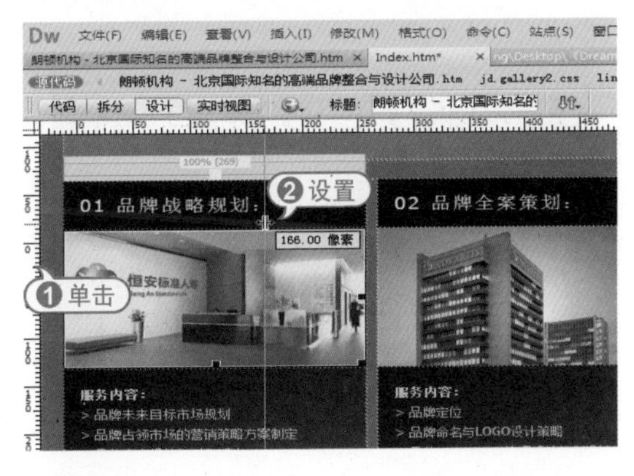

步骤 05 双击页面中的辅助线，在打开的【移动辅助线】对话框中显示辅助线到标尺原点之间的距离。

步骤 06 在【移动辅助线】对话框的【位置】文本框中输入参考线距原点之间的距离参数后，单击【确定】按钮，可以修改辅助线的位置(以原点为基准)。

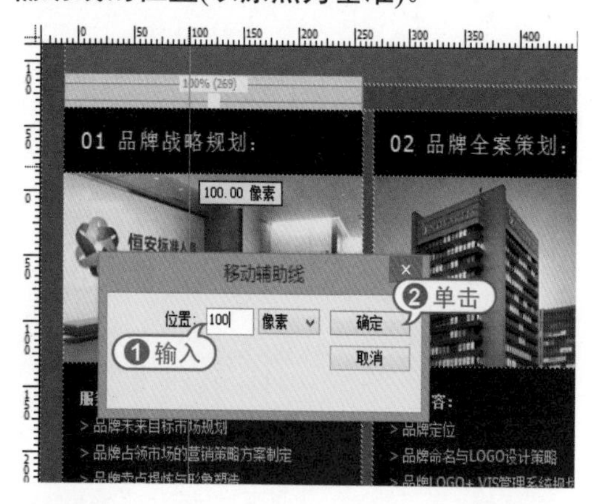

步骤 07 重复以上操作，可以利用标尺，测量并定位页面中各个元素的准确位置。

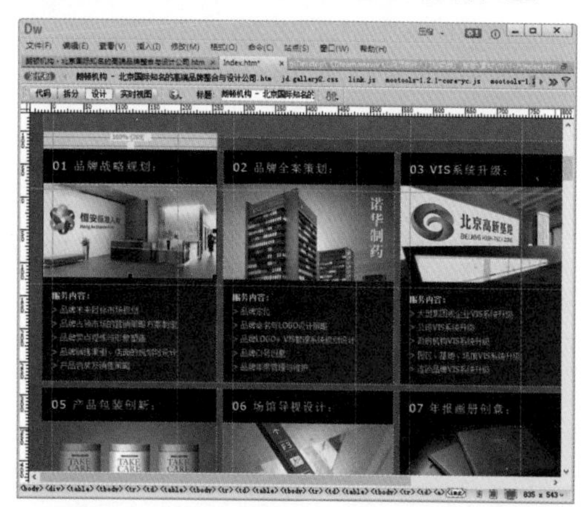

步骤 08 标尺使用结束后，在标尺上右击鼠标，然后在弹出的菜单中选择【隐藏标尺】命令，即可关闭标尺。

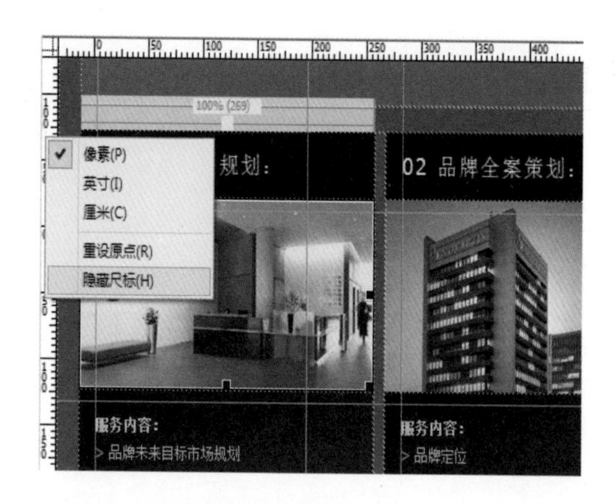

2. 使用【网格】功能

网格是在Dreamweaver的设计视图中对层进行绘制、定位或调整大小的可视化向导。通过对网格的操作，可以使页面元素在被移动后自动靠齐到网格，并可以通过网格设置来更改或控制靠齐行为。在Dreamweaver中，选择【查看】|【网格设置】|【显示网格】命令，在文档窗口中显示网格。

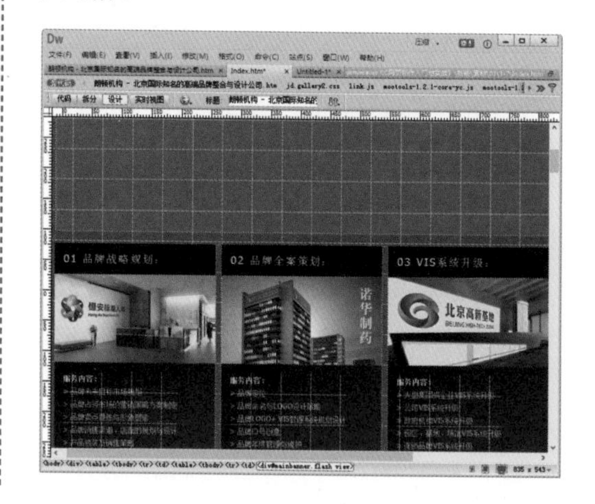

1.5 实战演练

本章的实战演练包括使用Dreamweaver CC创建“爱普音乐”网站和设置Dreamweaver网站操作环境两个实例，用户可以通过实例操作巩固所学的知识。

1.5.1 创建“爱普音乐”网站

可以利用创建本地站点的相关知识，在自己的电脑上建立一个名为“爱普音乐”的网站。

【例1-8】在Dreamweaver CC中创建一个名为“爱普音乐”的本地站点。 视频

步骤 01 启动Dreamweaver CC后，选择【站点】|【管理站点】命令，打开【管理站点】对话框。

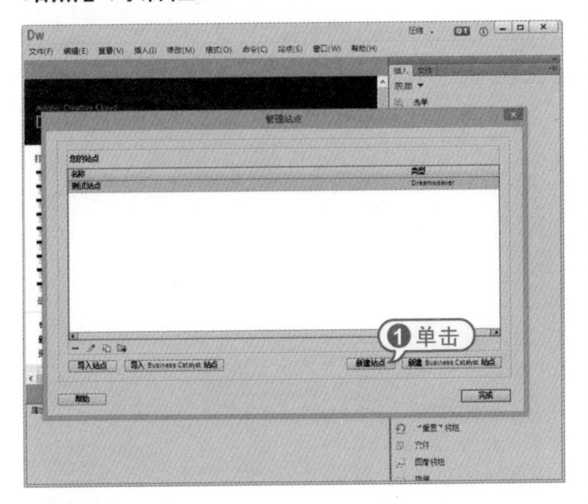

步骤 02 在【管理站点】对话框中单击【新建站点】按钮，然后在打开的【站点设置对象】对话框的【站点名称】文本框中输入“爱普音乐”。

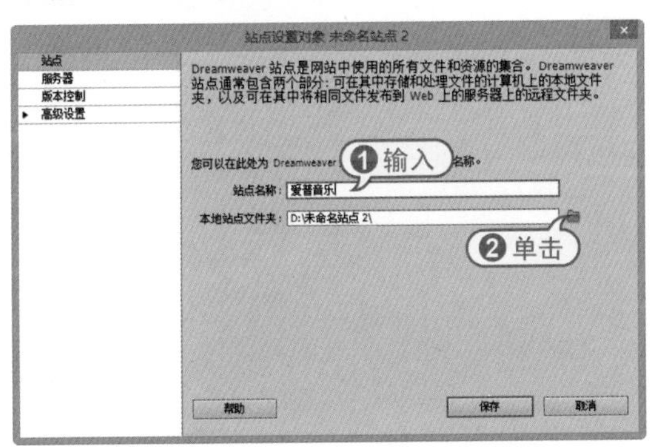

步骤 03 单击【本地站点文件夹】文本框后的【浏览文件夹】按钮，然后在打开的【选择根文件夹】对话框中选中站点文件夹并单击【选择文件夹】按钮。

步骤 04 返回【站点设置对象】对话框中单击【保存】按钮，返回【管理站点】对话框，并在该对话框中的【您的站点】列表框中选中“爱普音乐”网站后，单击【完成】按钮。

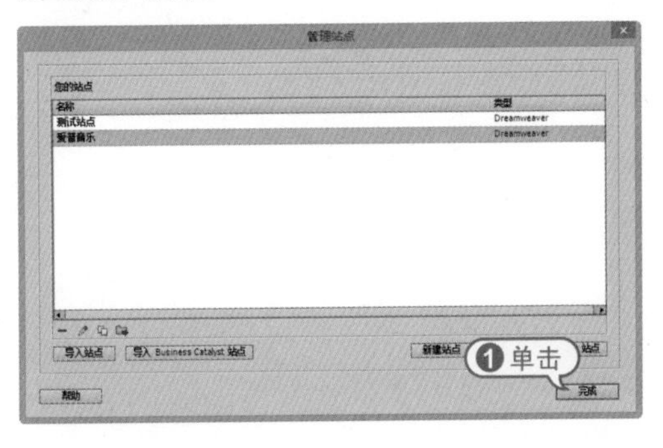

1.5.2 设置网站操作环境

利用掌握的设置操作环境的知识，在Dreamweaver中，可以为刚刚创建的“爱普音乐”网站设置属性。

【例1-9】在Dreamweaver CC中设置“爱普音乐”站点。视频

步骤 01 继续【例1-8】的操作，打开【文件】面板显示本地站点中的文件和目录。

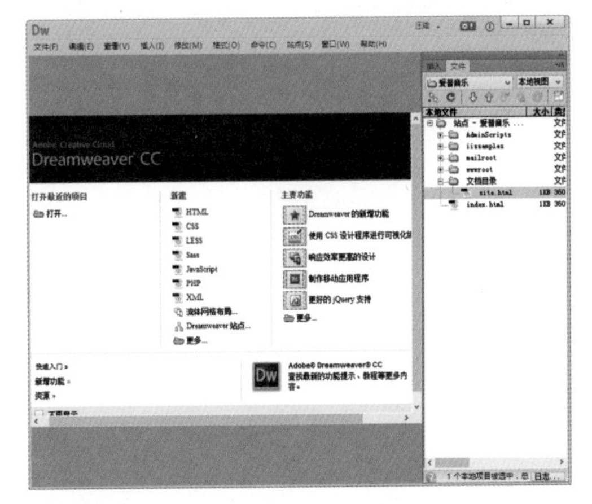

步骤 02 选择【编辑】|【首选项】命令，打开【首选项】对话框，然后在该对话框的【分类】列表框中选中【常规】选项卡，显示【常规】选项区域，并在该选项区域中设置“爱普音乐”站点中的【文档

选项】和【编辑】选项。

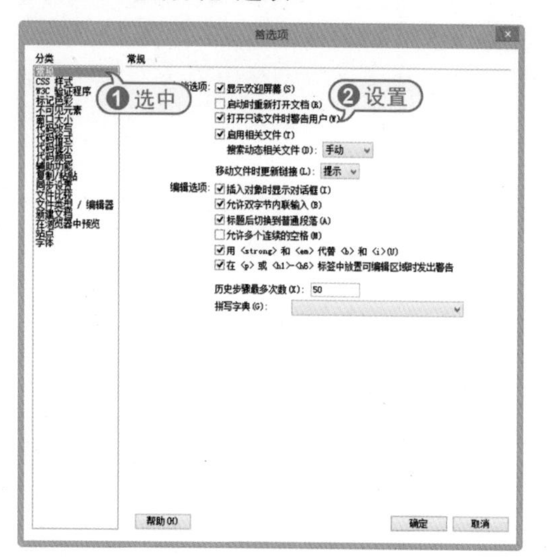

步骤 03 选中【首选项】对话框中【分类】列表框内的【不可见元素】选项，然后在打开的选项区域中设置网页中显示的元素。

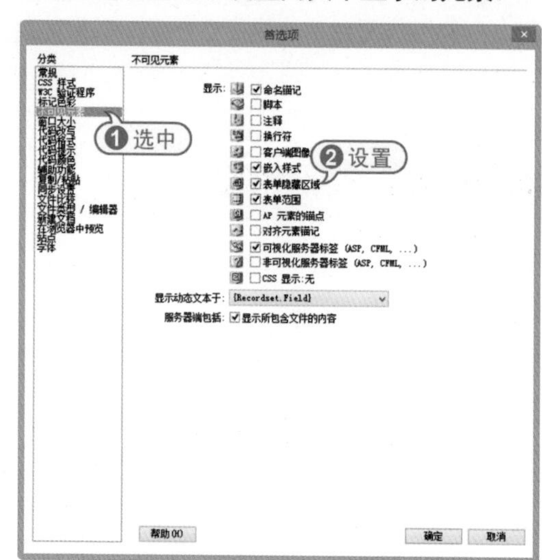

步骤 04 完成以上操作后，在【首选项】对话框中单击【确定】按钮即可。

专家答疑

》问：在制作网页时除了需要使用Dreamweaver以外，还会用到其他什么软件？

答：在网页制作中还会用到一些辅助软件，例如用于制作网页特效的软件——网页特效王；用于制作三维动画的软件——Cool 3D和Xtra 3D，以及用于制作网页按钮的软件——Crystrl Button等。

读书笔记

第2章

创建简单图文网页

对应光盘视频

例2-1　将Word文档导入网页
例2-2　在网页中输入特殊符号
例2-3　在网页中插入日期时间
例2-4　在网页中插入水平线
例2-5　在网页中插入滚动文字
例2-6　在网页中插入无序列表
例2-7　在网页中插入有序列表
例2-8　设置网页文本属性
本章其他视频文件参见配套光盘

文本和图像是网页中不可缺少的部分，对文本进行格式化可以充分体现页面所要表达的重点，而在网页中插入图像的实质则是把设计完成的最终效果展示给人们看。

2.1 在网页中插入文本

文本既是网页中不可缺少的内容，也是网页中最基本的对象。由于文本的存储空间非常小，所以在一些大型网站中，其占有不可代替的主导地位。在一般网页中，文本一般以普通文字、段落或各种项目符号等形式显示。

2.1.1 输入网页文本

使用Dreamweaver在网页中输入文本有以下3种方法：

- 将鼠标光标定位在文档窗口中直接输入文本。

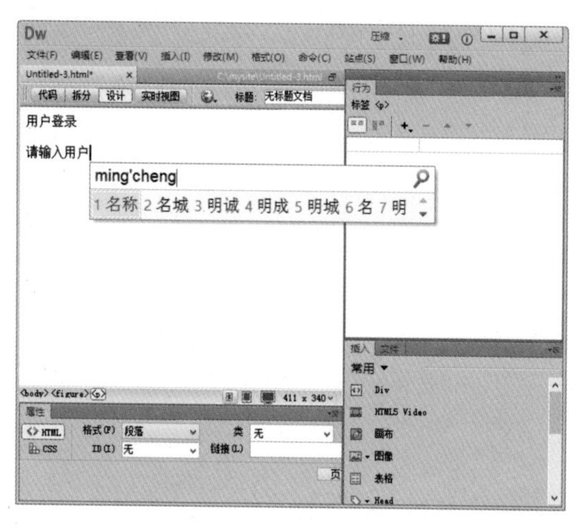

- 在其他窗口中选取一部分文本后按下Ctrl+C键复制，然后将鼠标光标定位在Dreamweaver编辑窗口中要插入文本的位置，按下Ctrl+V键，粘贴文本。

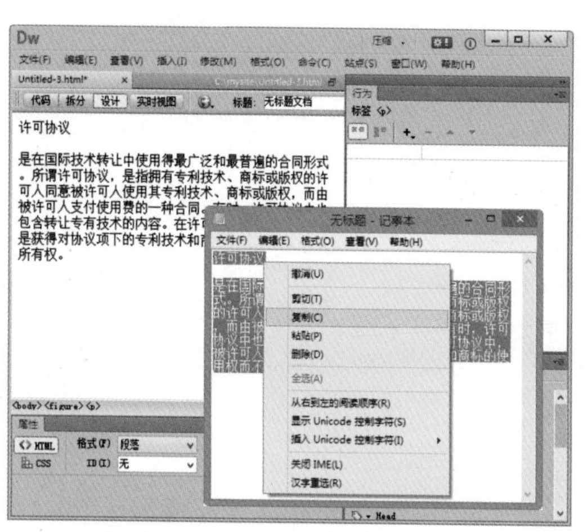

- 在Dreamweaver中将鼠标光标定位在要输入文本的位置上，选择【文件】|【导入】|【Word文档】命令，然后选择要导入的Word文档，将Word文档中的文本导入至网页中。

【例2-1】使用Dreamweaver CC将Word文档中的文本导入至网页中。

视频+素材(光盘素材\第02章\例2-1)

步骤 01 使用Word软件创建如下图所示的文档，并将其以文件名Android.doc保存。

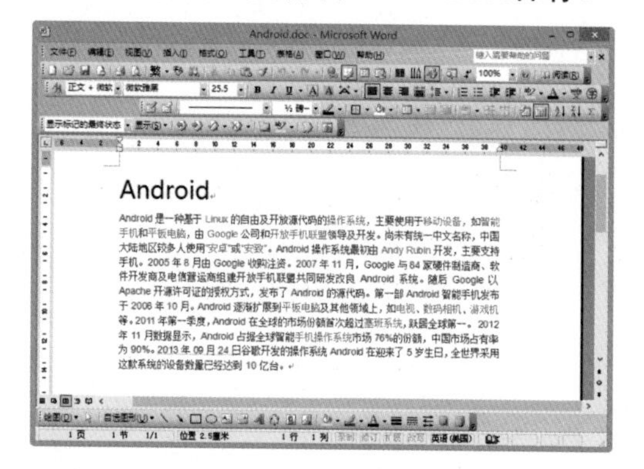

步骤 02 启动Dreamweaver CC后创建一个空白网页文档，选择【文件】|【导入】|【Word文档】命令，然后在打开的【导入Word文档】对话框中选中Android.doc文件并单击【打开】按钮。

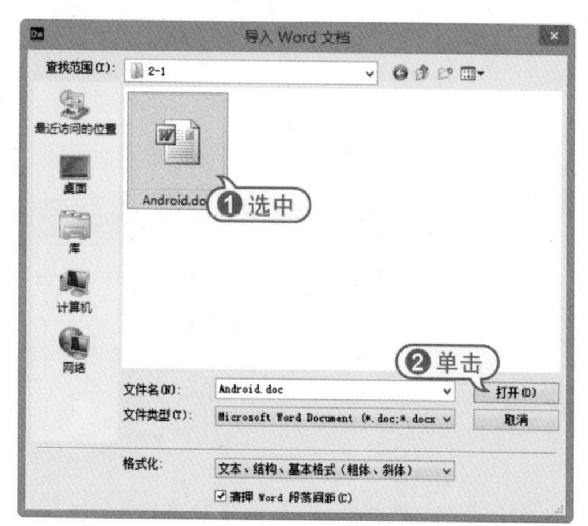

步骤 03 此时，Word文档中的内容将被插入至网页中，效果如下图所示。

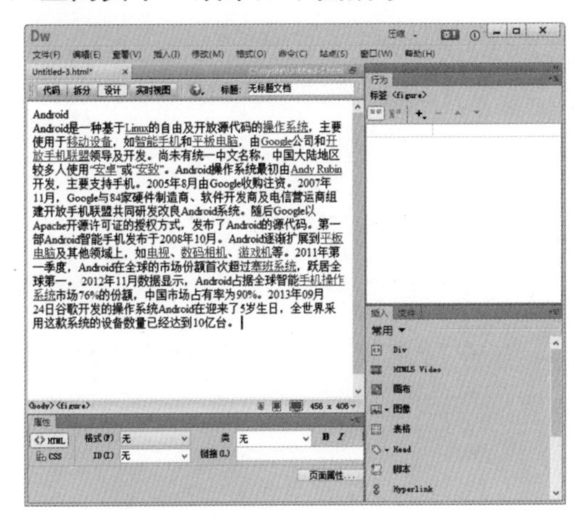

实战技巧

除了以上介绍的几种方法以外，还可以将一个文本文件或经过文字处理的文件转换为HTML文件，然后在Dreamweaver中将其打开。

2.1.2 插入特殊符号

网页中的特殊符号一般不能直接从键盘输入。Dreamweaver提供了各种特殊字符和符号，其中特殊字符包括了标准7位ASCII码字符集外的字符。在Dreamweaver中输入特殊字符，是通过【插入】面板的【常用】选项卡完成的，其具体方法如下。

【例2-2】使用Dreamweaver在网页中插入特殊符号€。

视频+素材 (光盘素材\第02章\例2-2)

步骤 01 打开一个需要插入特殊字符的网页后，将鼠标光标插入合适位置。

步骤 02 选择【窗口】|【插入】命令，显示【插入】面板，然后单击该面板中的▼按钮，并在弹出的下拉列表中选中【常用】选项。

步骤 03 在打开的【常用】选项卡中单击【字符】下拉列表按钮，在弹出的下拉列表中选中【欧元符号】选项。

步骤 04 此时，符号€将被插入网页，其效果如下图所示。

Android手机报价

小米2A(白色) €1500

2.1.3 插入日期和时间

由于网页上信息量很大，随时更新内

容就显得非常重要。Dreamweaver不仅能在网页中插入当天日期，而且对日期的格式也没有任何限制，甚至可以设置网页具备自动更新日期的功能，一旦网页被保存，插入的日期就会开始自动进行更新。

【例2-3】使用Dreamweaver CC在网页中插入日期和时间。

视频+素材(光盘素材\第02章\例2-3)

步骤 01 启动Dreamweaver后，打开如下图所示的网页文档，然后将鼠标指针插入至文档中合适的位置。

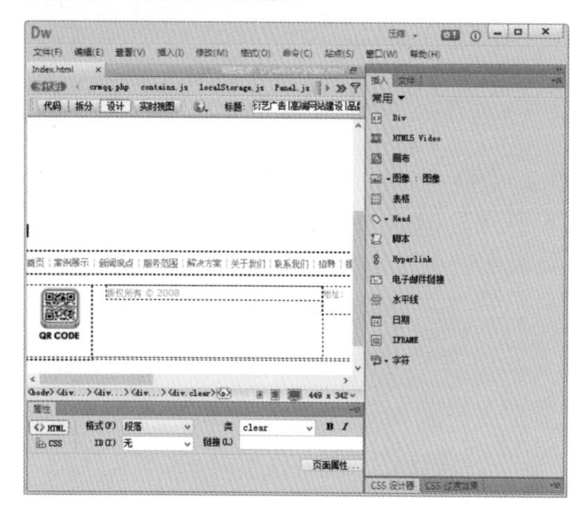

步骤 02 选择【插入】|【日期】命令(或单击【插入】面板中【常用】选项卡内的【日期】按钮)，打开【插入日期】对话框。

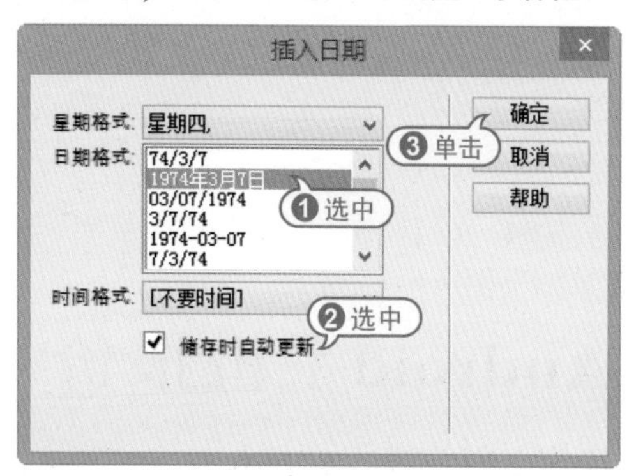

步骤 03 在【插入日期】对话框的【日期格式】列表框中选择插入日期的格式，单击【星期格式】下拉列表按钮，在弹出的下拉列表中选择插入日期的星期格式，然后选中【存储时自动更新】复选框，并单击【确定】按钮，即可在网页中插入如下图所示的日期。

2013年12月23日 星期一

首页 | 案例展示 | 新闻观点 | 服务范围 | 解决方案

步骤 04 完成以上操作后，选择【文件】|【保存】命令，将网页保存。

在【插入日期】对话框中，各选项的具体功能如下。

- 【星期格式】下拉列表：选择星期的格式，例如选择星期的简写方式、星期的完整显示方式或是不显示星期。

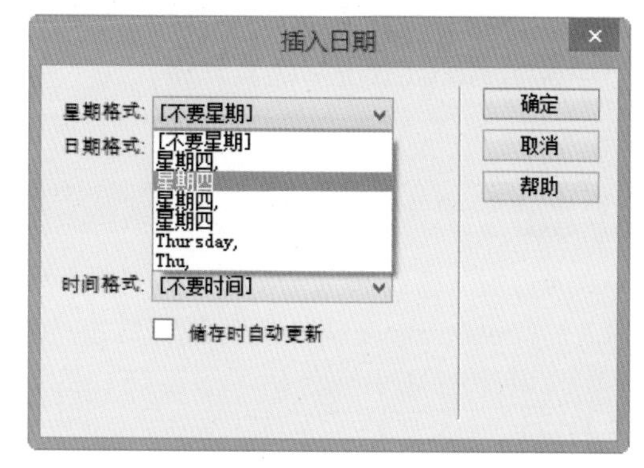

- 【日期格式】列表框：选择日期格式。
- 【时间格式】下拉列表：选择时间的格式，如选择12小时或24小时制的时间格式。

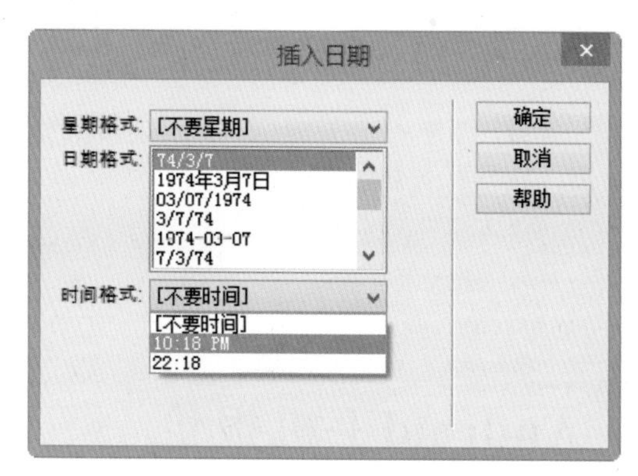

- 【存储时自动更新】复选框：每当

存储网页文档时，都会自动更新文档中插入的日期信息，该复选框功能可以用于记录文档的最后生成日期。

2.1.4 插入水平线

在网页文档中插入各种内容时，有时需要区分页面中不同的内容。在这种情况下最简单的方法就是插入水平线。水平线可以在不完全分割页面的情况下，以线为基准区分上下区域。

【例2-4】使用Dreamweaver CC在网页中插入水平线。

视频+素材 (光盘素材\第02章\例2-4)

步骤 01 继续【例2-4】的操作，将鼠标指针插入网页中需要插入水平线的位置。

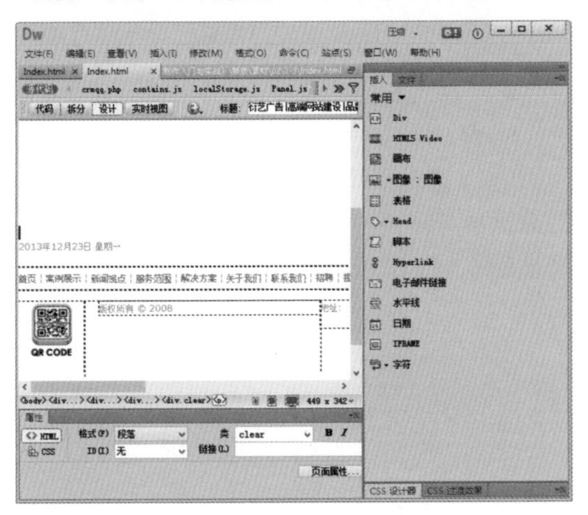

步骤 02 选择【插入】|【水平线】命令，(或单击【插入】面板中【常用】选项卡内的【水平线】按钮)，即可在网页中插入一个如下图所示的水平线。

步骤 03 选中文档中插入的水平线，然后在【属性】检查器中单击【对齐】下拉列表按钮，在弹出的下拉列表中选择【左对齐】选项，设置水平线靠页面左侧对齐。

步骤 04 在【属性】检查器的【宽度】文本框中输入300，设置水平线的宽度，在【高度】文本框中输入10，设置水平线的高度。

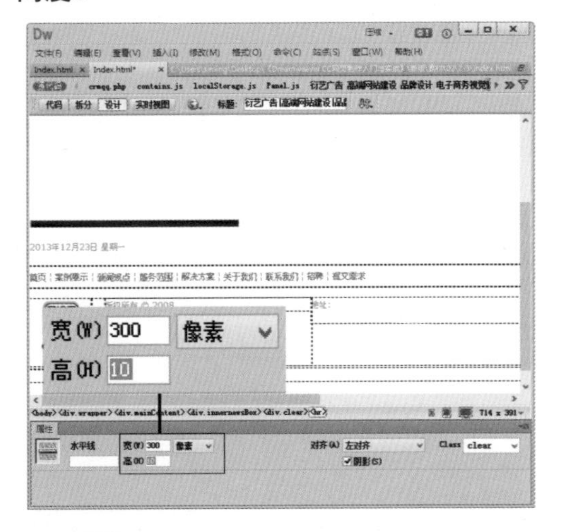

步骤 05 完成以上操作后，选择【文件】|【保存】命令，将网页保存。

在水平线的【属性】检查器中，各主要选项的功能如下。

- 【水平线】文本框：用于指定水平线的名称(在这里只能使用英文或数字)。
- 【宽】文本框：用于指定水平线的

宽度。若没有特别指定，则根据当前光标所在的单元格和画面宽度，以100%标准显示水平线的宽度。

- 【高】文本框：用于指定水平线的高度。当该文本框中的参数为1时，可以制作出很细的水平线。
- 【对齐】下拉列表：用于指定水平线的对齐方式。可以在【默认】、【左对齐】、【居中对齐】和【右对齐】中选择。
- 【阴影】复选框：用于赋予水平线立体感。
- Class下拉列表：用于选择应用在水平线上的样式。

2.1.5 插入滚动文字

在网络中常会见到图像或公告栏的标题横向或纵向滚动，通常将这种文本称为滚动文本。在Dreamweaver中滚动文本可以在【代码】视图中用<marquee>标签来创建，具体方法如下。

【例2-5】使用Dreamweaver CC在网页中插入滚动文字。

视频+素材(光盘素材\第02章\例2-5)

步骤 01 在Dreamweaver中，打开一个网页文档后，将鼠标指针插入文档中合适的位置，然后单击【文档】工具栏中的【拆分】按钮。

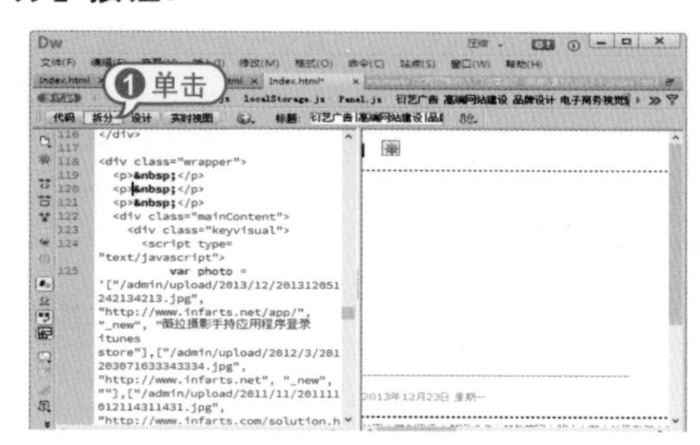

步骤 02 在【代码】视图中输入以下代码：

<marquee>欢迎访问本站</marquee>

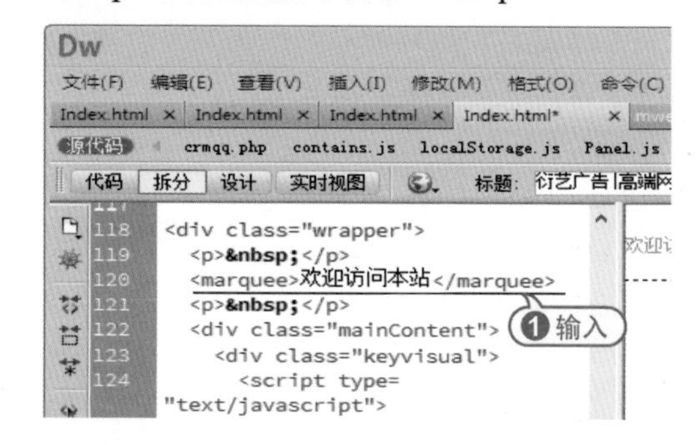

步骤 03 选择【文件】|【保存】命令，将网页保存后，即可在页眉中添加一个最简单的滚动文字。单击【文档】工具栏中的【实时视图】按钮即可查看滚动文字的效果。

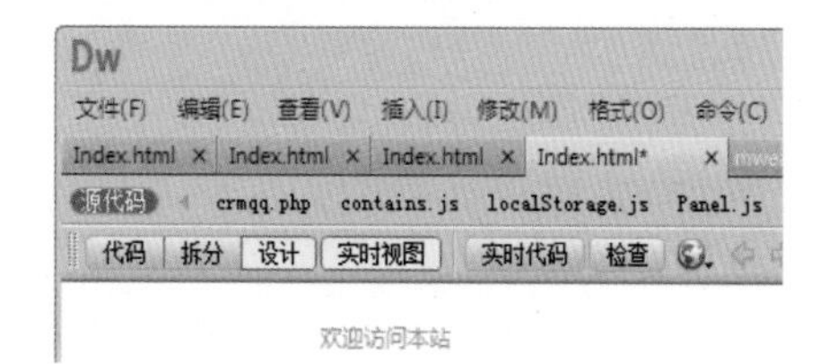

2.2 创建无序列表和有序列表

在网页中，有很多方法排列文本项目，可以将多种项目没有顺序地排列在一起，也可以给每个项目赋予编号后再进行排列。此时，没有顺序的文本排列方式称为无序列表，赋予编号排列的文本项目则称为有序列表。

2.2.1 制作无序列表

在制作网页时，如果需要把各个项目美观地排列在一起，建议使用无序列表。在无序列表中各项目前面的圆点直接用制作好的图像来替代，也可以在CSS样式表中定义更改圆点形状。

【例2-6】使用Dreamweaver CC在网页中创建一个无序列表。

视频+素材(光盘素材\第02章\例2-6)

步骤 01 在Dreamweaver中打开一个网页后，选中页面中需要设置无序列表的文字。

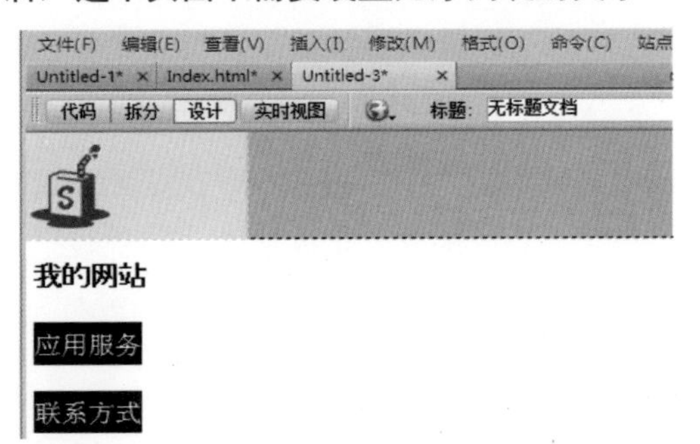

步骤 02 选择【插入】|【结构】|【项目列表】命令，即可在选中的文字上应用无序列表，效果如下图所示。

步骤 03 单击【文档】工具栏中的【拆分】按钮，可以在显示的【代码】视图中看到，无序列表通过<ul>和<li>标签实现。

步骤 04 将鼠标光标插入<ul>标签中，按下空格键，在弹出的列表中单击type选项，如下图所示。

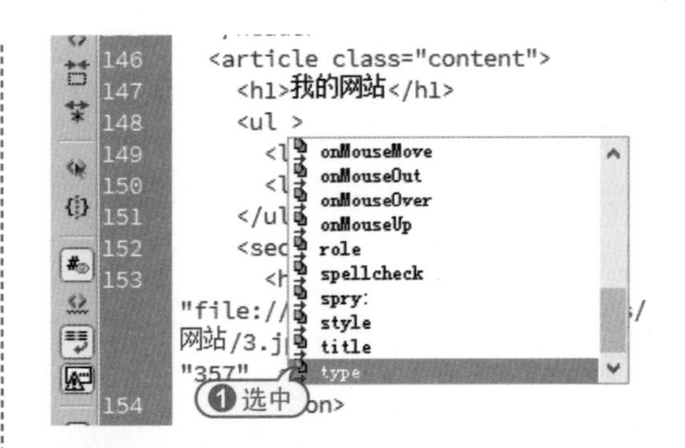

步骤 05 在随后弹出的列表中，可以设置无序列表当前使用的项目符号，包括circle、disc和square 3个选项(这里选择square)。

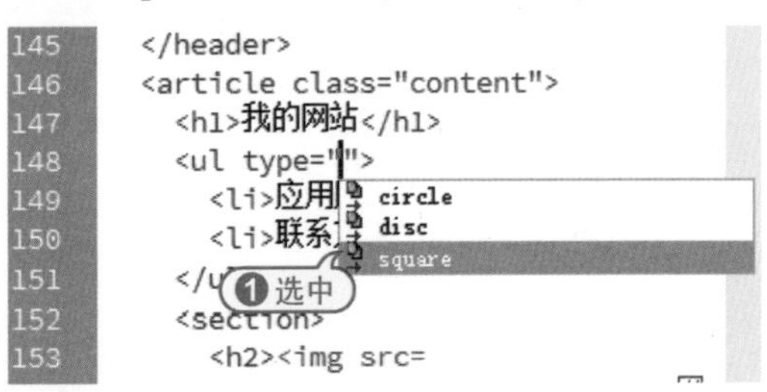

步骤 06 完成以上设置后，页面中无序列表的效果将如下图所示。

我的网站

- 应用服务
- 联系方式

2.2.2 创建有序列表

在各个项目中将赋予编号或字母表来创建的目录称为有序列表。在有序列表中各项目之间的顺序是非常重要的。在每项之前赋予数字、罗马数字的大小写以及字母表的大小写。

【例2-7】使用Dreamweaver CC在网页中创建一个有序列表。

视频+素材(光盘素材\第02章\例2-7)

步骤 01 继续【例2-6】的操作，保持页面中无序列表的选中状态，选择【插入】|【结构】|【编号列表】命令，即可将无序

列表设置为有序列表。

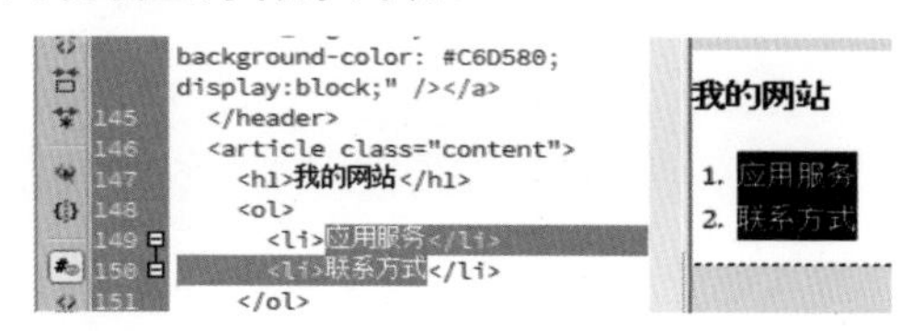

步骤 02 从界面左侧的【代码】视图中可以看出，有序列表与无序列表类似，其HTML代码使用<ol>和<li>标签定义有序列表，将鼠标指针插入<ol>标签后按下空格键，在弹出的列表单击type选项。

步骤 03 在随后弹出的列表中，可以设置有序列表当前使用的编号符号，包括数字、英文字母和罗马符号等(这里选择英文字母)。

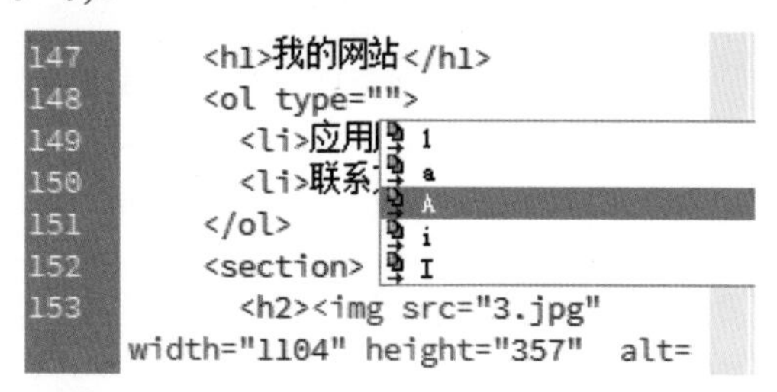

步骤 04 完成以上设置后，页面中有序列表的效果将如下图所示。

2.3 设置网页文本属性

使用Dreamweaver的【属性】检查器可以设置网页中文本的大小、颜色和字体等文本属性，HTML的基本属性，以及CSS文本的扩展属性。

2.3.1 设置文字基本属性

无论是输入文本、导入文本，还是新建的空白网页文档，Dreamweaver【属性】检查器中的选项均为文本的基本属性。

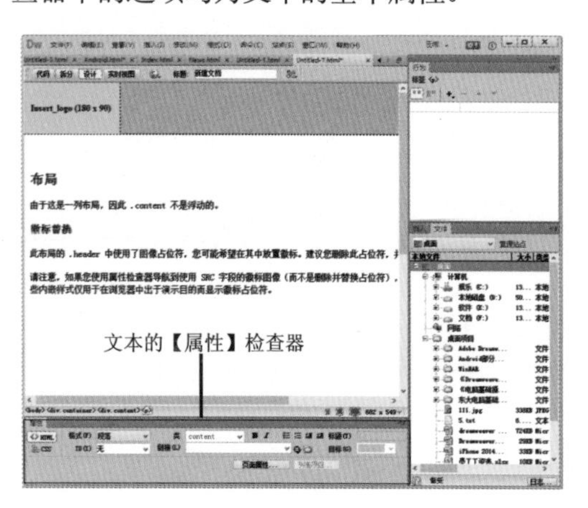

在【属性】检查器中，可以方便地设置网页中HTML的基本属性，其中比较常用的选项功能如下。

- 【格式】下拉列表：该下拉列表中包含预定义的字体样式。选择的字体样式将应用于插入点所在的整个段落。
- 【类】下拉列表：选择文档中使用的样式。若是与文本相关的样式，可以如实应用字体大小或字体颜色等参数。

- B按钮：将选中的文本设置为粗体。
- I按钮：将选中的文本设置为斜体。
- 【项目列表】按钮和【编号列表】按钮：创建无序列表或有序列表。
- 【删除内缩区块】按钮和【内缩区块】按钮：设置文本以减少右缩进或增加右侧缩进。

【例2-8】在Dreamweaver的【属性】面板中设置文本的属性。

视频+素材(光盘素材\第02章\例2-8)

步骤 01 在Dreamweaver中打开一个包含文本的网页后，选中页面中需要设置属性的文本。

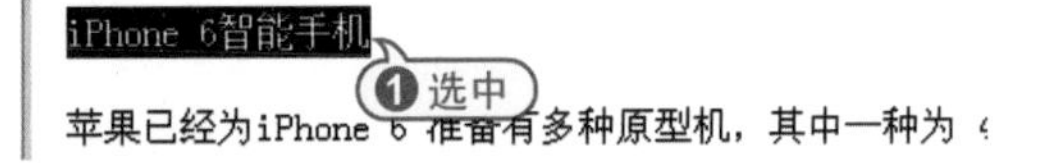

步骤 02 在文本【属性】检查器中单击【粗体】按钮B可以将文本字体加粗，单击【斜体】按钮I可以将设置文本字体倾斜。

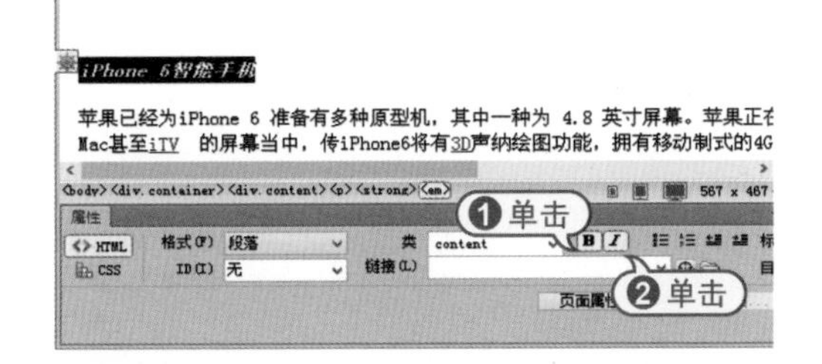

步骤 03 在文本【属性】检查器中单击【格式】下拉列表按钮，在弹出的下拉列表中可以为文本设置段落、标题或无格式。

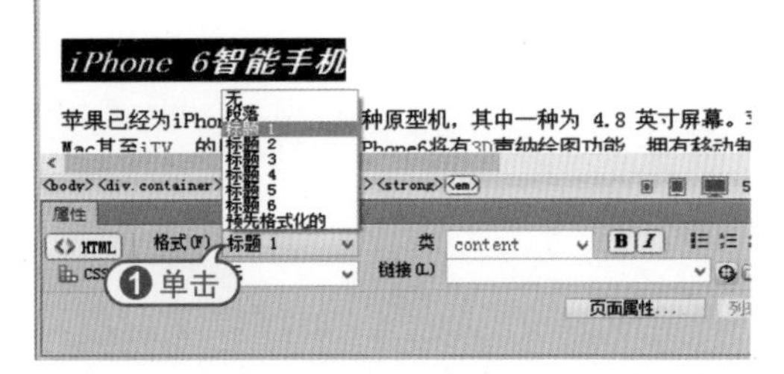

使用Dreamweaver的【属性】检查器，不仅可以设置HTML的基本属性，还可以设置CSS文本的扩展属性。单击【属性】检查器左侧的CSS按钮，可以显示CSS格式的【属性】检查器，

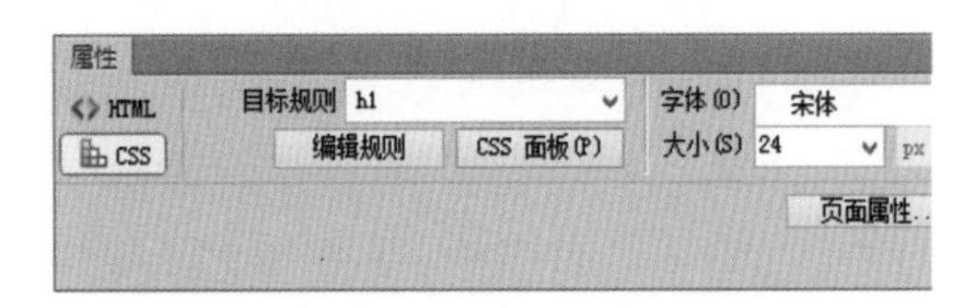

在CSS格式的【属性】检查器中，比较常用的选项功能如下。

- 【字体】下拉列表：用于指定字体。除现有字体以外，还可以添加新字体。

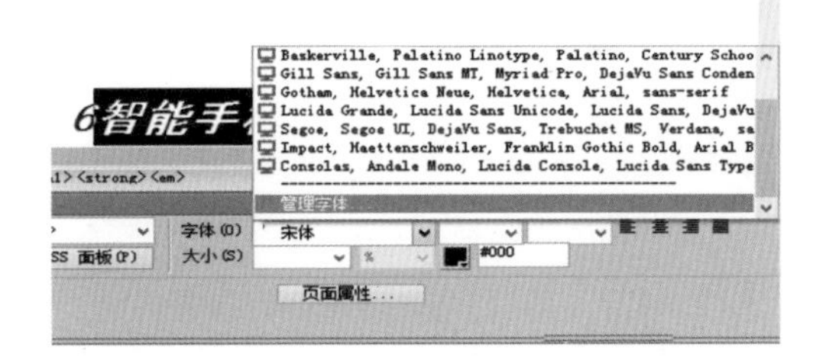

- 【大小】下拉列表：用于指定页面中字体的大小。

◎【字体颜色】按钮：用于指定字体的颜色，单击该按钮后可以利用颜色选择器或吸管，选取字体颜色，也可以通过在该按钮后的文本框内输入颜色代码，设置字体的颜色。

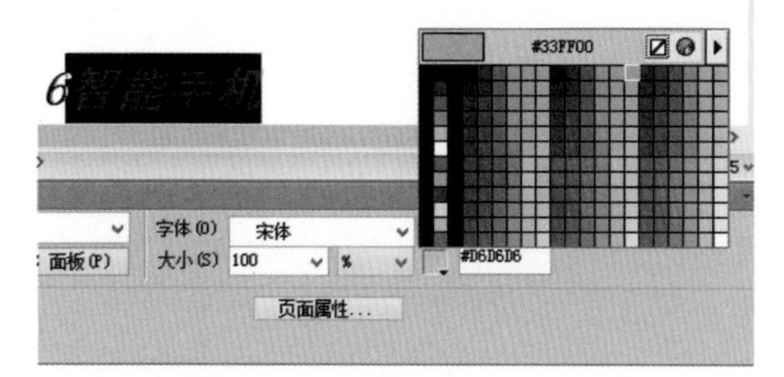

◎【对齐】选项区域：用于指定文字的对齐方式，包括左对齐、居中对齐、右对齐和两端对齐等不同方式。

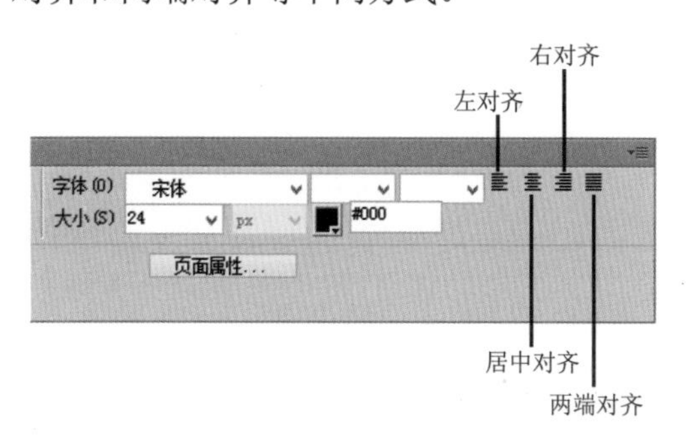

2.3.2 添加网页文本字体

在Dreamweaver中指定网页文件的文本字体时，最好使用在所有操作系统(Windows系列操作系统)上都安装的基本字体。中文基本字体即Windows自带的宋体、黑体、仿宋和隶书等。

打开Dreamweaver的字体目录，就会排列出类似Times New Roman、Times、serif等各种各样的字体。应用字体目录就可以在文本中一次性指定两三种字体。例如，可以对文本应用宋体、黑体和隶书3种中文字体构成的字体目录。如此指定后，在访问者的计算机中首先确认是否安装宋体字体，若没有相关字体就再查看是否有黑体字体，如果也没有该字体，就用隶书字体来显示相关文本，即预先指定可使用的两三种字体后，从第一种字体开始一个一个进行确认。

下面将通过一个实例，介绍在Dreamweaver CC中添加本地Web字体的方法。

【例2-9】在Dreamweaver中添加一个本地Web字体。

视频+素材(光盘素材\第02章\例2-9)

步骤 01 使用Dreamweaver CC打开一个正在制作的网页后，单击【属性】检查器中的【字体】按钮，在弹出的列表框中选择【管理字体】选项。

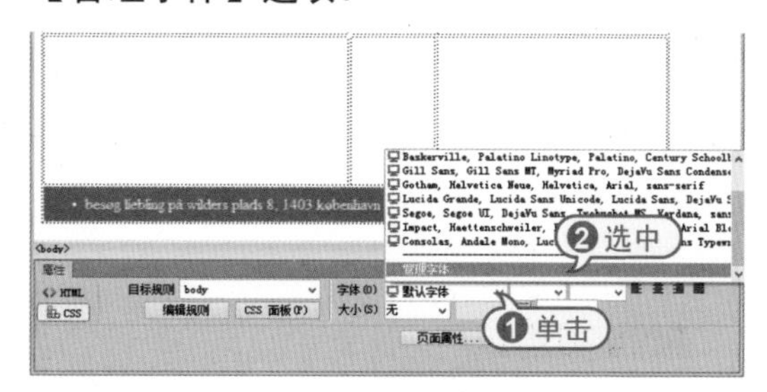

步骤 02 在打开的【管理字体】对话框中选择【本地Web字体】选项卡，然后在该选项卡中单击一种字体格式后的【浏览】按钮。

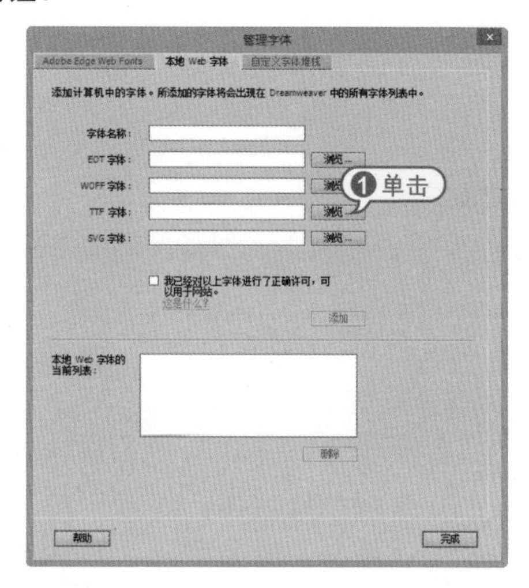

步骤 03 在打开的【打开】对话框中选中一个字体文件后，单击【打开】按钮，返回【管理字体】对话框。

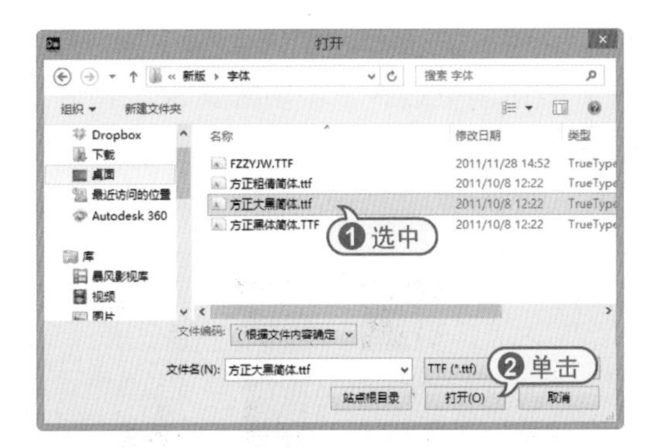

步骤04 在【管理字体】对话框中选中【我已经对以上字体进行了正确许可，可以用于网站。】复选框，然后单击【添加】按钮。

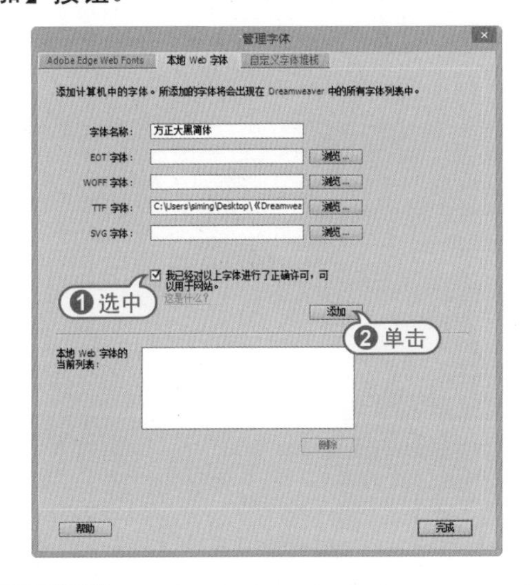

步骤05 此时，添加的字体将加入至【本地Web字体的当前列表】列表框中，单击【完成】按钮，完成添加本地Web字体。

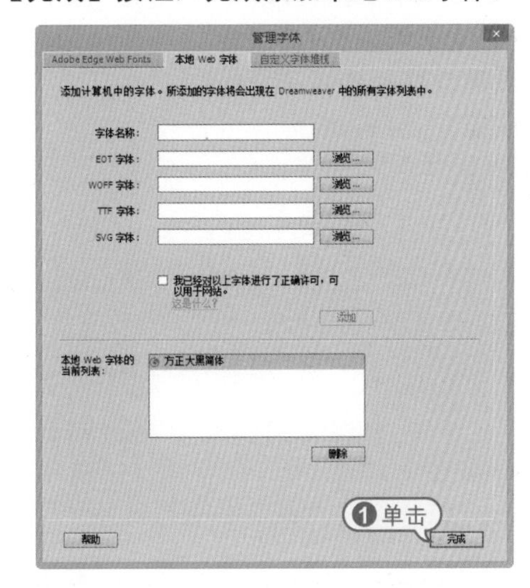

步骤06 单击【属性】检查器中的【字体】下拉列表按钮，在弹出的下拉列表中可以应用添加的新字体。

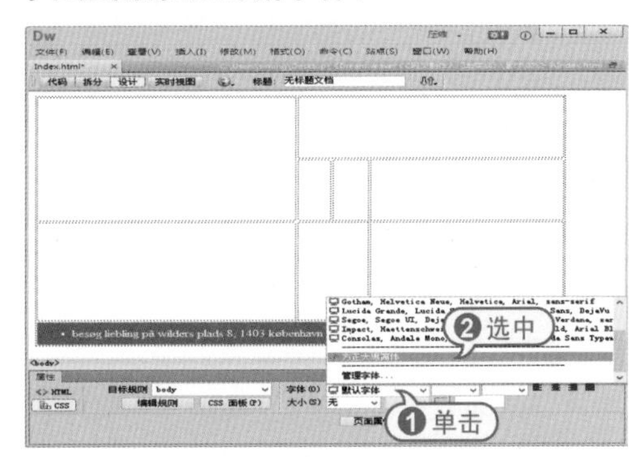

2.4 在网页中插入图像

在网页中插入图像可以起到美化页面的作用，常用的图像格式有JPEG和GIF两种。在网页中适当加入图像可以为网页增色不少，但图像文件过大会影响网页的下载速度，因此，图像要用得少而精，在不失真的情况下可以使用图像软件尽量压缩图像。

2.4.1 网页图像简介

网页中使用的图像文件要符合几种条件，最为重要的是为了使网页文件快速传送，应尽量压缩文件的大小，但缩小文件后，画质也会相对降低。因此，保持较高画质的同时尽量缩小文件的大小，是图像文件应用在网页中的基本要求。在图像文件的格式中符合这种条件的有GIF、JPG/JPEG、PNG等。

- GIF：与JPG或PNG格式相比，GIF文件虽然比较小，但这种格式的图片文件最多只能显示256种颜色。因此，GIF图片很少使用在照片等需要很多颜色的图像中，多使用在菜单或图标等用色简单的图像中。

● JPG/JPEG：JPG/JPEG格式的图片比GIF格式使用更多的颜色，因此适合体现照片图像。这种格式适合保存用数码相机拍摄的照片、扫描的照片或是使用多种颜色的图片。

● PNG：JPG格式在保存时由于压缩会损失一些图像信息，但用PNG格式保存的文件与原图像几乎相同。

实战技巧

网页中图像的使用会受到网络传输速度的限制，为了减少下载时间，一个页面中的图像文件最好不要超过100KB。

2.4.2 插入普通网页图像

在Dreamweaver CC中，可以选择【插入】|【图像】|【图像】命令，或单击【插入】面板中【常用】选项卡内的【图像】按钮，在网页中插入图像。

【例2-10】使用Dreamweaver CC在网页中插入图像。

视频+素材(光盘素材\第02章\例2-10)

步骤 01 使用Dreamweaver打开一个网页后，将鼠标指针插入网页中合适的位置。

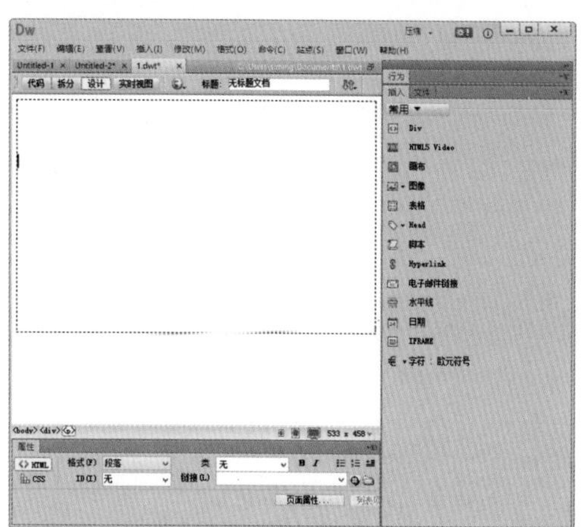

步骤 02 选择【插入】|【图像】|【图像】命令，然后在打开的【选择图像源文件】对话框中选中一个图片文件，并单击【确定】按钮。

步骤 03 此时，即可将选中的图片插入至网页中，效果如下图所示。

2.4.3 设置网页背景图

背景图像是网页中的另外一种图像显示方式，该图像既不影响文件输入，也不影响插入式图像的显示。在Dreamweaver中，将鼠标光标插入至网页文档中，然后单击【属性】检查器中的【页面属性】按钮，即可打开【页面属性】对话框对当前网页的背景图像进行设置，具体方法如下。

【例2-11】使用Dreamweaver CC为网页设置背景图像。

视频+素材(光盘素材\第02章\例2-11)

步骤 01 在Dreamweaver中打开一个需要

设置背景的网页后，将鼠标光标插入至网页中，单击【属性】检查器中的【页面属性】按钮。

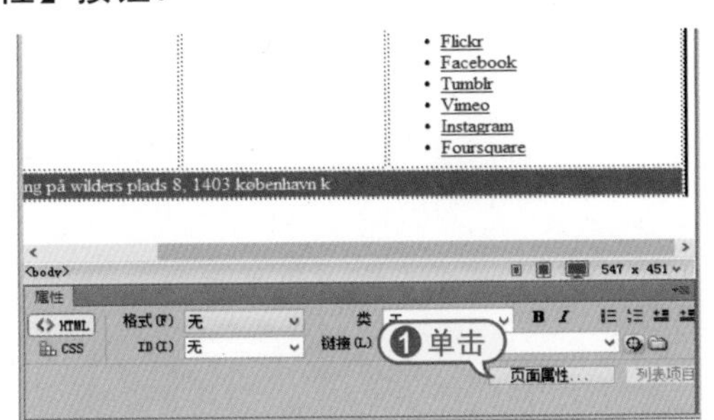

步骤 02 在打开的【页面属性】对话框的【分类】列表框中选中【外观(CSS)】选项，然后单击对话框右侧【外观(CSS)】选项区域中的【浏览】按钮。

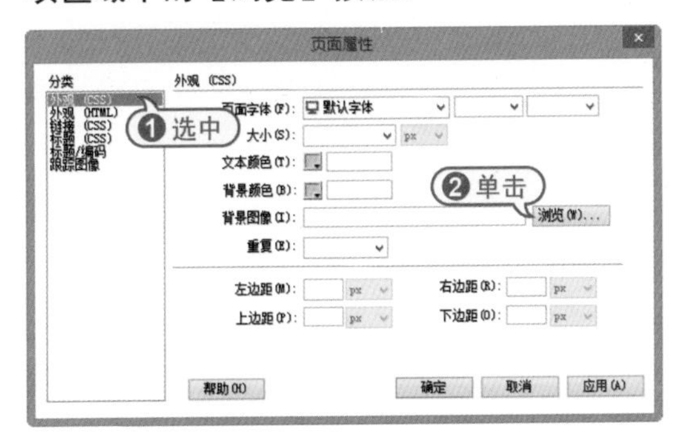

步骤 03 在打开的【选择图像源文件】对话框中选中一个图片后，单击【确定】按钮。

步骤 04 此时，被选中的图片文件将作为网页的背景图像显示在页眉中，其效果如下图所示。

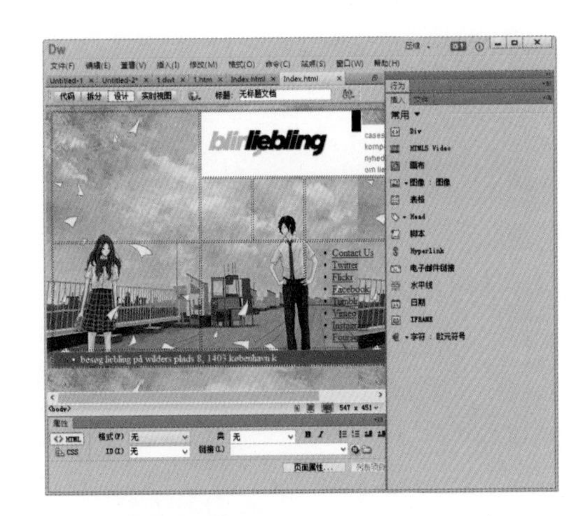

知识点滴

在默认情况下，网页背景图像的排列方式为重复。可以在【页面属性】对话框的【外观(CSS)】选项区域中单击【重复】下拉列表更改背景图像不重复、横向重复或纵向重复。

2.4.4 插入Photoshop智能对象

Dreamweaver不仅能够插入PSD格式的图像，还能够在修改PSD图像文件后，以简单的方式直接更新输出的图像。

1. 插入PSD格式图像

在Dreamweaver中插入智能对象的方法与插入普通图像的方法类似。打开【插入】面板中的【常用】选项卡，然后单击【图像】按钮，在打开的对话框中选择格式为PSD的图像并单击【确定】按钮，即可将此类图像插入至网页中。当使用Photoshop更改PSD源文件时，Dreamweaver会自动检测到网页中图像源文件的变化，并提示更新。

【例2-12】使用Dreamweaver CC在网页中插入一个PSD文件，并在图像源文件发生变化后更新该文件。

视频+素材(光盘素材\第02章\例2-12)

步骤 01 首先，使用Photoshop制作一个如下图所示的PSD文件。

步骤 02 在Dreamweaver中将鼠标指针插入网页中需要插入图片的位置，单击【插入】面板中【常用】选项卡内的【图像】按钮，打开【选择图像源文件】对话框

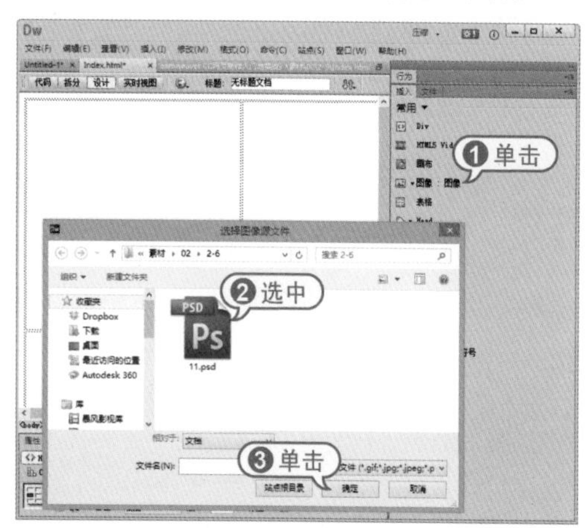

步骤 03 在【选择图像源文件】对话框中选中步骤(1)创建的PSD文件后，单击【确定】按钮。此时，Dreamweaver将打开如下图所示的【图像优化】对话框。

步骤 04 在【图像优化】对话框中单击【确定】按钮，打开【保存Web图像】对话框。

步骤 05 在【保存Web图像】对话框中设置将图像保存为JPEG格式后，单击【保存】按钮保存图像。此时，页面中将插入如下图所示的图像，在图像的左上角将显示一个【图像已同步】标志，表示该图像为Photoshop智能对象。

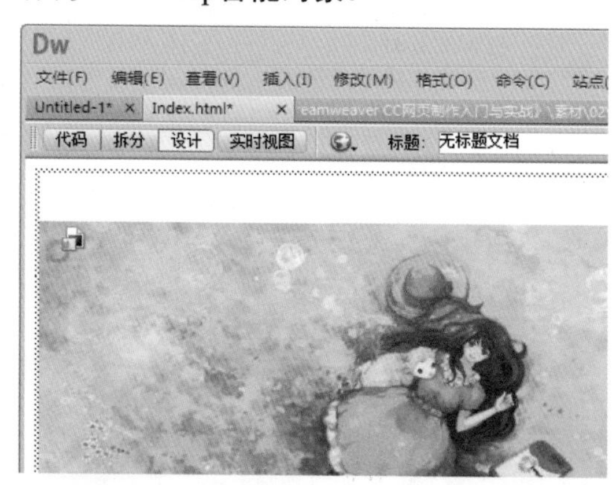

步骤 06 切换Photoshop，对PSD文件进行修改并保存图片。

步骤 07 此时，Dreamweaver将自动检测图像源文件的变化，并在图像左上角显示【原始资源已修改】标志。

步骤 08 在图片【属性】检查器中单击【从源文件更新】按钮，自动将新的PSD文档应用到网页中。

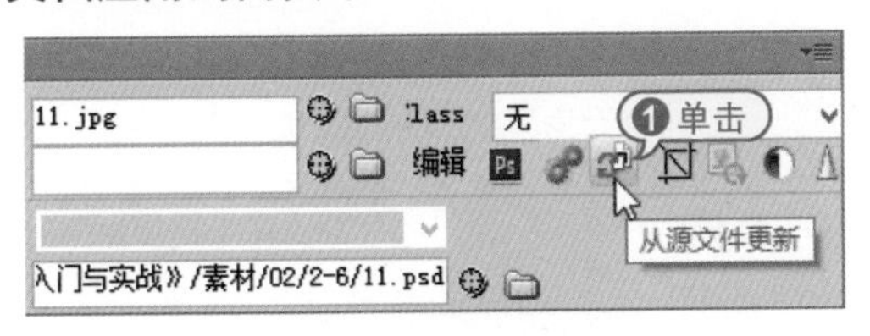

2. 复制Photoshop选取图像

由于PSD格式图像属于分层图像，因此还可以在Photoshop中有选择地复制图像，然后粘贴至Dreamweaver中。此时，既可以选择一个图层中的图像也可以选择局部图像。

【例2-13】将Photoshop中编辑的图片复制到网页中。

视频+素材(光盘素材\第02章\例2-13)

步骤 01 在Photoshop中选中分层图像的其中一个图层，并选中图层中的某个区域，选择【编辑】|【拷贝】命令(快捷键为Ctrl+C键)。

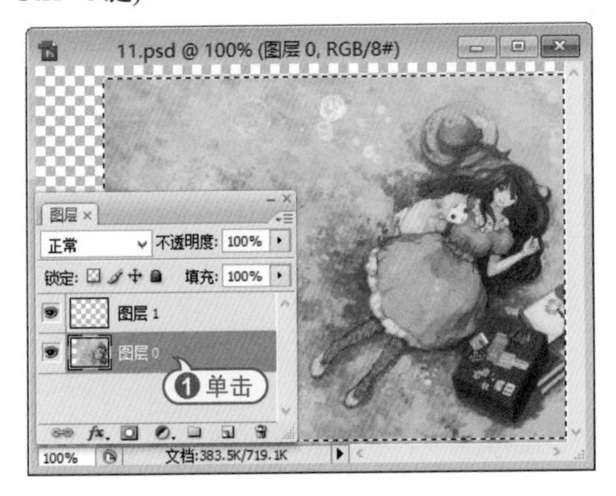

步骤 02 返回Dreamweaver文档中，选择【编辑】|【粘贴】命令(快捷键：Ctrl+V键)，并在打开的【图像优化】对话框中单击【确定】按钮。

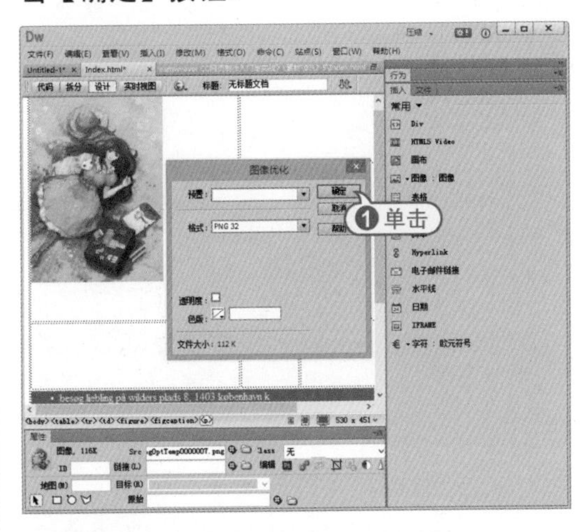

步骤 03 在打开的【保存Web图像】对话框中设置保存图像后，单击【保存】按钮即可将图像复制到网页中。

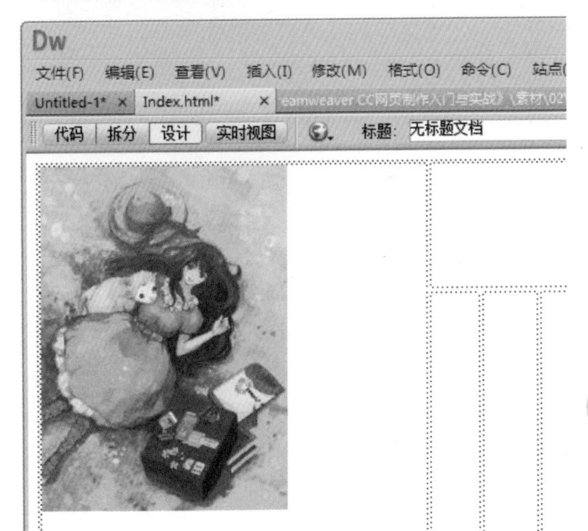

3. 复制Photoshop切片图像

若要将图像中的局部插入网页，还有一种方法是使用Photoshop中的切片图像。当在Photoshop中使用切片工具将图像分割成若干份后，使用切片选择工具，选中其中的一个切片图像进行复制，并将其粘贴至由Dreamweaver编辑的网页中。

【例2-14】将Photoshop中切片的图像复制到网页中。

视频+素材(光盘素材\第02章\例2-14)

步骤 01 在Photoshop中使用切片工具将图像分割成若干块，如下图所示。

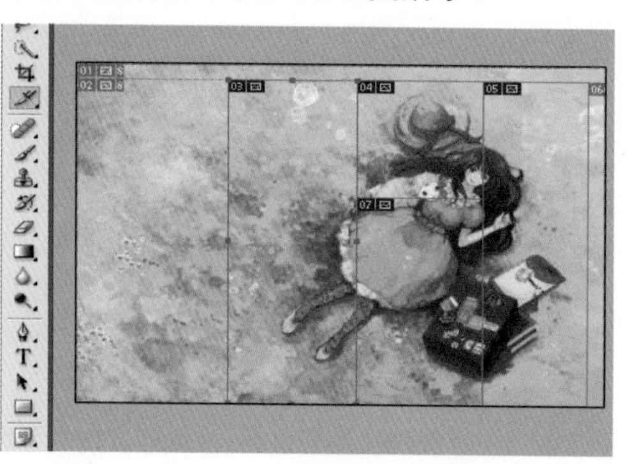

步骤 02 使用切片选择工具选中其中某个区域，然后选择【编辑】|【拷贝】命令。

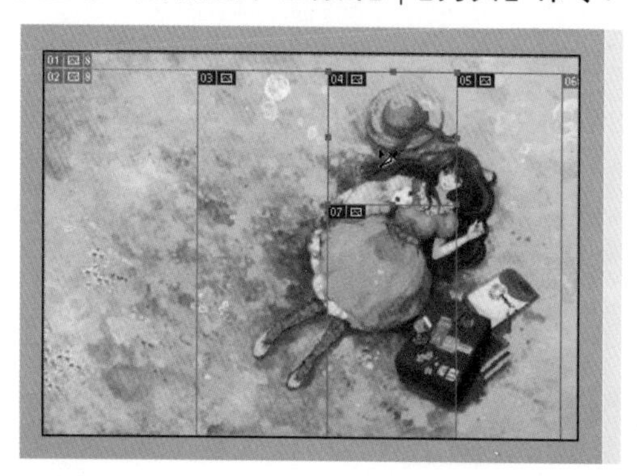

步骤 03 切换至Dreamweaver，将鼠标指针插入网页中合适的位置，然后选择【编辑】|【粘贴】命令，打开【图像优化】对话框。

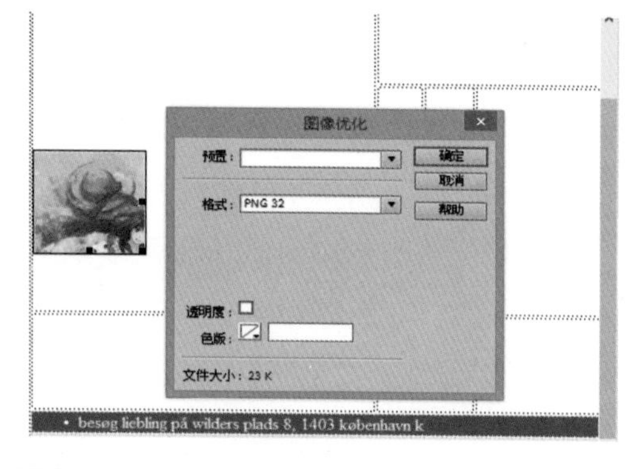

步骤 04 在【图像优化】对话框中单击【确定】按钮，然后在打开的【保存Web图像】对话框中将图像保存，即可将Photoshop中的图像切片复制到网页中。

2.4.5 应用鼠标经过图像

鼠标经过图像是一种在浏览器中查看并使用鼠标光标经过时发生变化的图像。如果要在网页中插入鼠标经过图像，必须拥有两幅图像(主图像和次图像)，并且两幅图像的尺寸相同。

【例2-15】在网页中插入鼠标经过图像。

视频+素材(光盘素材\第02章\例2-15)

步骤 01 在Dreamweaver CC中打开一个网页文档后，将鼠标光标插入文档内合适的位置。

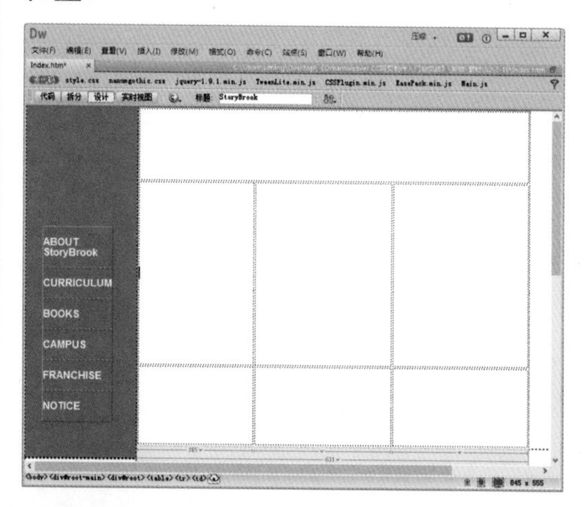

步骤 02 选择【插入】|【图像】|【鼠标经过图像】命令，在打开的【插入鼠标经过图像】对话框的【图像名称】文本框中输入Image1。

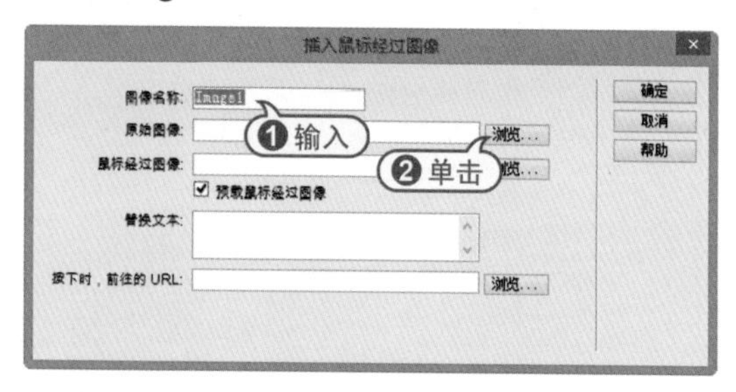

步骤 03 在【插入鼠标经过图像】对话框

中，单击【原始图像】文本框后的【浏览】按钮，在打开的【原始图像】对话框中选中一张图像作为网页中基本显示的图像。

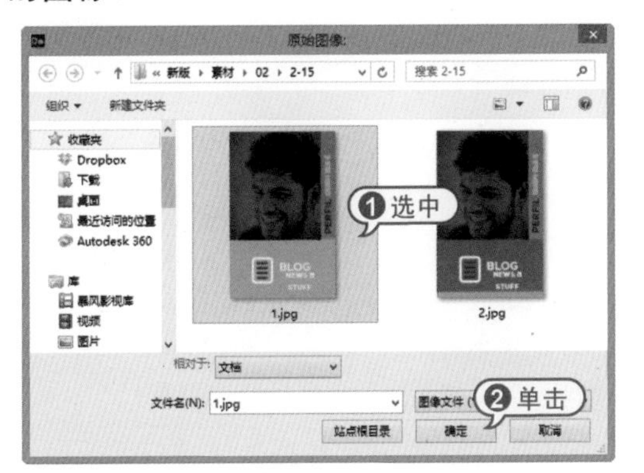

步骤 04 单击【确定】按钮返回【插入鼠标经过图像】对话框后，在该对话框中单击【鼠标经过图像】文本框后的【浏览】按钮，并在打开的【鼠标经过图像】对话框中选中一张作为鼠标光标移动到图像上方所显示的图像。

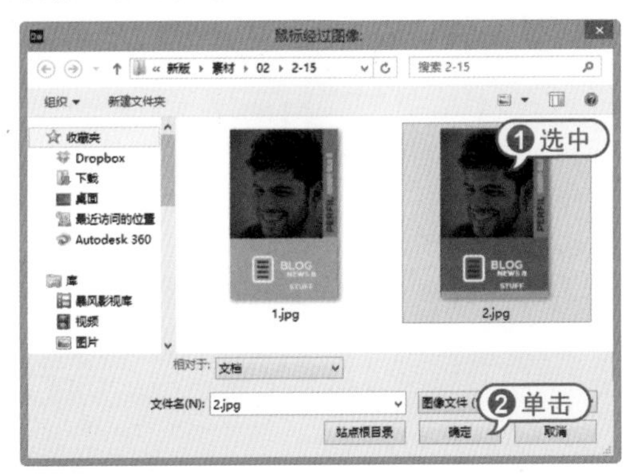

步骤 05 单击【确定】按钮，返回【插入鼠标经过图像】对话框后，在该对话框中选中【预载鼠标经过图像】复选框。

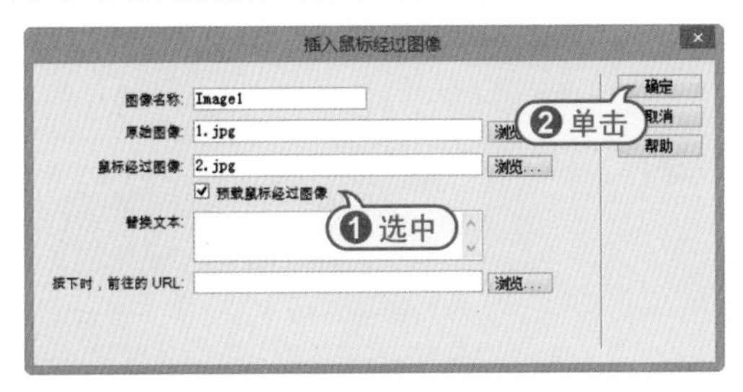

步骤 06 最后，在【插入鼠标经过图像】对话框中单击【确定】按钮，即可在网页中插入一个如下图所示的鼠标经过图像。

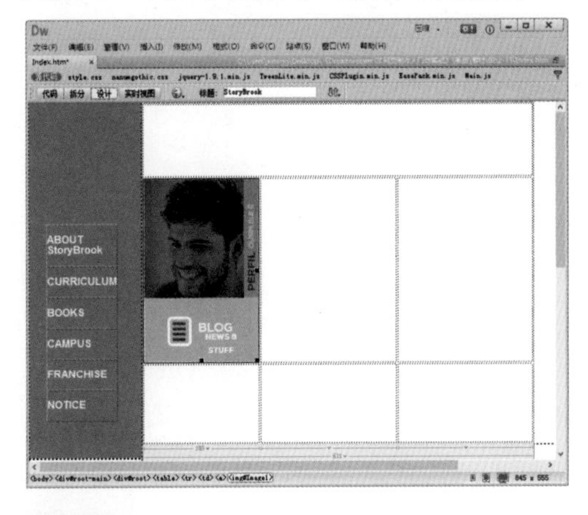

步骤 07 单击【文档】工具栏中的【实时视图】按钮预览网页，当鼠标位于图像外时，页面中图像的效果如下图所示。

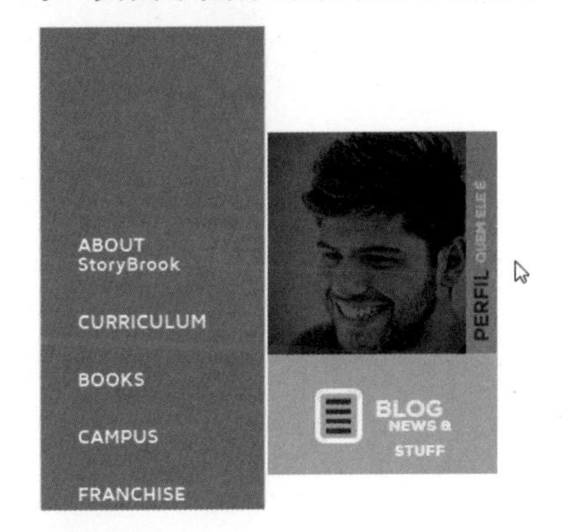

步骤 08 将鼠标光标移动至图像上时，图像的效果将如下图所示。

在【插入鼠标经过图像】对话框中，各选项的功能如下。

● 【图像名称】文本框：用于指定图像名称。在不是利用JavaScript等控制图像的情况下，可以使用Dreamweaver自动赋予的图像名称。

● 【原始图像】文本框：用于指定网页中基本显示的图像。

● 【鼠标经过图像】文本框：用于指定鼠标光标移动到图像上方时所显示的替换图像。

● 【预载鼠标经过图像】复选框：无论是否通过鼠标光标指向原始图像来显示鼠标经过图像，浏览器都会将鼠标经过图像下载到本地缓存中，以便加快网页浏览速度。如果没有选中该复选框，则只有在浏览器中光标指向原始图像显示鼠标经过图像后，鼠标经过图像才会被浏览器存放到本地缓存中。

● 【替换文本】文本框：用于指定鼠标光标移动到图像上时显示的文本。

● 【按下时，前往的URL】文本框：用于指定单击轮换图像时移动到的网页地址或文件名称。

2.5 编辑网页图像

在默认状态下，插入到网页中的图像使用的是原图像的大小、颜色等属性。而根据不同的网页设计需求，需要适当地重新调整图像属性。图像属性既包括其基本属性，如大小、源文件等，也包括改变图像本身的属性，如亮度、对比度、锐化等。

2.5.1 更改图像基本属性

在Dreamweaver中选中不同的网页元素，【属性】检查器将显示想要的属性参数。如果选中图片，【属性】检查器将显示图片的各项属性参数，如下图所示。

1. 设定图像名称

在Dreamweaver中选中网页中的图像后，在打开的【属性】面板的【图像】文本框中，可以对网页中插入的图像进行命名操作。

2. 调整图像大小

在Dreamweaver CC中调整图像大小有两种方法，一种是在【属性】面板中设置，另一种是在【设计】窗口中拖动图像改变大小，具体如下：

● 选中网页文档中的图像，打开【属性】面板，在【宽】和【高】文本框中分别输入图像的宽度和高度，单位为像素。

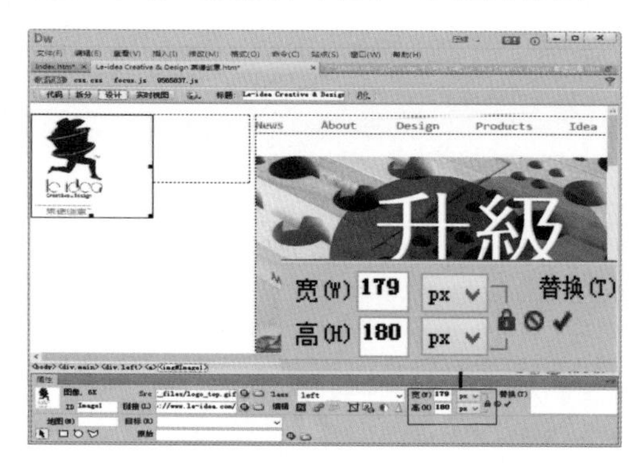

选中网页中的图像后，在图像周围会显示3个控制柄，调整不同的控制柄即可分别在水平、垂直、水平和垂直3个方向调整图像大小。

3. 替换图像源文件

在利用Dreamweaver CC设计网页的过程中，若需要替换网页中的某个图像，可以参考以下实例所介绍的方法。

【例2-16】在Dreamweaver CC中设置替换网页图像源文件。

视频+素材(光盘素材\第02章\例2-16)

步骤 01 在Dreamweaver CC中打开一个包含图像的网页后，选中页面中的图像后在【属性】面板中单击Scr文本框后的【浏览文件】按钮，打开【选择图像源文件】对话框。

步骤 02 在【选择图像源文件】对话框中选中图像文件后，单击【确定】按钮即可替换网页中图像的源文件。

实战技巧

除了采用以上方法替换图像源文件外，在Dreamweaver中直接双击需要替换的图像，也可以打开【选择图像源文件】对话框，修改图像源文件。

4. 添加图像替换文本

添加替换文本是在浏览网页时，当光标移至图像上会自动显示该图像的说明；当图片无法显示时，也会在图像所在位置显示图像说明。

【例2-17】在Dreamweaver CC中设置网页图像替换文本。

视频+素材(光盘素材\第02章\例2-17)

步骤 01 选中页面中插入的图像后，在图像【属性】面板的【替换】下拉列表中输入替换文本内容。

步骤 02 完成以上操作后，在浏览器中浏览网页文档，即可显示图像替换文本。

5. 裁剪图像内容

裁切图像可以将图像中不需要的部分剪切掉，选中图像后，在【属性】面板中单击【裁切】按钮，选中的图像周围会显示阴影边框，调整阴影边框，然后按下Enter键，即可裁切图像(阴影部分的图像将被剪切掉)。

2.5.2 使用图像编辑器

在Dreamweaver中，图像编辑器主要分为内部图像编辑器和外部图像编辑器。下面将分别介绍图像编辑器的具体功能。

1. 使用内部图像编辑器

Dreamweaver CC软件具备基本的图形编辑功能，不用借助外部图形编辑器，也能直接对图形进行修剪、重新取样、调整图像的亮度和对比度以及锐化图像等操作。

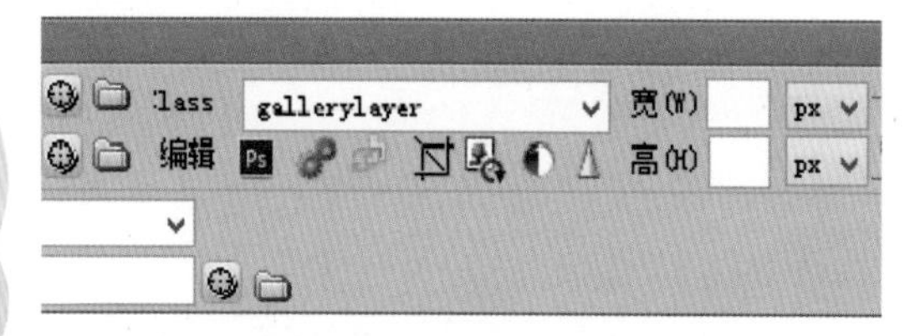

选中网页文档中的图像后，在打开的【属性】面板中可以分别使用【重新取样】按钮、【亮度和对比度】按钮和【锐化】按钮等多个按钮来实现对图像的编辑操作。其中，比较重要的按钮的具体功能如下。

- 【亮度和对比度】按钮：单击该按钮，可以在打开的对话框中设置修正过暗或过亮的图像，设置图像的高亮显示、阴影和中间色调。

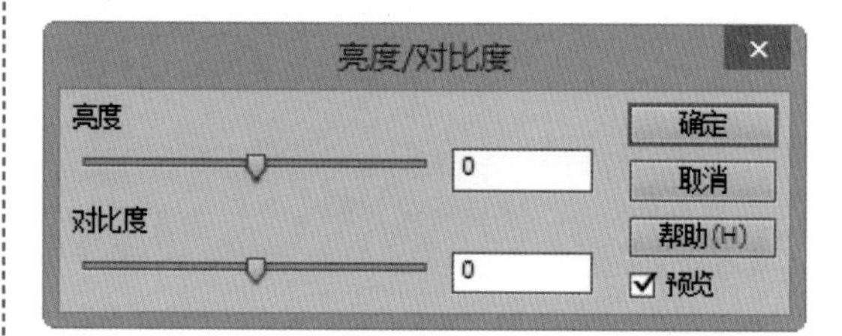

- 【锐化】按钮：要显示页面中数码图像文件中的细节，经常需要锐化图像，从而提高边缘的对比度，使图像更清晰。选中图像，然后单击【锐化】按钮，系统会自动打开一个信息提示框，执行该操作同样是无法撤销的，单击【确定】按钮，打开【锐化】对话框。可以通过拖动滑块控件或在文本框中输入一个0～10的数值，来指定Dreamweaver应用于图像的锐化程度。

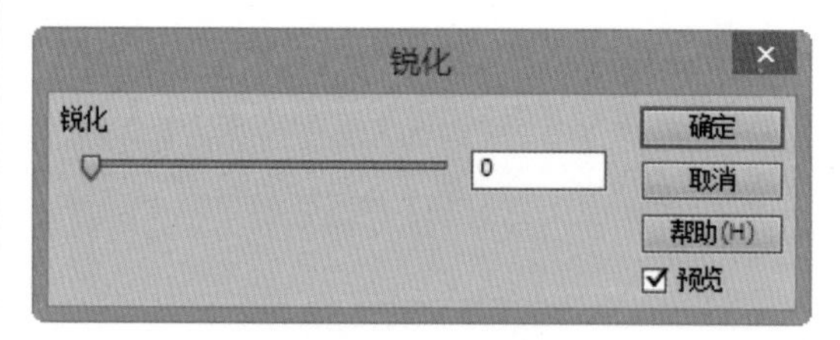

- 【重新取样】按钮：可以添加或减少已调整大小的JPEG或GIF图像文件中的像素，使图像与原始图像的外观尽可能匹配。对图像进行重新取样会减小图像文件的大小，其结果是下载性能的提高。使用时，先选择文档中的图像，然后单击【重新取样】按钮即可。

2. 使用外部图像编辑器

在Dreamweaver网页文档中的图像，可以使用外部图像编辑器(例如Photoshop)对其进行编辑操作，在外部图像编辑器中编辑图像后，保存并返回Dreamweaver时，网页文档窗口中的图像也随之同步更新。

【例2-18】在Dreamweaver CC中设置外部图像编辑器Photoshop。

视频+素材(光盘素材\第02章\例2-18)

步骤 01 选中网页中需要编辑的图像，然后选择【编辑】|【首选项】命令，打开【首选项】对话框。

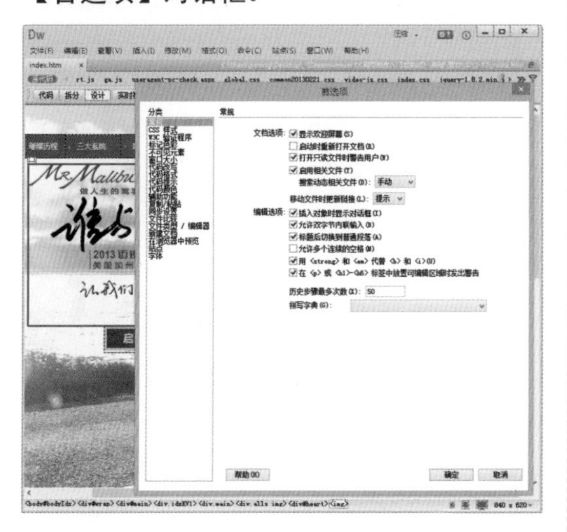

步骤 02 在【首选项】对话框的【分类】列表框中选择【文件类型/编辑器】选项，显示如下图所示选项区域，可以为图像文件设置外部图像编辑器。

步骤 03 在【文件类型/编辑器】选项区域中单击【编辑器】列表框上方的【+】按钮，然后在打开的【选择外部编辑器】对话框中选中外部图像编辑器的启动文件，并单击【打开】按钮。

步骤 04 返回【首选项】对话框后，单击【确定】按钮即可。

2.6 实战演练

本章的实战演练包括制作网页导航条和网站引导页两个实例，可以通过实例操作巩固所学的知识。

2.6.1 制作网页导航条

导航条是网页设计中不可缺少的部分，为网站的访问者提供一定的途径，使其可以方便地访问到站点中所需的内容。下面将通过Dreamweaver CC制作一个网页导航条。

【例2-19】使用Dreamweaver CC制作一个网页导航条。

视频+素材(光盘素材\第02章\例2-19)

步骤 01 启动Dreamweaver CC后，新建

一个空白网页文档，并将该文档以文件名Webdaohang.html保存。

步骤 02 选择【修改】|【页面属性】命令，打开【页面属性】对话框，然后在该对话框的【分类】列表框中选中【外观HTML】选项，并单击【背景图像】文本框右侧的【浏览】按钮。

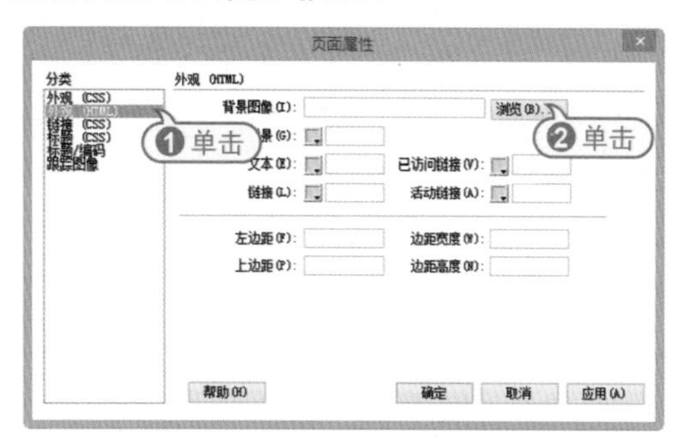

步骤 03 在打开的【选择图像源文件】对话框中选中一张图像文件后，单击【确定】按钮。

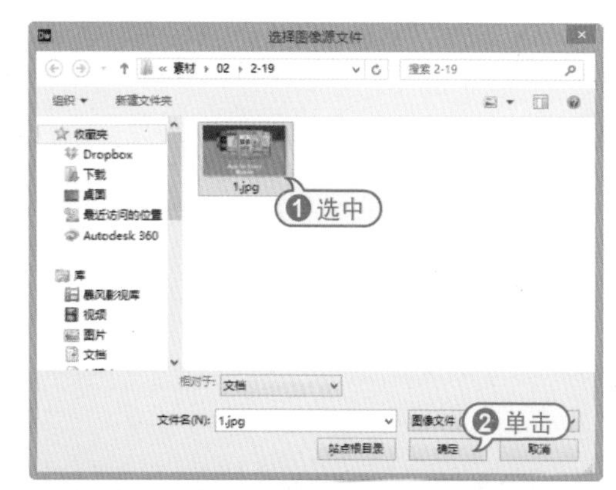

步骤 04 返回【页面属性】对话框后，单击该对话框中的【确定】按钮，为Webdaohang.html网页设置背景图像，效果如下图所示。

步骤 05 将鼠标光标插入网页中，按下Enter键换行。然后，选择【窗口】|【插入】命令，打开【插入】面板。

步骤 06 在【插入】面板中选择【常用】选项卡，然后单击该选项卡中的【图像】按钮，并在弹出的列表中选中【鼠标经过图像】选项。

步骤 07 在打开的【插入鼠标经过图像】对话框中的【图像名称】文本框中输入Image1，单击【原始图像】文本框后的【浏览】按钮。

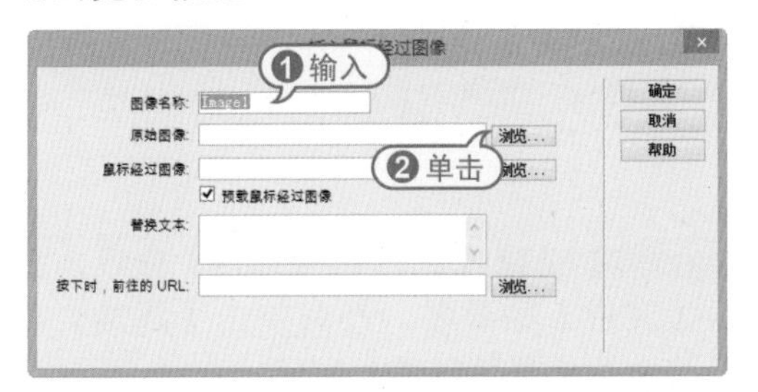

步骤 08 在打开的【原始图像】对话框中选中一张图片作为导航条的原始图像后，单击【确定】按钮。

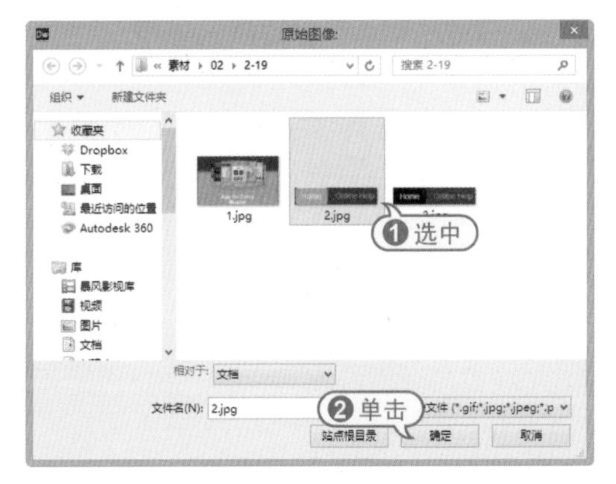

步骤 09 返回【插入鼠标经过图像】对话框后，单击【鼠标经过图像】文本框后的【浏览】按钮，打开【鼠标经过图像】对话框。

步骤 10 在【鼠标经过图像】对话框中选中一张图片作为鼠标移动至导航条上显示的图像，然后单击【确定】按钮。

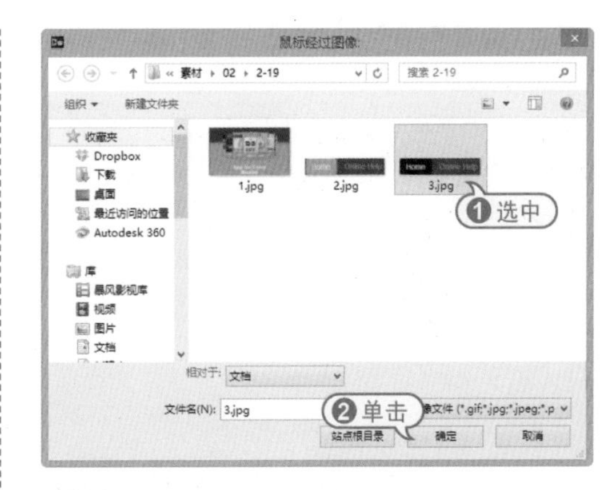

步骤 11 返回【插入鼠标经过图像】对话框后，在【替换文本】文本框中输入文本"Home|Online help"，在【按下时，前往的URL】文本框中输入导航条链接的网页地址。

步骤 12 在【插入鼠标经过图像】对话框中单击【确定】按钮，即可在页面中插入如下图所示的网页导航条效果。

步骤 13 选择【文件】|【保存】命令，将网页保存后，在【文档】工具栏中单击【实时视图】按钮，预览网页效果如下。

步骤 14 当鼠标光标位于导航条之外时，导航条效果如下图所示。

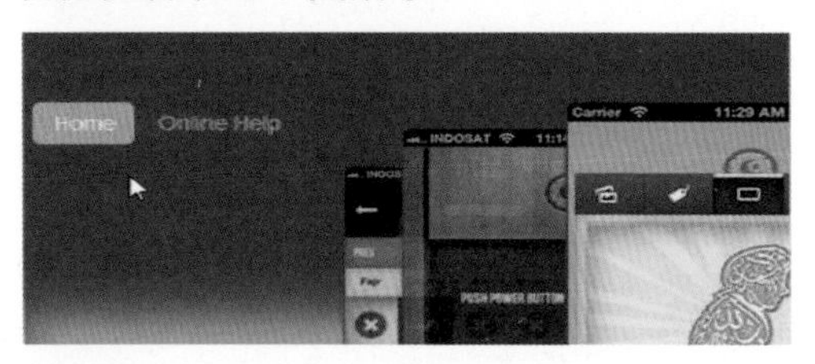

步骤 15 当鼠标光标放置在导航条上时，导航条效果如下图所示。

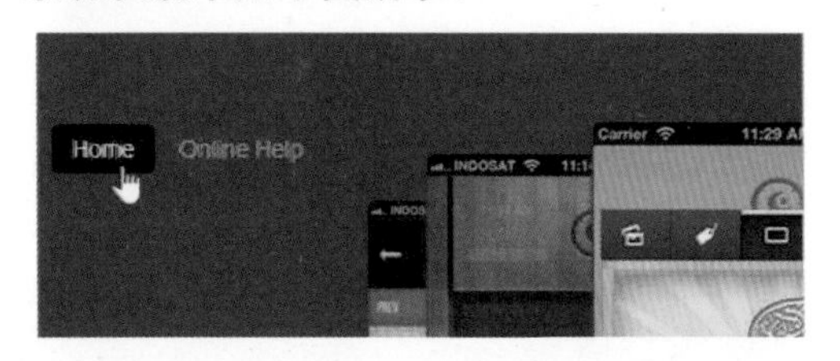

步骤 16 当鼠标光标单击导航条时，将打开相应的链接网页。

2.6.2 制作网站引导页

网站的引导页就是访问者打开网站时所显示的第一个页面，此类页面可以使文字、图片和Flash等形式。下面将通过实例介绍制作一个图片网站引导页的方法。

【例2-20】使用Dreamweaver CC制作一个图片网站引导页。

视频+素材(光盘素材\第02章\例2-20)

步骤 01 使用Dreamweaver CC制作一个名为Webyindaoye.html的网页后，在【标题】栏中输入文本“网站引导页”。

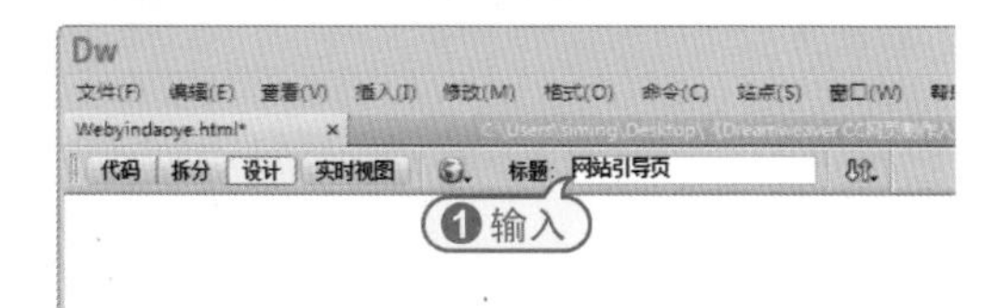

步骤 02 选择【窗口】|【属性】命令，显示【属性】检查器，然后单击【属性】检查器中的【页面属性】按钮。

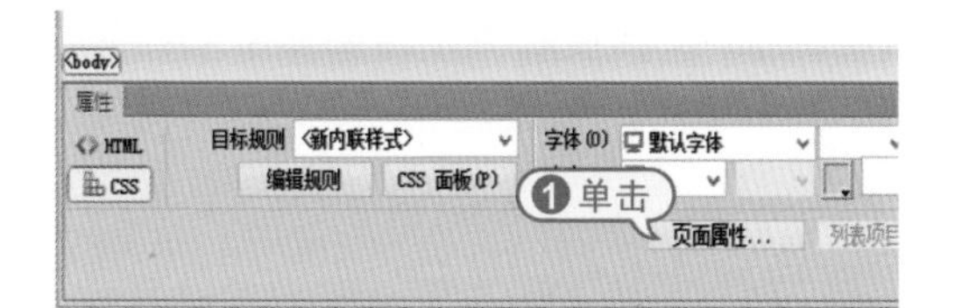

步骤 03 在打开的【页面属性】对话框中选中【分类】列表框中的【外观(CSS)】选项，然后在【左边距】、【右边距】、【上边距】和【下边距】文本框中输入参数0，并单击【确定】按钮。

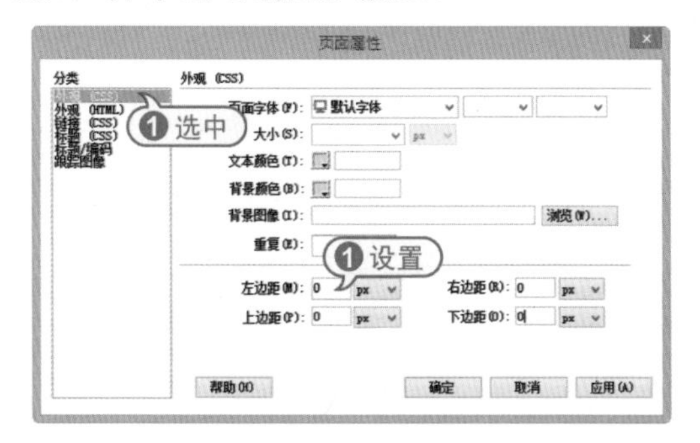

步骤 04 选择【窗口】|【插入】命令，显示【插入】面板后，单击【插入】面板【常用】选项卡中的【图像:图像】按钮。

步骤 05 在打开的【选择图像源文件】对话框中选中bj.psd文件后，单击【确定】按

钮，在网页中插入图像。

步骤 06 在打开的【图像优化】对话框中设置图像的格式后，单击【确定】按钮。

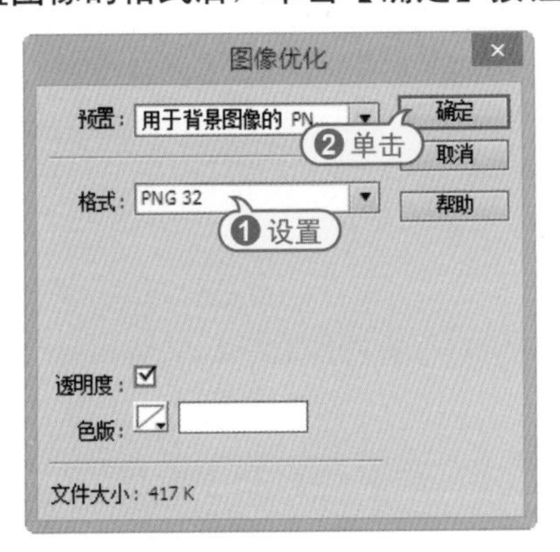

步骤 07 在打开的【保存Web图像】对话框中设置Web图像的保存路径，并单击【保存】按钮，保存bj.jpg背景图像。

步骤 08 此时，在网页中插入bj.jpg图像，可以在图像的左上角看到【图像已同步】图标，效果如下图所示。

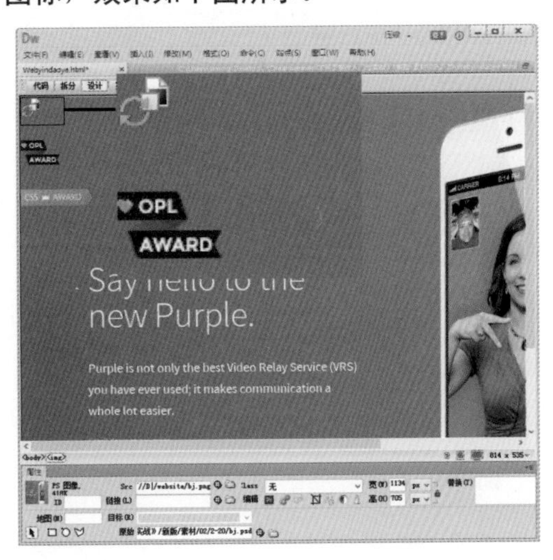

步骤 09 选中页面中插入的图像，在图像【属性】检查器中单击【矩形热点工具】按钮。

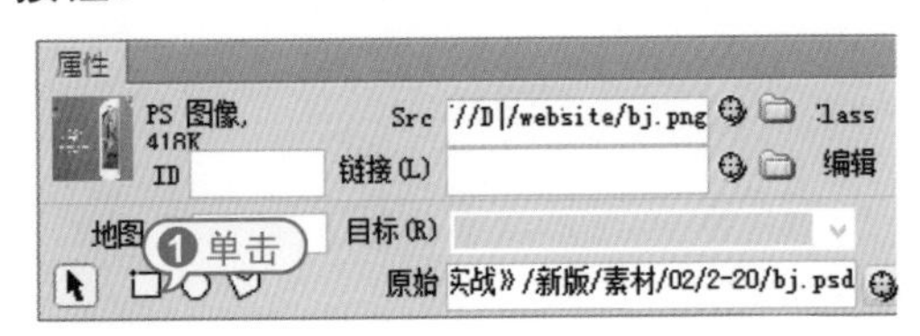

步骤 10 使用矩形热点工具在图像上的文字位置绘制一个如下图所示的矩形热点。

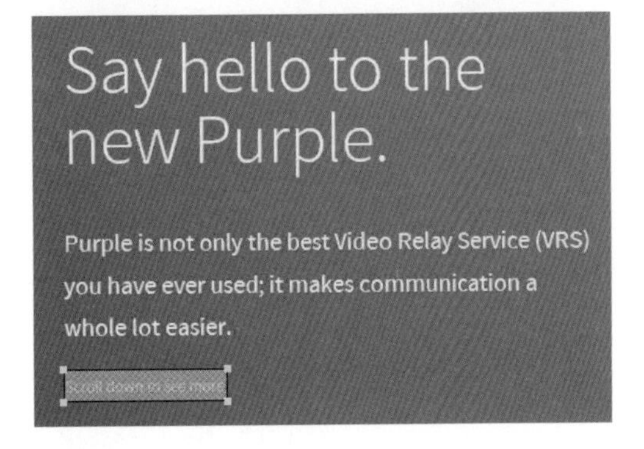

步骤 11 选中绘制的热点，在热点【属性】检查器的【链接】文本框中输入热点所链接的网页地址，然后单击【目标】下拉列表按钮，在弹出的下拉列表中选择_self选项。

步骤 12 将鼠标光标插入页面中图像的后方，按下Enter键另起一行，然后在【插入】面板【常用】选项卡中单击Div选项，打开【插入Div】对话框。

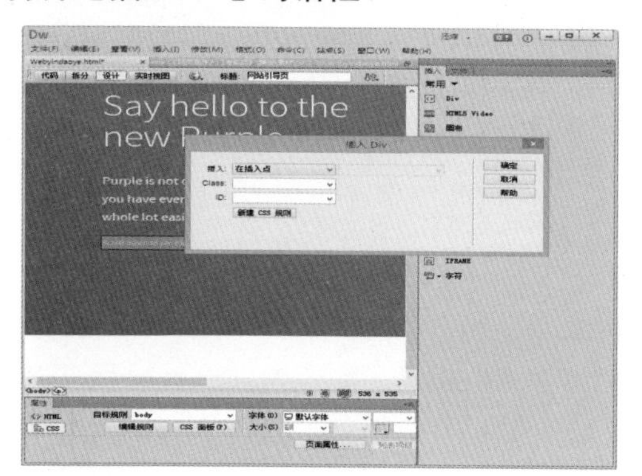

步骤 13 在【插入Div】对话框中保持默认设置，单击【确定】按钮，在页面中插入一个层，然后在该层中输入文本，并在【属性】检查器中设置文本居中显示。

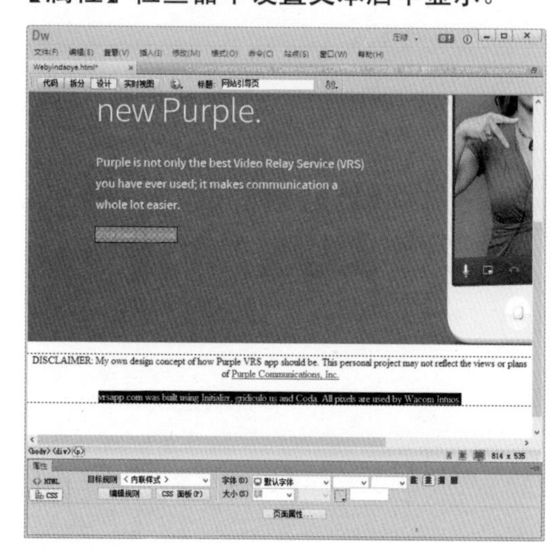

步骤 14 选择【文件】|【保存】命令，将网页保存后，按下F12键即可预览网站引导页的效果。

专家答疑

》问：在设置文档字体时，如果在【页面属性】对话框的【页面字体】下拉列表中没有所需的字体，该怎么办？

答：遇到此类情况，可以通过网络下载所需字体，然后将需要的字体安装在C:\Windows\Fonts文件夹中。

》问：如何在网页中输入空格、文本分段和分行？

答：在使用Dreamweaver处理网页文档时，在页面中输入一段文本，每个文字之间只能输入一个空格，如果需要输入多个空格，可以按下Ctrl+Shift+Space(空格)键，空格也常常被用于网页元素的对齐。在输入网页文本的过程中，段落结束时，可以按下Enter键来分段；如果需要让一整段文本强迫分成多行，还可以按下Shift+Enter键来输入换行符进行强制分行。

读书笔记

第3章

制作多媒体网页

对应光盘视频

例3-1　在网页中插入Flash动画
例3-2　在网页中插入Flash视频
例3-3　在网页中插入音视频文件
例3-4　在网页中插入HTML 5视频
例3-5　在网页中插入HTML 5音频
例3-6　制作网站Flash引导页面
例3-7　制作音视频在线播放页面
本章其他视频文件参见配套光盘

除了在网页中使用文本和图像元素来表达页面信息以外，在制作网页时还可以向其中插入Flash动画、视频和音乐控件等内容，以丰富网页效果。

3.1 在网页中插入Flash动画

Flash动画是网页上最流行的动画格式。在Dreamweaver中，Flash动画也是最常用的多媒体插件之一，它将声音、图像和动画等内容加入到一个文件中并能制作较好的动画效果，同时使用了优化的算法将多媒体数据进行压缩，使文件变得很小，因此，非常适合在网上传播。

3.1.1 Flash动画和网页

Flash可以制作出文件体积小、效果丰富的矢量动画。Flash小电影是网上最流行的动画格式，被广泛应用于网页页面中。下面将介绍Flash动画在网页中的作用。

1. 展示动态的效果

如果要让网页能够给访问者留下深刻的印象或体现动态的页面效果，有时可以完全利用Flash动画创建网页。

知识点滴

只利用Flash来创建网页，虽然可以体现出动态效果，但需要更长的网页读取时间，访问者有可能会跳转到其他网页中。因此，对于访问者较多的企业网页，最好使用简单的Flash动画。

2. 突出网页的气氛

在网页中插入符合网页内容的Flash效果或动态菜单，可以进一步突出网页的主题效果。

3. 制作绚丽的广告

Flash广告比普通广告更富有动态感，同时会给浏览者留下深刻的印象，因此非常引人注目。Flash广告一般会出现在网站的主页中，单击广告就会跳转到相关的网页上。

3.1.2 插入并设置Flash动画

在Dreamweaver CC中，可以选择【插入】|【媒体】| Flash SWF命令，或在【插入】面板的【媒体】选项卡中单击

Flash SWF按钮 Flash SWF，在网页中插入Flash动画。

【例3-1】使用Dreamweaver CC在网页中插入Flash动画。

视频+素材 (光盘素材\第03章\例3-1)

步骤 01 启动Dreamweaver CC后，打开如下图所示的网页，并将鼠标光标插入页面中合适的位置。

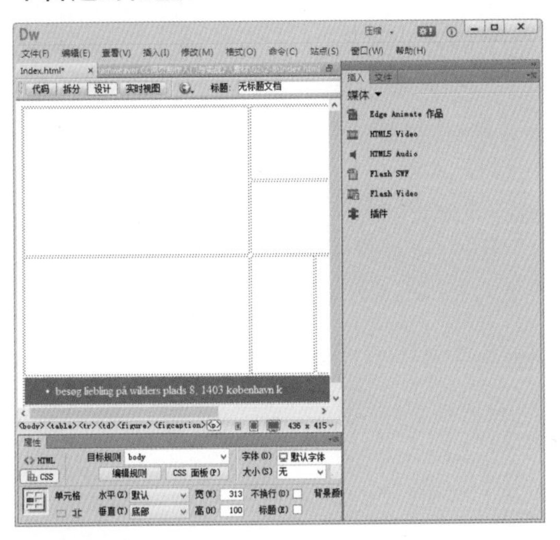

步骤 02 选择【插入】|【媒体】| Flash SWF命令，或单击【插入】面板中【媒体】选项卡内的Flash SWF按钮，打开【选择SWF】对话框。

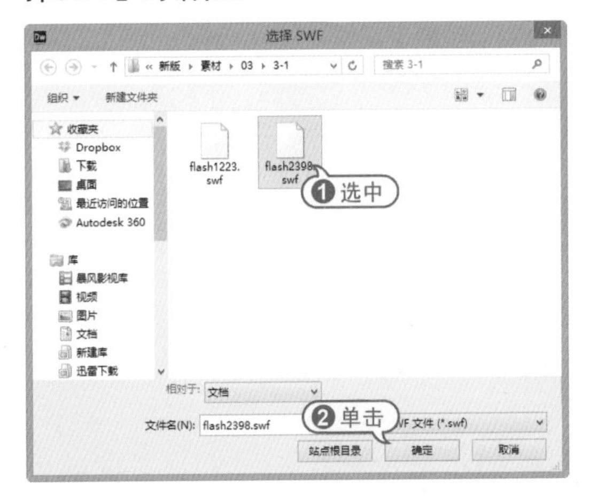

步骤 03 在【插入SWF】对话框中选择一个Flash动画文件并单击【确定】按钮，然后在打开的【对象标签辅助功能属性】对话框中再次单击【确定】按钮。

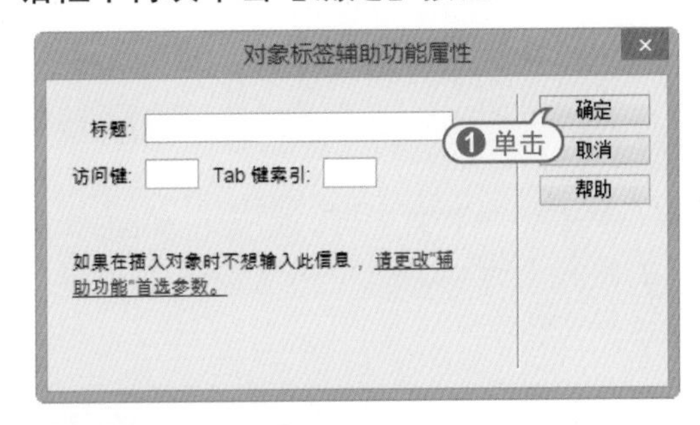

步骤 04 此时，即可在网页中插入一个Flash动画，效果如下。

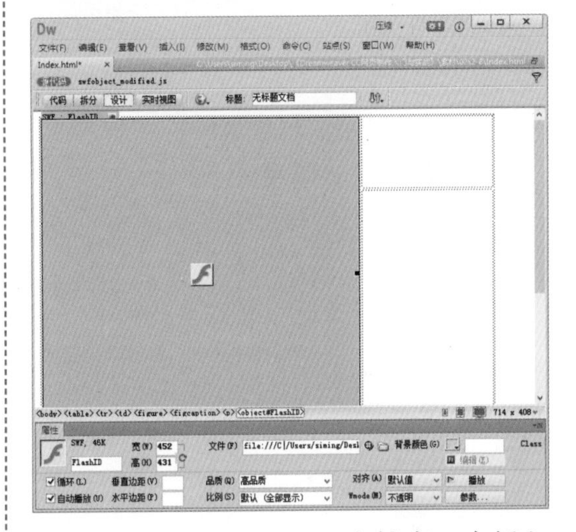

在Dreamweaver CC文档窗口中插入Flash动画后，可以在【属性】检查器中设置动画的各项属性参数。Flash动画的【属性】检查器中，常用选项的功能如下。

- SWF：表示输入Flash动画的种类。
- 【宽】和【高】文本框：用于指定Flash动画的宽度和高度。若未在这两个文本框中输入单位时，则自动选择像素为单位。

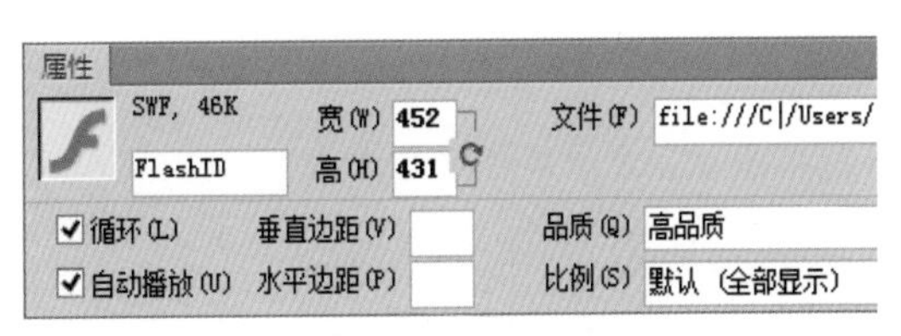

- 【循环】复选框：设置反复运行Flash动画。
- 【自动播放】复选框：设置在浏览器中读取网页文件的同时立即运行Flash

动画。

● 【垂直边距】和【水平边距】文本框：指定页面中Flash动画上、下、左、右的空白。

● 【文件】文本框：指定Flash动画文件的路径。可以通过单击【浏览】按钮来选择文件。

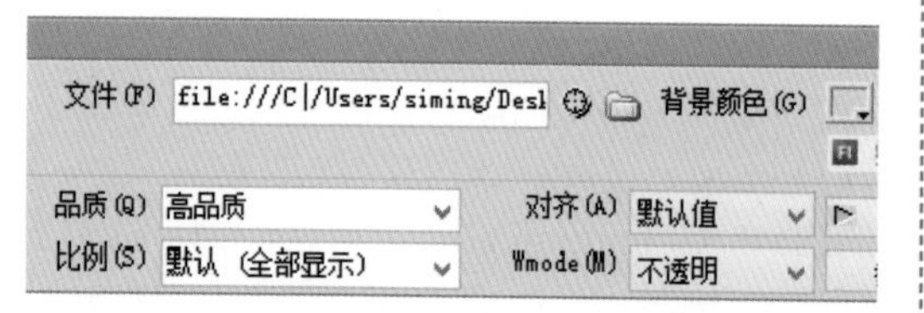

● 【品质】下拉列表：设置使用<object>标签或<embed>标签来插入动画时的品质。

● 【比例】下拉列表：在设置的动画区域上，选择Flash动画的显示方式。

● 【对齐】下拉列表：选择Flash动画的放置位置。

● Wmode下拉列表：设置Flash动画的背景是否透明。

● 【参数】按钮：可以添加Flash动画的属性和相关参数。

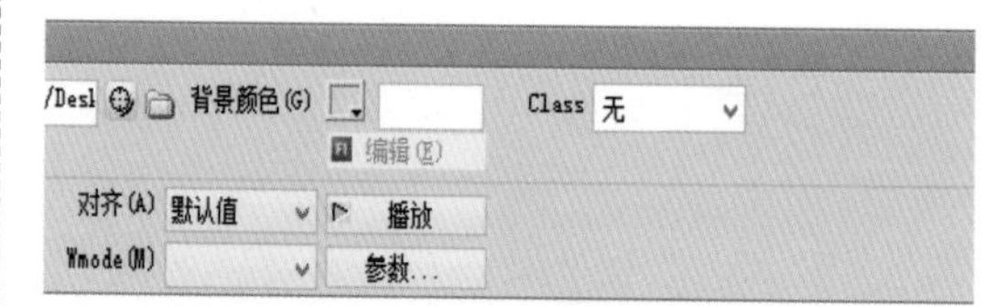

● 【播放/停止】按钮：单击【播放】按钮或【停止】按钮，就会在文档窗口中播放或停止播放Flash动画。

3.2 在网页中插入视频与音频

在网络发展的初期，很难在网页中看到图像、听到音乐。但现在随着网络传播速度的增强和流式服务的实现，完全可以通过网络观看录像、电影或收听音乐。本节将介绍使用Dreamweaver CC在网页中插入视频和音频的方法。

3.2.1 插入Flash视频

Flash视频并不是Flash动画，它的出现是为了解决Flash以前对连续视频只能使用JPEG图像进行帧内压缩，并且压缩效率低，文件很大，不适合视频存储的弊端。Flash视频采用帧间压缩的方法，可以有效缩小文件大小，并保证视频质量。

【例3-2】使用Dreamweaver CC在网页中插入Flash视频。

视频+素材(光盘素材\第03章\例3-2)

步骤 01 在Dreamweaver CC中打开一个网页，将鼠标光标插入页面中合适的位置，然后选择【插入】|【媒体】| Flash Vedio命令，或在【插入】窗口的【媒体】选项卡中单击Flash Vedio按钮，打开【插入FLV】对话框。

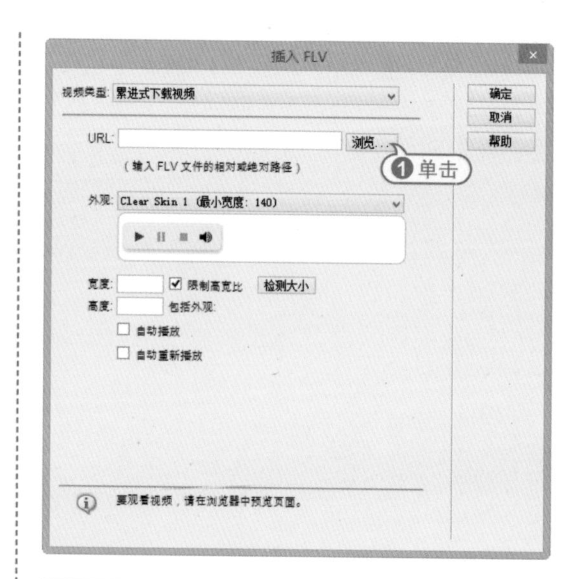

步骤 02 在【插入FLV】对话框中单击【浏览】按钮，然后在打开的【选择FLV】对话框中选中一个FLV文件，并单击【确定】按钮。

步骤 03 返回【插入FLV】对话框后，在该对话框的【宽度】和【高度】文本框中输入相应的参数，并单击【确定】按钮，即可在网页中插入Flash视频。

在【插入FLV】对话框中，各选项的功能如下。

- 【视频类型】下拉列表：选择视频的类型，可以选择累进式下载视频和流视频两种类型。
- URL文本框：输入文件地址，单击该文本框后的【浏览】按钮可以浏览文件。
- 【宽度】和【高度】文本框：设置Flash视频的大小。
- 【限制高宽比】复选框：保持Flash视频宽度与高度的比例。
- 【检测大小】按钮：检测Flash视频的大小。
- 【自动播放】复选框：在浏览器中读取Flash视频的同时立即运行Flash视频。
- 【自动重新播放】复选框：在浏览器中运行Flash视频后自动重放。

若在【插入FLV】对话框的【视频类型】下拉列表中选择【流视频】选项，则进入流媒体设置界面。Flash视频是一种流媒体格式，它可以使用HTTP服务器或专门的Flash Communication Server流服务器进行流式传送。

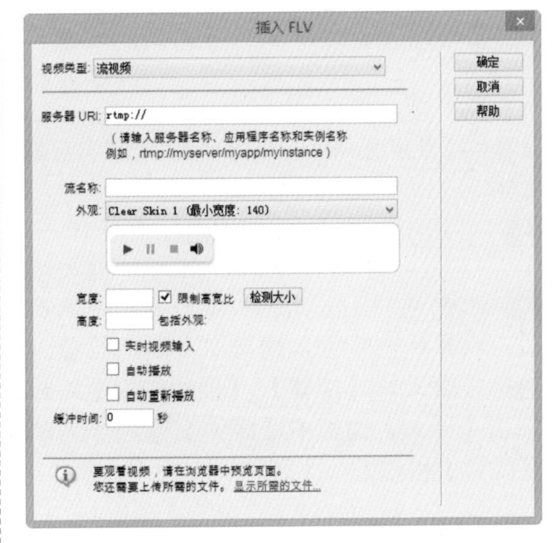

- 【服务器URL】文本框：输入流媒体文件的地址。
- 【流名称】文本框：定义流媒体文件的名称。
- 【实时视频输入】复选框：流媒体文件的实时输入。
- 【缓冲时间】文本框：设置流媒体文件的缓冲时间(以秒为单位)。

3.2.2 插入普通音视频

网络中最常见的音视频是在线音乐和电影预告。在网页中插入音视频文件或单击链接，就可以允许Windows Media Player或其他播放软件来收听、收看音视频。

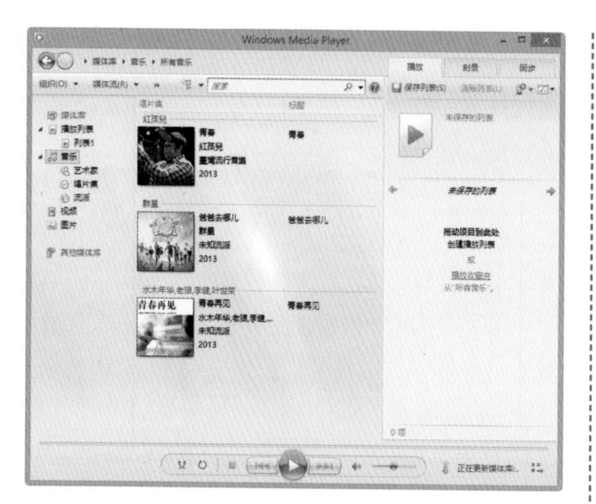

在Dreamweaver中，用一般的插件对象将音视频嵌入到网页内，该对象只需要音视频文件的源文件名以及对象的宽度和高度。

【例3-3】使用Dreamweaver在网页中插入音视频文件。

视频+素材(光盘素材\第03章\例3-3)

步骤 01 在Dreamweaver中打开一个网页后，将鼠标光标插入网页中合适的位置，选择【插入】|【媒体】|【插件】命令，或单击【插入】面板中【媒体】选项卡内的【插件】按钮。

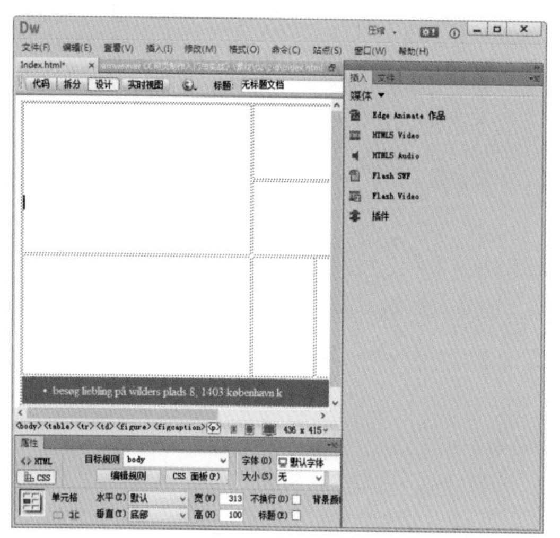

步骤 02 在打开的【选择文件】对话框中选中一个插件文件后，单击【确定】按钮。

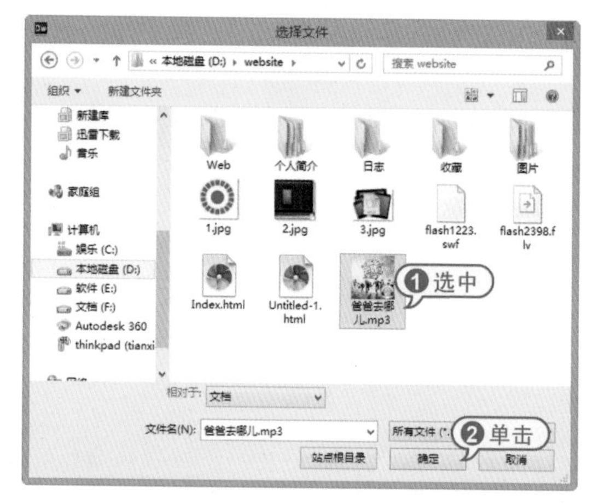

步骤 03 此时，Dreamweaver将插件显示为一个通用占位符。

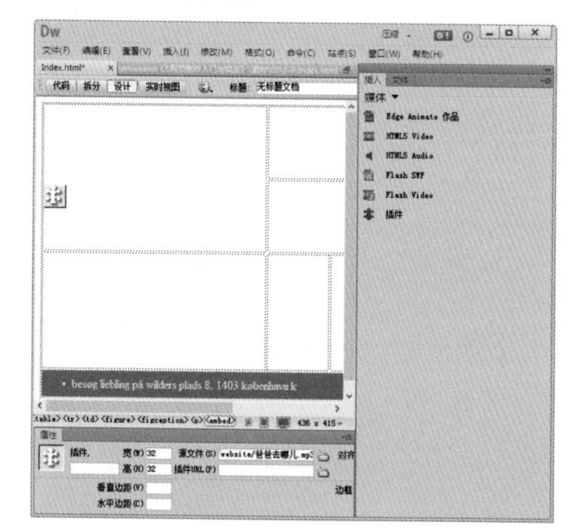

在网页中插入插件后，在【属性】检查器中可以设置以下参数。

- 【插件】文本框：可以输入用于播放媒体对象的插件名称，使该名称可以被脚本引用。
- 【宽】文本框：可以设置对象的宽度，默认单位为像素。
- 【高】文本框：可以设置对象的高度，默认单位为像素。
- 【垂直边距】文本框：设置对象上端和下端与其他内容的间距，单位为像素。
- 【水平边距】文本框：设置对象左端和右端与其他内容的间距，单位为像素。

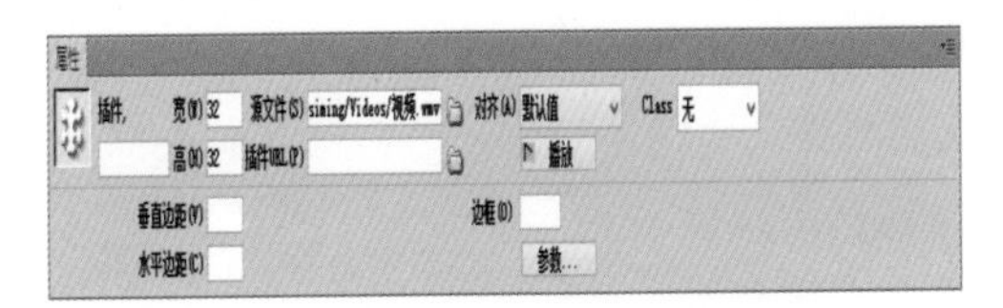

● 【源文件】文本框：设置插件内容的URL地址，既可以直接输入地址，也可以单击其右侧的【浏览文件】按钮，从磁盘中选择文件。

● 【插件URL】文本框：输入插件所在的路径。在浏览网页时，如果浏览器中没有安装该插件，则从此路径上下载插件。

● 【对齐】下拉列表：选择插件内容在文档窗口中水平方向的对齐方式。

● 【播放/停止】按钮：单击【播放】按钮，就会在文档窗口中播放插件。在播放插件的过程中【播放】按钮会切换成【停止】按钮，单击【停止】按钮，可以停止插件的播放。

● 【边框】文本框：设置对象边框的宽度，其单位为像素。

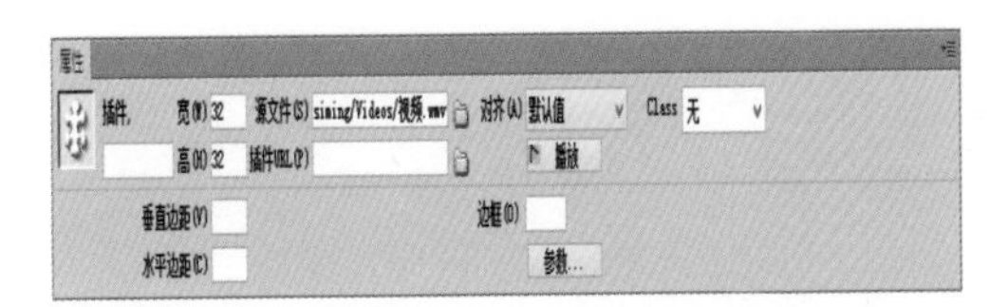

● 【参数】按钮：单击该按钮，将打开【参数】对话框，提示输入其他在【属性】检查器上没有出现的参数。

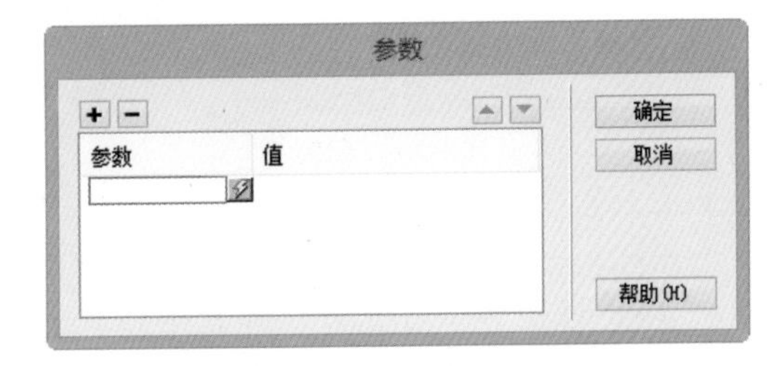

知识点滴

流式视频文件的形式主要使用ASF或WMV格式。而利用Dreamweaver参数面板就可以调节各种WMV画面。它可以在播放时移动视频的进度滑块，也可以在视频下面显示标题。

3.3 在网页中插入HTML 5视频与音频

Dremweaver CC允许在网页中插入和预览HTML 5音频与视频。下面将通过实例，介绍在网页中插入HTML 5 Video和HTML 5 Audio的方法。

3.3.1 插入HTML 5 Video

HTML 5视频元素提供一种将电影或视频嵌入网页的标准方式。在Dreamweaver CC中，可以通过选择【插入】|【媒体】|HTML Video命令，在网页中插入HTML 5视频，并通过【属性】检查器设置其各项参数值。

【例3-4】使用Dreamweaver在网页中插入HTML 5视频。

视频+素材(光盘素材\第03章\例3-4)

步骤 01 在Dreamweaver CC中打开一个网页后，将鼠标光标插入页眉中合适的位置。

步骤 02 选择【插入】|【媒体】|HTML 5 Video命令，在页面中插入一个如下图所示

的HTML 5视频。

步骤 03 选中页面中的HTML 5视频，在【属性】检查器中，单击【源】文本框后的【浏览】按钮。

步骤 04 在打开的【选择视频】对话框中选择视频文件，然后单击【确定】按钮。

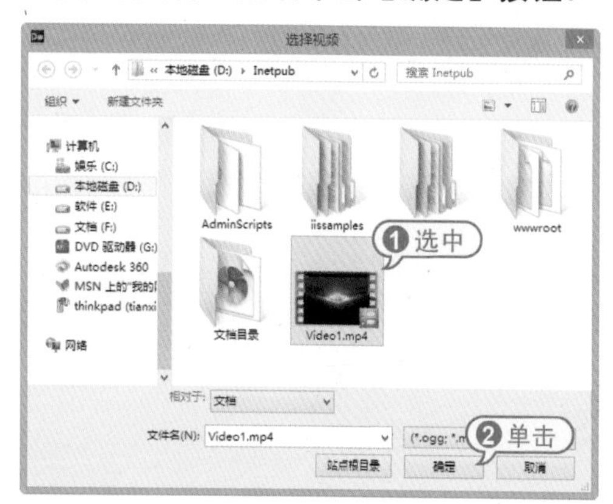

步骤 05 在【属性】检查器的W文本框中设置视频在页面中的宽度，在H文本框中设置视频在页面中的高度。

步骤 06 在【属性】检查器中选中Controls复选框，设置显示视频控件(例如播放、暂停和静音等)，选中AutoPlay复选框，设置视频在网页打开时自动播放。

步骤 07 选择【文件】|【保存】命令，将网页保存，然后按下F12键预览网页，页面中的HTML 5视频效果如下。

在HTML 5视频的【属性】检查器中，比较重要的选项功能如下。

◎ ID文本框：用于设置视频的标题。

◎ W(宽度)文本框：用于设置视频在页面中的宽度。

◎ H(高度)文本框：用于设置视频在页面中的高度。

◎ Controls复选框：用于设置是否在页面中显示视频播放控件。

◎ AutoPlay复选框：用于设置是否在打开网页时自动加载播放视频。

◎ Loop复选框：设置是否在页面中循环播放视频。

◎ Muted复选框：设置视频的音频部分是否静音。

◎【源】文本框：用于设置HTML 5视频文件的位置。

◎【Alt源1】和【Alt源2】文本框：用于设置当【源】文本框中设置的视频格式不被当前浏览器支持时，打开的第2种和第3种视频格式。

◎【Flash回退】文本框：用于设置在不支持HTML 5视频的浏览器中显示SWF文件。

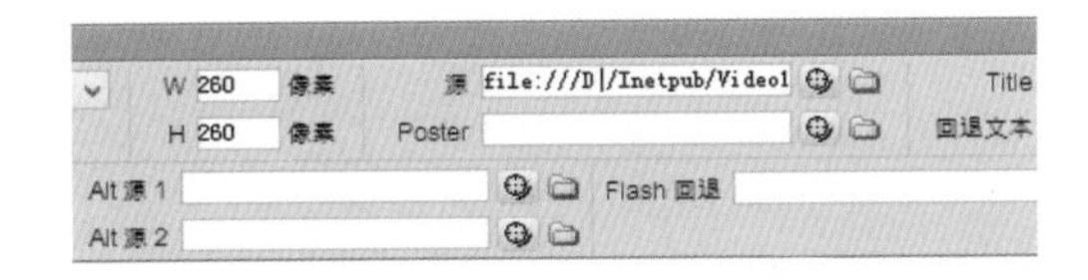

3.3.2 插入HTML 5 Audio

Dreamweaver CC允许在网页中插入和预览HTML 5音频。下面将通过实例，介绍在页面中插入HTML 5音频的方法。

【例3-5】使用Dreamweaver在网页中插入HTML 5音频。

视频+素材(光盘素材\第03章\例3-5)

步骤 01 在Dreamweaver CC中打开一个网页后，将鼠标光标插入页面中合适的位置。

步骤 02 选择【插入】|【媒体】| HTML 5 Audio命令，在页面中插入一个如下图所示的HTML音频。

步骤 03 选中页面中的HTML 5音频，在【属性】检查器中单击【源】文本框后的【浏览】按钮。

步骤 04 在打开的【选择音频】对话框中选

中一个音频文件，然后单击【确定】按钮。

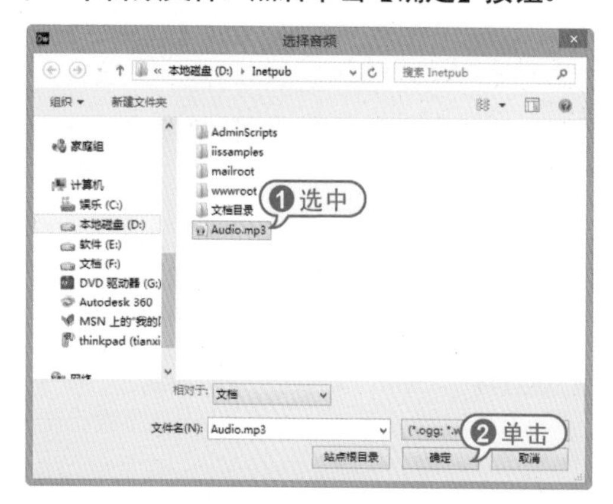

步骤 05 在【属性】检查器中选中Controls复选框，显示音频播放控件，选中AutoPlay复选框，设置在网页打开时自动播放音频。

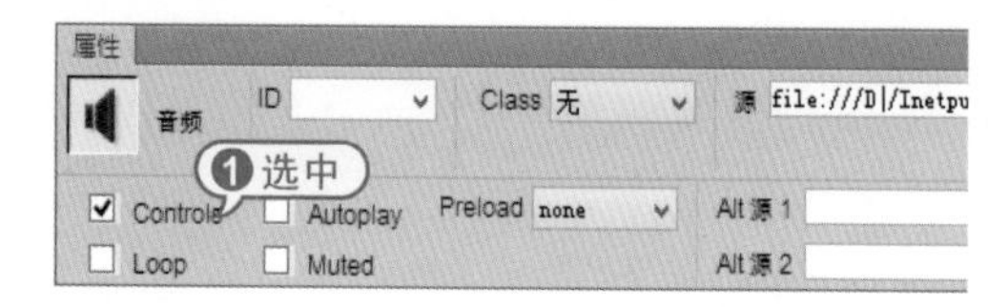

步骤 06 选择【文件】|【保存】命令，将网页保存，然后按下F12键预览网页，效果如下图所示。

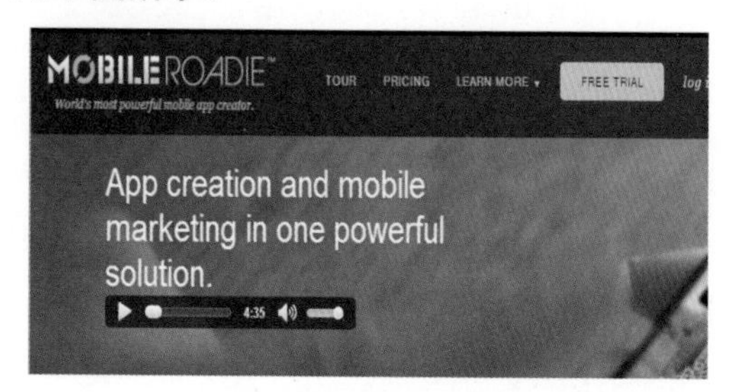

3.4 实战演练

本章的实战演练包括制作网站Flash引导网页和制作音视频在线播放页面两个实例，可通过实例操作巩固所学的知识。

3.4.1 制作网站Flash引导网页

下面将通过实例，介绍在Dreamweaver中制作一个Flash引导网页的方法。

【例3-6】使用Dreamweaver CC制作一个Flash引导网页。

视频+素材(光盘素材\第03章\例3-6)

步骤 01 在Dreamweaver中打开如下图所示的网站引导页面。

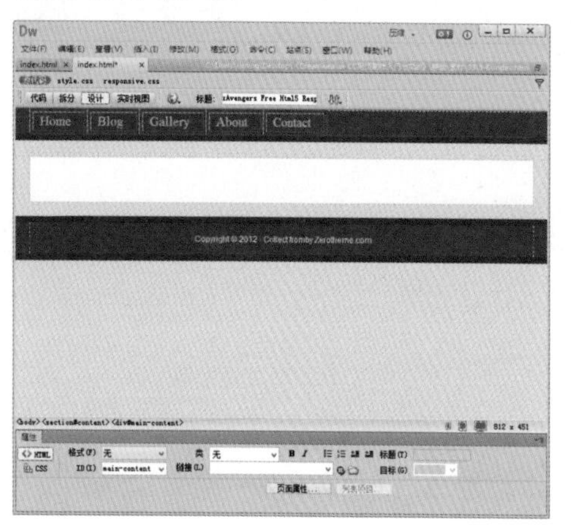

步骤 02 将鼠标光标插入页面中合适的位置，选择【窗口】|【插入】命令，显示【插入】面板，并在该面板中选中【媒体】选项卡。

步骤 03 单击【插入】面板【媒体】选项卡中的Flash SWF按钮，打开【选择SWF】对话框，并在该对话框中选中一个Flash文件后单击【确定】按钮。

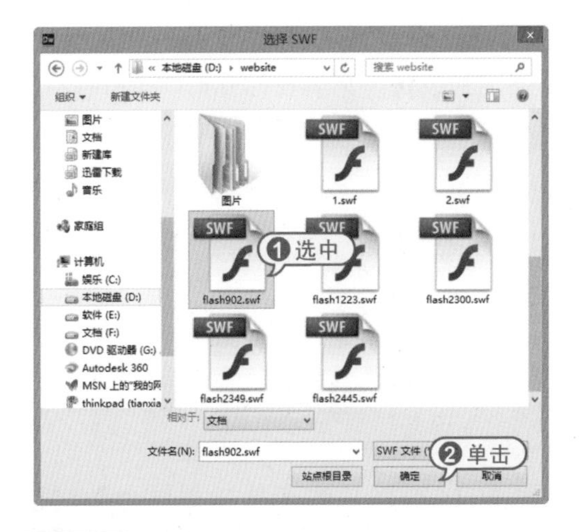

步骤04 此时，将在网页中插入如下图所示的Flash动画。

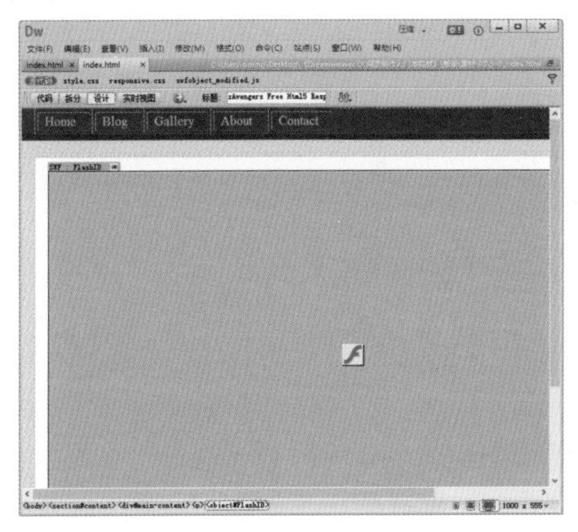

步骤05 选择【窗口】|【属性】命令，显示【属性】检查器，然后在【宽】和【高】文本框中设置页面中插入Flash动画的高度和宽度。

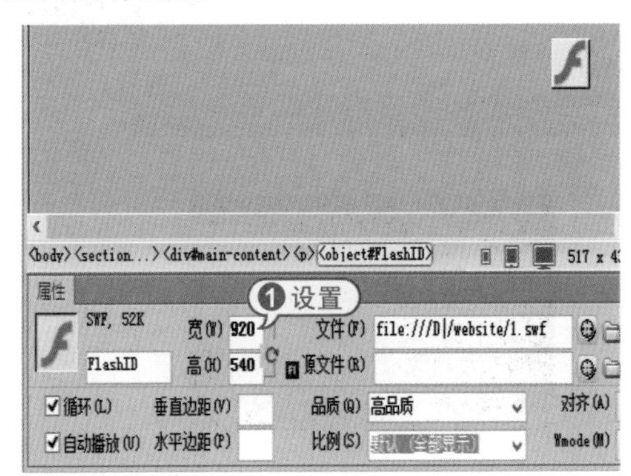

步骤06 选择【文件】|【保存】命令，保存网页后，按下F12键预览网页，网站Flash引导页面的效果将如下图所示。

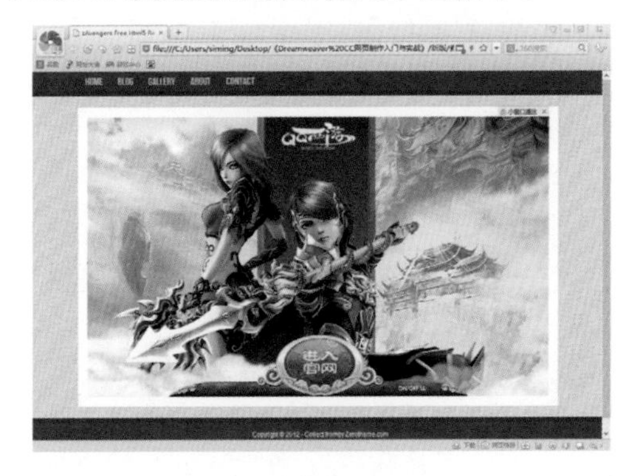

3.4.2 制作音视频在线播放页面

下面将通过实例，介绍在Dreamweaver中制作一个视频在线播放网页。

【例3-7】制作一个可以播放视频与音频的网页。

视频+素材(光盘素材\第03章\例3-7)

步骤01 在Dreamweaver CC中打开如下图所示的网页。

步骤02 将鼠标光标插入网页中，选择【插入】|【媒体】| HTML 5 Video命令，在页面中插入一个人HTML 5视频。

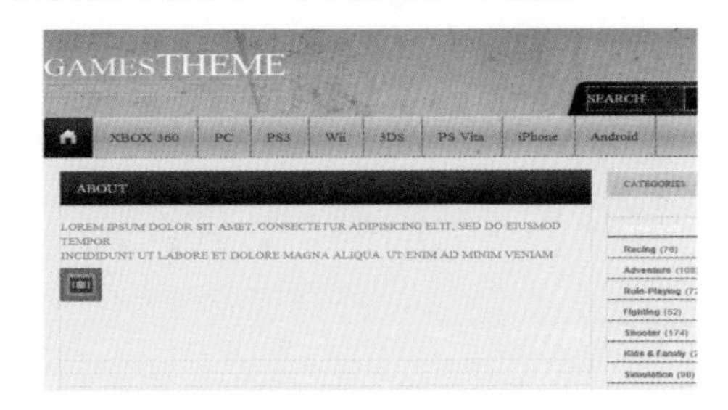

步骤 03 选中页面中插入的HTML 5视频，选择【窗口】|【属性】命令，显示【属性】检查器。

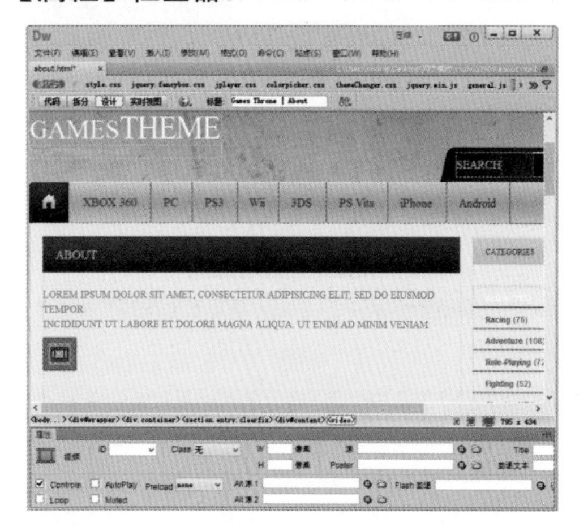

步骤 04 在【属性】检查器中选中Controls复选框，在W文本框中输入640，在H文本框中输入300，设置HTML 5视频的属性。

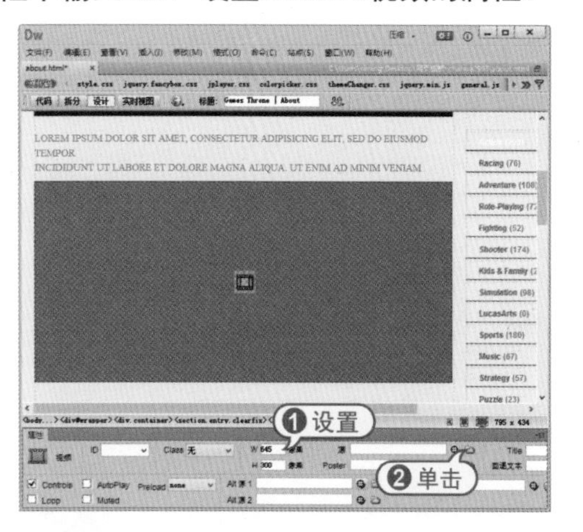

步骤 05 单击【属性】检查器中【源】文本框后的【浏览】按钮，然后在打开的【选择视频】对话框中选中一个视频文件。

步骤 06 在【选择视频】对话框中单击【确定】按钮，然后在打开的Dreamweaver提示对话框中单击【是】按钮。

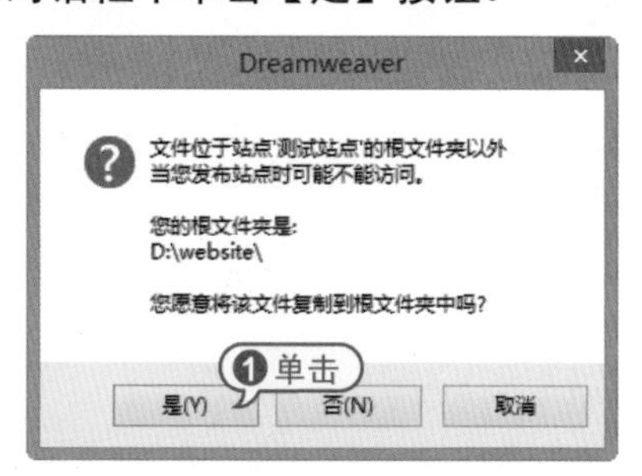

步骤 07 在打开的【复制文件为】对话框中，指定一个本地站点文件夹后，单击【保存】按钮，将视频文件复制到本地站点文件夹中。

步骤 08 选择【文件】|【保存】命令保存网页，然后按下F12键预览网页，页面中HTML 5视频的效果如下图所示。

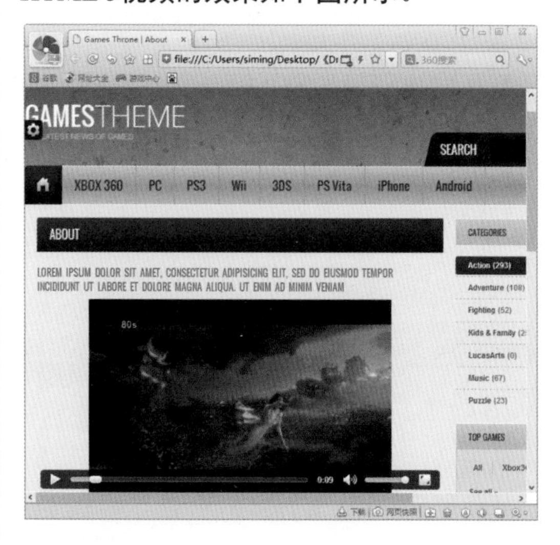

步骤 09 返回Dreamweaver，将鼠标光标插入HTML 5视频的下方层内，然后选择

【插入】|【媒体】| HTML 5 Audio命令，在页面中插入一个HTML 5音频。

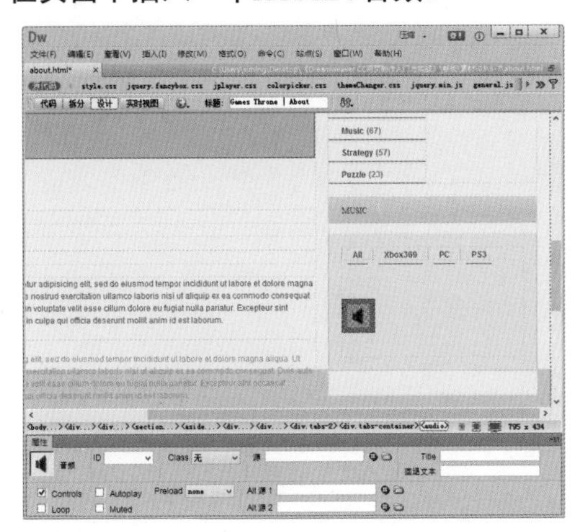

步骤 10 选中页面中插入的HTML 5音频，然后在【属性】检查器中选中Controls复选框和Loop复选框，并单击【源】文本框后的【浏览】按钮。

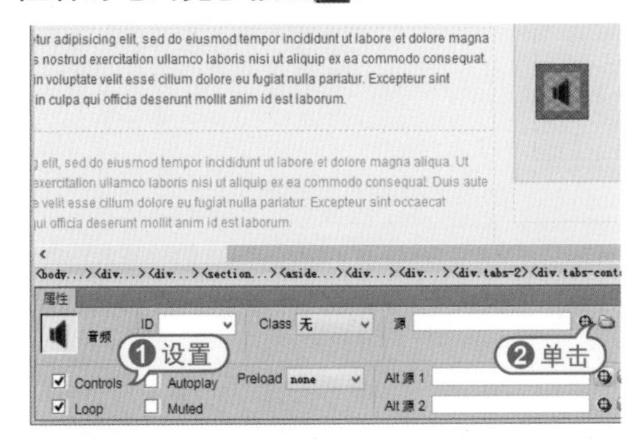

步骤 11 在打开的【选择音频】对话框中选中一个mp3音乐文件后，单击【确定】按钮。

步骤 12 保存网页后，按下F12键预览网页，可以通过单击页面右下角的音频控制栏，在网页中播放音乐。

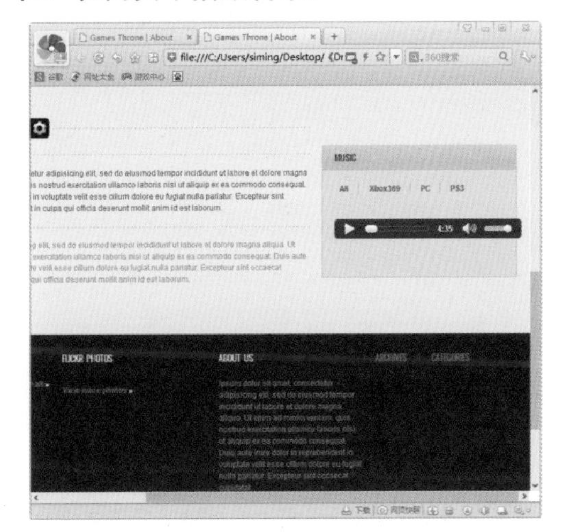

专家答疑

» 问：网页中有哪些常用的视频格式？

答：网页中常用的视频格式有以下几种。

- MOV：原来是苹果电脑中的视频文件格式，现在也能在Windows操作系统中播放。
- AVI：微软公司推出的视频格式文件，是目前视频文件的主流，如一些游戏、教育软件的片头通常采用AVI格式。
- MPG、MPEG：它是活动图像专家组(Moving Picture Experts Group)的缩写。MPEG实质是电影文件的一种压缩格式。MPG的压缩率比AVI高，画面质量却更好。
- WMV：一种Windows操作系统自带媒体播放器所使用的多媒体文件格式。

» 问：什么是Edge Animate？如何利用Dreamweaver CC在网页中插入Edge Animate？

答：Edge Animate是Adobe最新出品的制作HTML 5动画的可视化工具，它可以被理解为是HTML 5版本的Flash Pro。Edge Animate的功能是在浏览器互动媒体领域取代 Flash平台创作HTML 5动画，在未来的网页动画领域将发挥更大的作用。在Dreamweaver CC中，可以在【插入】面板的【媒体】选项卡中单击【Edge Animate作品】选项，然后在打开的【选择Edge Animate包】对话框中选中一个后缀名为oma的文件并单击【确定】按钮，在页面中插入Edge Animate作品。

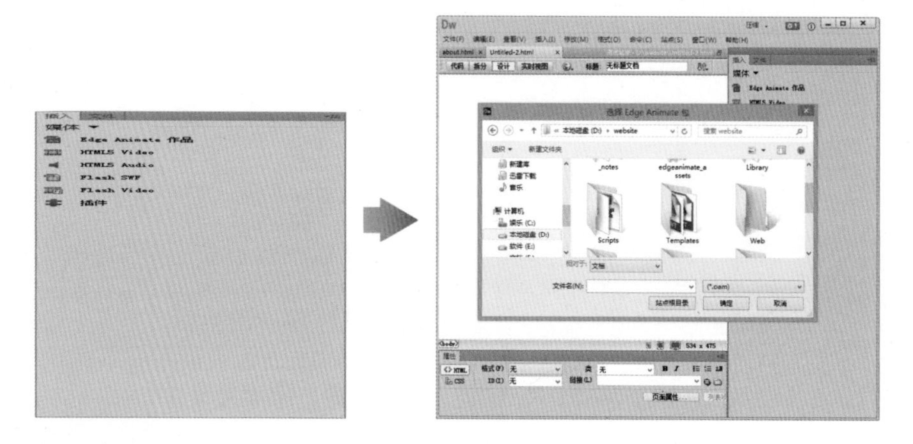

读书笔记

第4章

使用表格布局页面

对应光盘视频

例4-1　在网页中插入表格
例4-2　设置表格属性
例4-3　设置单元格属性
例4-4　设置表格内容排序
例4-5　导入表格式数据
例4-6　导出表格式数据
例4-7　使用表格制作网站首页
例4-8　使用表格制作产品页面
本章其他视频文件参见配套光盘

在网页中插入的文本和图像会随着浏览器窗口的放大与缩小发生变化，这使得网页处于不稳定的显示状态。要解决这种状态，最简单的方法就是使用表格，表格不仅能够控制网页在浏览器窗口中的位置，还可以控制网页元素在网页中的显示位置。

4.1 在网页中使用表格

网页能够向访问者提供的信息是多样化的，包括文字、图像、动画和视频等。如何使这些网页元素在网页中的合理位置上显示出来，使网页变得不仅美观而且有条理，是网页设计者在着手设计网页之前必须要考虑的问题。表格的作用就是帮助用户高效、准确地定位各种网页数据，并直观、鲜明地表达设计者的思想。

4.1.1 网页中表格的用途

使用表格排版的页面在不同平台、不同分辨率的浏览器中都能保持其原有的布局，并且在不同的浏览器平台中具有较好的兼容性，所以表格式网页中最常用的排版方式之一。

1. 有序地整理页面内容

一般文档中的复杂内容可以利用表格有序地进行整理。在网页中也不例外，在网页文档中利用表格，可以将复杂的页面元素整理地更加有序。

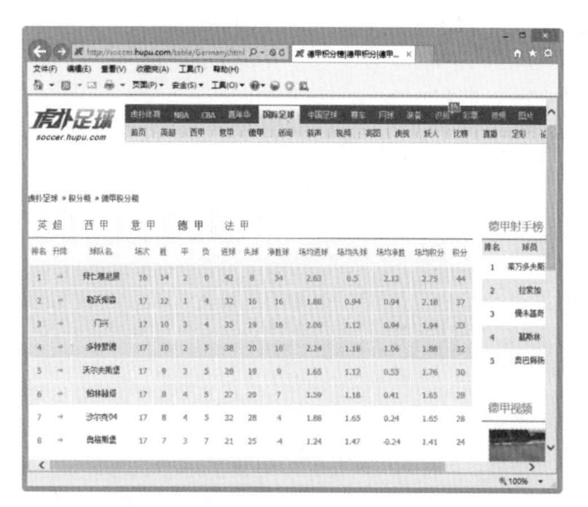

知识点滴

可以编辑设计好的表格，改变它的行数、列数，拆分与合并单元格，改变其边框、底色，使页面中的元素合理有序地整合在一起。

2. 合并页面中的多个图像

在制作网页时，有时需要使用较大的图像，在这种情况下，最好将图像分割成几个部分插入到网页中，分割后的图像可以利用表格合并起来。

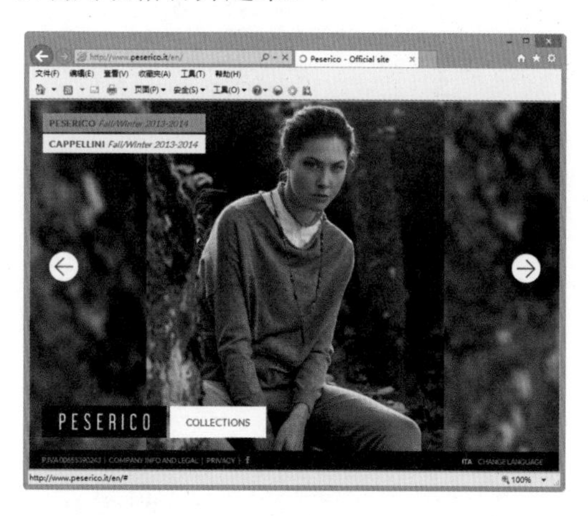

3. 构建网页文档的布局

大部分网页的布局都是用表格形成，但由于有时不显示表格边框，因此，访问者察觉不到主页的布局由表格形成这一特点。利用表格，可以根据需要拆分或合并文档的空间，随意地布置各种元素。在制作网页文档的布局时，可以选择是否显示表格。

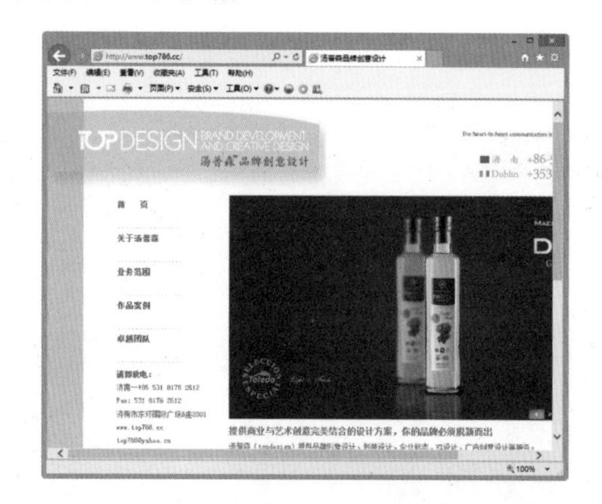

4.1.2 创建基本表格

表格是用于在HTML页面上显示表格

式数据以及对文本和图形进行布局的工具。表格由一行或多行组成，每行又由一个或多个单元格组成。

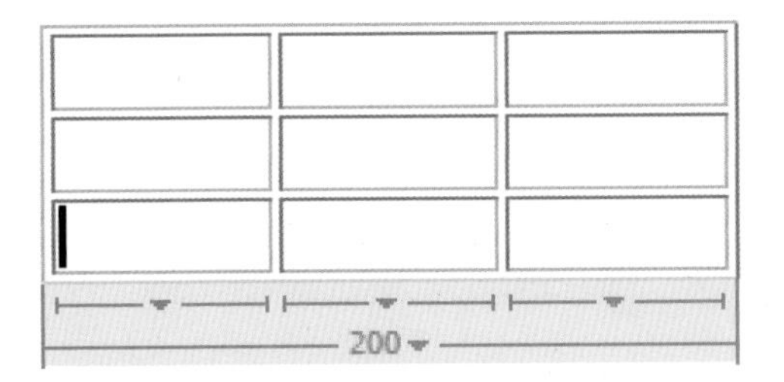

表格在网页中用于定位与排版，而有时一个表格无法满足所有页面要求，这就需要应用到嵌套表格。嵌套表格，顾名思义就是在表格中插入表格，由父表格负责整体排版，由嵌套的表格负责各个子栏目的排版，并插入到父表格的相应位置中。

1. 插入表格

在Dreamweaver中，可以使用【插入】面板，在网页中插入表格，具体方法如下。

【例4-1】使用Dreamweaver在网页中插入一个3行3列的表格。

视频+素材(光盘素材\第04章\例4-1)

步骤 01 启动Dreamweaver CC后，打开一个网页并在将鼠标光标插入网页合适的位置。

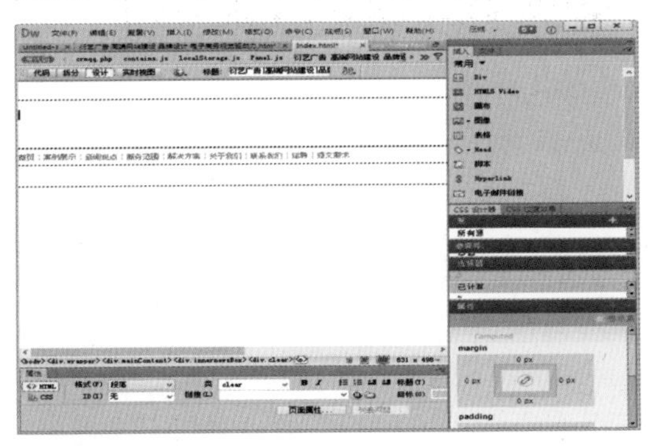

步骤 02 选择【窗口】|【插入】命令，显示【插入】面板，然后在该面板的【常用】选项卡中单击【表格】按钮。

步骤 03 在打开的【表格】对话框中的【行数】文本框中输入3，在【列】文本框中输入3，然后单击【确定】按钮。

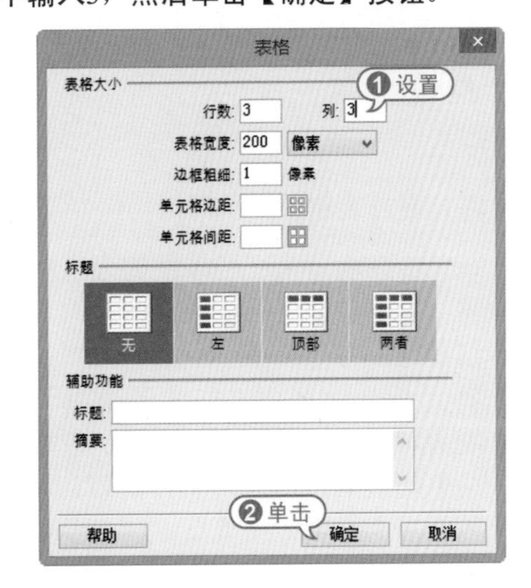

步骤 04 完成以上操作后，即可在网页中插入一个简单的表格。

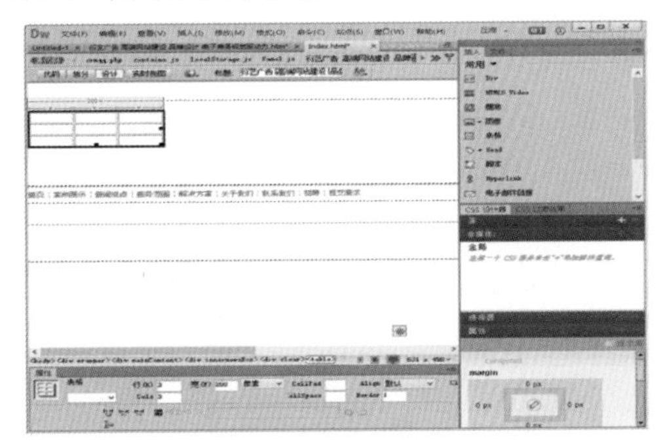

在【表格】对话框中，可以对插入网页中的表格进行精确设置，该对话框中比较重要的选项功能如下。

- 【行数】文本框：可以在文本框中输入表格的行数。
- 【列】文本框：可以在文本框中输入表格的列数。
- 【表格宽度】文本框：可以在文本框中输入表格的宽度，在右边的下拉列表中可以选择度量单位，包括【百分比】和【像素】两个选项。
- 【边框粗细】文本框：可以在文本框中输入表格边框的粗细。
- 【单元格边距】文本框：可以在文本框中输入单元格中的内容与单元格边框之间的距离值。
- 【单元格间距】文本框：可以在文本框中输入单元格与单元格之间的距离值。

2. 插入嵌套表格

嵌套表格就是在已经存在的表格中插入表格。插入嵌套表格的方法与插入表格的方法相同。打开一个已经插入表格的网页文档，将光标移至表格的某个单元格中，选择【插入】|【表格】命令，打开【表格】对话框，然后在【行数】文本框和【列】等表格设置文本框中输入参数，并单击【确定】按钮即可。

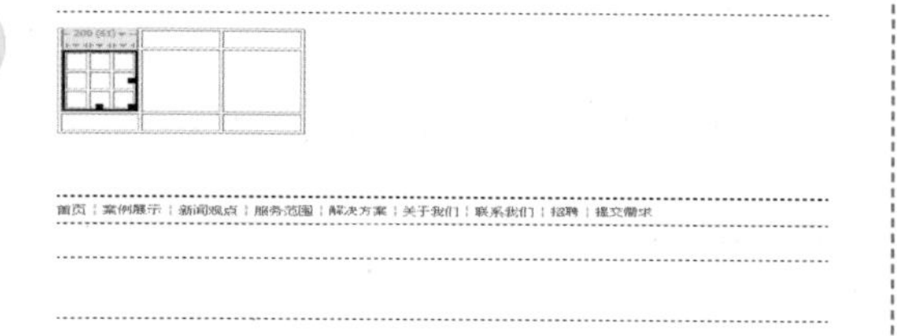

4.1.3 插入表格元素

为了使网页中的元素有序地在浏览器中显示，在插入文本和图像之前，最好先插入一个表格。在表格中插入文本与图像的方法与直接在网页中插入基本相同，只是在插入之前，需要先将鼠标光标放置在表格中。

1. 在表格中输入文本

在网页中输入文本之前，首先插入一个1行1列的表格，然后将鼠标光标放在表格中，输入文本即可。

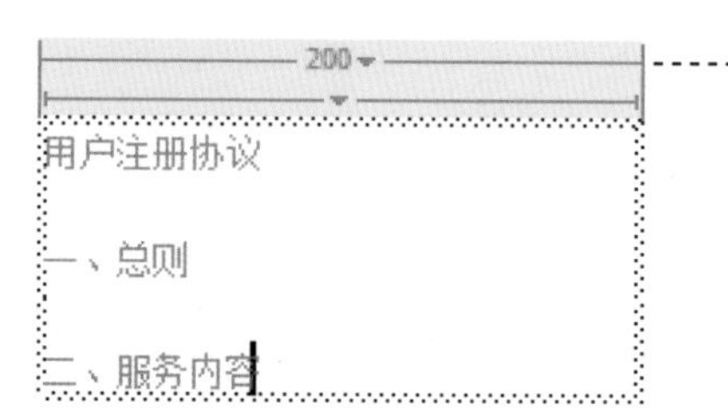

知识点滴

在表格中输入文本时，会发现表格宽度不会发生变化，而表格的高度将由于文本的输入发生变化。

2. 在表格中插入图像

在表格中插入图像与输入文本的顺序相同，将鼠标光标置于表格中，然后按照插入图像的方法(单击【插入】面板中【常用】选项卡内的【图像】按钮)，即可在表格中插入所需的图像。

4.1.4 设置表格属性

表格由单元格组成，即使是一个最简单的表格，也由一个单元格。而表格与单元格的属性完全不同，选择不同的对象(表格或单元格)，【属性】检查器将会显示相应的选项参数。

1. 表格属性

当在网页中插入一个表格后，【属性】检查器中将显示该表格的基本属性，如表格整体、行、列和单元格等，通过修改这些基本属性可以修改表格的属性。

【例4-2】在Dreamweaver中修改网页中表格的属性。

视频+素材(光盘素材\第04章\例4-2)

步骤 01 参考【例3-1】介绍的方法，在网页中插入一个3行3列的表格，在【属性】检查器的【宽】文本框中输入400，设置表格的宽度。

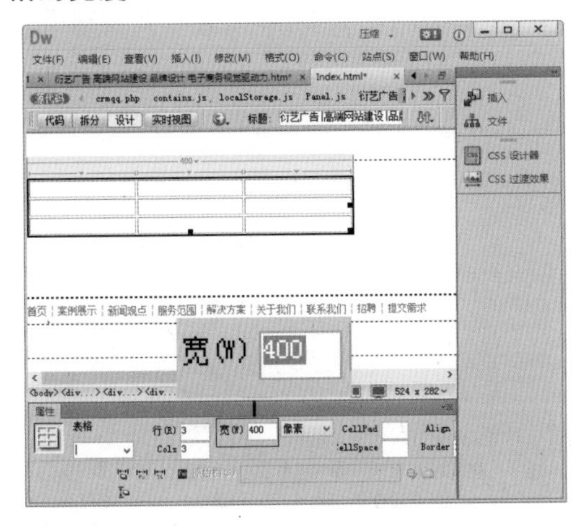

步骤 02 在【属性】检查器的【行】文本框中输入6，在Cols文本框中输入5，重新设置表格的行数和列数。

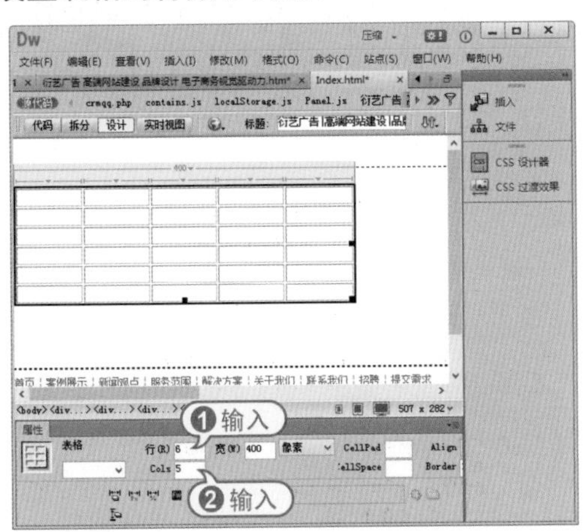

步骤 03 在【属性】检查器的Border文本框中输入0，设置表格的边框宽度为0，即设置表格不显示边框宽度。

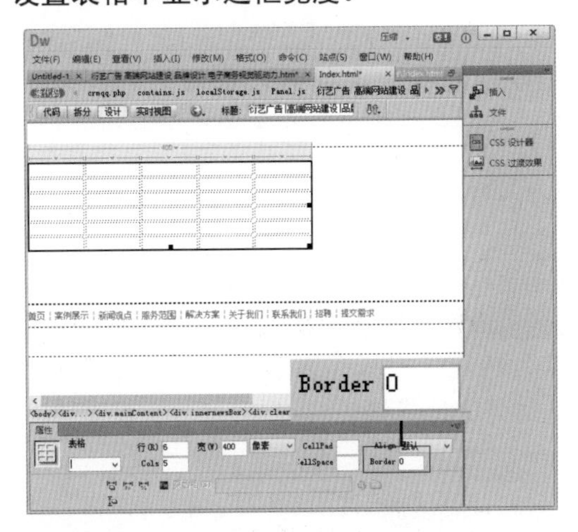

步骤 04 单击【属性】检查器中的Align下拉列表按钮，在弹出的下拉列表中选中【居中对齐】选项，设置表格内插入元素居中对齐。

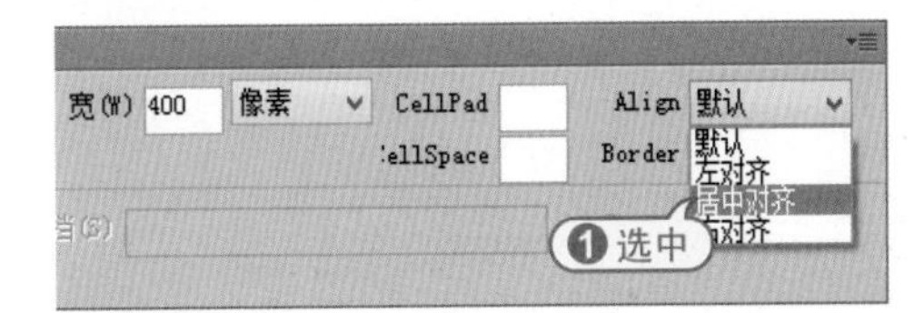

步骤 05 单击【属性】检查器中的【清除列宽】按钮，可以清除表格的宽度。

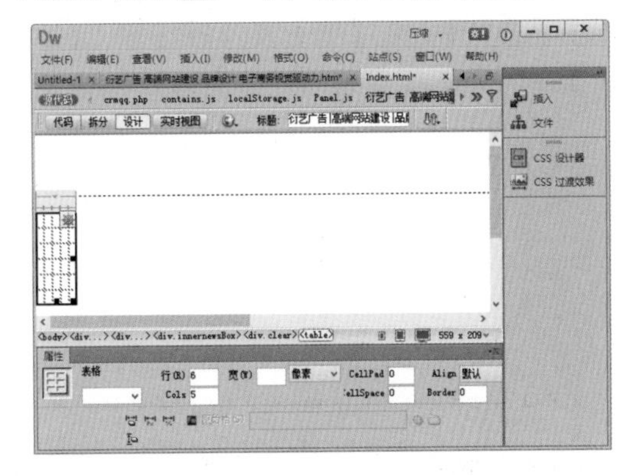

步骤 06 单击【属性】检查器中的【将表格宽度转换为像素】按钮，可以将以百分比为单位的表格宽度转换为具体的以像素为单位的宽度。

2. 单元格属性

由于一个最简单的表格中包括一个单元

格，即一行与一列，所以当鼠标光标放置在表格中后，实际上是将光标放置在单元格中，也就是选中了单元格。此时，【属性】检查器中将显示单元格的属性。

【例4-3】在Dreamweaver中设置网页中表格单元格的属性。

视频+素材(光盘素材\第04章\例4-3)

步骤 01 在网页中插入一个3行3列的表格后，将鼠标光标插入表格中显示单元格的【属性】检查器。

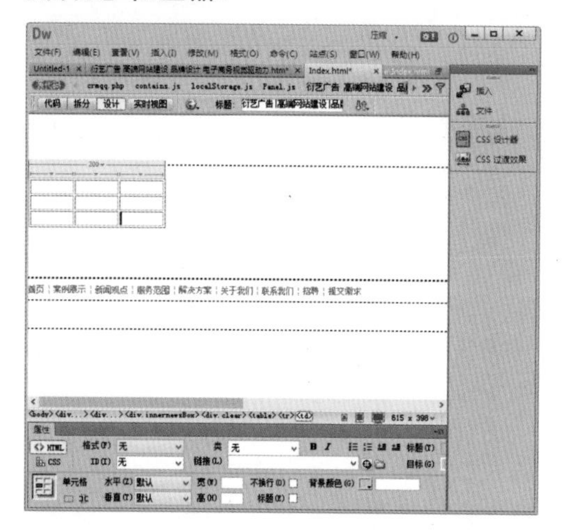

步骤 02 在【属性】检查器的【宽】文本框中输入100，在【高】文本框中输入80，设置单元格的高度为80，宽度为100。

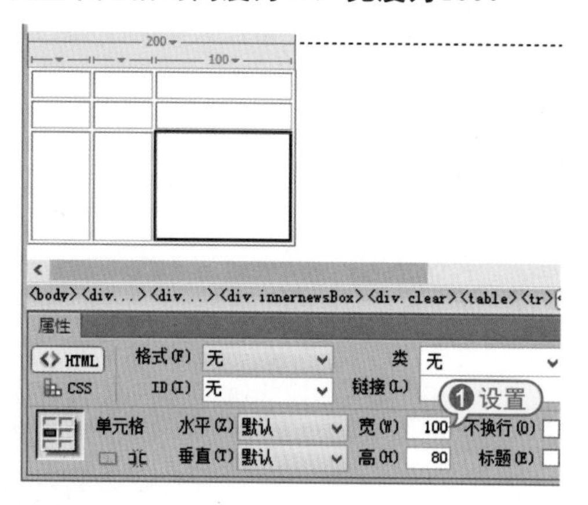

步骤 03 在单元格中输入一段文字，然后单击【属性】检查器中的【水平】下拉列表按钮，在弹出的下拉列表中选择【居中】对齐，设置单元格内的文字水平居中对齐。

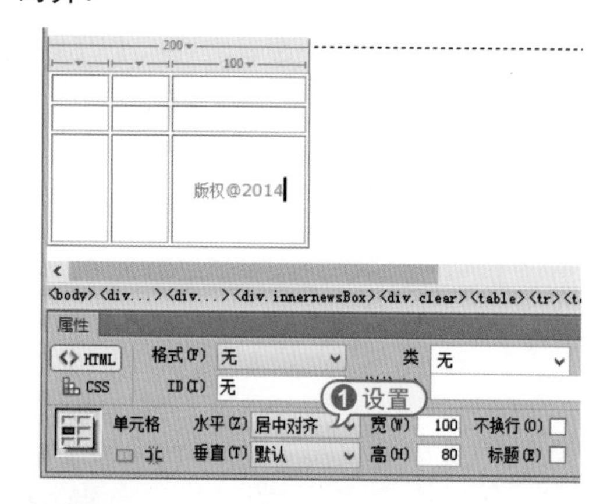

步骤 04 单击【属性】检查器的【垂直】下拉列表按钮，在弹出的下拉列表中选中【顶端】选项，设置单元格内文字对齐于顶端。

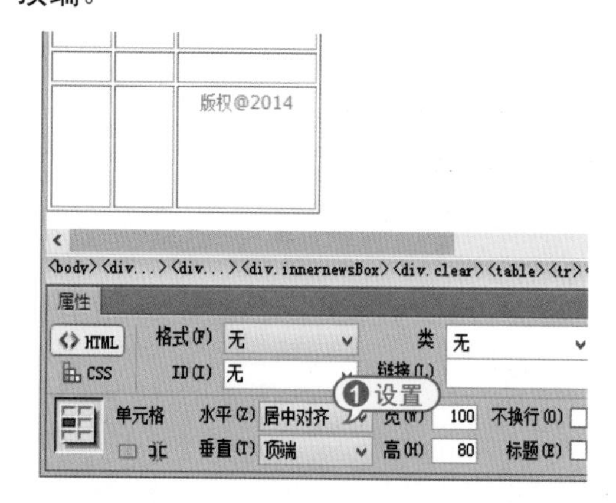

步骤 05 选中【属性】检查器中的【不换行】复选框，当在单元格中输入的内容超出单元格的宽度时，单元格将自动延伸宽度，而不会使输入的内容另起一行。

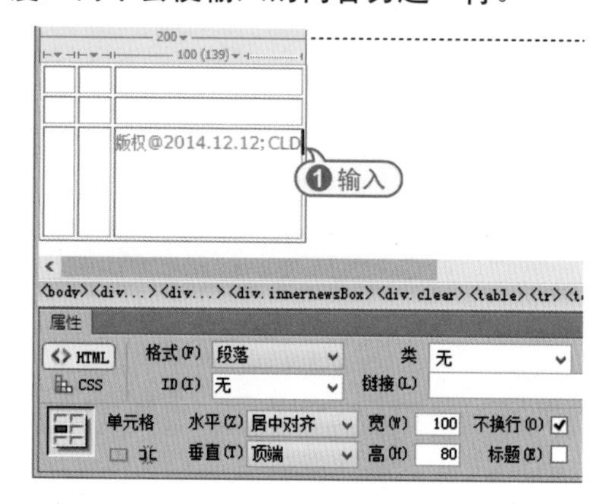

步骤 06 单击【属性】检查器中的【背景

颜色】按钮，在打开的颜色选择器中，可以设置单元格的背景颜色。

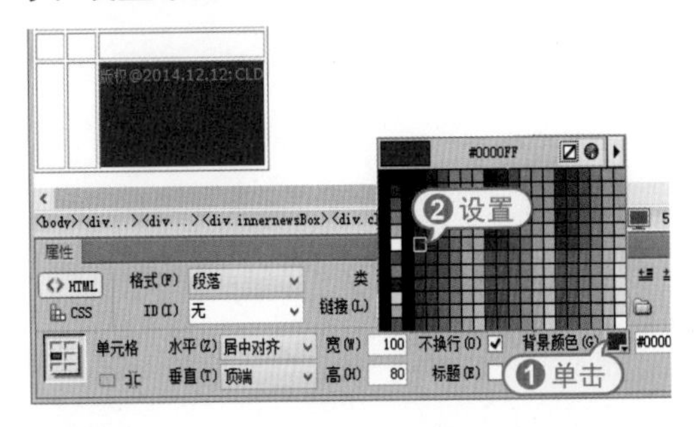

步骤 07 选中【属性】检查器中的【格式】下拉列表按钮，可以在弹出的下拉列表中设置单元格中文本的格。

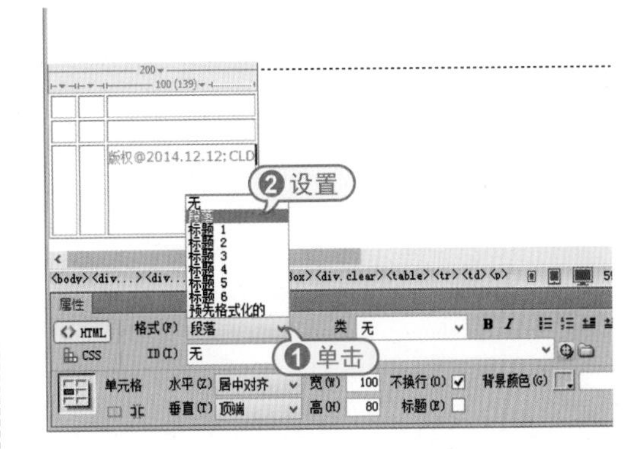

4.2 编辑网页中的表格

当创建的表格不符合网页设计的要求时，可以通过拆分与合并表格中的单元格，或者增加与删除表格行或列来达到所需的目的。除此之外，在表格中还可以执行复制、剪切、粘贴等操作，并保存原有单元格的格式。

4.2.1 选择表格元素

将鼠标光标放置在网页中的表格内，【属性】检查器将显示单元格的是属性，而不是表格的属性。这说明选中的是单元格，而非表格。在网页中创建一个表格，既包括表格自身，还包含单元格、行与列等元素，而这些元素的选择方法各不相同，下面将具体介绍。

1. 选择整个表格

在Dreamweaver中，要选择整个表格对象，可以使用以下几种方法：

- 将光标移动到表格的左上角或底部边缘稍向外一点的位置，当光标变成【表格】状光标时单击鼠标，即可选中整个表格。

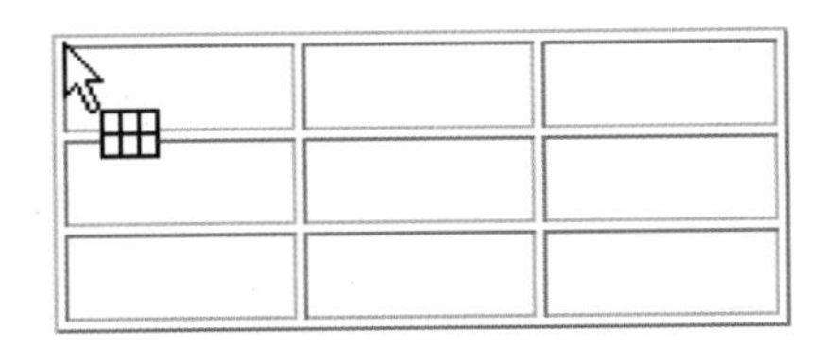

知识点滴

当网页中的表格被选中后，将在表格的下边缘和右边缘显示如下图所示的选择柄。

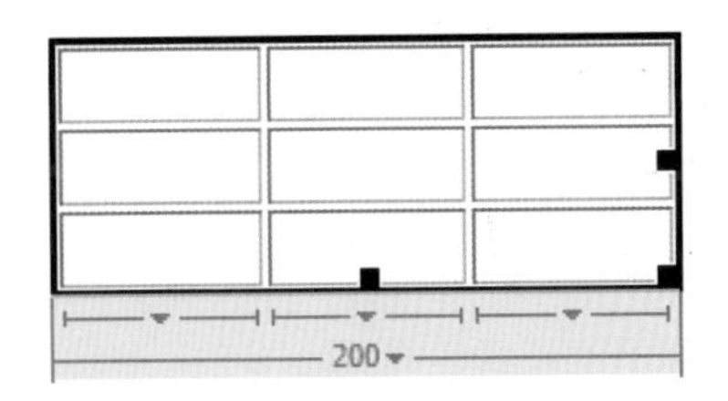

- 单击表格中任何一个单元格，然后在文档窗口左下角的标签选择器中选择<table>标签，即可选中整个表格。

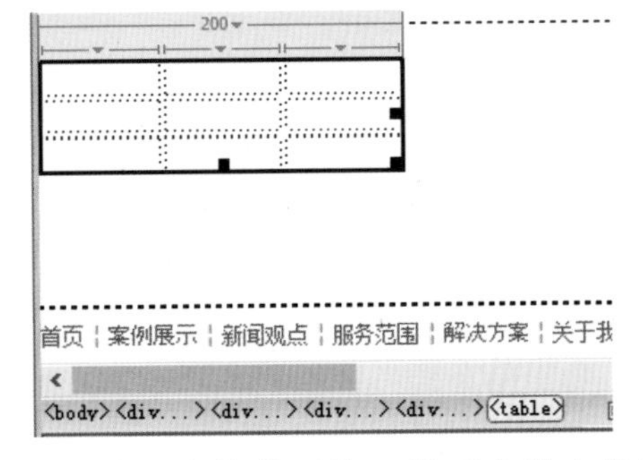

- 单击表格单元格，然后在弹出的菜

单中选择【修改】|【表格】|【选择表格】命令，即可选中整个表格。

● 将光标移至任意单元格上，按住Shift键，单击鼠标，即可选中整个表格。

2. 选中行和列

在对表格进行操作时，有时需要选中表格中的某一行或某个列，如果要选择表格的某一行或列，可以使用以下几种方法：

● 将光标移至表格的上边缘位置，当光标显示为向下箭头⬇时，单击鼠标，可以选中表格的整列。

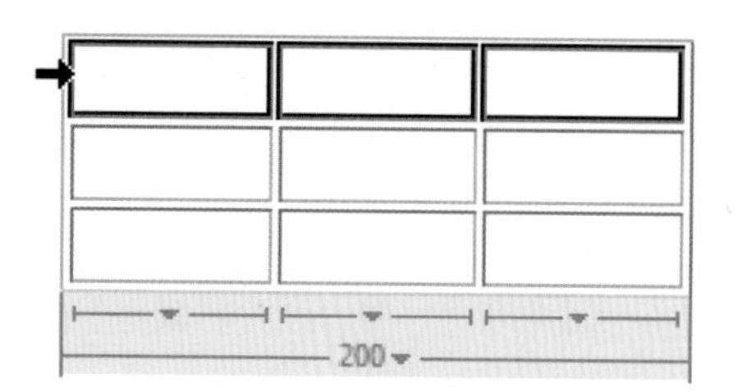

● 将光标移至表格的左边缘位置，当光标显示为向右箭头➡时，单击鼠标，可以选中表格的整行。

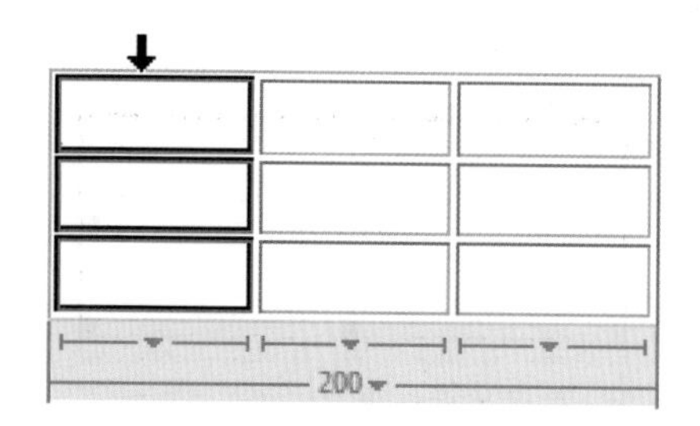

● 单击单元格，然后拖动鼠标，即可拖动选择整行或整列。同时，还可以拖动选择多行和多列。

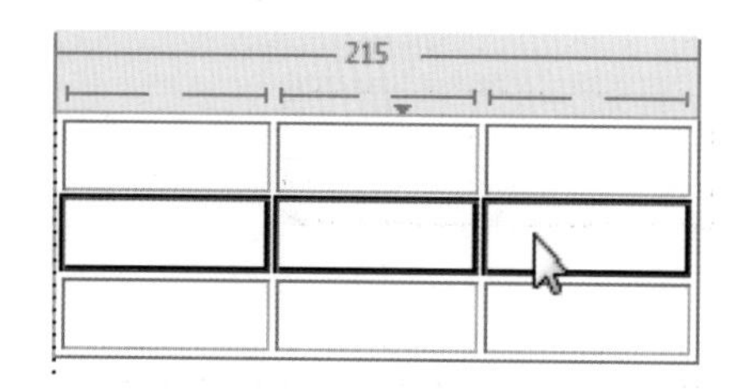

3. 选中单元格

要选择表格中单个单元格，可以使用以下几种方法：

● 单击单元格，在文档窗口左下角的标签选择器中选择<td>标签。

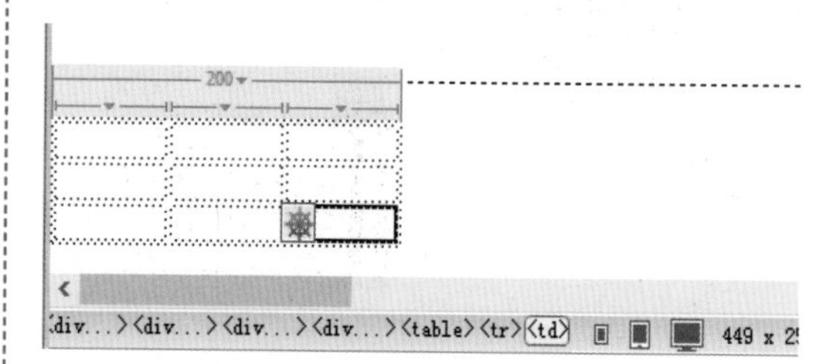

● 单击单元格，然后选择【编辑】|【全选】命令，或者按Ctrl+A组合键，即可选中该单元格。

4. 选中单元格区域

在对表格进行操作时，如果要选择单行或矩形单元格块，可以使用以下几种方法：

● 单击单元格，从一个单元格拖到另一个单元格即可。

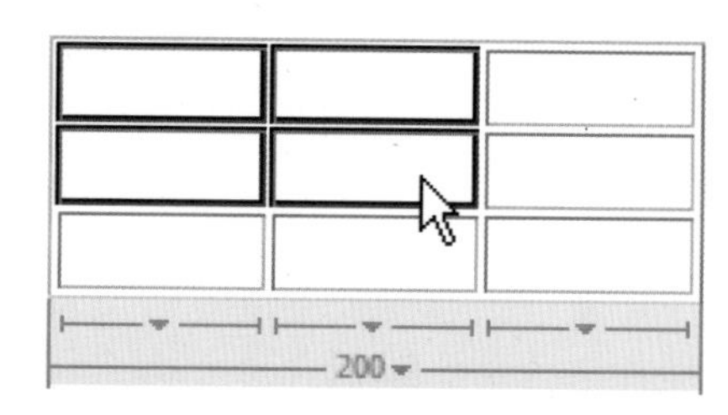

● 选择一个单元格，按住Shift键，单击矩形的另一个单元格即可。

5. 选中不相邻的单元格

要选择表格中不相邻的多个单元格，可以使用以下几种方法：

● 按住Ctrl键，将鼠标光标移至任意单元格上，光标会显示一个矩形图形，单击所需选择的单元格、行或列即可选中。

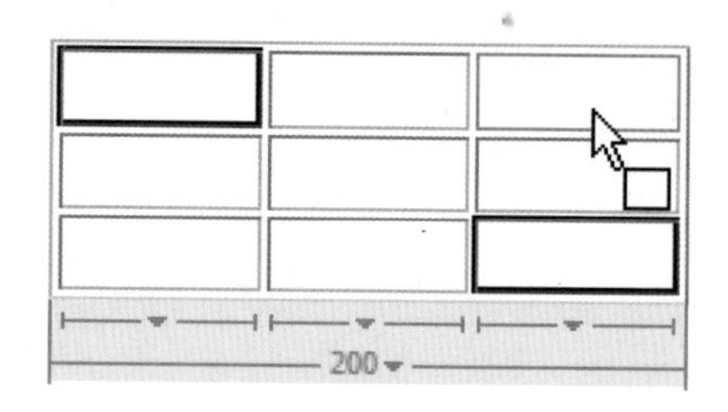

● 按住Ctrl键，单击尚未选中的单元格、行或列即可选中。

4.2.2 调整表格大小

当选中网页中的表格后，在表格右下角区域将显示3个控制点，通过拖动这3个控制点可以将表格横向、纵向或者整体放大，具体操作方法有以下几种：

● 用鼠标拖动右边的选择控制点，光标显示为水平调整指针，拖动鼠标可以在水平方向上调整表格的大小；用鼠标拖动底部的选择控制点，光标显示为垂直调整指针，拖动鼠标可以在垂直方向上调整表格大小。

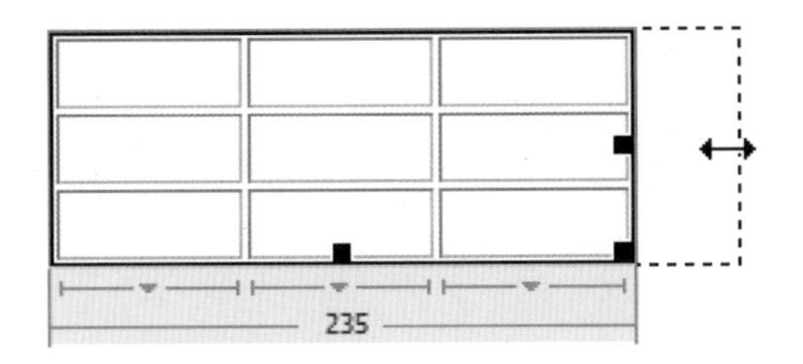

● 用鼠标拖动右下角的选择控制点，光标显示为水平调整指针沿对角线调整指针，拖动鼠标可以在水平和垂直两个方向调整表格的大小。

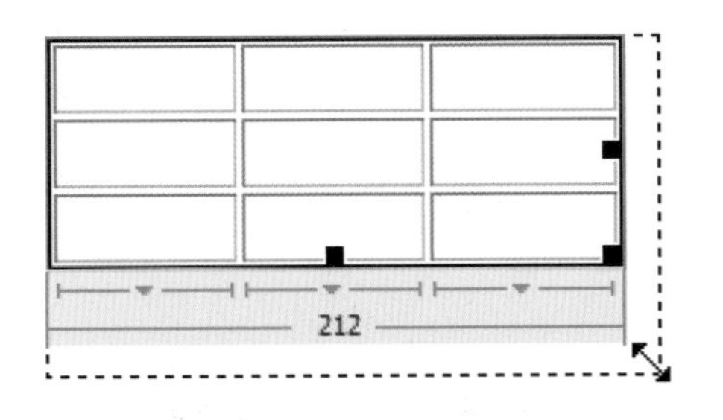

4.2.3 更改列宽和行高

要更改单元格的列宽和行高，可以在【属性】面板中调整数值，或拖动列或行的边框来更改表格的列宽或行高；也可以在【代码】视图中修改HTML代码来更改单元格的宽度和高度，具体操作方法如下：

● 更改列宽，将光标移至所选列的右边框，光标显示为左右指针⟛时，拖动鼠标即可调整。

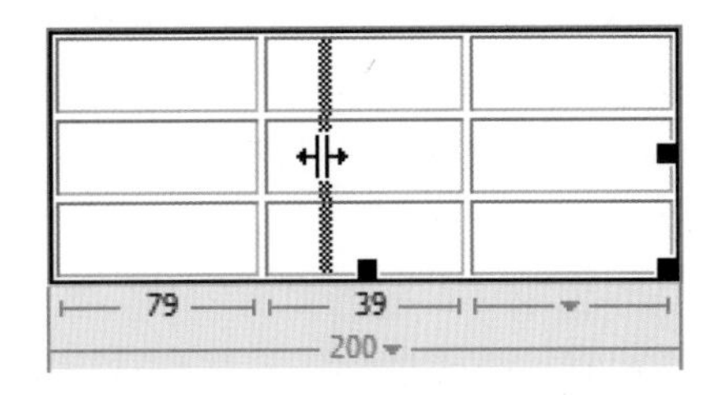

● 更改行高，将光标移至所选行的下边框，光标显示为上下指针≑时，拖动鼠标即可调整。

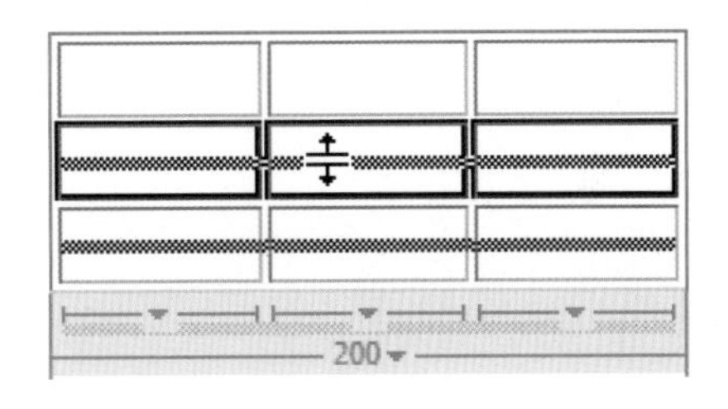

4.2.4 添加与删除行或列

表格中空白的单元格也会占据页面位置，所以多余的行或列可以删除。此外，也可以在特定行或列上方或左侧添加行或列，具体操作方法如下：

● 要一次添加多行或多列，或者在当前单元格的下面添加行或在其右边添加列，可以选择【修改】|【表格】|【插入行或列】命令，打开【插入行或列】对话框，选择插入行或列、插入的行数和列数以及插入的位置，然后单击【确定】按钮即可。

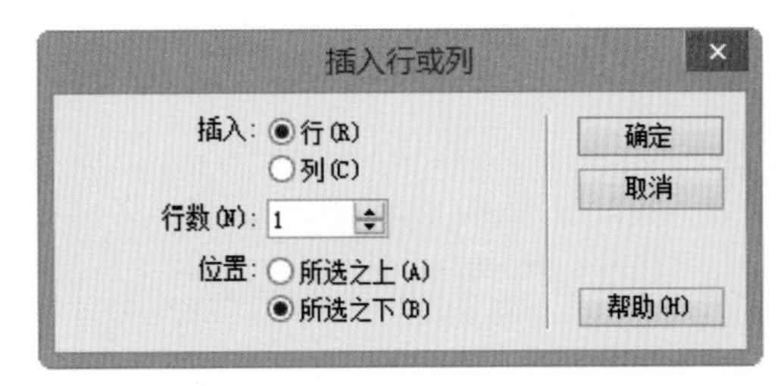

● 要在当前单元格的上面添加一行，选择【修改】|【表格】|【插入行】命令即可。

- 要在当前单元格的左边添加一列，选择【修改】|【表格】|【插入列】命令即可。
- 选择要删除的行或列，选择【修改】|【表格】|【删除行】命令或按Delete键，可以删除整行；选择【修改】|【表格】|【删除列】命令或按Delete键，可以删除整列。
- 要删除单元格里面的内容，先选择要删除内容的单元格，然后选择【编辑】|【清除】命令，或按下Delete键。

4.2.5 拆分与合并单元格

在制作页面时，如果插入的表格与实际效果不相符，例如有缺少或多余单元格的情况，可根据需要，进行拆分和合并单元格操作。

- 选中要合并的单元格，选择【修改】|【表格】|【合并单元格】命令，即可合并选择的单元格。

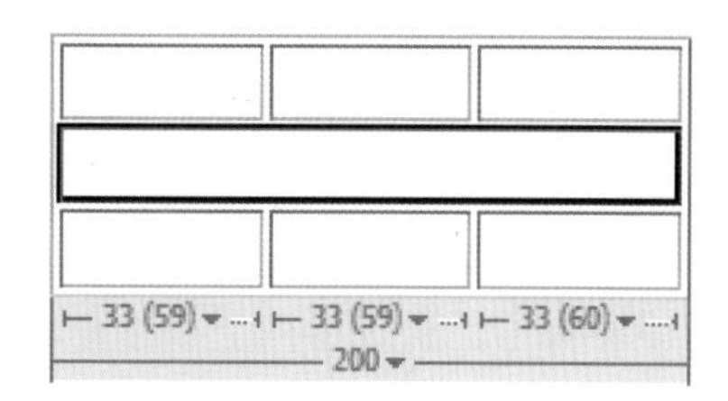

- 选择需要拆分的单元格，然后选择【修改】|【表格】|【拆分单元格】命令，或单击【属性】面板中的合并按钮，打开【拆分单元格】对话框；选择要把单元格拆分成行或列，然后再设置要拆分的行数或列数，单击【确定】按钮即可拆分单元格。

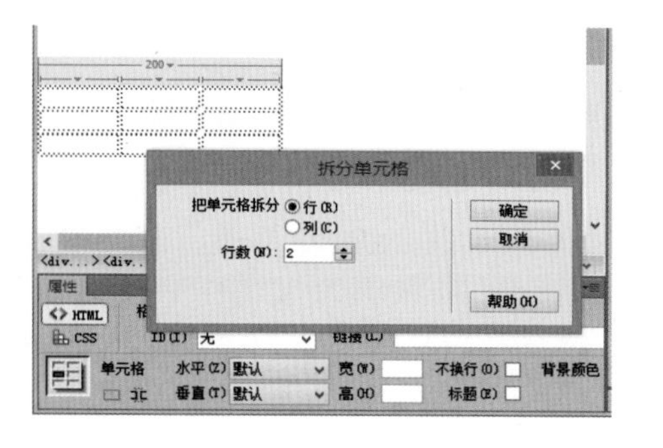

4.2.6 复制与粘贴单元格

在Dreamweaver中插入表格并选中表格中一个单元格后，选择【编辑】命令，在弹出的菜单中可以对表格进行【剪切】、【拷贝】、【粘贴】等操作。

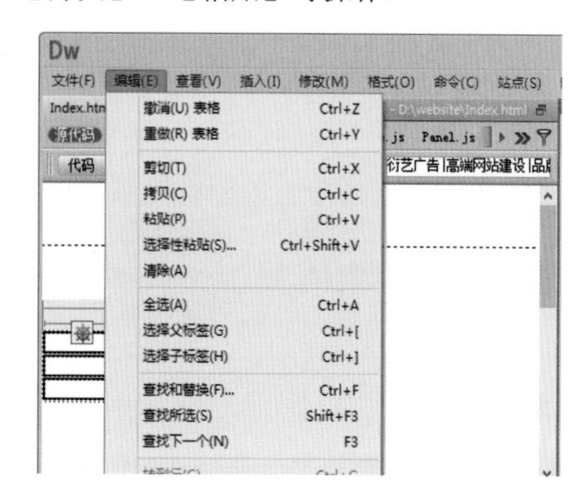

4.2.7 设置表格内容排序

对于网页中插入的表格，可以根据单个列的内容对表格中的行进行排序或者根据两个列的内容执行更加复杂的表格排序。

【例4-4】在Dreamweaver中对网页表格中的内容进行排序处理。

视频+素材(光盘素材\第04章\例4-4)

步骤 01 启动Dreamweaver后，打开一个网页文档，并选中文档中的表格，然后选择表格或任意单元格，选择【命令】|【排序表格】，打开【排序表格】对话框。

1	免费邮	企业邮箱
2	博客	微博
3	云课堂	云阅读
4	公益	媒体
5	应用盒子	游戏

步骤 02 在【排序表格】对话框中设置相应的参数选项后，单击【确定】按钮。

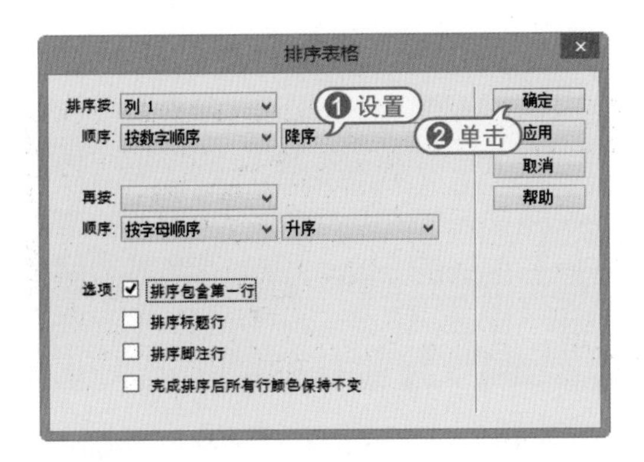

步骤 03 排序后的表格效果如下图所示。

在【排序表格】对话框中的主要参数选项具体作用如下。

- 【排序按】下拉列表：选择使用哪个列的值对表格的行进行排序。
- 【顺序】下拉列表：确定是按字母还是按数字顺序以及是以升序(A到Z，数字从小到大)或是以降序对列进行排序。
- 【再按】和【顺序】下拉列表：确定将在另一列上应用的第2种排序方法的排序顺序。在【再按】下拉列表中指定将应用第2种排序方法的列，并在【顺序】弹出菜单中指定第2种排序方法的排序顺序。
- 【排序包含第一行】复选框：指定将表格的第一行包括在排序中。如果第一行是不应移动的标题，则不选择此选项。
- 【排序脚注行】复选框：指定按照与主体行相同的条件对表格的tfoot部分中的所有行进行排序。
- 【完成排序后所有行颜色保持不变】复选框：设置排序之后表格行属性与同一内容保持关联。

知识点滴

在制作网页时，若需要对表格中的一部分内容执行排序操作，可以在选中表格中相应的内容后，再打开【排序表格】对话框进行相应的表格排序设置。

4.2.8 导入表格式数据

使用Dreamweaver不仅可以将另一个应用程序，例如Excel中创建并以分隔文本格式(其中的项以制表符、逗号、冒号、分号或其他分隔符隔开)保存的表格式数据导入到网页文档中并设置为表格的格式，而且还可以将Dreamweaver中的表格导出。

1. 导入表格式数据

可以参考以下实例所介绍的方法在Dreamweaver中导入表格式数据。

【例4-5】在Dreamweaver中为网页导入表格式数据。

视频+素材(光盘素材\第04章\例4-5)

步骤 01 启动【记事本】工具，然后输入表格式数据，并使用逗号分隔数据。

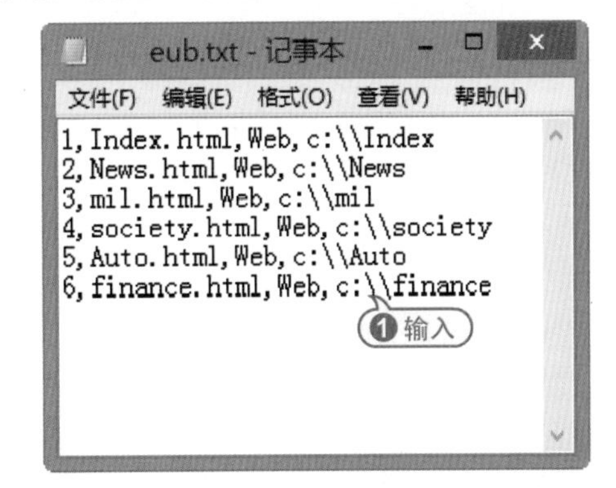

步骤 02 启动Dreamweaver后，打开一个一个网页文档，并将鼠标插入文档中合适的位置上，然后选择【文件】|【导入】|【表格式数据】命令，打开【导入表格式数据】对话框。

步骤 03 在【导入表格式数据】对话框中单击【浏览】按钮，打开【打开】对话框，然后在该对话框中选中步骤(1)创建的文件，并单击【打开】按钮。

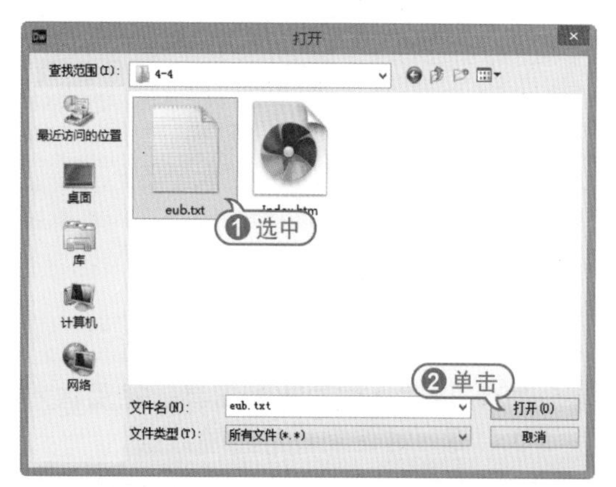

步骤 04 返回【导入表格式数据】对话框后，单击【定界符】下拉列表按钮，在弹出的下拉列表中选中【逗点】选项。

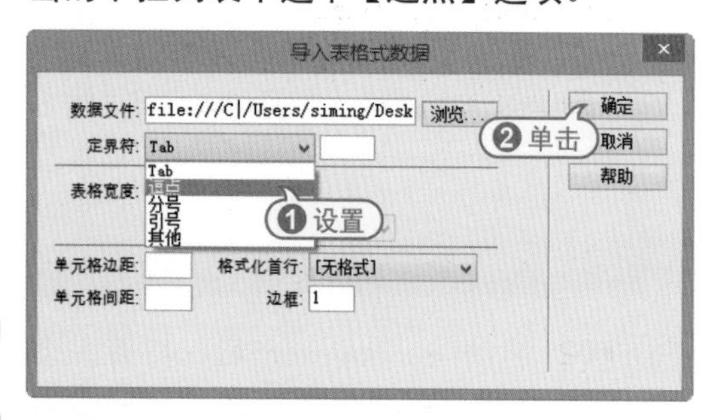

步骤 05 在【导入表格式数据】对话框中单击【确定】按钮，即可在网页中导入如下图所示的表格式数据。

步骤 06 选择【文件】|【保存】命令，将网页保存。

【导入表格式数据】对话框中主要参数选项的具体作用如下。

- 【数据文件】文本框：可以设置要导入的文件名称。也可以单击【浏览】按钮选择一个导入文件。
- 【定界符】下拉列表框：可以选择在导入的文件中所使用的定界符，如Tab、逗号、分号、引号等。如果在此选择【其他】选项，在该下拉列表框右面将出现一个文本框，可以在其中输入需要的定界符。定界符就是在被导入的文件中用于区别行、列等信息的标志符号。定界符选择不当，将直接影响到导入后表格的格式，而且有可能无法导入。
- 【表格宽度】选项区域：可以选择创建的表格宽度。其中，选择【匹配内容】单选按钮，可以使每个列足够宽以适应该列中最长的文本字符串；选择【设置为】单选按钮，将以像素为单位，或按占浏览器窗口宽度的百分比指定固定的表格宽度。
- 【单元格边距】文本框与【单元格间距】文本框：可以设置单元格的边距和间距。
- 【格式化首行】下拉列表框：可以设置表格首行的格式，包括无格式、粗体、斜体或加粗斜体4种格式。
- 【边框】文本框：用于设置表格边框的宽度，单位为像素。

2. 导出表格式数据

在Dreamweaver中，若要将页面内制作的表格及其内容导出为表格式数据，可以参考下面所介绍的操作步骤。

【例4-6】在Dreamweaver CC中导出网页中的表格式数据。

视频+素材(光盘素材\第04章\例4-6)

步骤 01 在Dreamweaver中选择要导出的表格后，选择【文件】|【导出】|【表格】命令，打开【导出表格】对话框。

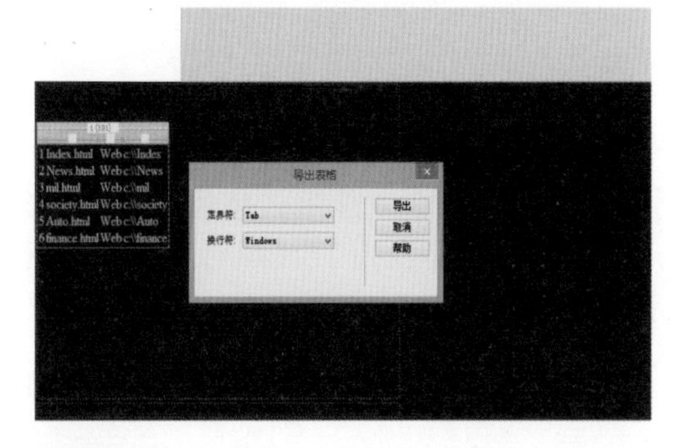

步骤 02 在【导出表格式数据】对话框中设置相应的参数选项后，单击【导出】按钮，打开【表格导出为】对话框。

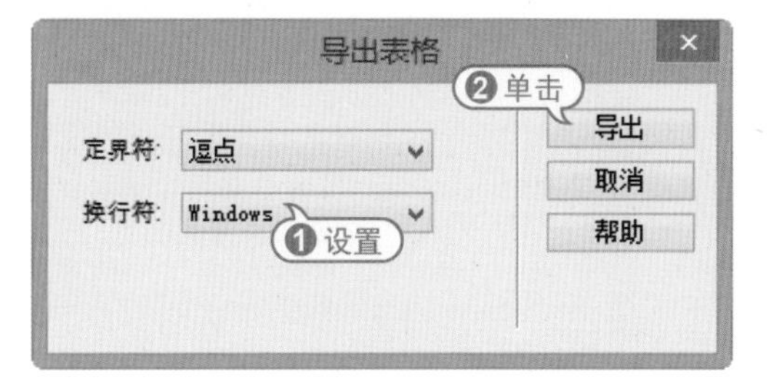

步骤 03 在【表格导出为】对话框中设置导出文件的名称和类型后，单击【确定】按钮即可将导出表格。

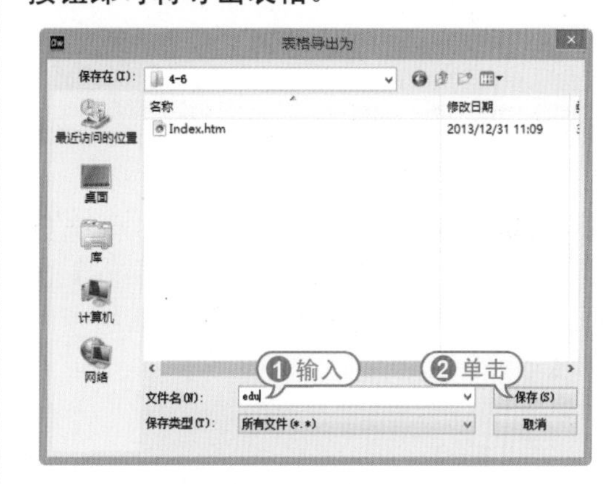

【导出表格】对话框中主要选项的功能如下。

- 【定界符】下拉列表框：可以设置要导出的文件以什么符号作为定界符。
- 【换行符】下拉列表框：可以设置在哪个操作系统中打开导出的文件，例如在Windows、Macintosh或UNIX系统中打开导出文件的换行符方式，因为在不同的操作系统中具有不同的指示文本行结尾的方式。

4.3 实战演练

本章的实战演练包括使用表格制作网站首页和使用表格制作产品网页等，可以通过实例操作巩固所学的知识。

4.3.1 使用表格制作网站首页

下面将通过实例介绍在Dreamweaver中制作“爱普音乐”网站首页的方法。

【例4-7】在Dreamweaver CC中利用表格构建网站首页。

视频+素材(光盘素材\第04章\例4-7)

步骤 01 使用Dreamweaver创建一个空白

网页，将其保存为aipuyinyue.html，在【标题】栏中输入文本“爱普音乐”。

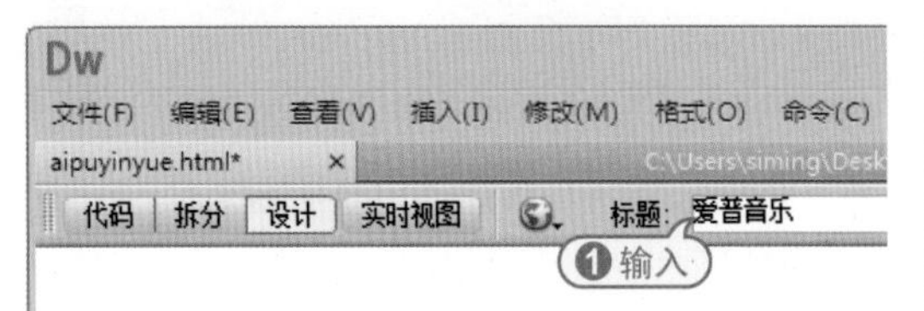

步骤 02 将鼠标光标插入网页中，选择【窗口】|【插入】命令，显示【插入】面板，然后单击该面板中【常用】选项卡中的【表格】选项。

步骤 03 在打开的【表格】对话框的【行数】文本框中输入3，【列】文本框中输入1，【表格宽度】文本框中输入100，单击其后的下拉列表按钮，在弹出的下拉列表中选中【百分比】选项。

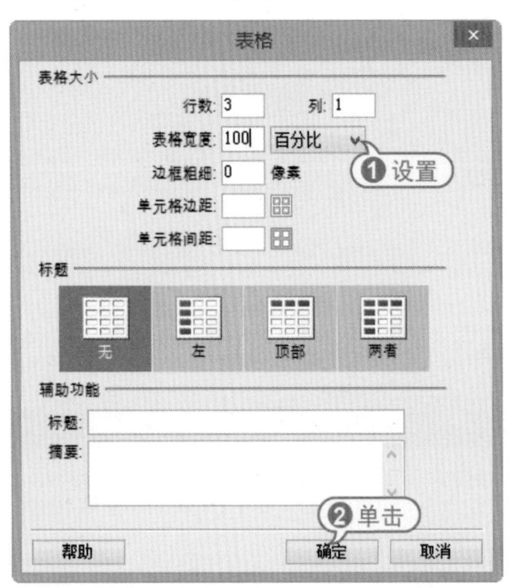

步骤 04 在【表格】对话框的【边框粗细】文本框中输入参数0，然后单击【确定】按钮，在页面中插入一个3行1列的表格。

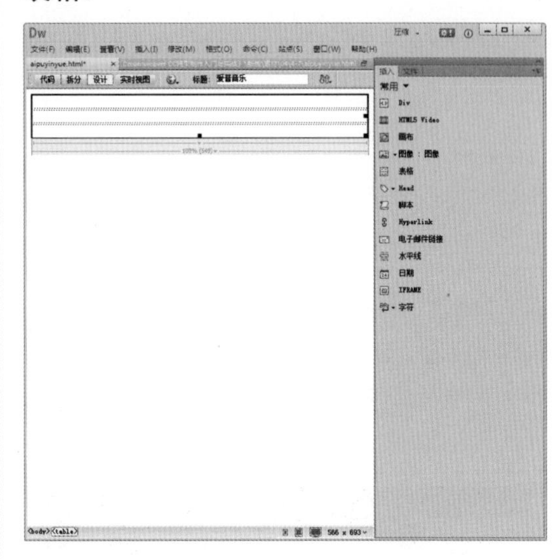

步骤 05 将鼠标光标插入表格的第1行单元格内，选择【窗口】|【属性】命令，显示【属性】检查器。

步骤 06 在【属性】检查器中单击【水平】下拉列表按钮，在弹出的下拉列表中选中【居中对齐】选项。

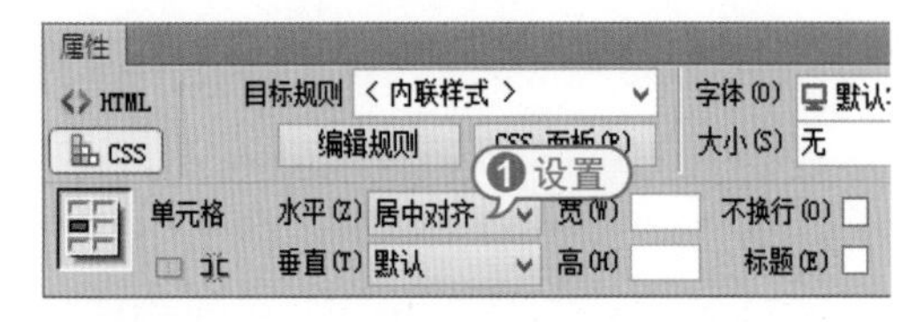

步骤 07 选择【插入】|【表格】命令，打开【表格】对话框，设置在该单元格中插

入一个3列2行，宽度960像素，边框粗细为0的表格。

步骤 08 在【表格】对话框中单击【确定】按钮，在页面中插入一个如下图所示的嵌套表格。

步骤 09 选中表格的第1列，然后单击【属性】检查器中的【合并所选单元格】按钮□。

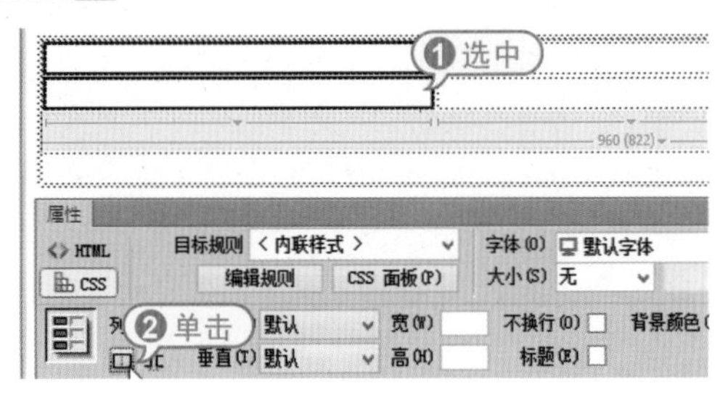

步骤 10 参考步骤(9)的操作合并表格的第2列单元格，然后将鼠标光标插入第一列单元格中，选择【插入】|【图像】|【鼠标经过图像】命令，打开【插入鼠标经过图像】对话框，设置在单元格中插入一个鼠标经过图像。

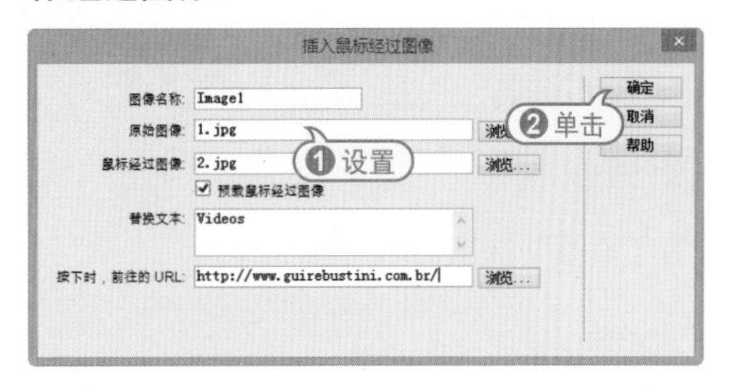

步骤 11 重复以上操作，在表格的其他单元格中也插入图像，效果如下。

步骤 12 将鼠标光标插入步骤(3)插入页面中的表格内的第2行中。

步骤 13 在【属性】检查器的【高】文本框中输入参数500，在【背景颜色】文本框中输入参数#1B2224，单击【水平】下拉列表按钮，在弹出的下拉列表中选中【居中对齐】选项。

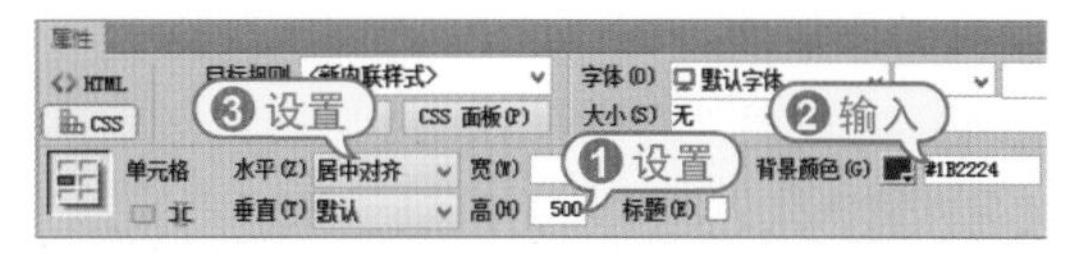

步骤 14 选择【插入】|【表格】命令，打开【表格】对话框，设置在单元格中插入一个4行2列，宽度为960像素，边框粗细为0的表格。

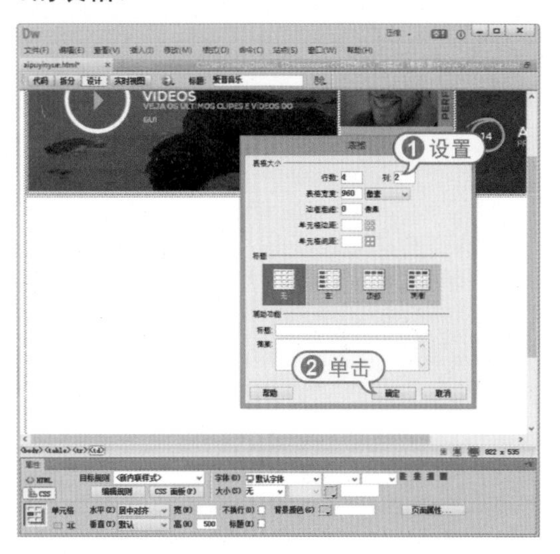

步骤 15 在【表格】对话框中单击【确定】按钮，然后选中页面中插入表格的第1列。

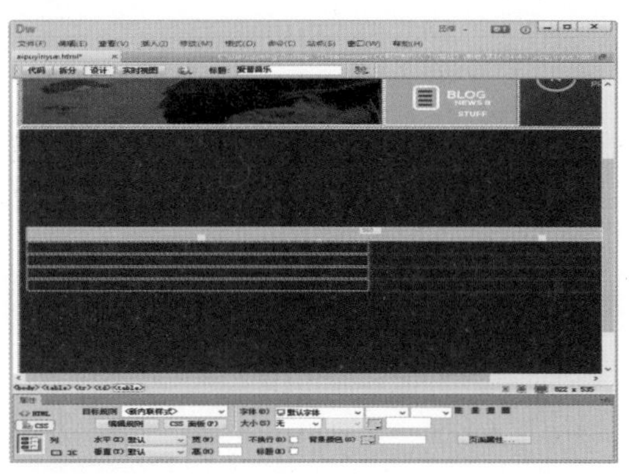

步骤 16 单击【属性】检查器中的【合并所选单元格】按钮，合并第1列中的单元格，然后选择【插入】|【图像】|【图像】命令，在表格中插入图像，并输入相应的文本。

步骤 17 选中表格中输入文本的单元格，在【属性】检查器中的【文本颜色】文本框中输入#999，设置单元格中文本的颜色。

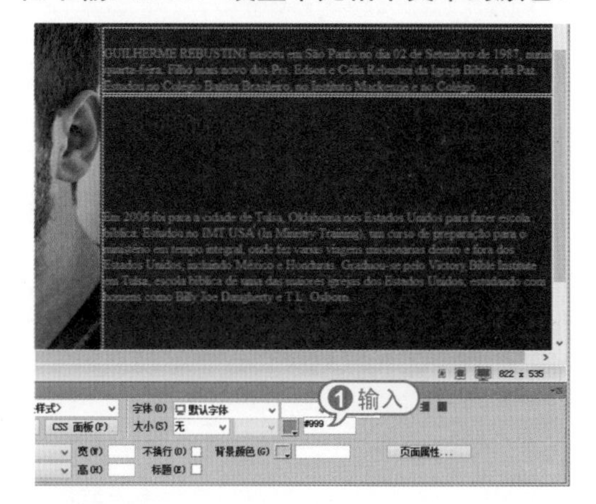

步骤 18 参考步骤(17)的操作，为单元格中具体的文本设置颜色，效果如下图所示。

步骤 19 将鼠标光标插入步骤(3)插入页面中的表格内的第3行中。

步骤 20 在【属性】检查器的【背景颜色】文本框中输入#1A1F21，设置单元格背景颜色。

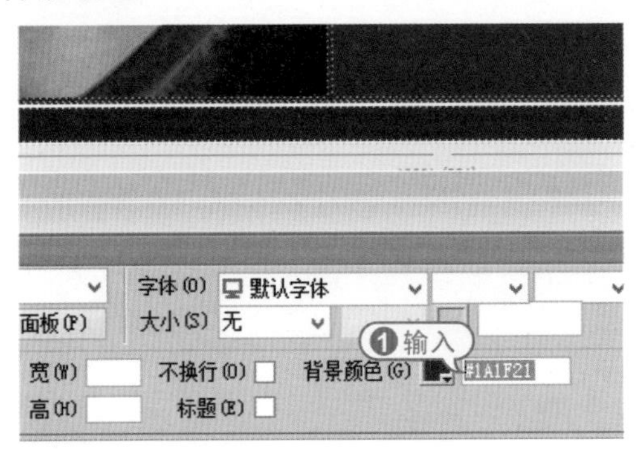

步骤 21 单击【属性】检查器中的【拆分单元格为行或列】按钮，打开【拆分单元格】对话框。

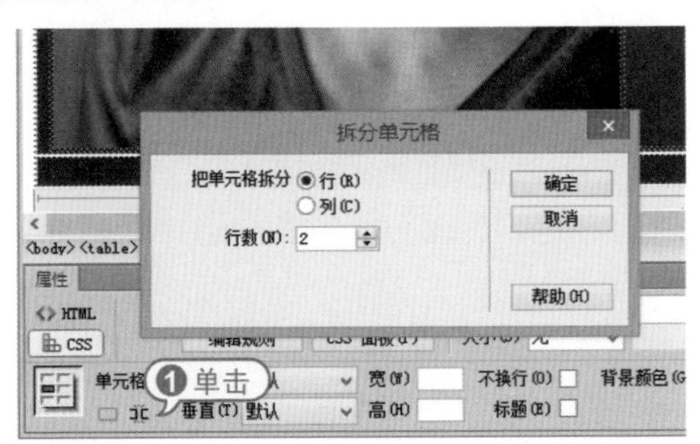

步骤 22 在【拆分单元格】对话框中选中【列】单选按钮，在【列数】文本框中输入参数3，然后单击【确定】按钮将单元格拆分为3列。

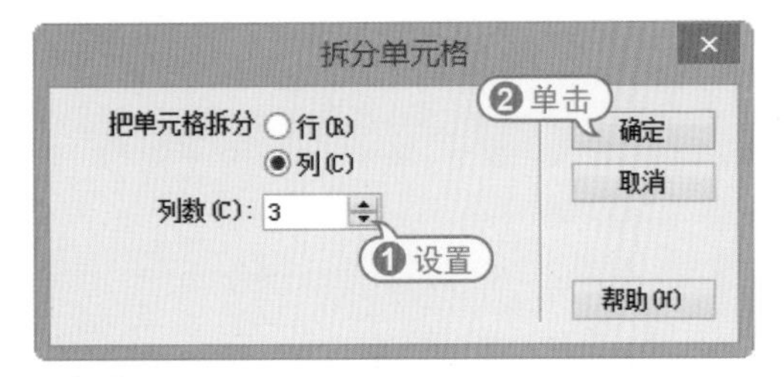

步骤 23 将鼠标光标插入单元格拆分后的第1列中，选择【插入】|【图像】|【图像】命令，在该列中插入一张如下图所示的图片。

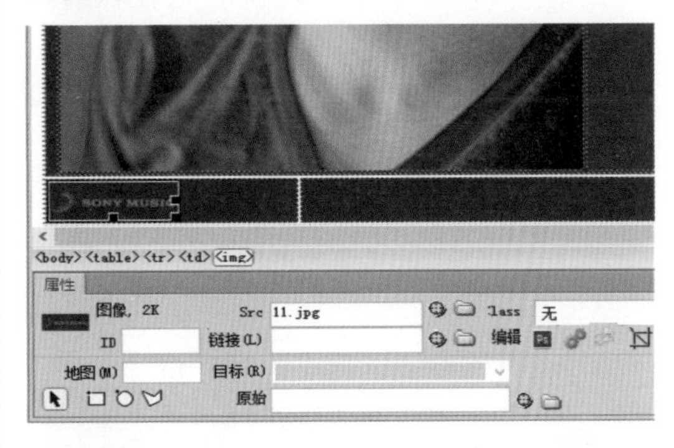

步骤 24 重复步骤(23)的操作，在单元格拆分后的第3列中插入一张如下图所示的图片。

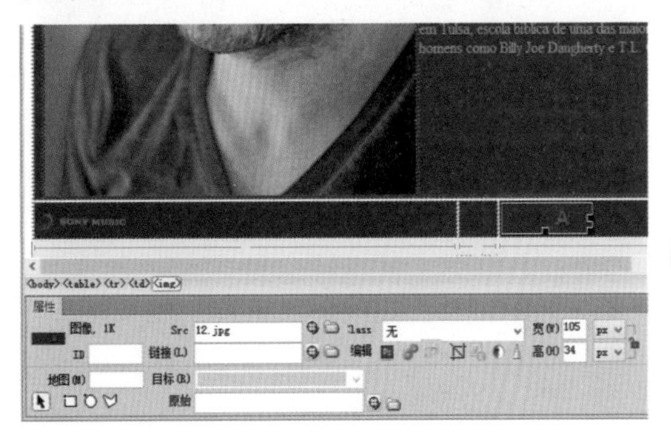

步骤 25 将鼠标光标插入单元格拆分后的第2列中，然后其中输入文本，并设置文本的颜色，效果如下图所示。

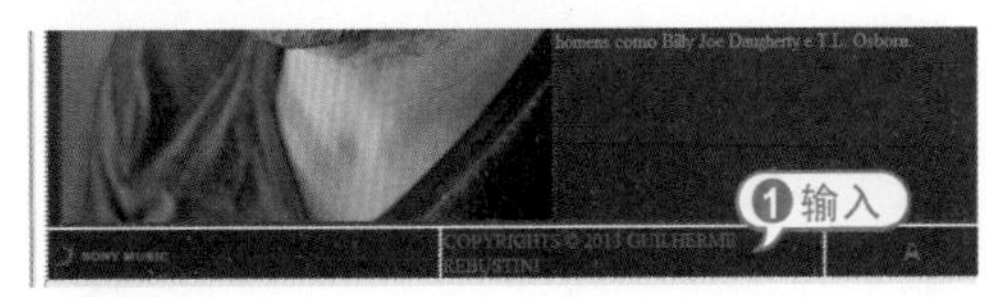

步骤 26 完成以上操作后，选择【编辑】|【页面属性】命令，打开【页面属性】对

话框，然后在该对话框中选中【分类】列表框中的【外观(CSS)】选项，并在【背景颜色】文本框中输入#455056。

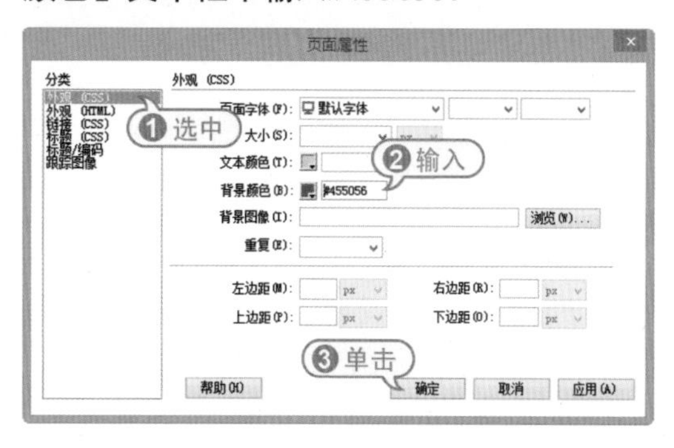

步骤 27 在【页面属性】对话框中单击【确定】按钮后，选择【文件】|【保存】命令将网页保存，按下F12键预览网页效果如下图所示。

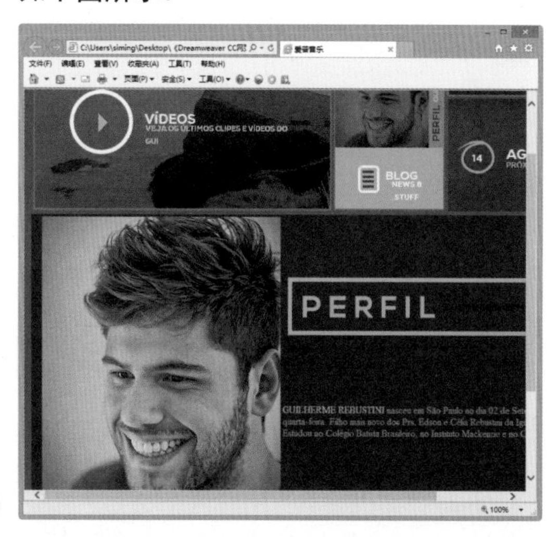

4.3.2 使用表格制作产品页面

下面将通过实例介绍在Dreamweaver中利用表格制作商品介绍页面的方法。

【例4-8】在Dreamweaver CC中利用表格构建产品介绍页面。

视频+素材(光盘素材\第04章\例4-8)

步骤 01 使用Dreamweaver创建一个空白网页，将其保存为chanpin.html，在【标题】栏中输入文本“产品介绍”。

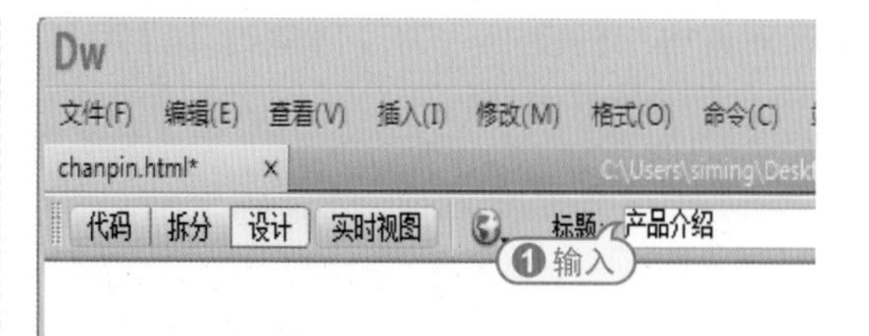

步骤 02 将鼠标光标插入网页中，选择【插入】|【表格】命令，打开【表格】对话框，然后在该对话框中的【行数】文本框中输入1，【列】文本框中输入1，【边框粗细】文本框中输入0，在【表格宽度】文本框中输入100，并单击其后的下拉列表按钮，在弹出的下拉列表中选择【百分比】选项。

步骤 03 在【表格】对话框中单击【确定】按钮后，在页面中插入一个1行1列的表格，然后将鼠标光标插入表格中，在【属性】检查器中单击【水平】下拉列表按钮，在弹出的下拉列表中选中【居中对齐】选项。

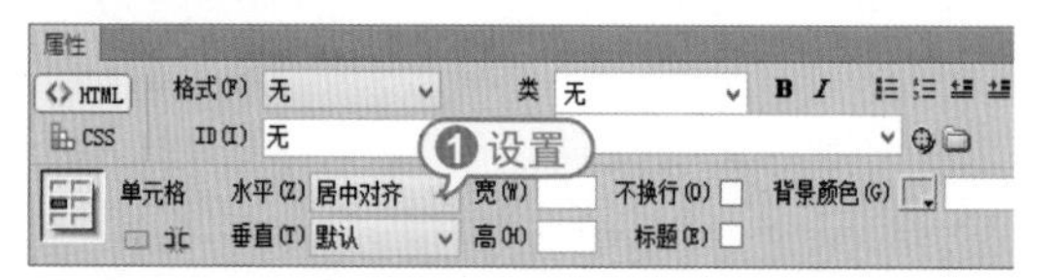

步骤 04 选择【插入】|【表格】命令，打开【表格】对话框，参考下图所示，设置

该对话框中的参数，完成后单击【确定】按钮，在网页中创建一个2行1列，宽度为1100像素的嵌套表格。

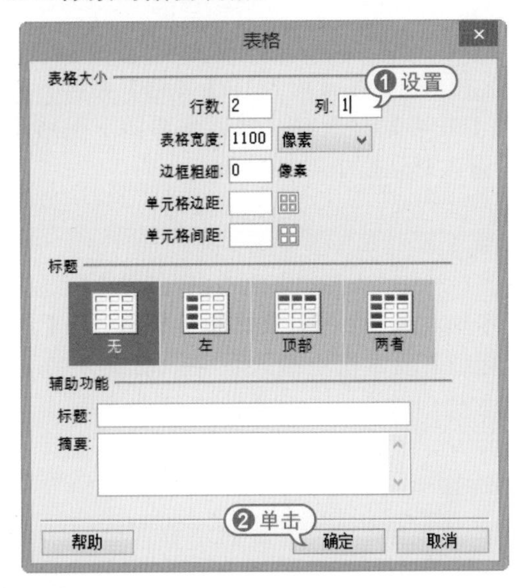

步骤 05 将鼠标光标插入嵌套表格的第1行中，选择【插入】|【图像】|【图像】命令，在该行中插入一个如下图所示的导航条图像。

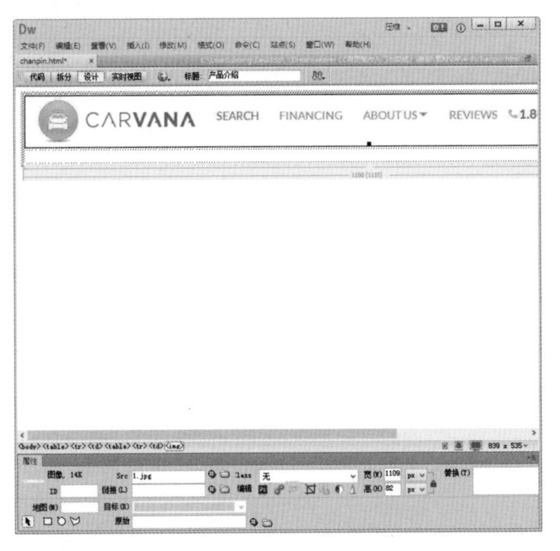

步骤 06 将鼠标光标插入嵌套表格的第2行中，然后选择【插入】|【表格】命令，打开【表格】对话框，并参考下图所示设置该对话框中的参数，完成后单击【确定】按钮，在嵌套表格的第2行内插入一个1行2列的表格。

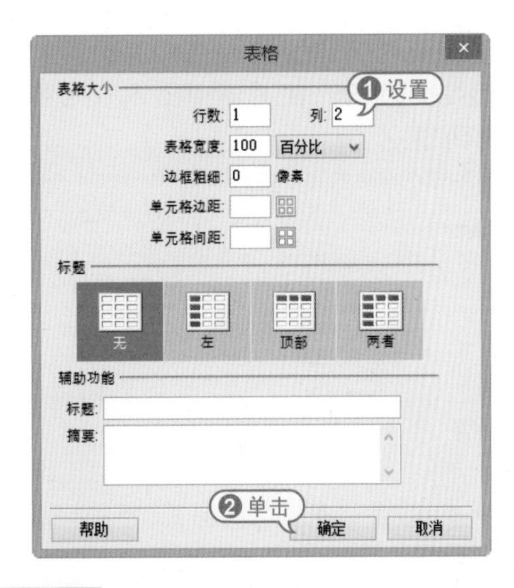

步骤 07 将鼠标光标插入步骤(5)插入表格左侧的单元格中，在【属性】检查器的【宽】文本框中输入200，在【高】文科中输入500，设置如下图所示的单元格效果。

步骤 08 在【属性】检查器中单击【垂直】下拉列表按钮，在弹出的下拉列表中选中【顶端】选项。

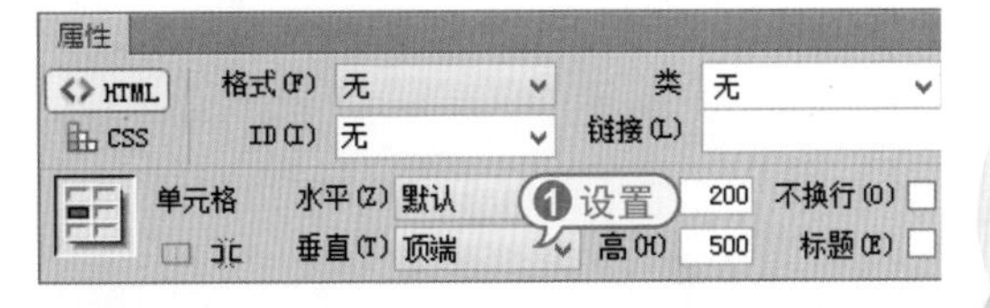

步骤 09 选择【插入】|【表格】命令，打开【表格】对话框，然后参考下图所

示设置该对话框中的参数，完成后单击【确定】按钮，在页面中插入一个9行1列的表格。

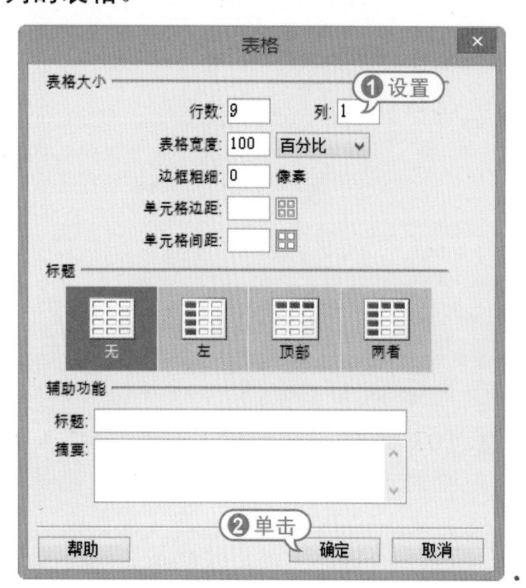

步骤 10 将鼠标插入9行1列表格的单元格中，然后选择【插入】|【图像】|【图像】命令，分别在该表格的9个单元格中插入如下图所示的图片。

步骤 11 将鼠标光标插入页面右侧的空白单元格中，在【属性】检查器中单击【水平】下拉列表按钮，在弹出的下拉列表中选择【居中对齐】选项；单击【垂直】下拉列表按钮，在弹出的下拉列表中选择【顶端】选项。

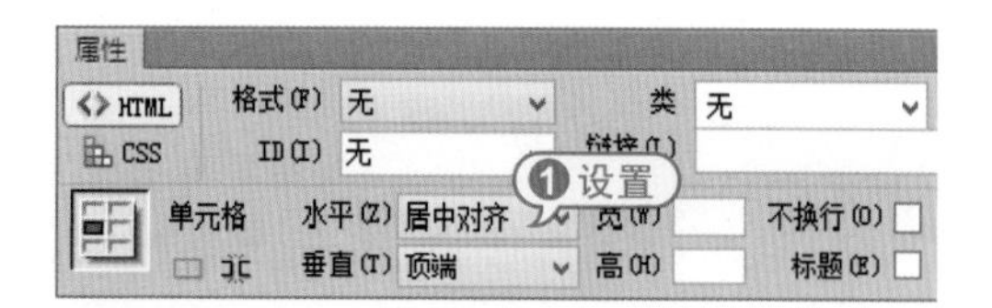

步骤 12 选择【插入】|【表格】命令，打开【表格】对话框，然后参考如下图所示设置该对话框中的各项参数。

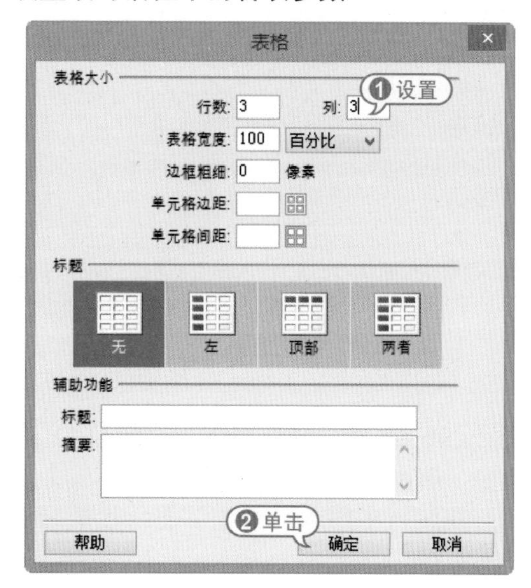

步骤 13 在【表格】对话框中单击【确定】按钮，在页面中插入一个3行3列的表格。

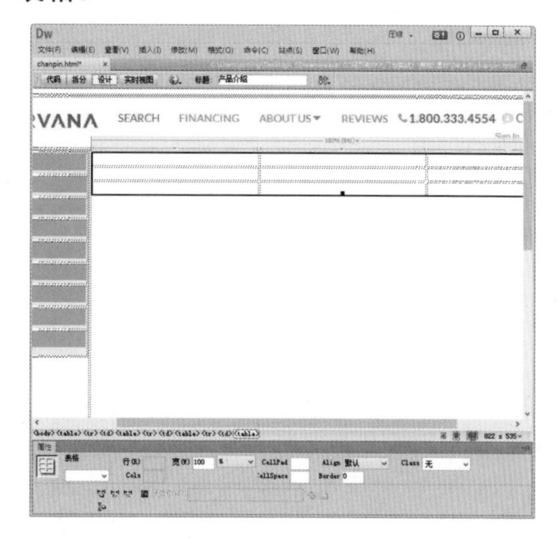

步骤 14 选择【插入】|【图像】|【图像】命令，在表格的第1行单元格中，分别插入如下图所示的图像。

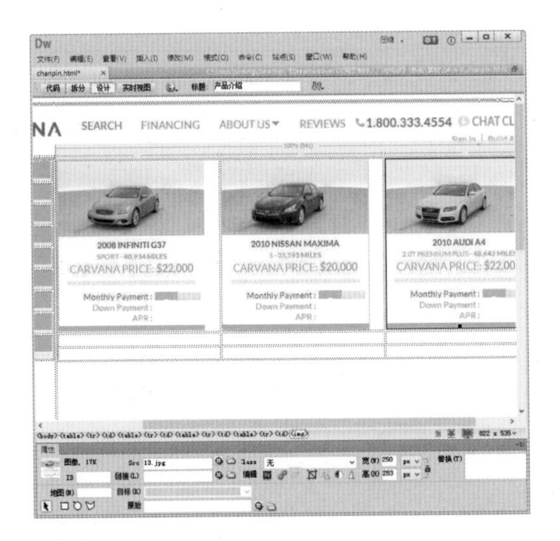

步骤 15 选中表格第1行单元格，在【属性】检查器中的【背景颜色】文本框中输入#EEECED设置表格第1行单元格的背景颜色。

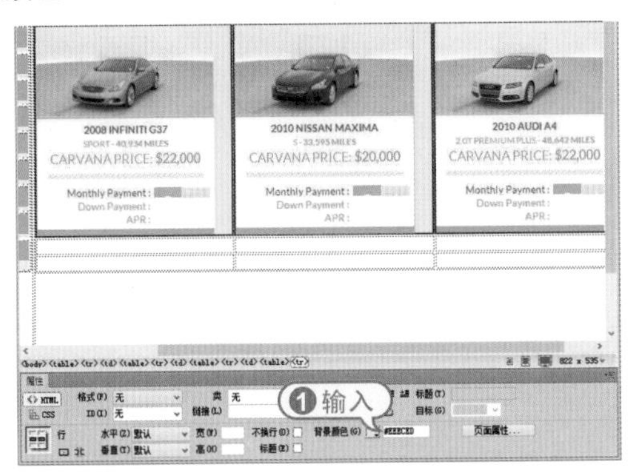

步骤 16 重复以上操作，在表格的第2行中插入图片并设置背景颜色。

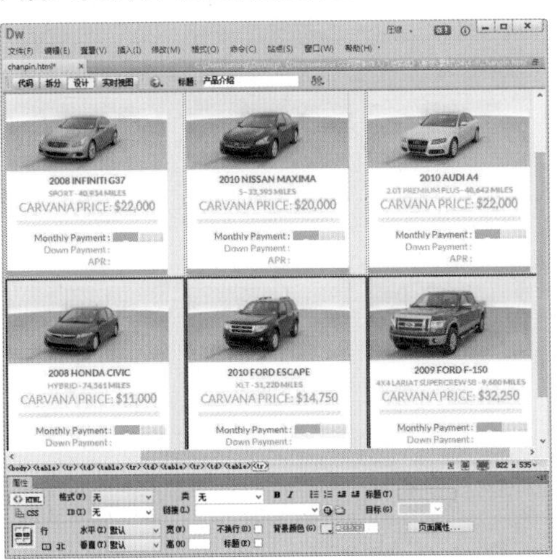

步骤 17 选中表格第1行和第2行所有单元格，在【属性】检查器中单击【水平】下拉列表按钮，在弹出的下拉列表中选择【水平居中】选项，设置单元格中的图片水平居中，效果如下图所示。

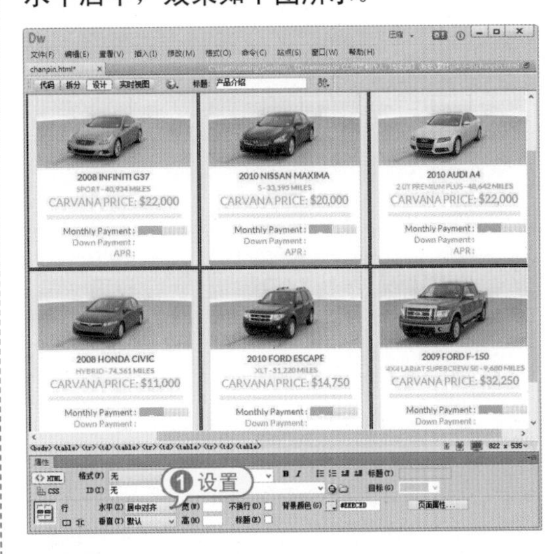

步骤 18 选中表格第3行单元格，然后在【属性】检查器中单击【合并所选单元格】按钮，将该行中的3个单元格合并为1个单元格。

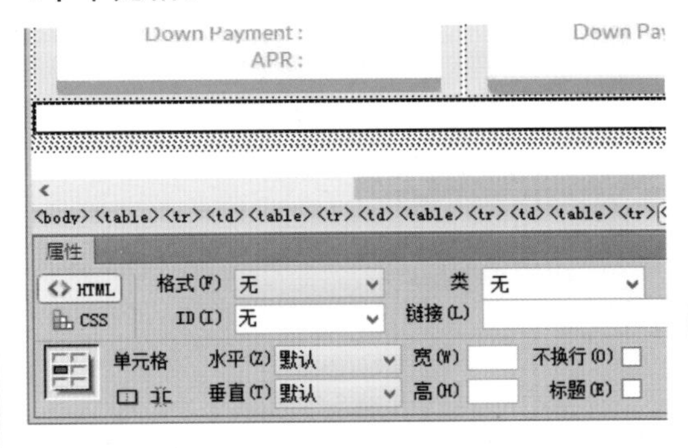

步骤 19 接下来，在合并后的单元格中输入如下图所示的文本。

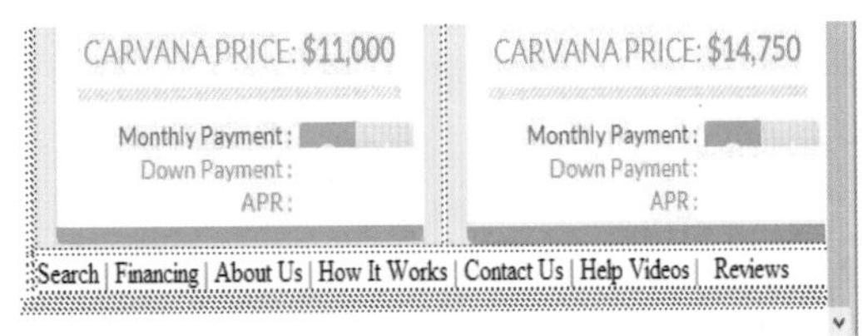

步骤 20 选中输入的文本，在【属性】检查器的【文本颜色】文本框中输入

#666666，设置文本的字体颜色。

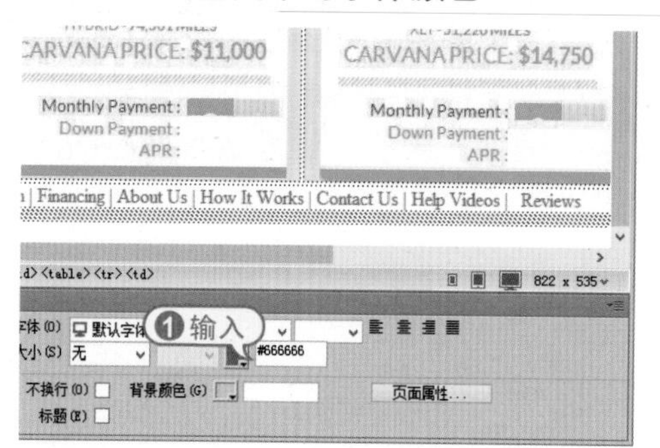

步骤 21 选择【文件】|【保存】命令，将网页保存后，按下F12键预览网页效果如下图所示。

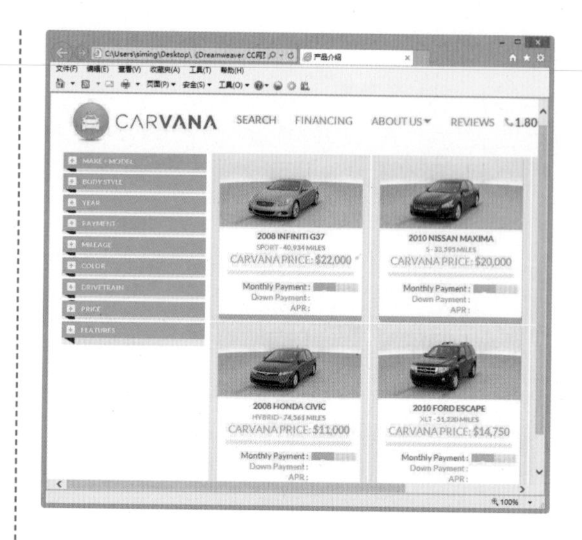

专家答疑

》问：在Dreamweaver中设置表格属性后，再设置单元格的属性，设置后的表格属性和单元格属性会发生冲突吗？

答：表格属性与单元格属性会相互叠加，如果有相同的属性设置，单元格属性优先于表格的属性。如设置表格背景色为红色，设置表格中某个单元格的背景色为黑色，则该单元格的背景色实际为黑色。

》问：在网页中编辑表格时，编辑表格的宽度为什么会乱跳？可以将表格的宽度设置为固定值吗？

答：在网页文档中插入表格后，在表格中插入对象后表格宽度可能会因为插入对象而发生改变，为了避免在插入对象后表格中的单元格宽度发生错乱，可以先选择插入表格中的单元格，然后在【属性】面板的【宽】文本框中设置单元格的宽度。

读书笔记

第5章

设置页面链接功能

对应光盘视频

例5-1　设置文本链接
例5-2　设置图像链接
例5-3　设置锚点链接
例5-4　设置音频链接
例5-5　设置下载链接
例5-6　设置电子邮件链接
例5-7　为网页设置链接
本章其他视频文件参见配套光盘

网页制作完成后，需要在页面中创建链接，使网页能够与网络中的其他页面建立联系。链接是一个网站的灵魂，网页设计者不仅要知道如何去创建页面之间的链接，更应了解链接地址的真正意义。

5.1 制作网页基本链接

网页的最大优点在于可以通过超链接功能，在多个网页文档中自如地来回访问。为了使网站成为一个有机的整体，需要将站点中的页面通过链接的方式建立起联系，做好网页彼此之间的链接，就可以让浏览器在不同的页面之间跳转。

5.1.1 创建文本链接

超链接(以下简称链接)是网页中重要的组成部分，其本质上属于一个网页的一部分，它是一种允许网页访问者与其他网页或站点之间进行连接的元素。各个网页链接在一起后，才能真正构成一个网站。

网页中最容易制作并最常用的即是文本链接。文本链接指的是单击文本时，出现与它相链接的其他页面或主页的形式。

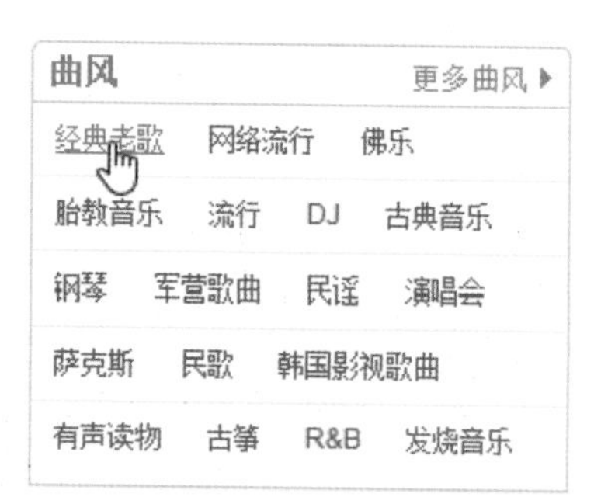

在Dreamweaver中添加链接的方法非常简单，选中页面中要添加链接的文本，然后在【属性】检查器的【链接】文本框中设置链接地址即可。

【例5-1】使用Dreamweaver CC在网页中设置文本链接。

视频+素材(光盘素材\第05章\例5-1)

步骤 01 使用Dreamweaver打开一个网页后，选中网页中需要设置链接的文本。

步骤 02 在【属性】检查器中单击【链接】文本框后的【浏览】按钮。

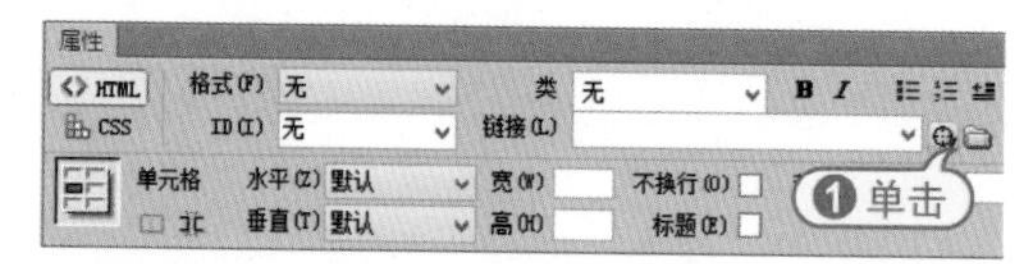

步骤 03 在打开的【选择文件】对话框中选中站点中的一个网页文件后，单击【确定】按钮即可。

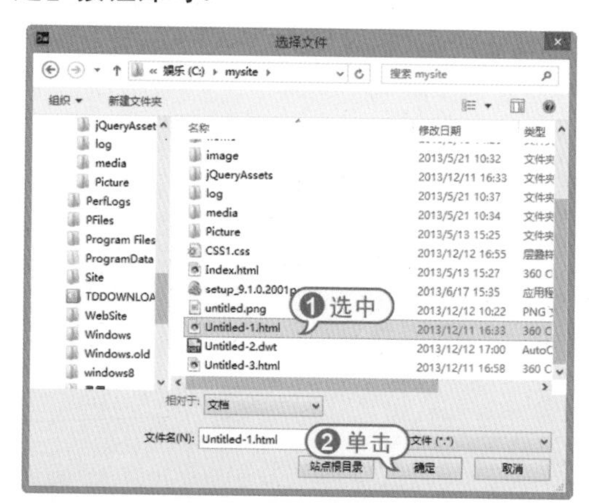

步骤 04 成功创建文本链接后，网页中文本的效果如下图所示。

知识点滴

如果想要让文本链接访问网络中的一个网站或网页，可以在【属性】检查器的【链接】文本框中输入目标网站网址。

5.1.2 创建图像映射链接

Dreamweaver的映像图编辑器能非常方便地创建和编辑客户端的映像图，在图像的【属性】面板中绘制工具，利用它们可以直接在网页的图像上绘制用来激活超链接的热区，再通过热区添加链接，达到创建映像图链接的目的。

【例5-2】使用Dreamweaver CC在网页中创建图像映射链接。

视频+素材(光盘素材\第05章\例5-2)

步骤 01 使用Dreamweaver打开一个网页后，选中网页中的图像，然后单击【属性】检查器中的□按钮。

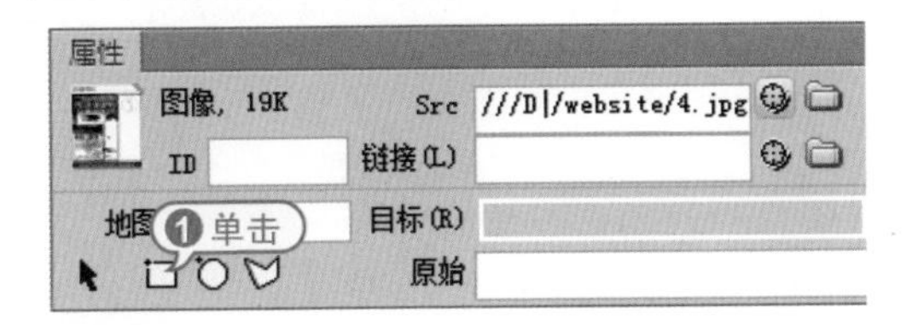

步骤 02 在图像上绘制如下图所示的图像热区。

步骤 03 选中绘制的图像热区，然后在【属性】检查器的【链接】文本框中输入目标网页地址。

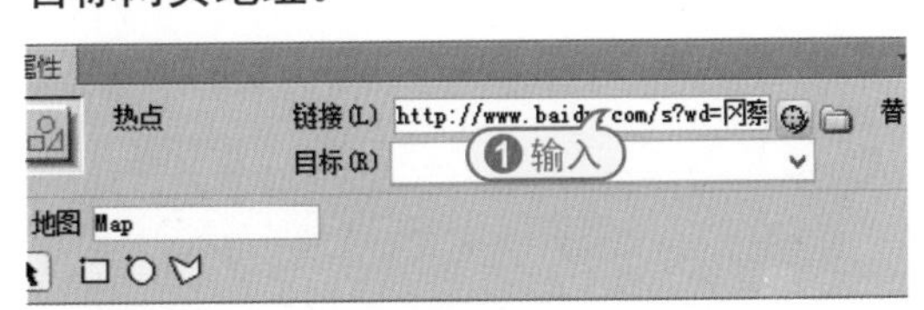

步骤 04 单击【目标】下拉列表按钮，在弹出的列表中选中new选项，设置从新窗口中打开网页。

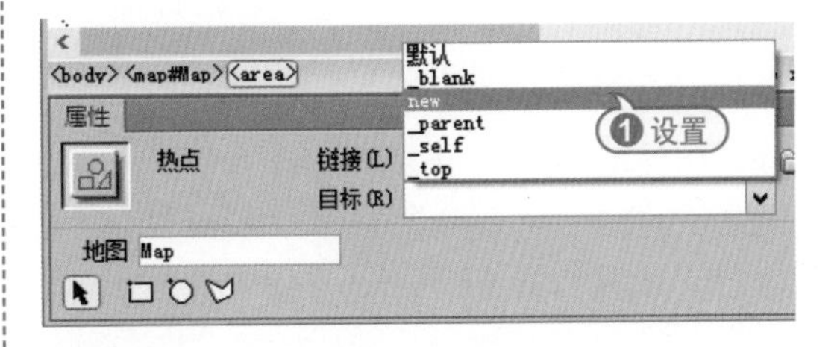

步骤 05 成功创建图像映射链接后，在浏览网页时，单击图片上设置的映射链接即可访问相应的网页。

在图像的【属性】检查器中，用于创建图像映射链接的各选项的功能如下。

- 【地图】文本框：输入需要的映像名称，即可完成对热区的命名。如果在同一个网页文档中使用了多个映像图，则应保证该文本框中输入的名称是唯一的。
- 矩形热区工具□：单击【属性】面板上的【矩形热区工具】按钮，然后按住鼠标并在图像上拖动，可以绘制出矩形区域。
- 圆形热区工具○：单击【属性】面板上的【圆形热区工具】按钮，然后按住鼠标并在图像上拖动，可以绘制出圆形区域。
- 多边形热区工具▽：单击【属性】面板上的【多边形热区工具】按钮，然后按住鼠标并在图像上拖动，可以绘制出多边形区域。
- 指针热点工具↖：可以将光标恢复为标准箭头状态，这时可以从图像上选取热区，被选中的热区边框上会出现控制点，拖动控制点可以改变热区的形状。

5.2 制作锚点链接

制作网页时，最好将所有内容都显示在一个画面上。但是在制作文档的过程中经常需要插入很多内容。这时由于文档的内容过长，因此需要移动滚动条来查找所需的内容。如果不喜欢使用滚动条，可以尝试在页面中使用锚点。利用锚点可以避免移动滚动条查找长文档时所带来的各种不便。

5.2.1 锚点链接简介

对于需要显示大段内的网页，如说明、帮助信息和小说等，浏览时需要不断翻页。如果网页浏览者需要跳跃性浏览页面内容，就需要在页面中设置锚点链接，锚点的作用类似于书签，可以帮助我们迅速找到网页中需要部分。

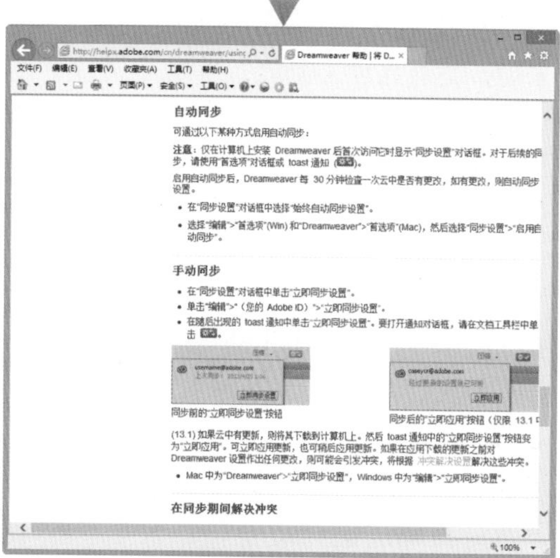

应用锚点链接时，当前页面会在同一个网页中的不同位置进行切换，因此在网页各个部分应适当创建一些返回到原位置(例如，返回顶部、转到首页等)的锚点。如此，浏览位置移动到网页下方后，可以通过此类锚点快速返回。

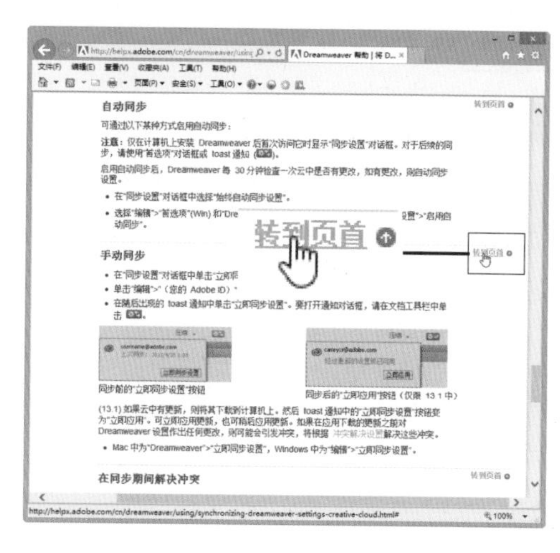

5.2.2 创建锚点链接

在Dreamweaver CC中，可以参考下面实例介绍的方法，在网页中创建锚点链接。

【例5-3】使用Dreamweaver CC在网页中创建锚点链接。

视频+素材(光盘素材\第05章\例5-3)

步骤 01 打开一个名为Index.html的网页，并将鼠标光标插入网页的顶部。

步骤 02 在【文档】工具栏中单击【拆分】按钮，显示【拆分】视图。

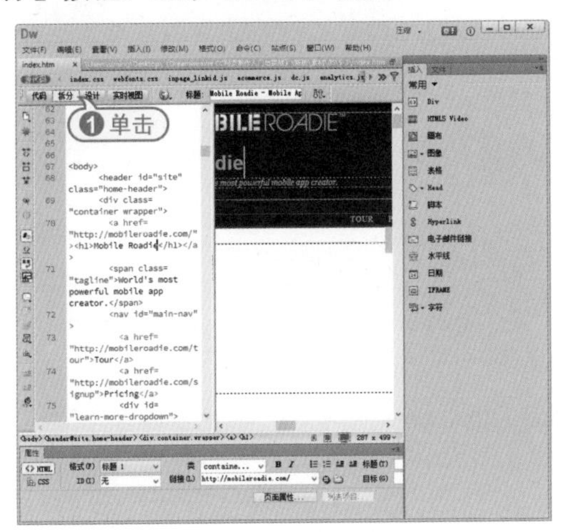

步骤 03 在界面左侧的代码视图中输入以下代码，命名一个锚点。

<a name="top" hefr="index.html#top">

</a>

步骤 04 此时，设计视图中将添加如下图所示的锚点图标。

步骤 05 单击【文档】工具栏中的【设计】按钮，切换回设计视图，然后滚动页面至网页的底部，并选中文本Top。

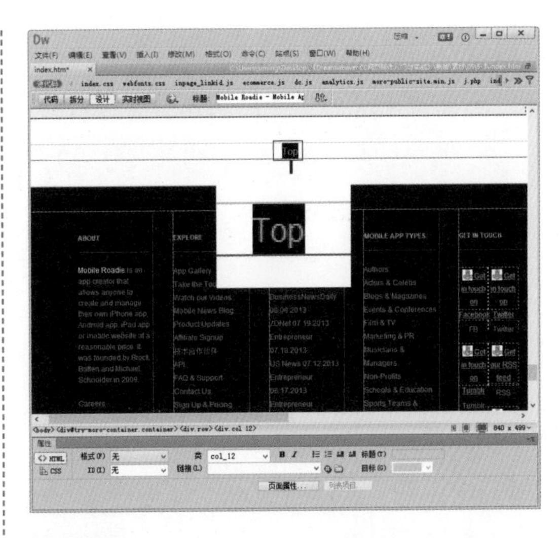

步骤 06 单击【属性】检查器的【链接】文本框后的【浏览文件】按钮，在打开的【选择文件】对话框中选中Index.html文件，并单击【确定】按钮。

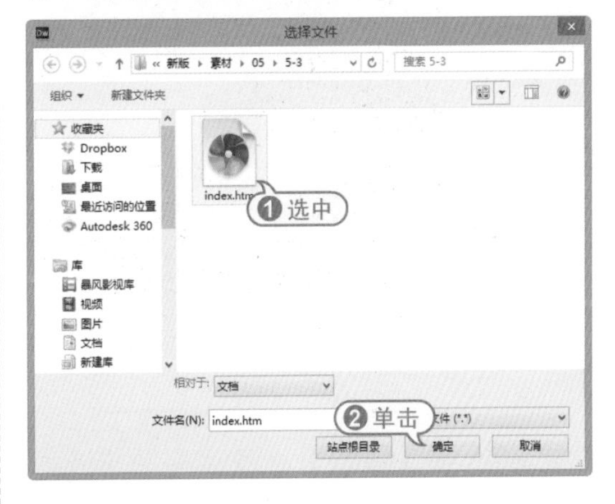

步骤 07 在【属性】检查器的【链接】文本框中添加#top。

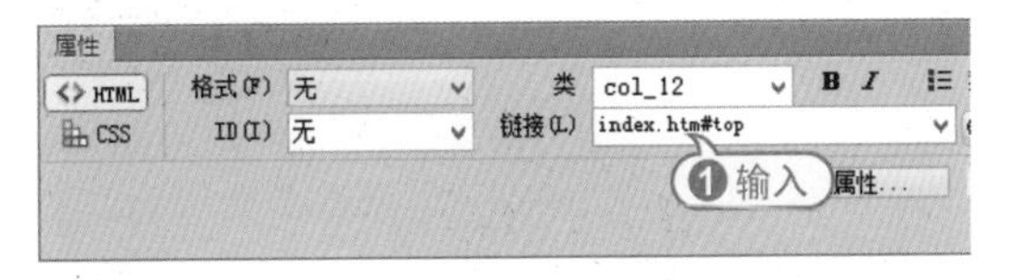

步骤 08 此时，将在代码视图中添加以下代码。

<a href="index.htm#top">Top</a>

步骤 09 将网页保存后，按下F12键预览网页，单击页面底部的Top文本，网页将自动返回到页面的顶部。

5.3 制作音视频链接

网页中使用源代码链接音乐或视频文件时，单击链接的同时会自动运行播放软件，从而播放相关内容。如果链接的是MP3文件，则单击链接后，将会打开【文件下载】对话框，在该对话框中单击【打开】按钮，就可以听到音乐。下面将通过实例介绍在Dreamweaver中创建音视频链接的方法。

【例5-4】使用Dreamweaver CC在网页中创建音频链接。

视频+素材(光盘素材\第05章\例5-4)

步骤 01 在Dreamweaver中打开一个网页，然后选中页面中的一张图片。

步骤 02 在【属性】检查器中单击【矩形】热点工具，在图片上绘制如下图所示的热点区域。

步骤 03 选中绘制的热点区域，在【属性】检查器中单击【链接】文本框后的【浏览文件】按钮。

步骤 04 在打开的【选择文件】对话框中选中一个音乐文件后，单击【确定】按钮。

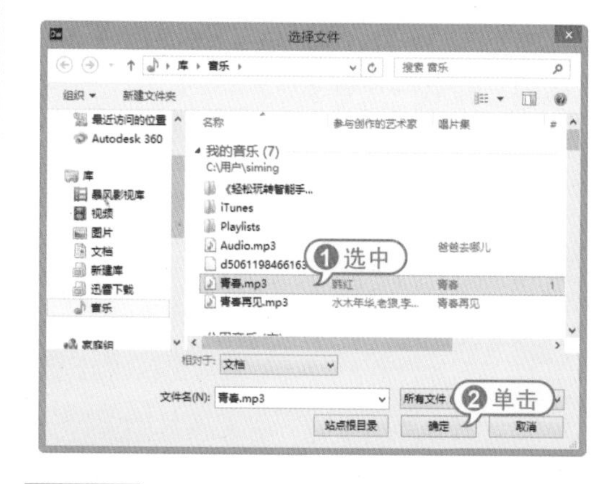

步骤 05 选择【文件】|【保存】命令，将网页保存后，按下F12键预览网页，单击页面中设置的音频链接，并在打开的【文件下载】对话框中单击【打开】按钮，浏览器将在打开的窗口中播放音乐。

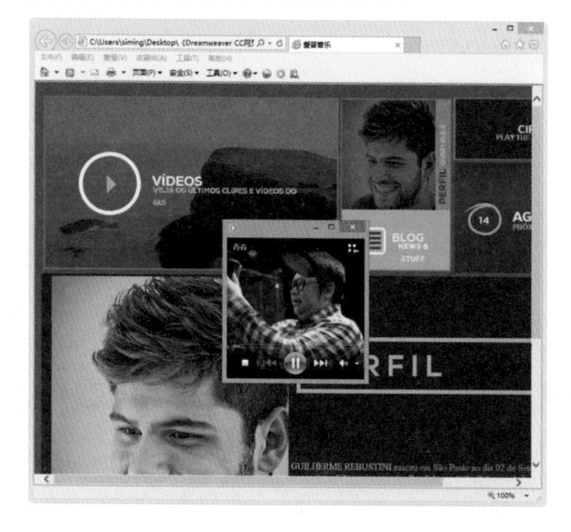

5.4 制作下载链接

在软件和源代码下载网站中，下载链接是必不可少的，该链接可以帮助访问者下载相关的资料。下面将通过实例，介绍在Dreamweaver中创建下载链接的方法。

【例5-5】使用Dreamweaver CC在网页中创建下载链接。

视频+素材(光盘素材\第05章\例5-5)

步骤 01 在Dreamweaver中打开一个网页，然后选中页面中需要设置下载链接的网页元素。

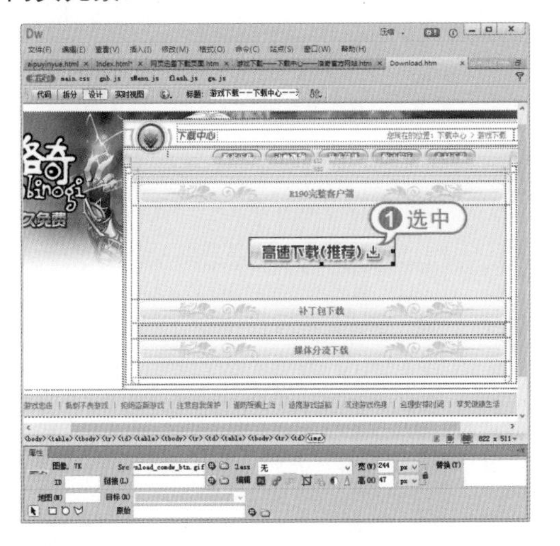

步骤 02 在【属性】检查器中单击【链接】文本框后的【浏览文件】按钮。

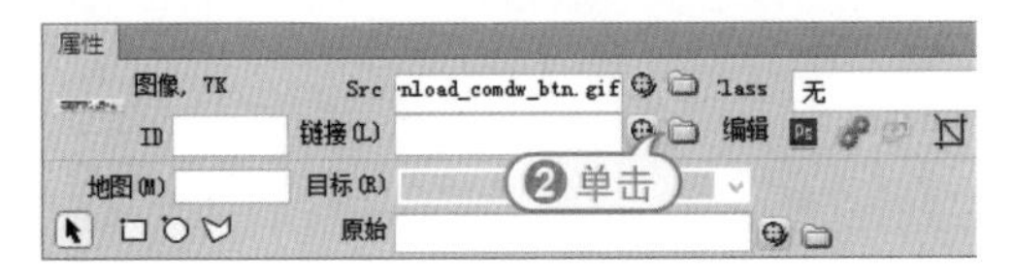

步骤 03 在打开的【选择文件】对话框中选中一个文件后，单击【确定】按钮。

步骤 04 单击【属性】检查器中的【目标】下拉列表按钮，在弹出的下拉列表中选中new选项。

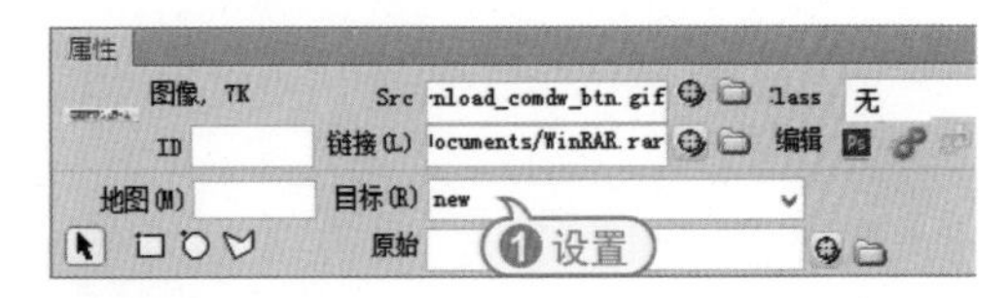

步骤 05 选择【文件】|【保存】命令，将网页保存，然后按下F12键预览网页，效果如下图所示。

步骤 06 单击页面中的文件下载链接，然后在浏览器打开的【新建下载任务】对话框中单击【下载】按钮即可下载文件。

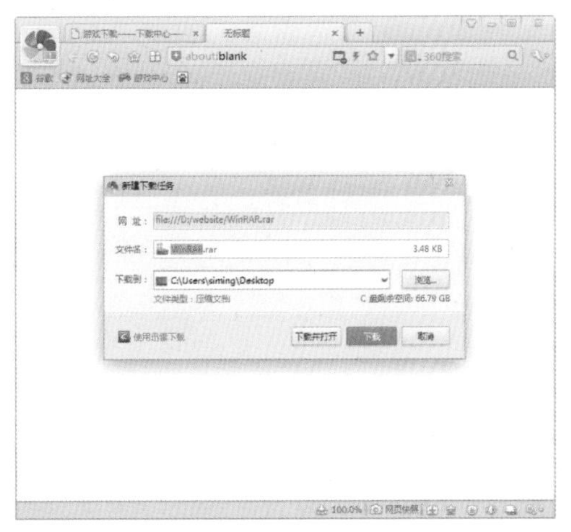

5.5 制作邮件链接

电子邮件链接是一种特殊的链接，单击电子邮件链接，可以打开一个空白邮件通讯窗口，在该窗口中可以创建电子邮件，并设定将其发送到指定的地址。下面将通过实例，介绍在Dreamweaver中创建电子邮件链接的具体方法。

【例5-6】使用Dreamweaver CC在网页中创建电子邮件链接。

视频+素材 (光盘素材\第05章\例5-6)

步骤 01 在Dreamweaver中打开一个网页，然后选中网页中选中需要设置电子邮件链接的文本。

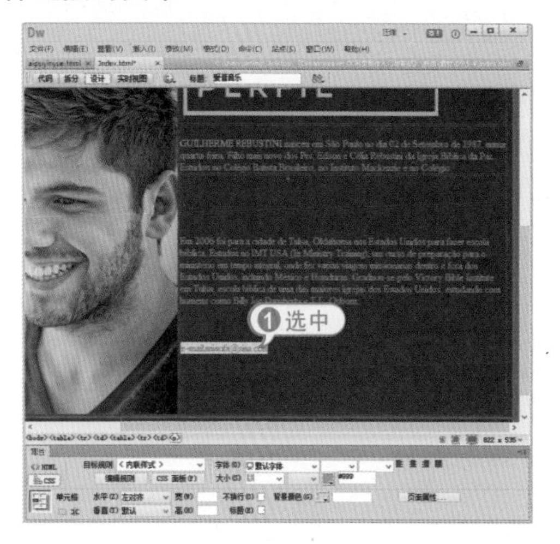

步骤 02 在【属性】面板的【链接】文本框中输入mailto:miaofa@sina.com，创建一个电子邮件链接。

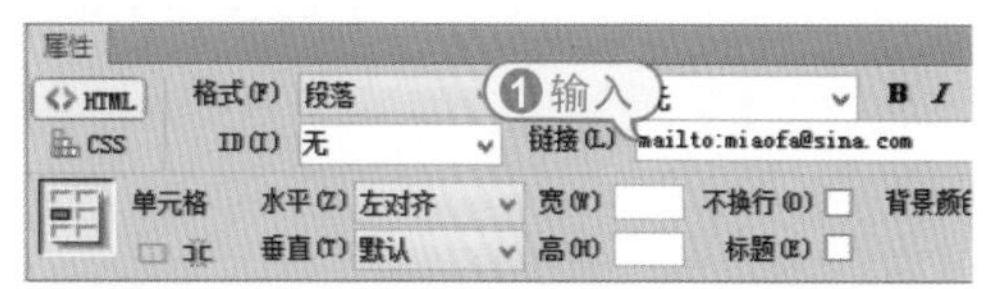

步骤 03 此时，文本效果将如下图所示。

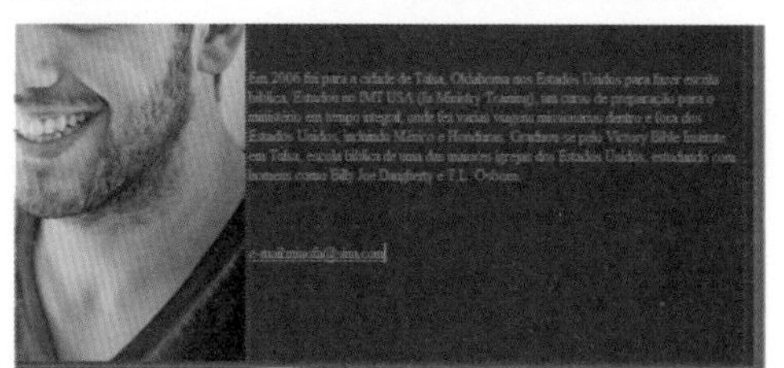

步骤 04 在【属性】检查器的邮件链接后，输入先输入符号?，然后输入subject=为电子邮件设定预置主题，具体代码如下。

mailto:miaofa@sina.com? subject=网站管理员来信

步骤 05 在电子邮件链接后添加一个连接符&，然后输入cc=，并输入另一个电子邮件地址为邮件设定抄送，具体代码如下。

mailto:miaofa@sina.com? subject=网站管理员来信&cc=duming1980@hotmail.com

步骤 06 选择【文件】|【保存】命令，将网页保存后，按下F12键预览网页。

步骤 07 当单击网页中的电子邮件链接时，弹出的邮件应用程序将自动为电子邮件添加主题和抄送邮件地址。

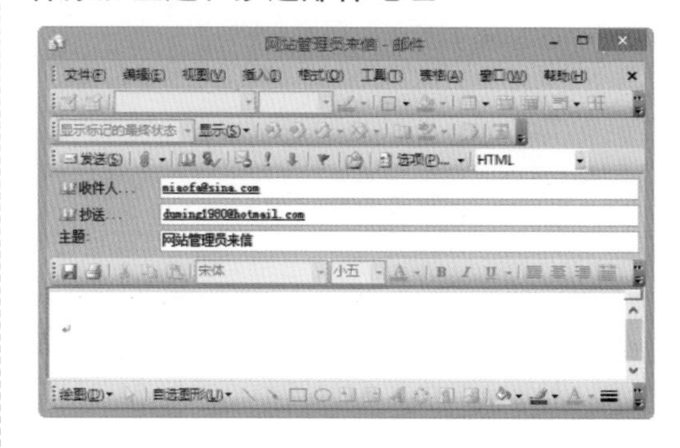

5.6 实战演练

本章的实战演练将通过实例介绍使用Dreamweaver CC在网页中创建多种形式链接的方法，可以通过实例操作巩固所学的知识。

下面将介绍利用Dreamweaver制作网页中常用链接的方法。

【例5-7】使用Dreamweaver CC在网页中创建各类链接。

视频+素材(光盘素材\第05章\例5-7)

步骤 01 在Dreamweaver中，打开一个需要设置链接的网页Index.html。

步骤 02 选中页面中需要设置链接的文本，然后选择【窗口】|【代码检查器】命令，打开如下图所示的【代码检查器】面板。

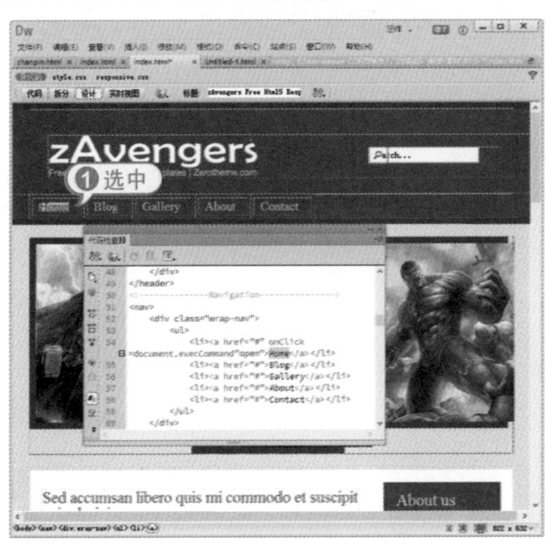

步骤 03 在【代码检查器】面板中显示了当前页面中所选的文本。

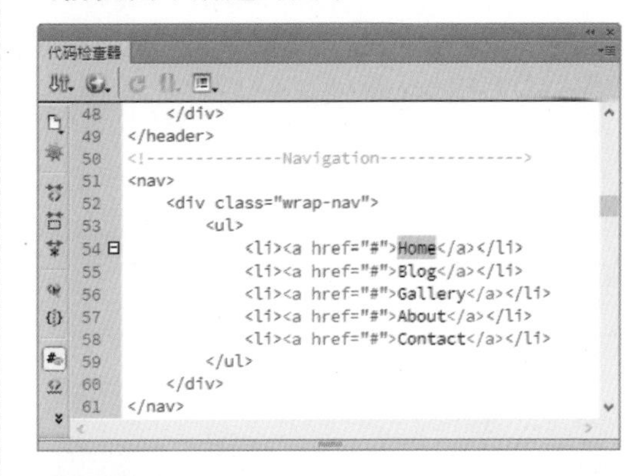

步骤 04 在【代码检查器】窗口中将文本所在代码行修改为如下图所示，设置文本Home链接网址steamcommunity.com。

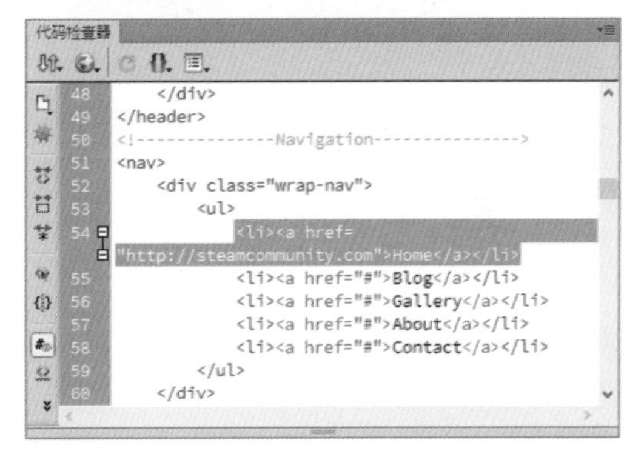

步骤 05 选择【文件】|【保存】命令保存网页，然后按下F12键预览网页，单击页面中的文本Home将访问指定的页面。

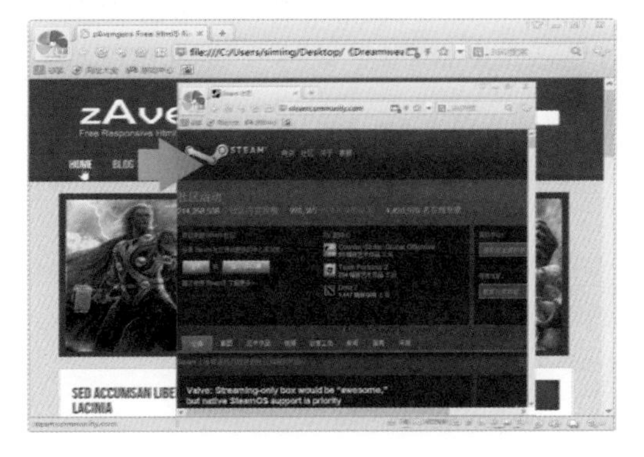

步骤 06 返回Dreamweaver，在【代码检查器】窗口中修改代码，添加以下代码。

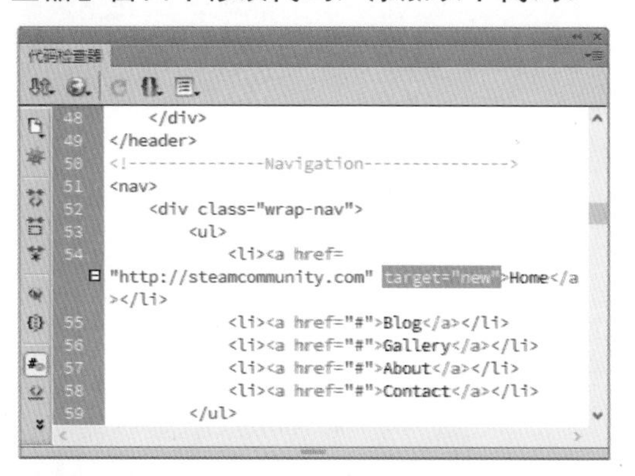

步骤 07 此时，保存并预览网页，将打开一个新的浏览器窗口，访问指定的页面。

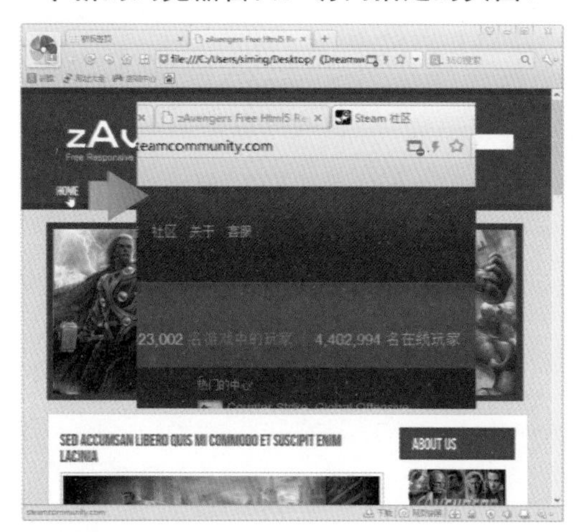

步骤 08 返回Dreamweaver，选中页面中的文本Blog。

步骤 09 选择【窗口】|【属性】命令，显示【属性】检查器，选择【窗口】|【文件】命令，显示【文件】面板。

步骤 10 单击【属性】检查器中的【指向文件】按钮。

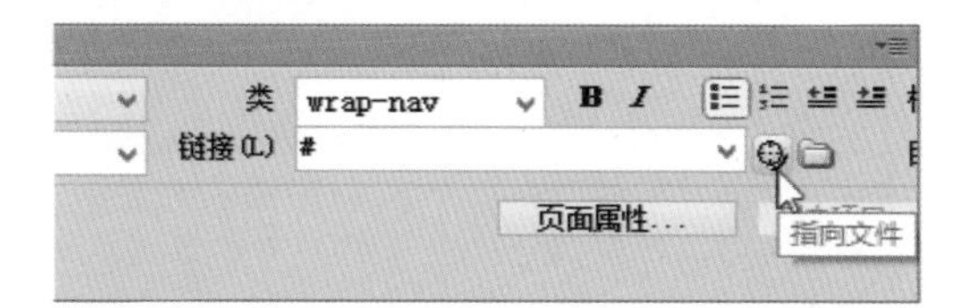

步骤 11 按住鼠标左键不放，将软件显示的指向线拖动至【文件】面板中的Blog.html文件上。

步骤 12 释放鼠标，即可为页面中的文本Blog设置链接至Blog.html的超链接，【属性】检查器中的效果如下图所示。

步骤 13 选中页面中的文本About，在【属性】检查器的【链接】文本框中输入#about。

步骤 14 向下滑动页面，将鼠标光标插入页面中文本About us的后方。

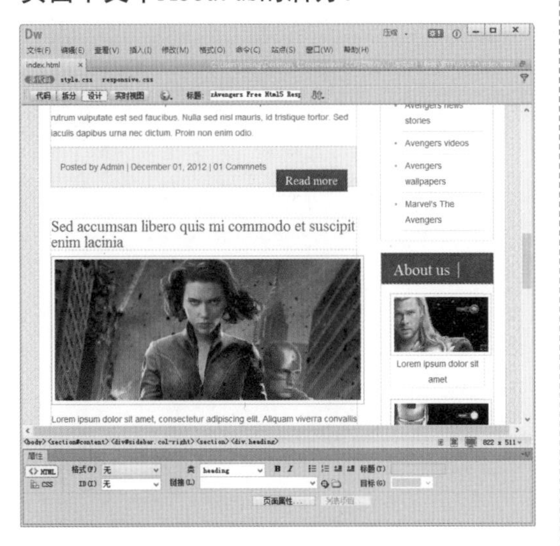

步骤 15 在【文本】工具栏中单击【拆分】视图，然后在界面左侧的代码视图中输入以下代码。

```
<a name="about" hefr="index.html#about">
</a>
```

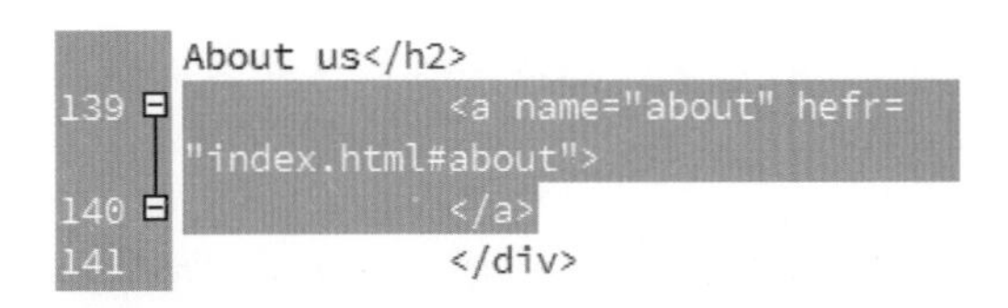

步骤 16 此时，将在About us文本后，添加如下图所示的锚记。

步骤 17 选择【文件】|【保存】命令，将网页保存后，按下F12键预览网页，单击页面顶部的About us按钮，将自动跳转至页面中相应的位置。

步骤 18 返回Dreamweaver，选中页面中的文本Contact。

步骤 19 选择【插入】|【电子邮件链接】命令，然后在打开的【电子邮件链接】对话框的【电子邮件】文本框中输入电子邮件的地址，并单击【确定】按钮创建一个电子邮件链接。

步骤 20 在Dreamweaver中选中页面中的Logo图片。

步骤 21 在【属性】检查器中的【链接】文本框中输入一个网址，为Logo图片设置图片链接。

步骤 22 选中页面中的图像，然后使用【属性】检查器中的【矩形】热点工具，在图像上绘制如下图所示的热点区域。

步骤 23 选中绘制的热点区域，在热点【属性】检查器的【链接】文本框中输入一个网址，设置图像热点链接。

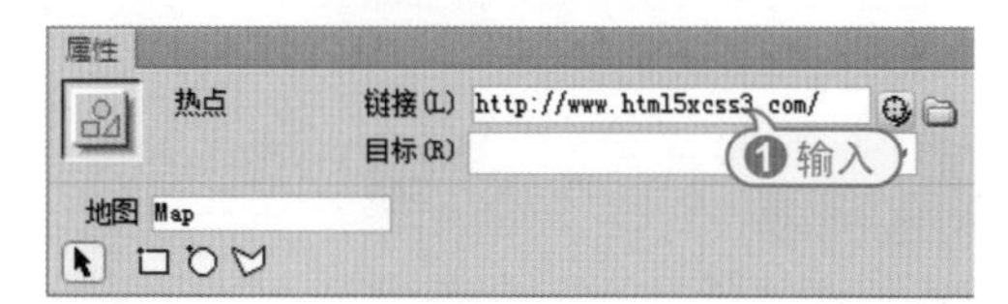

步骤 24 选择【文件】|【保存】命令，保存网页后，按下F12键预览网页，将鼠标光标移动至页面中设置图像热点区域的位置时，鼠标光标将变为☝状态。此时，若单击鼠标，将打开相应的链接网页。

Lorem ipsum dolor sit amet, consectetur adipiscing elit. Aliquam viverra convallis

专家答疑

» 问：在网页中添加超链接后，在【属性】面板的【目标】下拉列表中有_blank、_parent、_self、_top和new 5个选项，其各自的含义是什么？

答：【属性】面板【目标】下拉列表中的_blank选项表示单击该超链接会重新启动一个浏览器窗口载入被链接的网页；_parent选项表示在上一级浏览器窗口中显示超链接的网页文档内容；_self选项表示在当前浏览器窗口中显示链接的网页文档内容；_top表示在最顶端的浏览器窗口中显示链接的网页文档内容；new则表示在新的选项卡中打开链接的网页内容。

第6章

创建表单页面

对应光盘视频

例6-1　在网页中创建表单
例6-2　在表单中插入文本域
例6-3　在表单中插入密码域
例6-4　在表单中插入文本区域
例6-5　在表单中插入选择
例6-6　在表单中插入单选按钮
例6-7　在表单中插入复选框
例6-8　在表单中插入文件域
本章其他视频文件参见配套光盘

表单提供了从网页浏览者那里收集信息的方法，用于调查、订购和搜索等。一般表单由两部分组成，一部分是描述表单元素的HTML源代码，另一部分是客户端脚本或者是服务器端用来处理用户信息的程序。

6.1 在网页中创建表单

表单允许服务器端的程序处理用户端输入的信息，通常包括调查的表单、提交订购的表单和搜索查询的表单等。表单要求描述表单的HTML源代码和在表单域中输入信息的服务器端应用程序或客户端脚本。本节将主要介绍在Dreamweaver CC中使用表单的方法。

6.1.1 表单的基础知识

表单在网页中是提供给访问者填写信息的区域，从而可以收集客户端信息，使网页更加具有交互功能。

1. 表单的概念

表单一般被设置在一个HTML文档中，访问者填写相关信息后提交表单，表单内容会自动从客户端的浏览器传送到服务器上，经过服务器上的ASP或CGI等程序处理后，再将访问者所需的信息传送到客户端的浏览器上。几乎所有网站都应用了表单，如搜索栏、论坛和订单等。

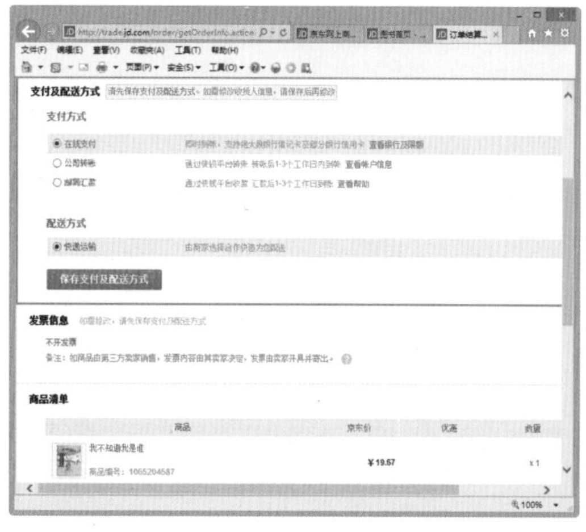

表单用<form></form>标记来创建，在<form></form>标记之间的部分都属于表单的内容。<form>标记具有action、method和target属性。

- action：处理程序的程序名，例如<form action= "URL ">，如果属性是空值，则当前文档的URL将被使用，当提交表单时，服务器将执行程序。
- method：定义处理程序从表单中获得信息的方式，可以选择GET或POST中的一个。GET方式是处理程序从当前HTML文档中获取数据，这种方式传送的数据量是有限制的，一般在1kB之内。POST方式是当前HTML文档把数据传送给处理程序，传送的数据量要比使用GET方式大得多。
- target：指定目标窗口或帧。可以选择当前窗口_self、父级窗口_parent、顶层窗口_top和空白窗口_blank。

知识点滴

表单是由窗体和控件组成的，一个表单一般包含用户填写信息的输入框和提交按钮等，这些输入框和按钮叫做控件。

2. 表单的对象

在Dreamweaver中，表单输入类型称为表单对象。要在网页文档中插入表单对象，可以单击【插入】面板中的▾按钮，在弹出的下拉列表中选中【表单】按钮，然后单击相应的表单对象按钮，即可在网页中插入表单对象。

在【插入】面板的插入【表单】选项卡中比较重要的选项功能如下。

- 【表单】按钮：用于在文档中插入一个表单。访问者要提交给服务器的数据信息必须放在表单里，只有这样，数据才能被正确地处理。
- 【文本】按钮：用于在表单中插入文本域。文本域可接受任何类型的字母数字项，输入的文本可以显示为单行、多行或者显示为星号(用于密码保护)。
- 【隐藏】按钮：用于在文档中插入一个可以存储用户数据的域。使用隐藏域可以实现浏览器同服务器在后台隐藏地交换信息，例如，输入的用户名、E-mail地址或其他参数，当下次访问站点时能够使用输入的这些信息。
- 【文本区域】按钮：用于在表单中插入一个多行文本域。
- 【复选框】按钮：用于在表单中插入复选框。在实际应用中多个复选框可以共用一个名称，也可以共用一个Name属性值，实现多项选择的功能。
- 【单选按钮】按钮：用于在表单中插入单选按钮。单选按钮代表互相排斥的选择，选择一组中的某个按钮，同时取消选择该组中的其他按钮。
- 【单选按钮组】按钮：用于插入共享同一名称的单选按钮集合。
- 【选择】按钮：用于在表单中插入列表或菜单。【列表】选项在滚动列表中显示选项值，并允许在列表中选择多个选项；【菜单】选项在弹出式菜单中显示选项值，而且只允许选择一个选项。
- 【图像按钮】按钮：用于在表单中插入一幅图像。可以使用图像按钮替换【提交】按钮，以生成图形化按钮
- 【文件】按钮：用于在文档中插入空白文本域和【浏览】按钮。使用文件域可以浏览硬盘上的文件，并将这些文件作为表单数据上传。
- 【按钮】按钮：用于在表单中插入文本按钮。按钮在单击时执行任务，如提交或重置表单，也可以为按钮添加自定义名称或标签。

知识点滴

除了上面介绍的表单对象以外，在【表单】选项卡中，还有周、日期、时间、搜索、Tel、Url等选项。

6.1.2 制作表单

若要在网页中制作一个表单，可以在Dreamweaver中选择【插入】|【表单】|【表单】命令，或单击【插入】面板中【表单】选项卡中的【表单】按钮。选中网页中插入的表单，在【属性】检查器中可以显示表单的属性。

【例6-1】使用Dreamweaver 在网页中插入表单。

视频+素材(光盘素材\第06章\例6-1)

步骤 01 在Dreamweaver中打开一个网页后，将鼠标光标插入页面中合适的位置。

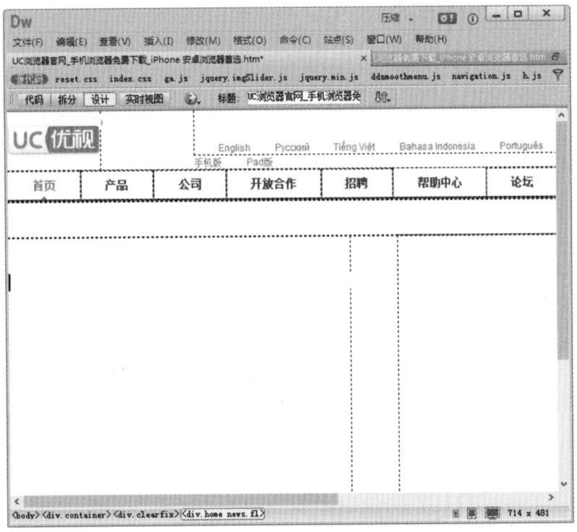

步骤 02 选择【窗口】|【插入】命令，显示【插入】面板，然后单击该面板中【表

单】选项卡中的【表单】按钮，即可在网页中插入一个表单。

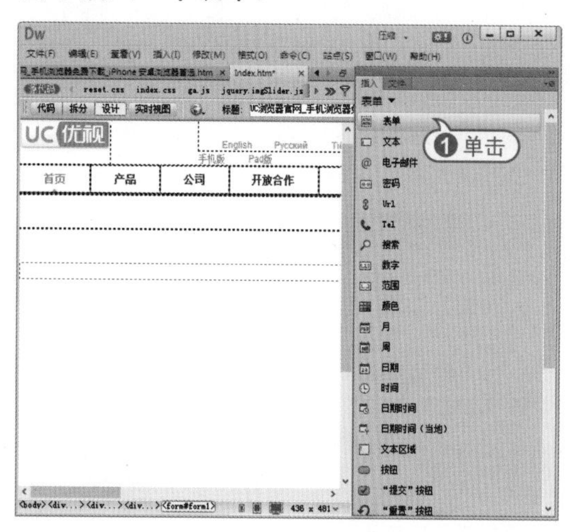

步骤 03 关闭【插入】面板，将鼠标光标插入页眉中的表单内，选择【窗口】|【属性】命令，在显示的【属性】检查器中，可以设置表单的各项参数。

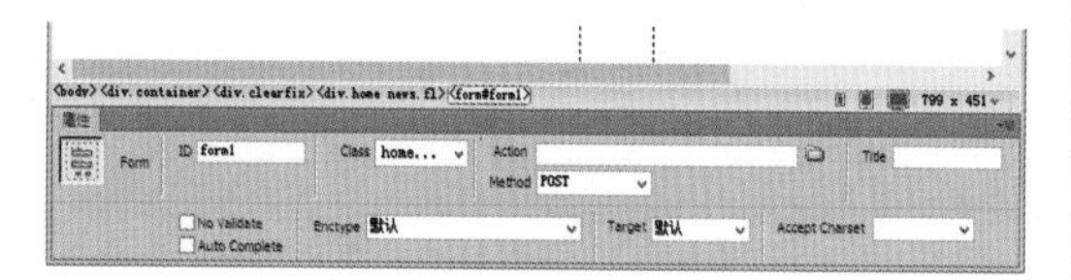

表单【属性】检查器中，比较重要的选项功能如下。

- ID文本框：用于设置表单的名称，为了正确处理表单，一定要给表单设置名称。
- Action(动作)文本框：用于设置处理表单的服务器脚本路径。如果改表单通过电子邮件方式发送，不被服务器脚本处理，需要在Action文本框中输入“mailto：”以及要发送到的邮箱地址。
- Method(方法)下拉列表：用于设置表单被处理后反馈页面打开的方式。
- Entype(编码类型)下拉列表：用于设置发送数据的编码类型。
- Class(类)下拉列表：选择应用在表单上的类样式。

知识点滴

对于网页制作者来说，表单的建立是比较容易的事情，不过表单的美化却不是一件简单的事情。很多情况下需要使用CSS来修饰它们，使其能与网页风格融合。

6.2 插入表单对象

创建表单时，需要先插入标签，并在其内部制作表格后再插入文本框、文本区域、密码域、单选按钮或复选框等各种表单要素。

6.2.1 插入文本域

文本域是可输入单行文本的表单要素，也就是通常登录画面上输入用户名的部分。

下面将通过一个简单的实例，介绍在表单中插入文本域的方法。

【例6-2】使用Dreamweaver在网页中插入的表单内插入文本域。

视频+素材(光盘素材\第06章\例6-2)

步骤 01 使用Dreamweaver打开一个网页后，参考【例6-1】介绍的方法在页面中插入一个表单并输入相应的文本

首页 产品 公司 开放合作 招聘

登录

步骤 02 将鼠标光标插入表单中，选择【窗口】|【插入】命令，显示【插入】面板并选择【表单】选项卡。

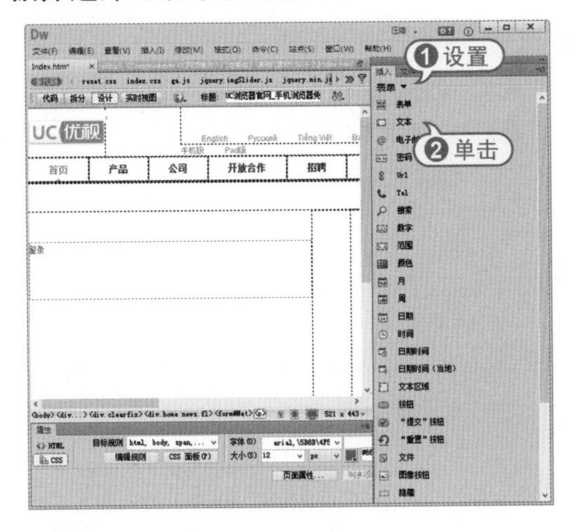

步骤 03 单击【表单】选项卡中的【文本】按钮，即可在表单中插入一个文本域。

步骤 04 选中表单中插入的文本域，在【属性】检查器中可以设置文本域的属性参数。

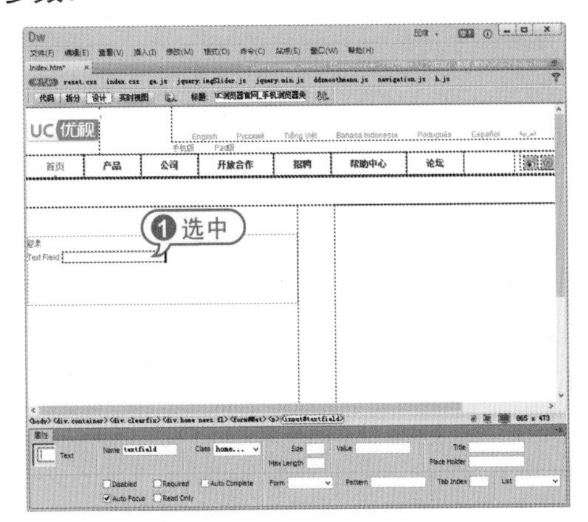

在文本域的【属性】检查器中，比较重要的选项功能如下。

- Name文本框：用于输入文本域的名称。
- Size文本框：用英文字符单位来指定文本域的宽度。一个中文字符相当于两个英文字符的宽度。
- Max Length文本框：指定可以在文本域中输入的最大字符数。
- Class下拉列表：选择应用在文本域上的类样式。
- Disabled复选框：设置禁止在文本域中输入内容。
- Required复选框：将文本框设置为在提交之前必须输入字段。
- Auto Focus复选框：设置在支持HTML 5的浏览器打开网页时，鼠标光标自动聚焦在文本域中。
- Read Only复选框：使文本域成为只读文本域。
- Auto Complete复选框：设置表单是否启用自动完成功能。

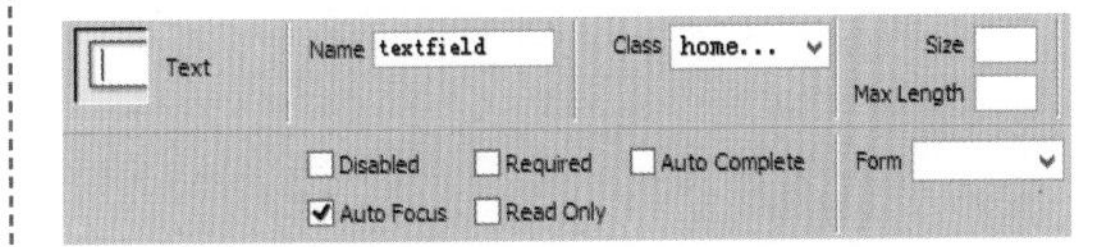

- Value文本框：显示文本域时，作为默认值来显示的文本。
- Pattern文本框：设置文本域用于验证输入字段的模式。

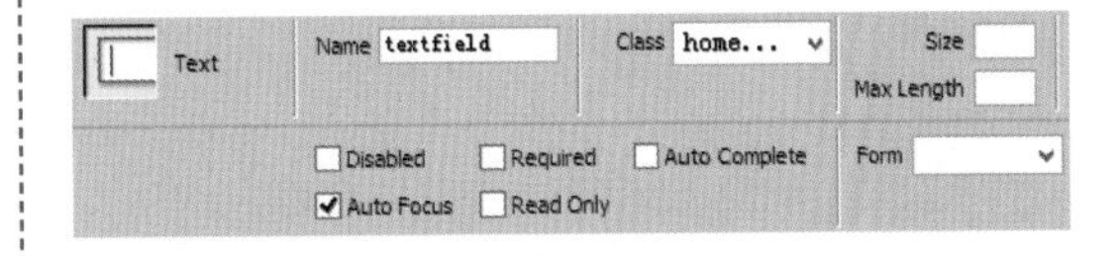

6.2.2 插入密码域

密码域是输入密码时主要使用的方式，其制作方法与文本域的制作方法几乎一样，但输入内容后，页面将会显示为*。

登录 注册

miafa@sian.com

获取验证码

记住我 找回密码

下面将通过一个简单的实例，介绍在表单中插入密码域的方法。

【例6-3】使用Dreamweaver在网页中插入的表单内插入密码域。

视频+素材(光盘素材\第06章\例6-3)

步骤 01 继续【例6-2】的操作，将鼠标光标插入文本域的下方，然后单击【插入】面板中【表单】选项卡内的【密码】按钮。

步骤 02 此时，将在表单中插入一个如下图所示的密码域。

登录
Text Field:
Password:

步骤 03 选中页面中插入的密码域，在打开的【属性】检查器中可以设置其属性参数(密码域的【属性】检查器与文本域类似，这里将不再详细介绍)。

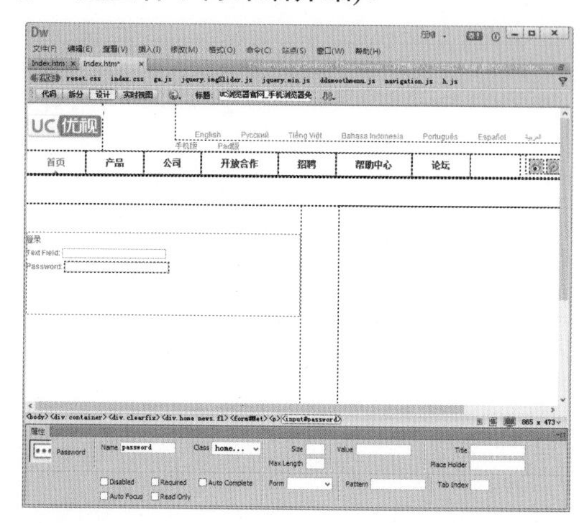

步骤 04 在【文档】工具栏中单击【实时视图】按钮，预览网页，在密码域中输入文本的效果如下图所示。

登录
Text Field:
Password: ••••••••••

6.2.3 插入文本区域

文本区域与文本域不同，指的是可输入多行的表单要素。网页中最常见的文本区域是加入会员时显示的服务条款。

腾讯服务协议

在网页中使用文本区域，可以在网页文件中先显示其中的一部分内容而节省空间，如果想要看到未显示的部分内容时，可以通过拖动滚动条查看剩下的内容。

【例6-4】使用Dreamweaver在网页中插入的表单内插入文本区域。

视频+素材(光盘素材\第06章\例6-4)

步骤 01 继续【例6-3】的操作，将鼠标光标插入表单中，然后单击【插入】面板中【表单】选项卡内的【文本区域】按钮。

步骤 02 此时，将在表单中插入一个如下图所示的文本区域。

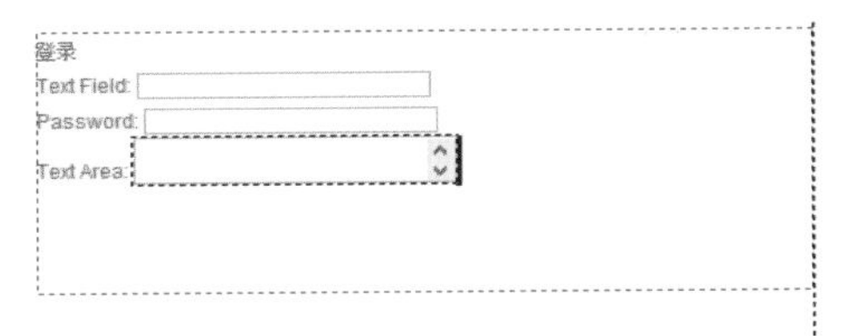

步骤 03 选中页面中插入的文本区域，在打开的【属性】检查器中可以设置其属性参数。

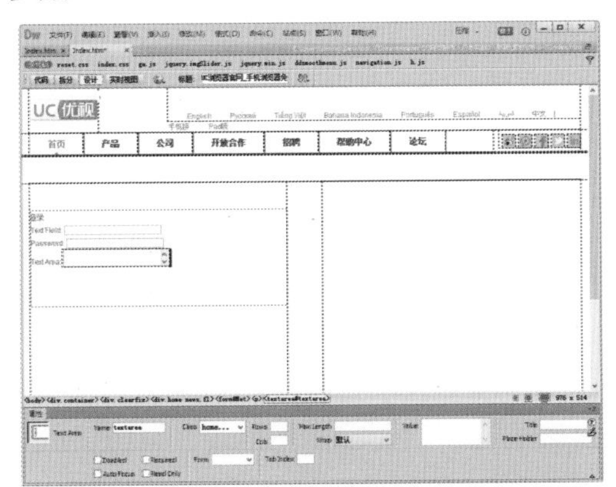

在文本区域的【属性】检查器中，比较重要的选项功能如下。

- Name文本框：用于输入文本区域的名称。
- Rows文本框：指定文本区域中横向和纵向上可输入的字符个数。
- Cols文本框：用于指定文本区域的行数。当文本的行数大于指定的值时，会显示滚动条。
- Disabled复选框：设置禁止在文本区域中输入内容。
- Read Only复选框：使文本区域成为只读文本区域。
- Class下拉列表：选择应用在文本区域上的类样式。

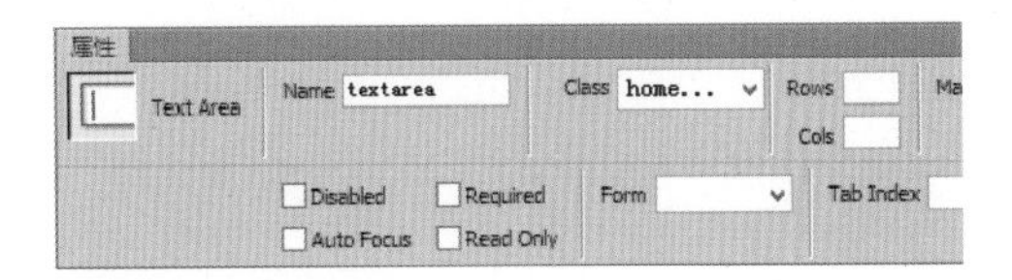

- Value文本框：输入画面中作为默认值来显示的文本。
- Wrap下拉列表：用于设置文本区域中内容的换行模式，包括【默认】、Soft和Hard 3个选项。

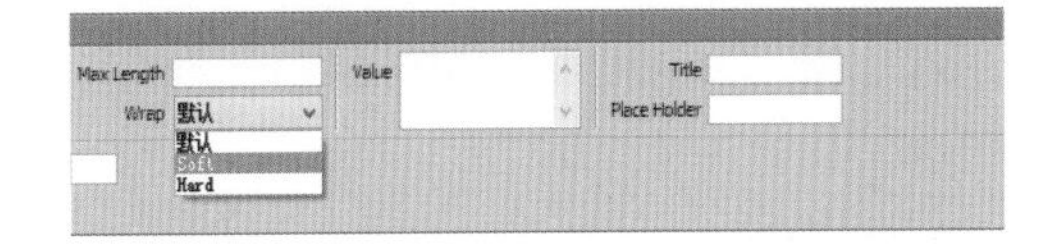

6.2.4 插入选择（列表/菜单）

选择主要使用在多个项目中选择其中一个的时候。在设计网页时，虽然也可以插入单选按钮来代替列表/菜单，但是用选择就可以在整体上显示矩形区域，因此显得更加整洁。

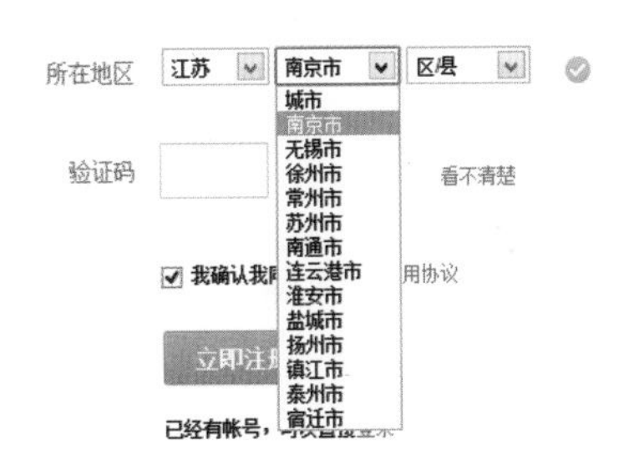

选择功能与复选框的功能类似，都可以列举很多选项供网页浏览者选择，其最大的好处就是可以在有线的页面空间内提供更多的选项，非常节省版面。

【例6-5】使用Dreamweaver在网页中插入的表单内插入选择。

视频+素材(光盘素材\第06章\例6-5)

步骤 01 使用Dreamweaver打开一个网页后，将鼠标光标插入网页中合适的位置，单击【插入】面板中【表单】选项卡内的【选择】按钮。

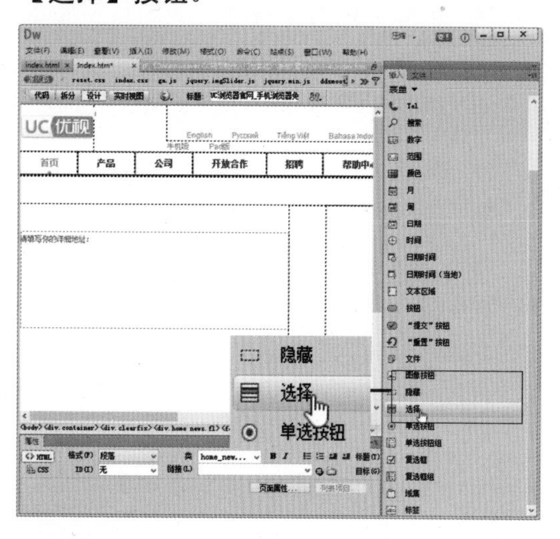

步骤 02 此时，将在表单中插入一个如下图所示的选择。

请填写你的详细地址：
Select:

步骤 03 选中页面中的选择，在【属性】检查器中单击【列表值】按钮，打开【列表值】对话框。

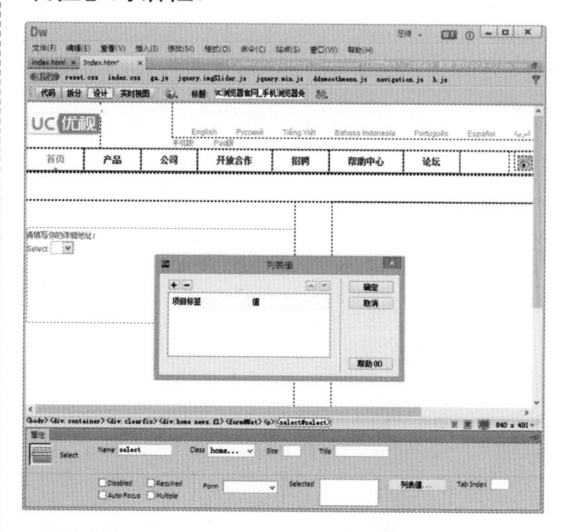

步骤 04 在【列表值】对话框中，单击 + 按钮，在【项目标签】列表框中添加项目，并在其后的【值】列表框中设置项目的参数值。

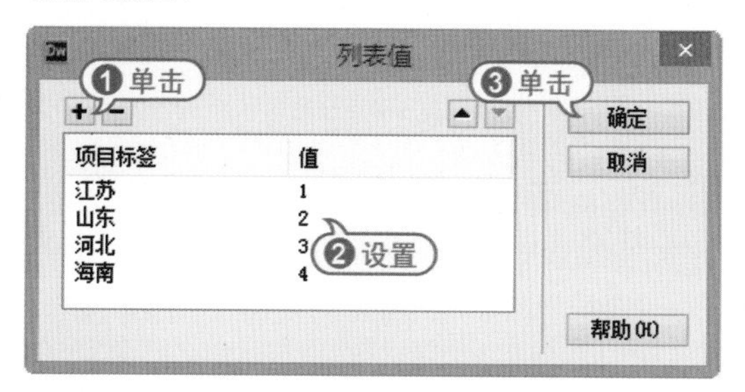

步骤 05 在【列表值】对话框中单击【确定】按钮，然后修改选择前的文字，保存并预览网页，页面中选择的效果如下。

请填写你的详细地址：
省份：江苏
江苏
山东
河北
海南

在选择的【属性】检查器中，比较重要的选项功能如下。

- Name文本框：用于设定当前选择的名称。
- Disabled复选框：用于设定禁用当前选择。

● Required复选框：用于设定必须在提交表单之前在当前选择中选中任意一个选项。

● Auto Focus复选框：设置在支持HTML 5的浏览器打开网页时，鼠标光标自动聚焦在当前选择上。

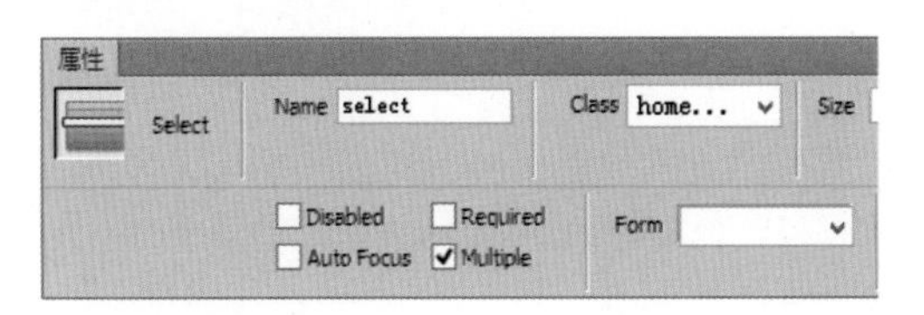

● Class下拉列表：指定当前选择要应用的类样式。

● Multiple复选框：设置可以在当前选择中选中多个选项(按住Ctrl键)。

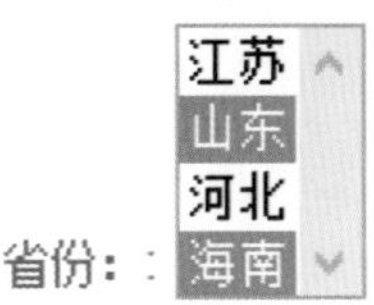

● From下拉列表：用于设置当前选择所在的表单。

● Size文本框：用于设定当前选择所能容纳选项的数量。

● Selected列表框：用于显示当前选择内所包含的选项。

● 【列表值】按钮：可以输入或修改选择表单要素的各种项目。

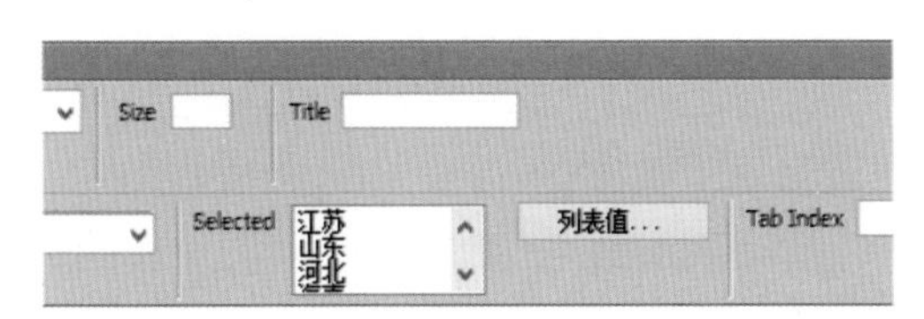

6.2.5 插入表单按钮和复选框

选择主要用于在多个项目中选择所需项目。要达到同样的效果，也可以使用单选按钮和复选框来实现。

1. 插入单选按钮

单选按钮指的是多个项目中只选择一项的按钮。

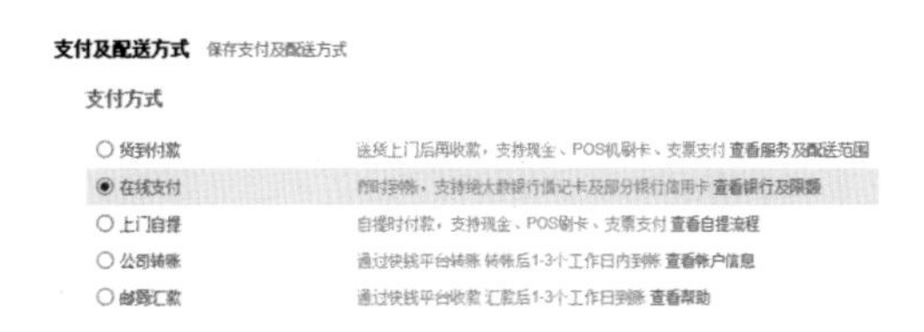

在制作包含单选按钮的网页时，为了选择单选按钮，应该把两个以上的项目合并为一个组，并且一个组的单选按钮应该具有相同的名称，这样才可以看出它们属于同一个组。除此以外，一定要输入单选按钮的【值】属性，这是因为选择项目时，单选按钮所具有的值会传到服务器上。

【例6-6】使用Dreamweaver在网页中插入的表单内插入单选按钮。

视频+素材(光盘素材\第06章\例6-6)

步骤 01 使用Dreamweaver打开一个网页后，将鼠标光标插入网页中合适的位置，然后单击【插入】面板中【表单】选项卡内的【单选按钮】按钮。

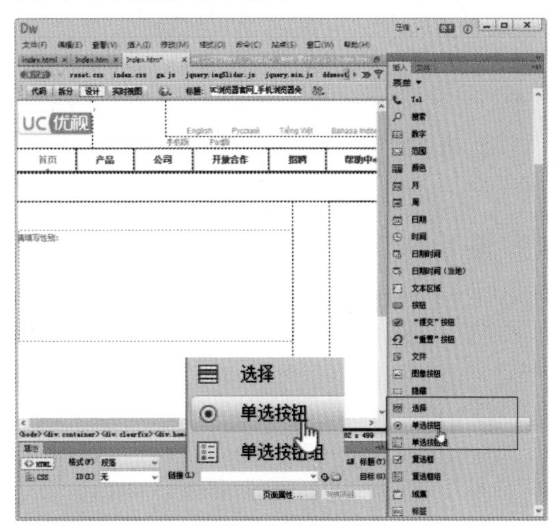

步骤 02 此时，将在表单中插入一个如下图所示的单选按钮。

请填写性别:
Radio Button

步骤 03 重复以上操作，在页面中再插入一个单选按钮，并修改单选按钮后的文字。

请填写性别:
男
女

步骤 04 选中文字“男”前的单选按钮，在【属性】检查器中选中Checked复选框，将该单选按钮设置为选中状态，然后保存并预览网页，效果如下图所示。

请填写性别:
男
女

在单选按钮的【属性】检查器中，比较重要的选项功能如下。

- Name文本框：用于设定当前单选按钮的名称。
- Disabled复选框：用于设定禁用当前单选按钮。
- Required复选框：用于设定必须在提交表单之前选中当前单选按钮。
- Auto Focus复选框：设置在支持HTML 5的浏览器打开网页时，鼠标光标自动聚焦在当前单选按钮上。
- Class下拉列表：指定当前单选按钮要应用的类样式。
- From下拉列表：用于设置当前单选按钮所在的表单。

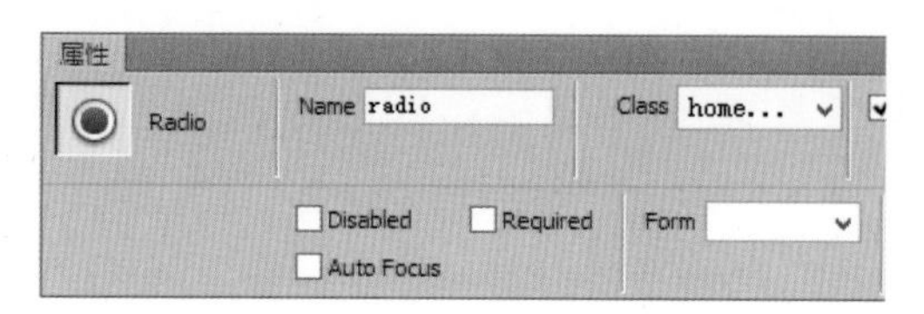

- Checked复选框：用于设置当前单选按钮的初始状态。
- Value文本框：用于设置当前单选按钮被选中的值，这个值会随着表单提交到服务器上，因此必须要输入。

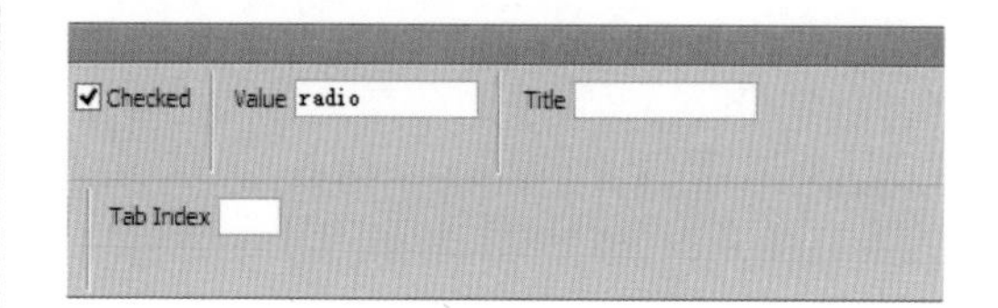

2. 插入单选按钮组

单击【插入】面板【表单】选项卡中的【单选按钮组】按钮，可以打开如下图所示的【单选按钮组】对话框，设置一次性在网页中插入多个单选按钮。

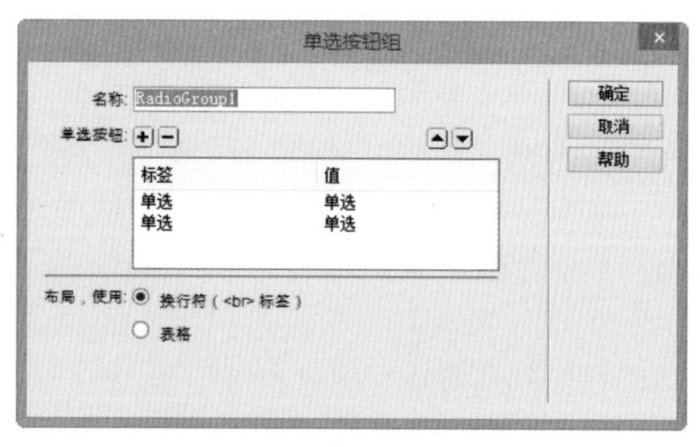

在【单选按钮组】对话框中比较重要的选项功能如下。

- 【名称】文本框：用于设置单选按钮组的名称。
- 【标签】列表框：用于设置单选按钮的文字说明。
- 【值】列表框：用于设置单选按钮的值。
- 【换行符】单选按钮：用于设置单

选按钮在网页中直接换行。

- 【表格】单选按钮：用于设置自动插入表格设置单选按钮的换行。

3. 插入复选框

复选框是在罗列的多个选项中选择多项时所使用的形式。由于复选框可以一次性选择两个以上的选项，因此可以将多个复选框组成一组。

复选框与单选按钮的功能类似，可以参考下面所介绍的方法，使用Dreamweaver在网页中插入复选框。

【例6-7】使用Dreamweaver在网页中插入的表单内插入复选框。

视频+素材(光盘素材\第06章\例6-7)

步骤 01 使用Dreamweaver打开一个网页后，将鼠标光标插入网页中合适的位置，然后单击【插入】面板中【表单】选项卡内的【复选框】按钮。

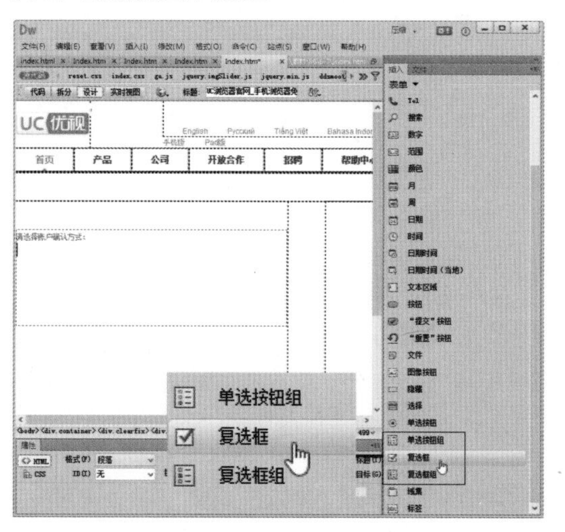

步骤 02 此时，将在表单中插入一个如下图所示的复选框。

请选择账户确认方式：
Checkbox

步骤 03 重复以上操作，在页面中再插入一个复选框，并修改复选框后的文字。

请选择账户确认方式：
电子邮件
电话
1 输入

步骤 04 选中文字“电子邮件”前的单选按钮，在【属性】检查器中可以设置复选框的属性参数。

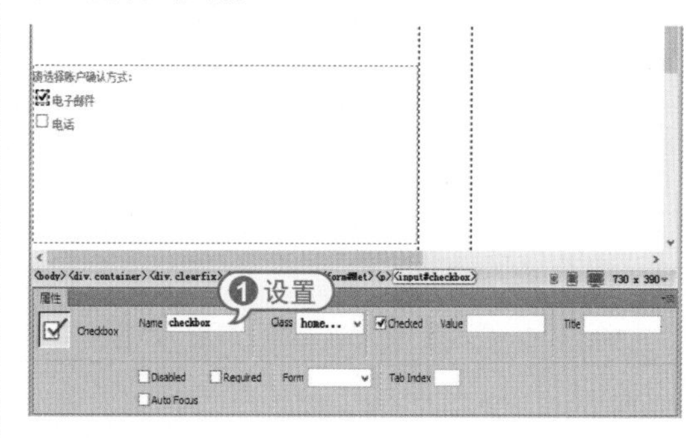

步骤 05 保存并预览网页，复选框的效果如下图所示。

请选择账户确认方式：
电子邮件
电话

在复选框的【属性】检查器中，比较重要的选项功能如下。

- Name文本框：用于设定当前复选框的名称。

- Disabled复选框：用于设定禁用当前复选框。
- Required复选框：用于设定必须在提交表单之前选中当前复选框。
- Auto Focus复选框：设置在支持HTML 5的浏览器打开网页时，鼠标光标自动聚焦在当前复选框上。
- Class下拉列表：指定当前复选框要应用的类样式。
- From下拉列表：用于设置当前复选框所在的表单。

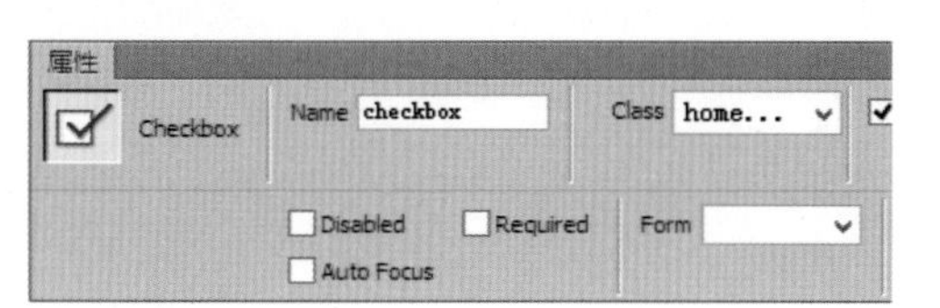

- Checked复选框：用于设置当前复选框的初始状态。
- Value文本框：用于设置当前复选框被选中的值。

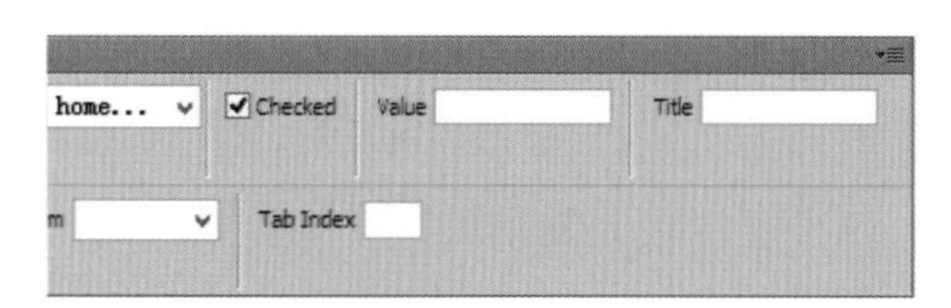

4. 插入复选框组

单击【插入】面板【表单】选项卡中的【复选框组】按钮，可以打开如下图所示的【复选框组】对话框，设置一次性在网页中插入多个复选框。

在【复选框组】对话框中比较重要的选项功能如下。

- 【名称】文本框：用于设置复选框组的名称。
- 【标签】列表框：用于设置复选框的文字说明。
- 【值】列表框：用于设置插入复选框的值。
- 【换行符】单选按钮：用于设置复选框在网页中直接换行。
- 【表格】单选按钮：用于设置自动插入表格设置复选框的换行。

6.2.6 插入文件域

文件域可以在表单文档中制作文件附加项目。选择系统内的文件并添加后，单击【提交】按钮，就会和表单内容一起提交。文件域主要应用在公告栏中添加文件或图像并一起上传的时候。

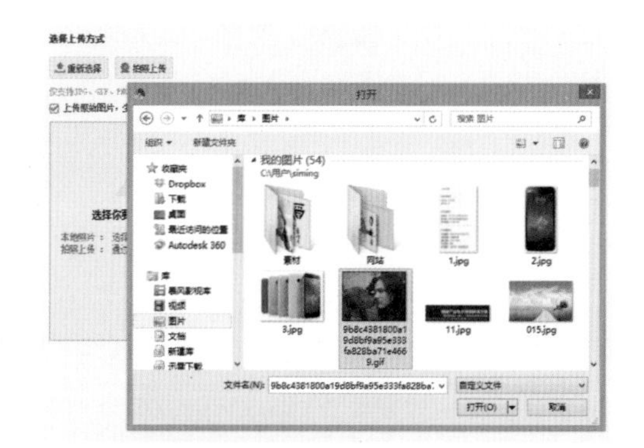

知识点滴

文件域主要用于简便的数据分享，它已在很大程度上被现代的E-mail方式所取代，E-mail方式允许将文件附加到任何信息上。

下面将通过一个简单的实例，介绍在网页中插入文件域的方法。

【例6-8】使用Dreamweaver在网页中插入的表单内插入文件域。

视频+素材(光盘素材\第06章\例6-8)

步骤 01 使用Dreamweaver打开一个网页

后，将鼠标光标插入网页中合适的位置，然后单击【插入】面板中【表单】选项卡内的【复选框】按钮。

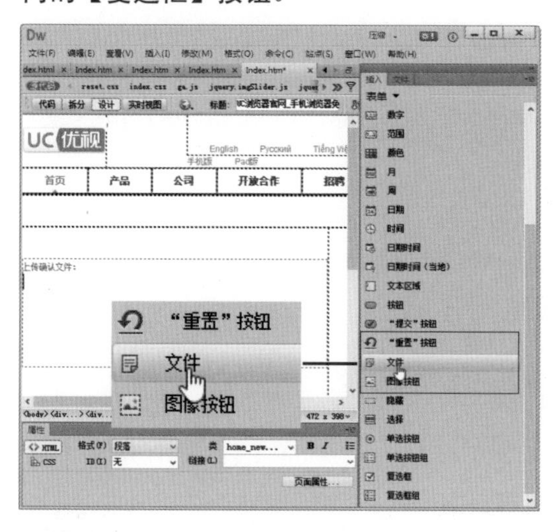

步骤 02 此时，将在表单中插入一个如下图所示的文件域。

上传确认文件:
File: 浏览...

步骤 03 保存网页后，按下F12键，预览网页效果如下图所示。

上传确认文件:
File: 选择文件 未选择文件

步骤 04 单击【选择文件】按钮，可以在打开的【打开】对话框中选择上传文件。

步骤 05 在【打开】文件夹中选中一个文件后，单击【打开】按钮，被选中的文件名称将显示在文件域的后方。

上传确认文件:
File: 选择文件 back1.wfw

步骤 06 返回Dreamweaver CC，选中页面中插入的文件域，然后在【属性】检查器中选中Multiple复选框。

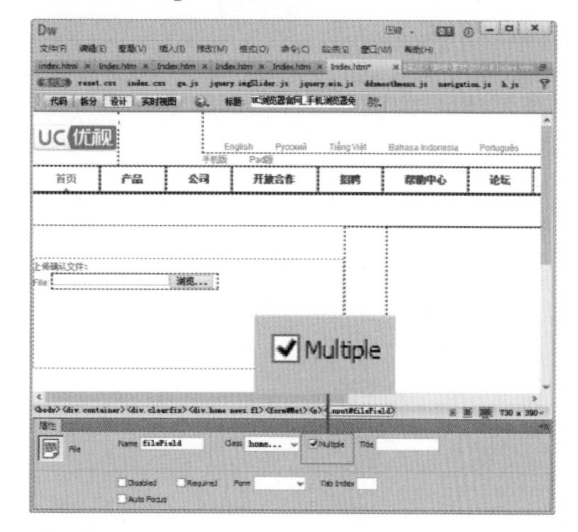

步骤 07 保存并预览网页，此时在单击【选择文件】按钮后打开的【打开】对话框中按下Ctrl键可以选择多个文件。

步骤 08 在【打开】对话框中单击【打开】按钮，网页中将显示上传文件的总数。

上传确认文件:
File: 选择文件 4 个文件

在文件域的【属性】检查器中，比较

重要的选项功能如下。

- Name文本框：用于设定当前文件域的名称。
- Disabled复选框：用于设定禁用当前文件域。
- Required复选框：用于设定必须在提交表单之前在文件域中设定上传文件。
- Auto Focus复选框：设置在支持HTML 5的浏览器打开网页时，鼠标光标自动聚焦在当前文件域上。
- Class下拉列表：指定当前文件域要应用的类样式。

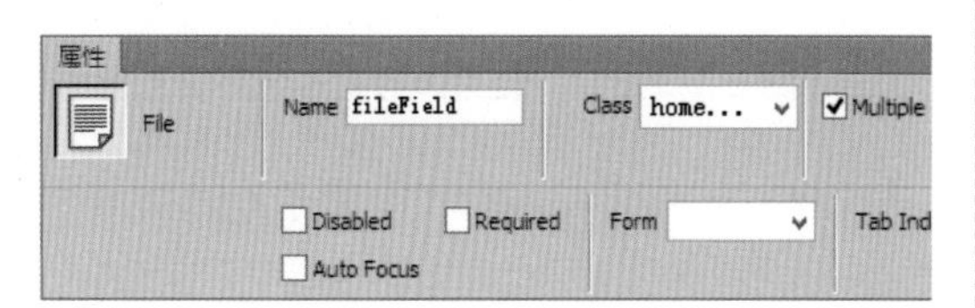

- Multiple复选框：设定当前文件域可使用多个选项。

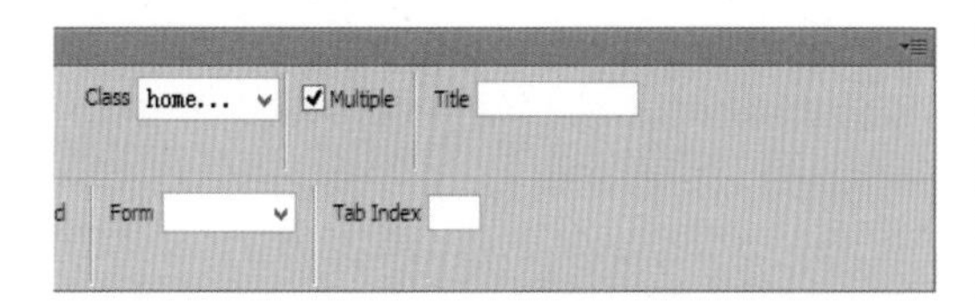

6.2.7 插入标签和域集

在网页中，使用标签可以定义表单控制间的关系(例如，一个文本输入字段和一个或多个文本标记之间的关系)。根据最新的标准，在标记中的文本可以得到浏览器的特殊对待。浏览器可以为这个标签选择一种特殊的显示样式，当选择该标签时，浏览器将焦点转到和标签相关的表单元素上。

除单独的标记以外，也可以将一群表单元素组成一个域集，并用<fieldset>标签和<legend>标签来标记这个组。<fieldset>标签将表单内容的一部分打包，生成一组相关表单字段。<fieldset>标签没有必需的或是唯一的属性，当一组表单元素放到<fieldset>标签内时，浏览器会以特殊方式来显示它们，它们可能有特殊的边界、3D效果甚至可以创建一个子表单来处理这些元素。

信息类别：当前选择：

留言标题：

留言正文：

联系信箱：

验证码：看不清图片

提交

1. 插入标签

在Dreamweaver中选中需要添加标签的网页元素，然后单击【插入】面板中【表单】选项卡内的【标签】按钮，可以切换【拆分】视图模式，并在代码视图中添加以下代码。

```
<label></label>
```

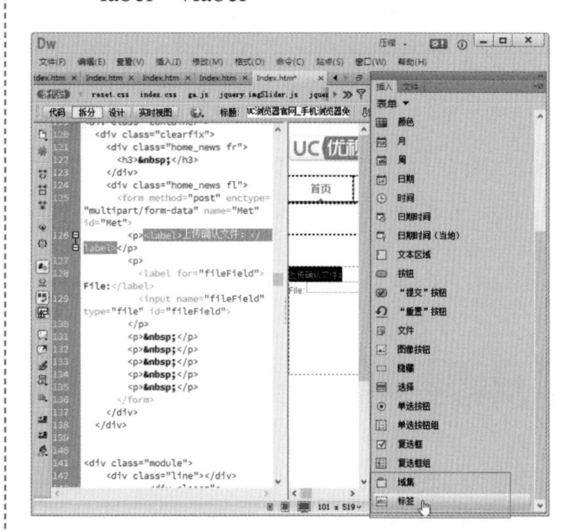

其中<label>标签的属性的功能是命名一个目标表单id。

2. 插入域集

使用<legend>标签可以为表单中的一个域集合生成图标符号。这个标签可能仅够在<fieldset>中显示。与<label>标签类似，当<legend>标签内容被选定时，焦点会转移到相关的表单元素上，可以用来提高用户对<fieldset>的控制。<legend>标签页支持accesskey和align属性。Align的值可以是top、bottom、left或right，向浏览器说明符号应该放在域集的具体位置。

在Dreamweaver中选中需要设置域集的网页元素后，单击【插入】面板【表单】选项卡中的【域集】按钮，将打开如下图所示的【域集】对话框。

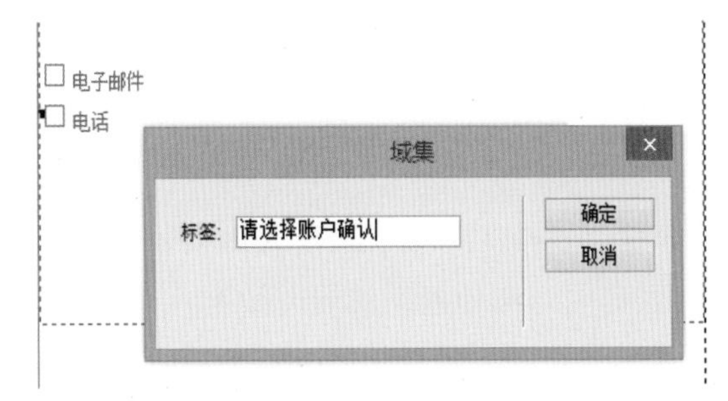

在【域集】对话框的【标签】文本框中输入一段标签文本，然后单击【确定】按钮，即可在页面中插入一个域集。

6.2.8 插入按钮和图像按钮

按钮和图像按钮指的是网页文件中表示按钮时使用到的表单要素。其中，按钮在Dreamweaver CC中被细分为普通按钮、【提交】按钮和【重置】按钮3种，在表单中起到非常重要的作用。

1. 普通按钮

在Dreamweaver CC中，可以参考下面介绍的方法，在表单中插入普通按钮。

【例6-9】使用Dreamweaver在网页中插入的表单内插入普通按钮。

视频+素材 (光盘素材\第06章\例6-9)

步骤 01 使用Dreamweaver打开一个网页后，将鼠标光标插入网页中合适的位置，然后单击【插入】面板中【表单】选项卡内的【按钮】按钮。

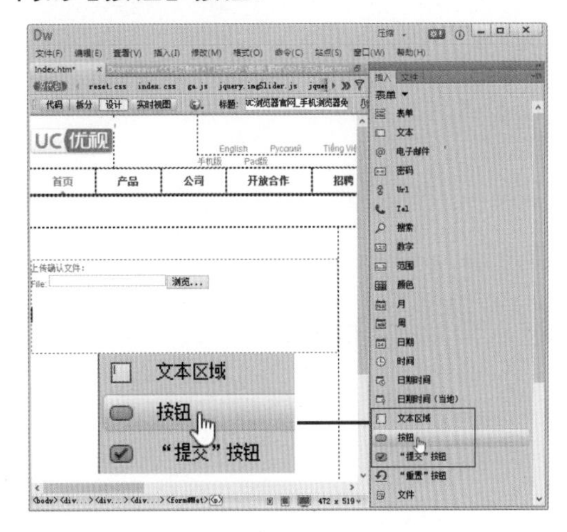

步骤 02 此时，将在表单中插入一个如下图所示的按钮。

步骤 03 选中页面中的普通按钮，在【属性】检查器中，可以设置该按钮的属性参数。

步骤 04 保存并预览网页，页面中按钮的效果如下图所示。

上传确认文件:

File: 选择文件 未选择文件

提交

在按钮【属性】检查器中，比较重要的选项功能如下。

● Name文本框：用于设定当前按钮的名称。

● Disabled复选框：用于设定禁用当前按钮，被禁用的按钮将呈灰色显示。

上传确认文件:

File: 选择文件 未选择文件

提交

● Class下拉列表：指定当前按钮要应用的类样式。

● From下拉列表：用于设置当前按钮所在的表单。

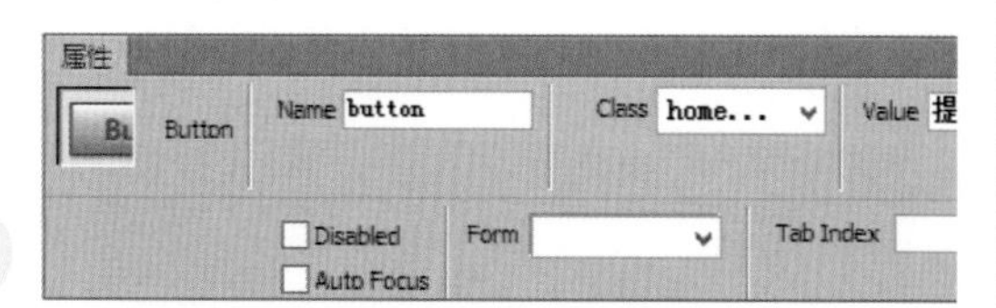

● Value文本框：用于输入按钮上显示的文本内容。

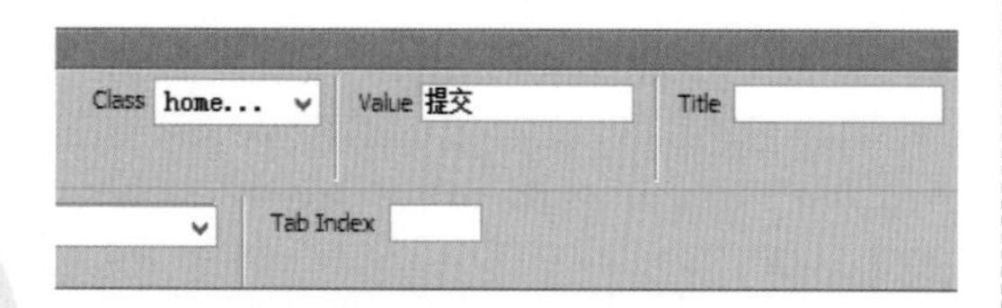

2.【提交】按钮

【提交】按钮在Dreamweaver CC中被单独设定为一种按钮，在【插入】面板【表单】选项卡中单击【“提交”按钮】按钮，可以在网页中插入一个专门用于提交表单的按钮，该按钮的外观与普通按钮类似，但在其【属性】检查器中，将比普通按钮多出Form Method、Form No Validate、From Action等选项。

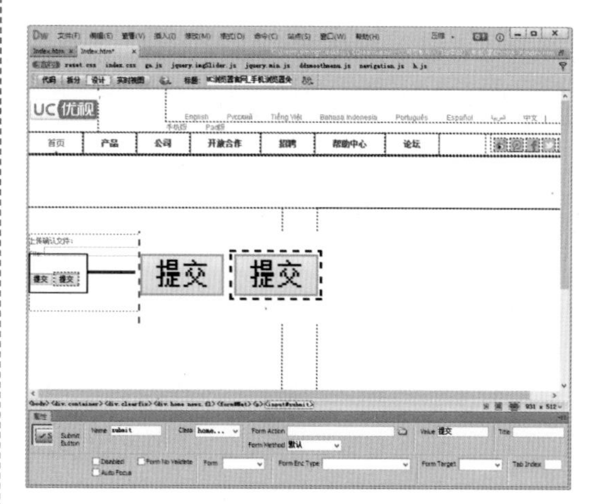

在【提交】按钮的【属性】检查器中，比较重要的选项功能如下。

● From Action文本框：用于设定当提交表单时，向何处发送表单数据。

● FORM Method下拉列表：用于设置如何发送表单数据，包括默认、Get和Post 3个选项。

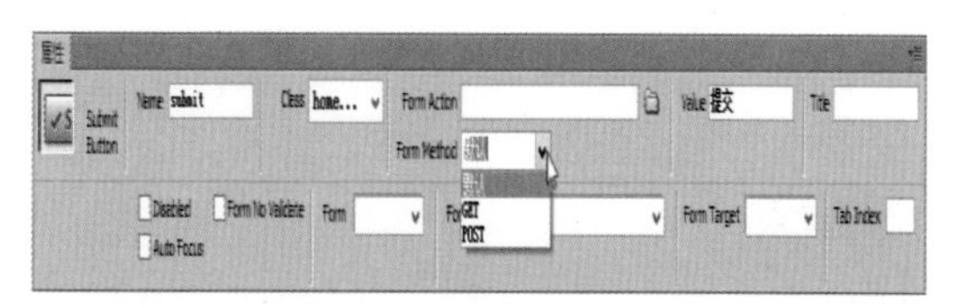

● Form No Validate复选框：选中该复选框可以禁用表单验证。

3.【重置】按钮

【重置】按钮和【提交】按钮一样，被Dreamweaver CC单独设定为一个插入项，在【插入】面板【表单】选项卡中单击【“重置”按钮】按钮，可以在网页中插入一个专门用于重置表单内容的按钮，选中该按钮，其【属性】检查器中的设置选项与普通按钮完全一致。

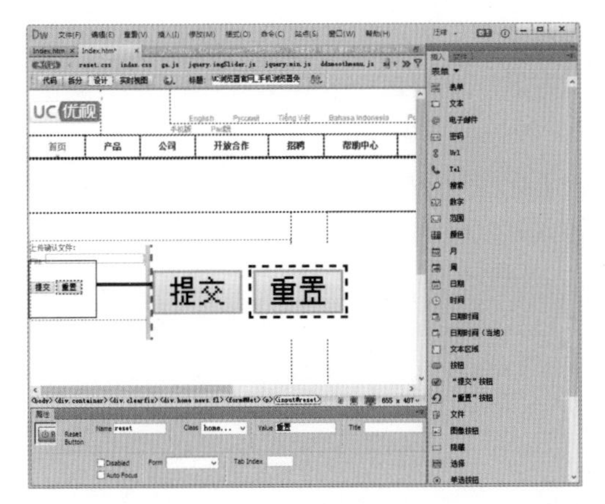

在表单中插入【重置】按钮后，预览网页时，单击该按钮，可以清除表单中填写的数据。

4. 图像按钮

若需要在网页中使用图像作为表单的提交按钮，可以使用图像按钮。在Dreamweaver CC中，插入图像按钮的具体操作方法如下。

【例6-10】使用Dreamweaver在网页中插入的表单内插入图像按钮。

视频+素材 (光盘素材\第06章\例6-10)

步骤 01 使用Dreamweaver打开一个网页后，将鼠标光标插入网页中合适的位置，然后单击【插入】面板中【表单】选项卡内的【图像按钮】按钮。

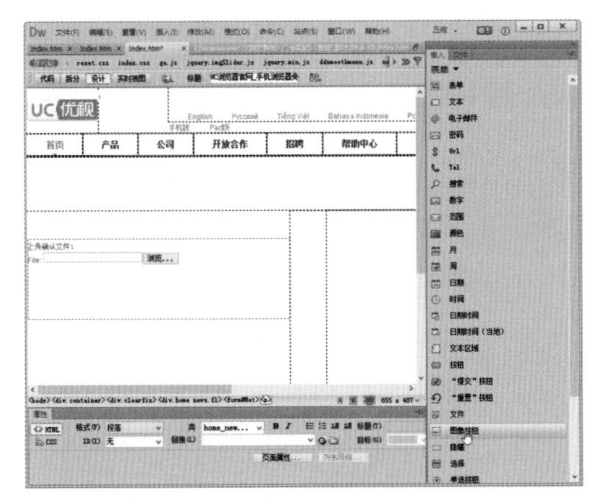

步骤 02 在打开的【选择图像源文件】对话框中选中一个图像，并单击【确定】按钮。

步骤 03 此时，即可在网页中插入一个如下图所示的图像按钮。

上传确认文件:
File: 浏览...
提交

步骤 04 选中页面中的图像按钮，可以在【属性】检查器中设置其功能。

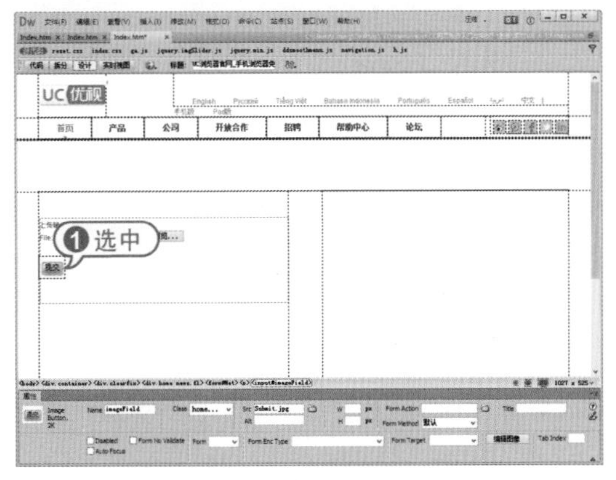

在图像按钮的【属性】检查器中，比较重要选项功能如下。

- Name文本框：用于设定当前图像按钮的名称。
- Disabled复选框：用于设定禁用当前图像按钮。
- Form No Validate复选框：选中该复

选框可以禁用表单验证。

◆ Class下拉列表：指定当前图像按钮要应用的类样式。

◆ From下拉列表：用于设置当前图像按钮所在的表单。

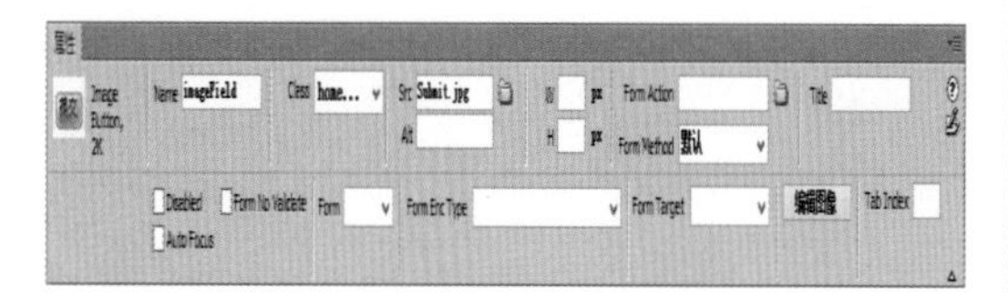

◆ Src文本框：用于设定图像按钮所用图像的路径。

◆ Alt文本框：用于设定当图像按钮无法显示图像时的替代文本。

◆ W文本框：用于设定图像按钮中图像的宽度。

◆ H文本框：用于设置图像按钮中图像的高度。

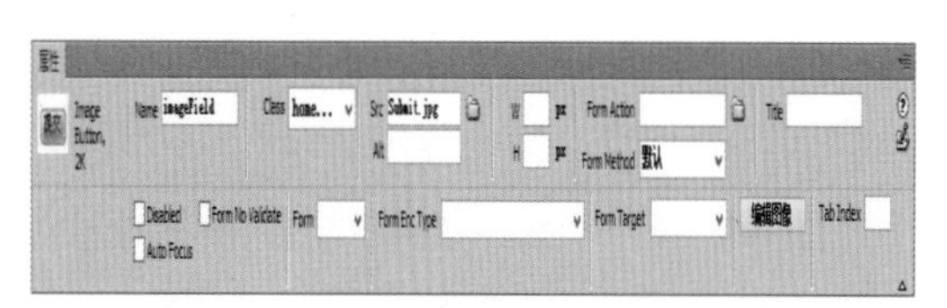

◆ From Action文本框：用于设定当提交表单时，向何处发送表单数据。

◆ Form Method下拉列表：用于设置如何发送表单数据，包括默认、Get和Post 3个选项。

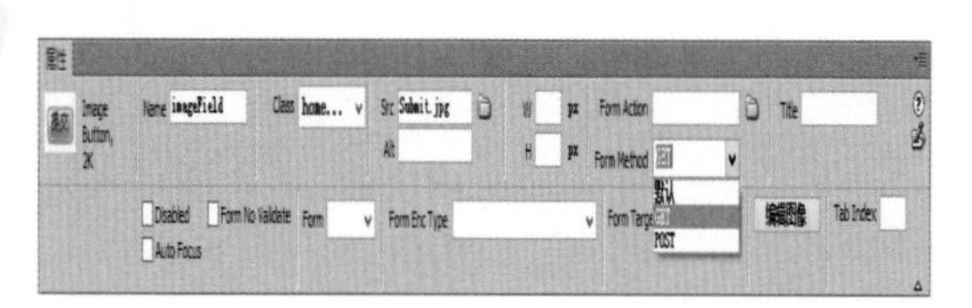

6.2.9 插入隐藏域

将信息从表单传送到后台程序中时，编程者通常需要发送一些不应该被网页浏览者看到的数据。这些数据有可能是后台程序需要的一个用于设置表单收件人信息的变量，也可能是在提交表单后的后台程序将要重新定向至用户的一个URL。要发送此类不能让表单使用者看到的信息，必须使用一个隐藏的表单对象——隐藏域。

在Dreamweaver中，可以通过单击【插入】面板【表单】选项卡中的【隐藏】按钮，在页面中插入一个隐藏域。

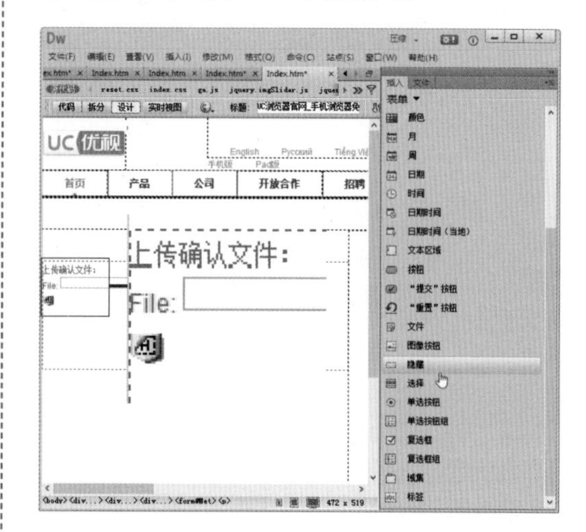

6.2.10 插入颜色选择器

在Dreamweaver CC中，可以通过【插入】面板【表单】选项卡中的【颜色】按钮，在表单中插入一个颜色选择器，从而制作出能够提交颜色代码的表单页面(例如购物网站中某些商品的订单页面)。

【例6-11】使用Dreamweaver在网页中插入的表单内插入颜色选择器。

视频+素材(光盘素材\第06章\例6-11)

步骤 01 使用Dreamweaver打开一个网页后，将鼠标光标插入网页中合适的位置，然后单击【插入】面板中【表单】选项卡内的【颜色】按钮。

步骤 02 此时，将在表单中插入一个如下图所示的颜色选择器。

请选择商品的颜色：

Color:

步骤 03 选中页面中的颜色文本框，在【属性】检查器中单击Value文本框后的按钮，在弹出的颜色选择器中，可以设置颜色选择器的初始颜色。

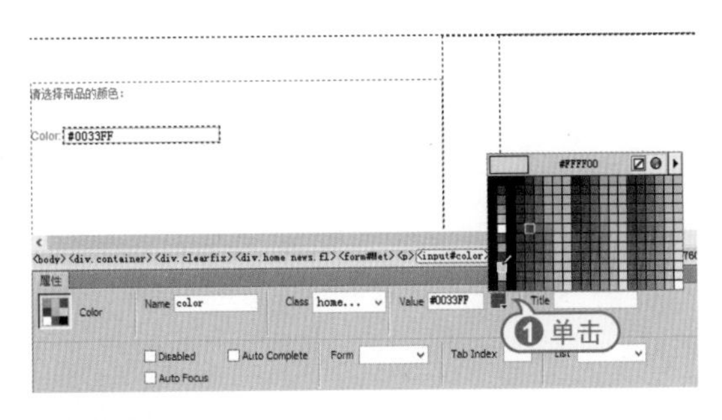

步骤 04 保存并预览网页，表单中插入的颜色选择器的效果如下图所示。

请选择商品的颜色：

步骤 05 单击页面中的颜色选择器，在打开的【颜色】对话框中可以选择表单所要提交的颜色。

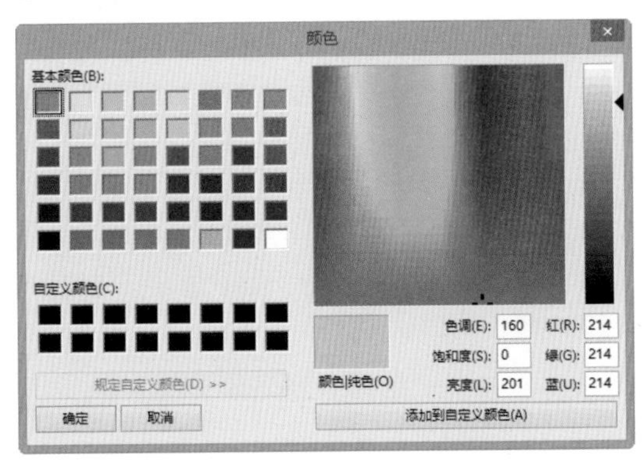

在颜色选择器【属性】检查器中，比较重要的选项功能如下。

- Name文本框：用于设定当前颜色选择器的名称。
- Disabled复选框：用于设定禁用当前颜色选择器。
- Auto Complete复选框：用于设置是否启用自动完成功能。
- Class下拉列表：指定当前颜色选择器要应用的类样式。
- From下拉列表：用于设置当前颜色选择器所在的表单。

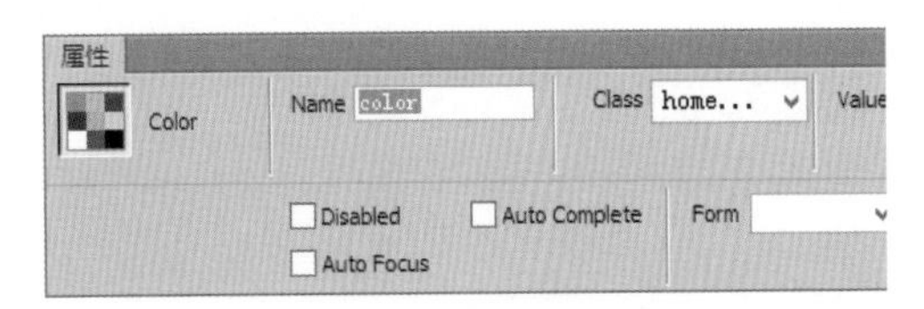

- Value文本框：设置显示颜色选择器时，作为默认值来显示的文本。

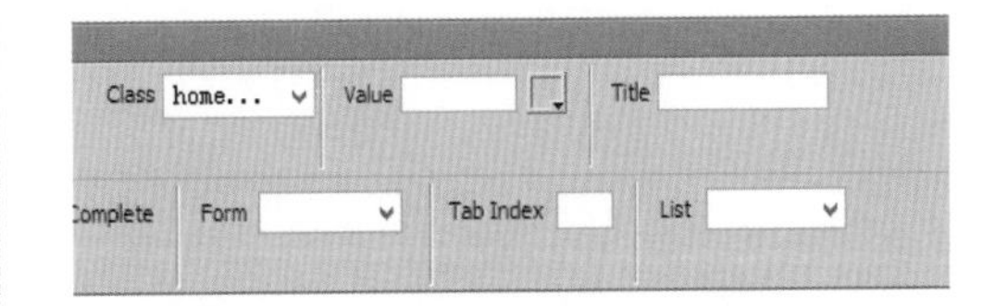

6.2.11 插入日期时间设定器

在Dreamweaver CC中，可以通过【插入】面板【表单】选项卡中的【月】、【周】、【时间】、【日期】、【日期时间】和【日期时间(当地)】按钮，在表单中插入一个用于设置时间的设定器，从而制作出能够提交时间的表单。下面将以插入日期时间(当地)设定器为例，介绍在表单中插入日期时间的方法。

【例6-12】使用Dreamweaver在网页中插入的表单内插入时间设定器。

视频+素材 (光盘素材\第06章\例6-12)

步骤 01 使用Dreamweaver打开一个网页后，将鼠标光标插入网页中合适的位置，然后单击【插入】面板中【表单】选项卡内的【日期时间(当地)】按钮。

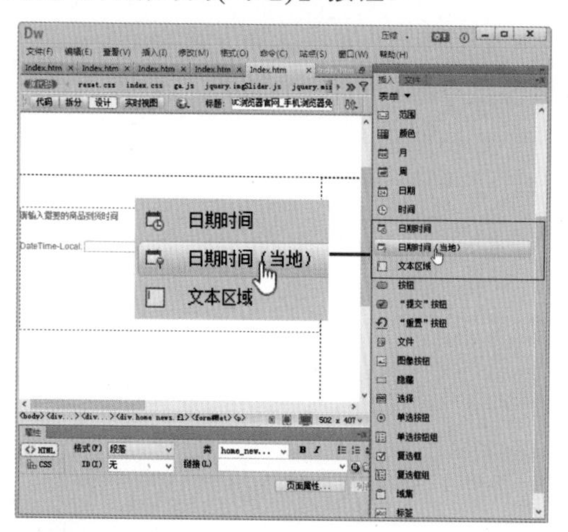

步骤 02 此时，将在表单中插入一个如下图所示的日期时间设定器。

请输入需要的商品到货时间

DateTime-Local:

步骤 03 选中页面中插入的日期时间设定器，在【属性】检查器中可以设置其参数。

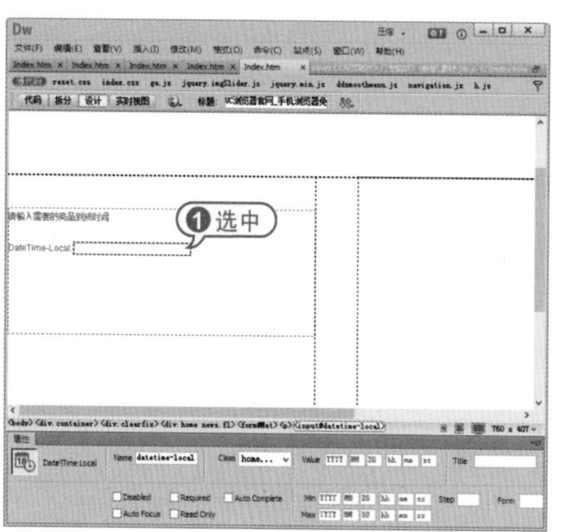

步骤 04 保存并预览网页，单击页面中的日期时间设定器，将弹出如下图所示的窗口，用于设定表单所提交的日期时间参数。

在日期时间(当地)【属性】检查器中，比较重要的选项功能如下。

- Name文本框：用于设定当前日期时间设定器的名称。
- Disabled复选框：用于设定禁用当前日期时间设定器。
- Auto Complete复选框：用于设置是否启用自动完成功能。
- Class下拉列表：指定当前日期时间设定器要应用的类样式。
- Required复选框：将日期时间设定器设置为在提交表单之前必须输入字段。
- Read Only复选框：将日期时间设定器设置为只读状态，即无法打开日期时间设定窗口。

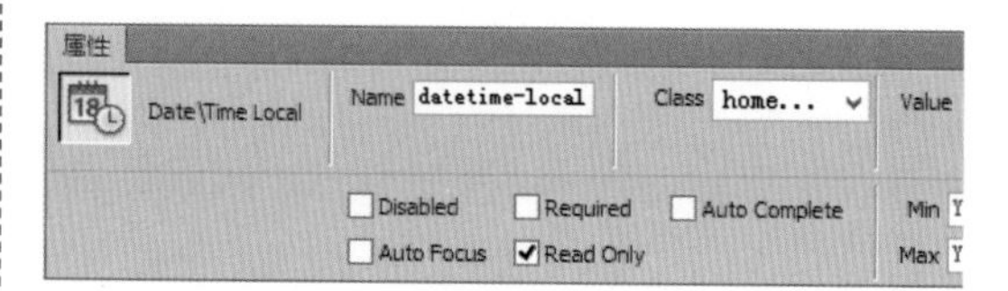

- Value选项区域：设置显示日期时间设定器时，作为默认值来显示的文本。
- Min选项区域：设置日期时间设定器

中最早允许设定的时间。

● Max选项区域：设置日期时间设定器中最晚允许设定的时间。

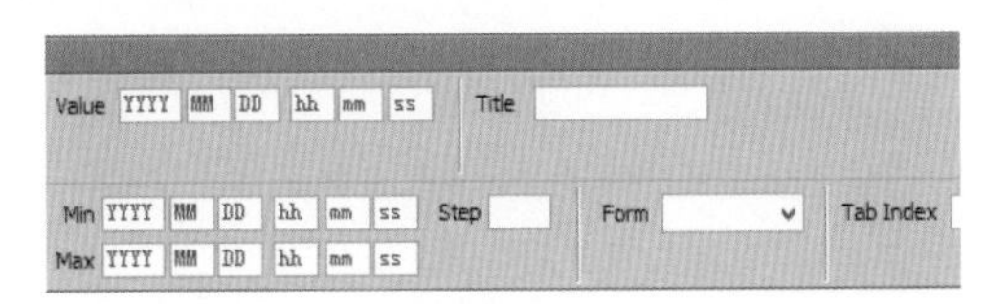

6.2.12 插入范围滑块

在Dreamweaver CC中，可以通过【插入】面板【表单】选项卡中的【范围】按钮，在表单中插入一个范围滑块。

【例6-13】使用Dreamweaver在网页中插入的表单内插入范围滑块。

视频+素材(光盘素材\第06章\例6-13)

步骤 01 使用Dreamweaver打开一个网页后，将鼠标光标插入网页中合适的位置，然后单击【插入】面板中【表单】选项卡内的【范围】按钮。

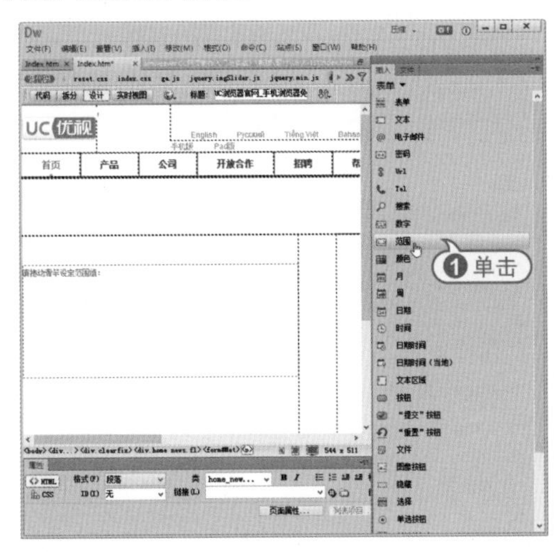

步骤 02 此时，将在表单中插入一个如下图所示的范围滑块。

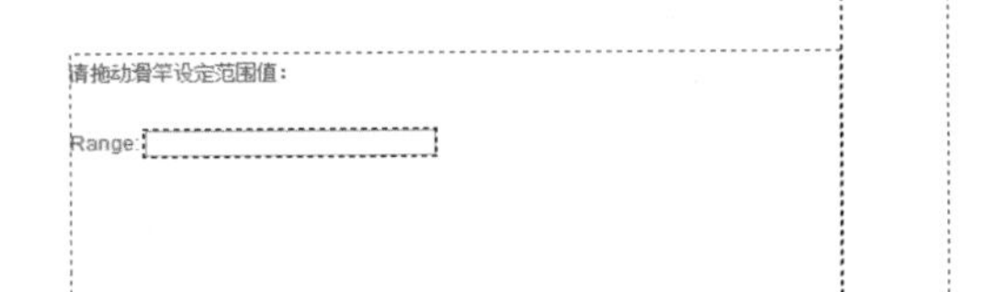

步骤 03 选中页面中插入的范围滑块，在【属性】检查器中可以设置其参数。

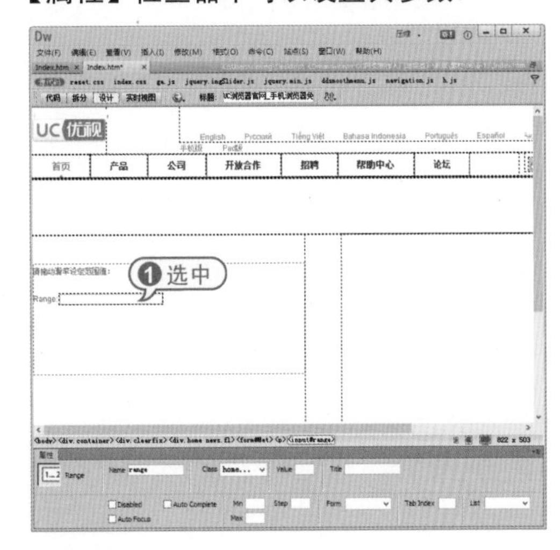

步骤 04 保存并预览网页，页面中滑块的效果如下图所示。

在滑块【属性】检查器中，比较重要的选项功能如下。

● Name文本框：用于设定当前滑块的名称。

● Disabled复选框：用于设定禁用当前滑块。

● Auto Complete复选框：用于设置是否启用自动完成功能。

● Auto Focus复选框：设置在支持HTML 5的浏览器打开网页时，鼠标光标自动聚焦在滑块上。

● Class下拉列表：指定当前日期时间设定器要应用的类样式。

● Min选项区域：设置滑块的最小值。

● Max选项区域：设置滑块的最大值。

● Step文本框：用于规定滑块中可设定数值的间隔。

● Value文本框：设置显示滑块时，作为默认值来显示的文本。

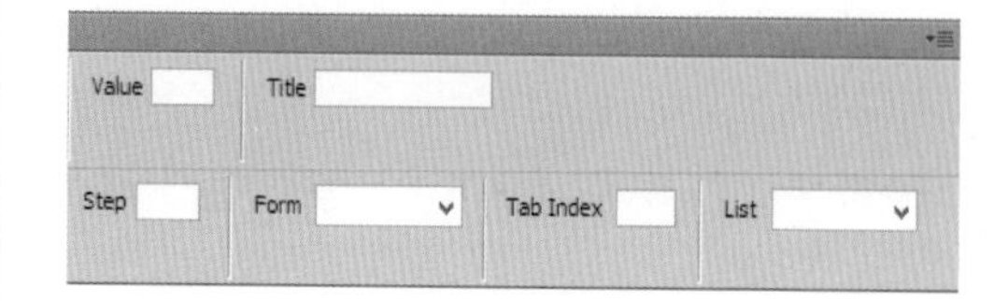

6.3 实战演练

本章的实战演练将通过实例制作用户登录页面和商品订单页面，可以通过实例操作巩固所学的知识。

6.3.1 制作用户登录页面

下面将通过实例介绍在Dreamweaver中制作用户登录页面的方法。

【例6-14】使用Dreamweaver CC制作用户登录页面。

视频+素材(光盘素材\第06章\例6-13)

步骤 01 使用Dreamweaver CC打开一个网页后，将鼠标光标插入页面中文字“用户登录”后。

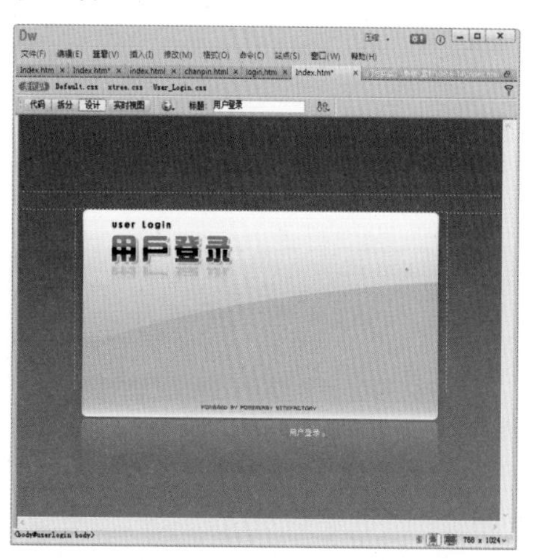

步骤 02 选择【窗口】|【插入】命令，打开【插入】面板，然后单击该面板【表单】选项卡中的【表单】按钮，在页面中插入一个表单。

步骤 03 将鼠标光标插入页面中的表单内，输入如下图所示的文本。

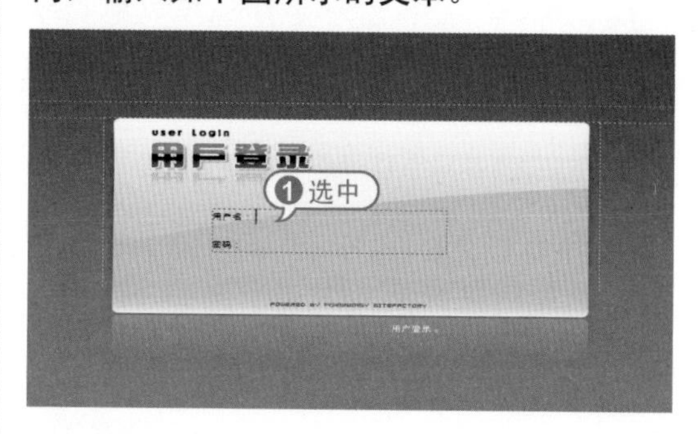

步骤 04 在【插入】面板的【表单】选项卡中单击【文本】选项，在表单中插入一个如下图所示的文本域。

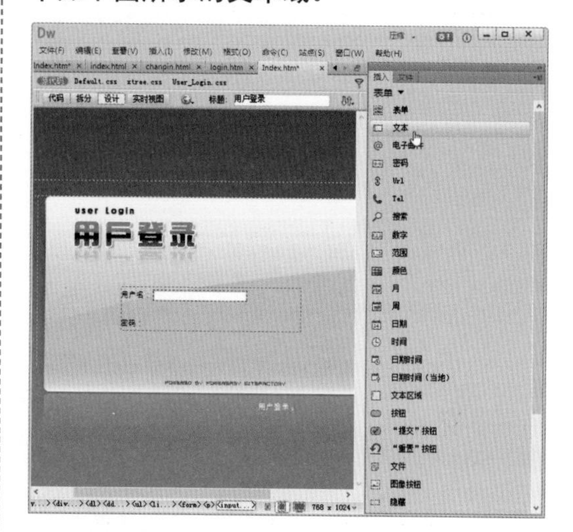

步骤 05 选中页面中插入的文本域，选择【窗口】|【属性】命令，在显示的【属性】检查器的Name文本框中输入textfield，设置文本域的名称。

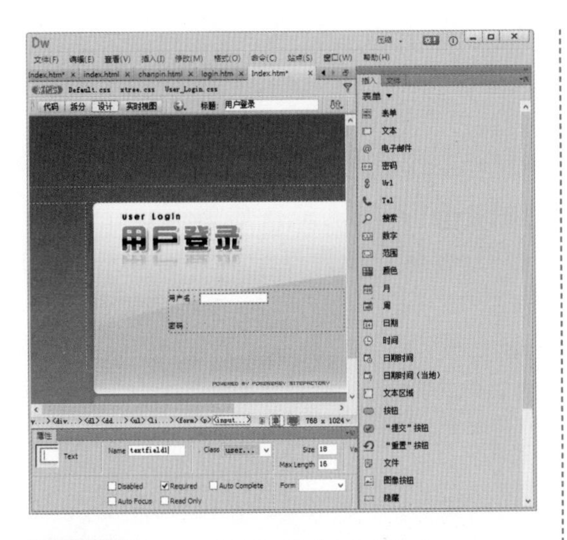

步骤 06 在【属性】检查器中选中Required复选框，将文本框设置为标题提交前的必填字段；在Size文本框中输入参数18，设置文本域的宽度；在Max Length文本框中输入参数16，设置在文本域中可输入的最大字符数。

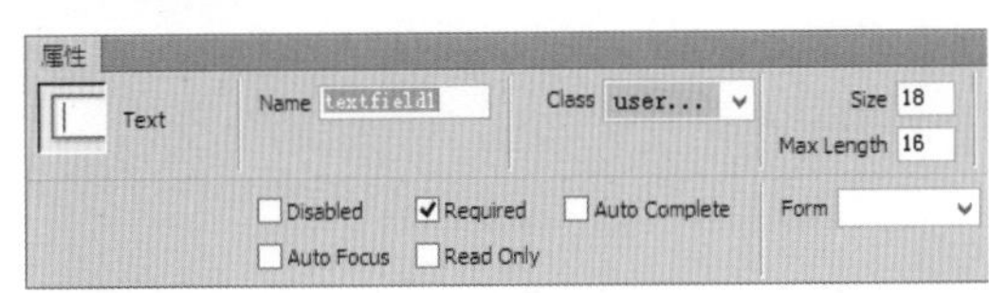

步骤 07 在Value文本框中输入文本“请输入用户名”，设置文本域中默认显示的文本内容。

步骤 08 将鼠标光标插入表单中文字“密码”后，单击【插入】面板【表单】选项卡中的【密码】按钮。

步骤 09 选中页面中插入的密码域，在【属性】检查器的Name文本框中输入password1，设置密码域的名称。

步骤 10 在密码域【属性】检查器中选中Required复选框，将密码框设置为标题提交前的必填字段；在Size文本框中输入参数18，设置密码域的宽度；在Max Length文本框中输入参数16，设置在文本域中可输入的最大字符数；在Value文本框中输入文本“请输入登录密码”，设置密码域中默认显示的文本内容。

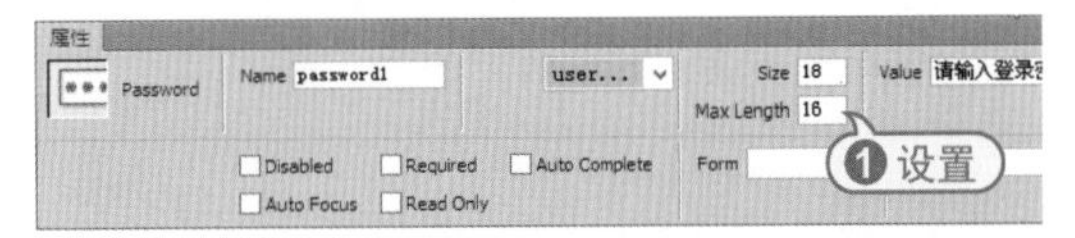

步骤 11 将鼠标光标插入表单中密码域的下方，在【插入】面板【表单】选项卡中单击【“提交”按钮】选项，在页面中插入一个如下图所示的【提交】按钮。

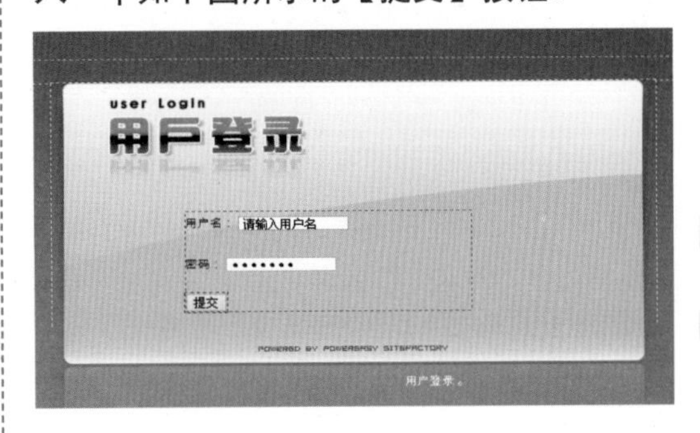

步骤 12 将鼠标光标插入【提交】按钮之后，在【插入】面板【表单】选项卡中单击【"重置"按钮】选项，在页面中插入一个【重置】按钮。

步骤 13 将鼠标光标插入【密码】文本框之后，在【插入】面板【表单】选项卡中单击【选择】按钮，在页面中插入一个选择，并输入如下图所示的文本。

步骤 14 选中页面中的选择，在【属性】检查器的Name文本框中输入select1，设定选择的名称。

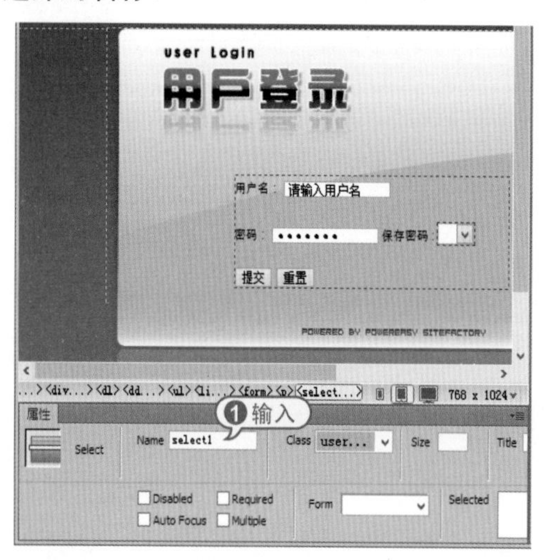

步骤 15 在【属性】检查器中单击【列表值】按钮，打开【列表值】对话框。

步骤 16 在【列表值】对话框中单击【+】按钮，添加两个如下图所示的列表值。

步骤 17 在【列表值】对话框中单击【确定】按钮返回网页，然后在【属性】检查器的Selected列表框中选中【否】选项。

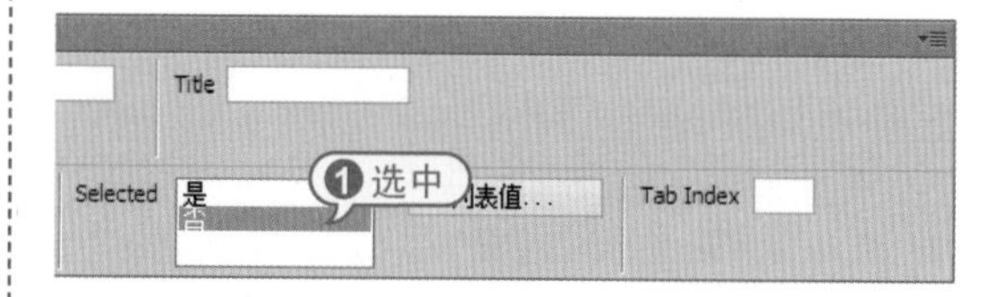

步骤 18 完成以上操作后，选择【文件】|【保存】命令，将网页保存，按下F12键预览页面效果如下图所示。

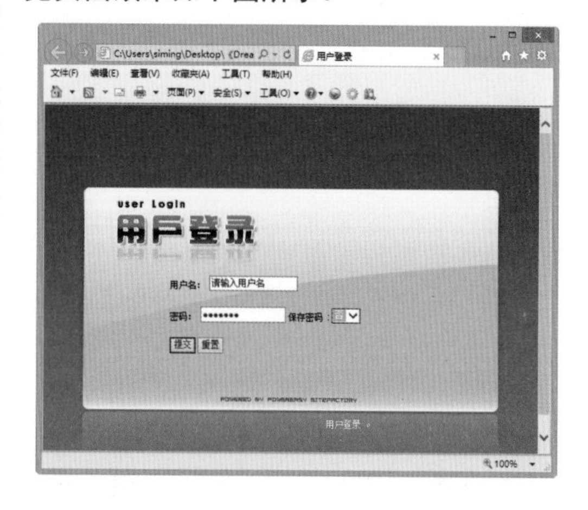

6.3.2 制作商品订单页面

下面将通过实例介绍在Dreamweaver中制作商品订单页面的方法。

【例6-15】使用Dreamweaver CC制作商品订单页面。

视频+素材 (光盘素材\第06章\例6-15)

步骤 01 使用Dreamweaver打开一个网页后，将鼠标光标插入页面中合适的位置，选择【插入】|【表单】|【表单】命令，在页面中插入一个表单form1。

步骤 02 将鼠标光标插入表单中，输入如下图所示的文本。

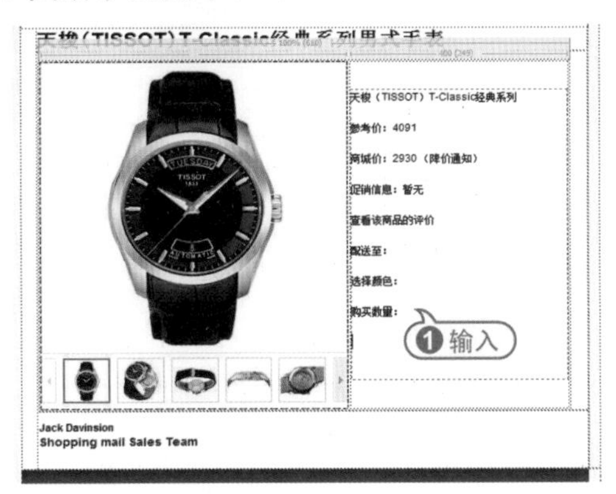

步骤 03 将鼠标光标插入表内文本“配送至：”后，选择【插入】|【表单】|【选择】命令，在表单中插入一个如下图所示的选择。

步骤 04 选中页面中插入的选择，选择【窗口】|【属性】命令，打开【属性】检查器，并单击其中的【列表值】按钮。

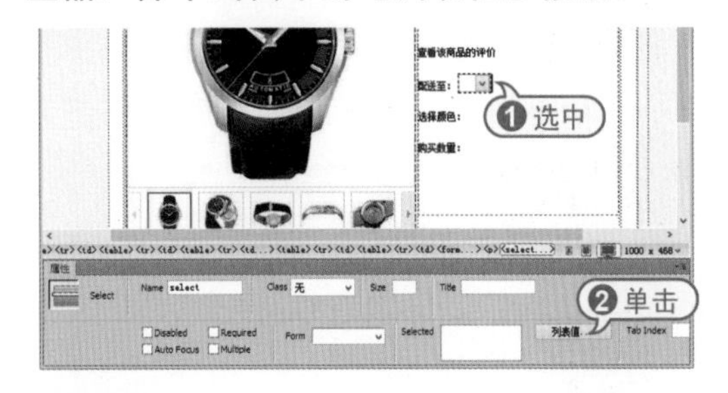

步骤 05 在打开的【列表值】对话框中设置如下图所示的列表值参数后，单击【确定】按钮。

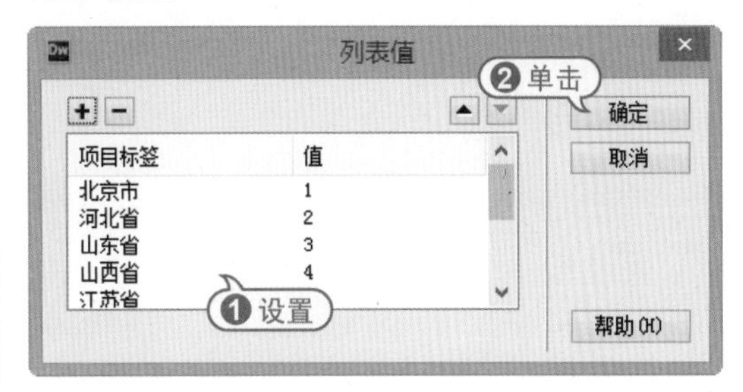

步骤 06 返回【属性】检查器后，在Select文本框中选中【北京市】选项，并选中Required复选框。

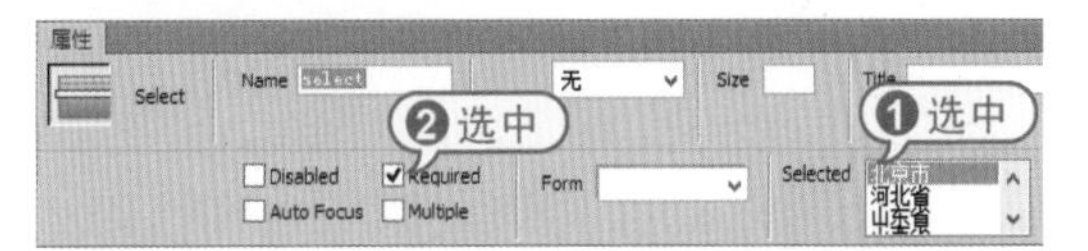

步骤 07 将鼠标光标插入表单内文本“选择颜色：”之后，选择【插入】|【表单】|【单选按钮组】命令，并参考下图所示设置打开的【单选按钮组】对话框。

步骤 08 在【单选按钮组】对话框中单击

【确定】按钮，在页面中插入如下图所示的单选按钮组。

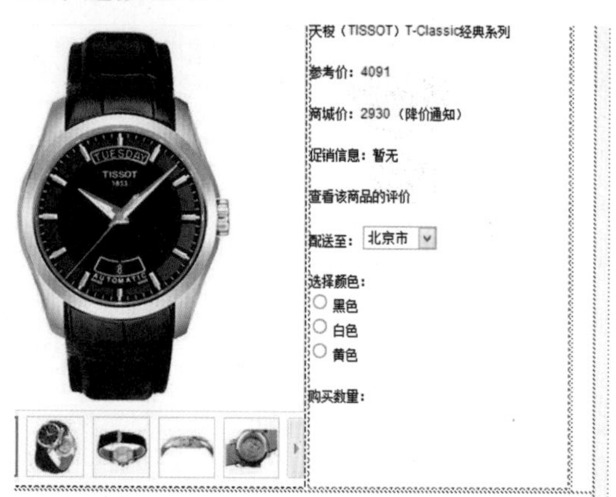

步骤 09 选中页面中文本“黑色”前的单选按钮，在【属性】检查器中，选中Checked复选框。

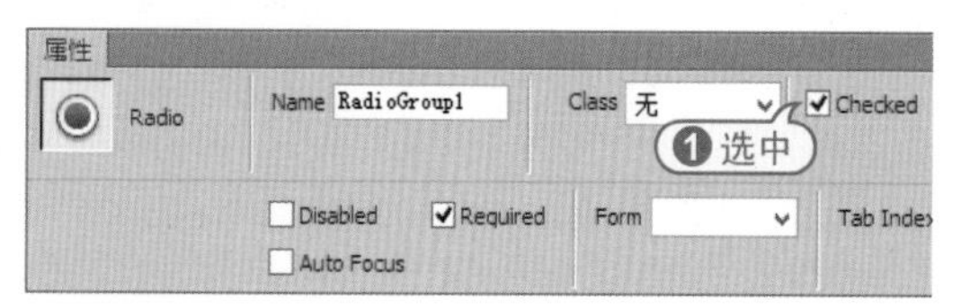

步骤 10 将鼠标光标插入表单内文本“购买数量：”之后，选择【插入】|【表单】|【数字】按钮，在表单中插入一个如下图所示的数字输入器。

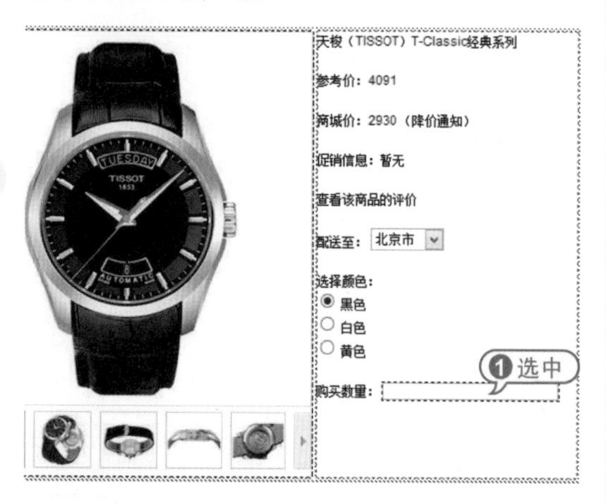

步骤 11 选中页面中插入的数字输入器，在【属性】检查器中的Value文本框中输入参数1，在Min文本框中输入参数1，在Max文本框中输入参数99。

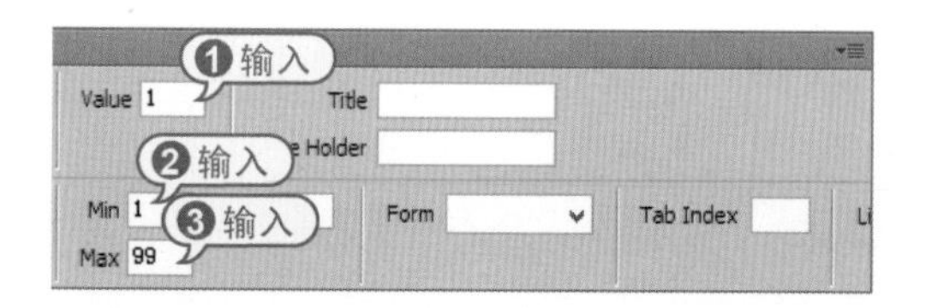

步骤 12 将鼠标光标插入页面底部，选择【插入】|【表单】|【图像按钮】命令，打开【选择图像源文件】对话框，并在该对话框中选中一张图片。

步骤 13 在【插入图像源文件】对话框中单击【确定】按钮，在页面中插入如下图所示的图像按钮。

步骤 14 选中页面中插入的图像按钮，找【属性】检查器的Alt文本框中输入文本“加入购物车”。

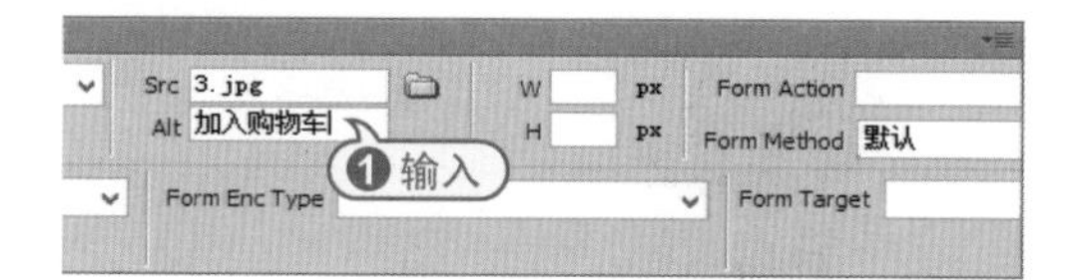

步骤 15 重复步骤(12)至步骤(14)的操作，在页面中再插入一个图像按钮，效果如下图所示。

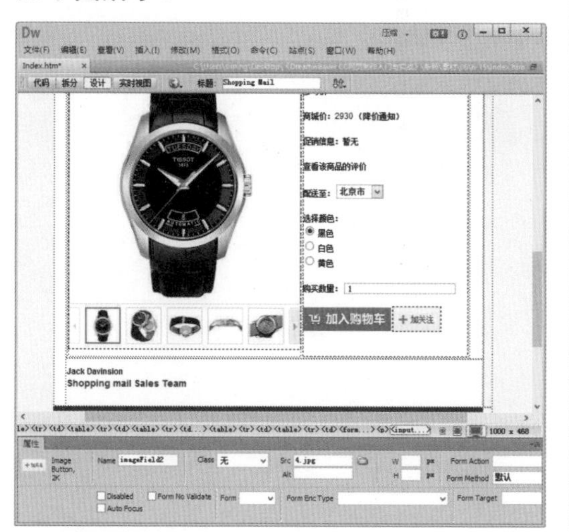

步骤 16 将鼠标光标插入表单内图像按钮后，选择【插入】|【表单】|【按钮】命令，在页面中插入一个如下图所示的按钮。

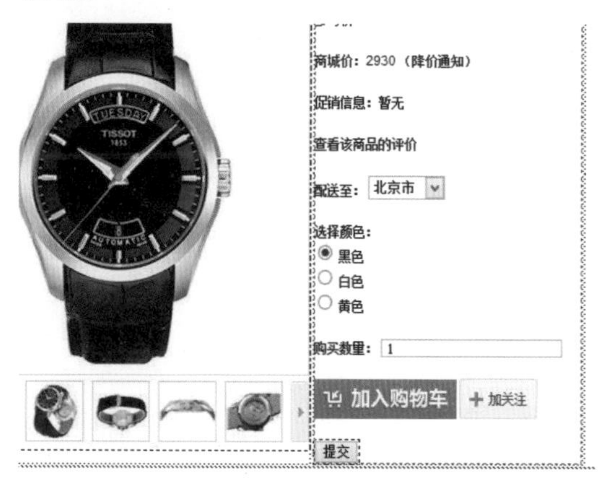

步骤 17 选中页面中插入的按钮，在【属性】检查器中的Value文本框中输入文本“立即购买”，单击Form下拉列表按钮，在弹出的下拉列表中选择form1选项。

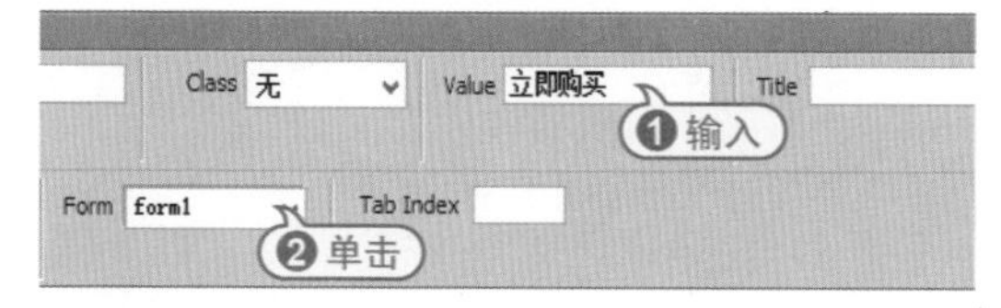

步骤 18 完成以上操作后，页面中商品订单页面的效果如下图所示。

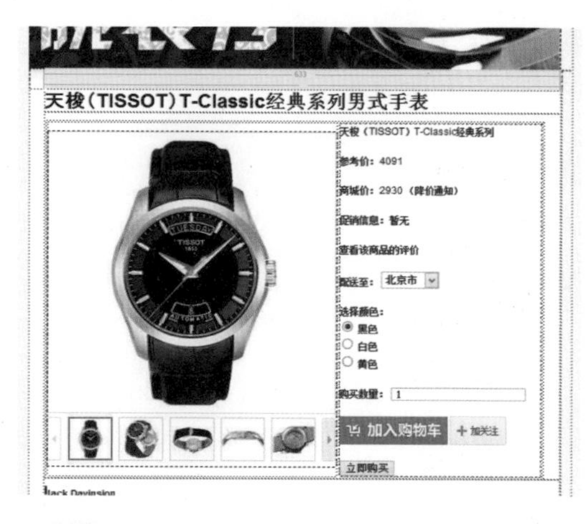

步骤 19 选择【文件】|【保存】命令，将网页保存后，按下F12键预览网页效果如下图所示。

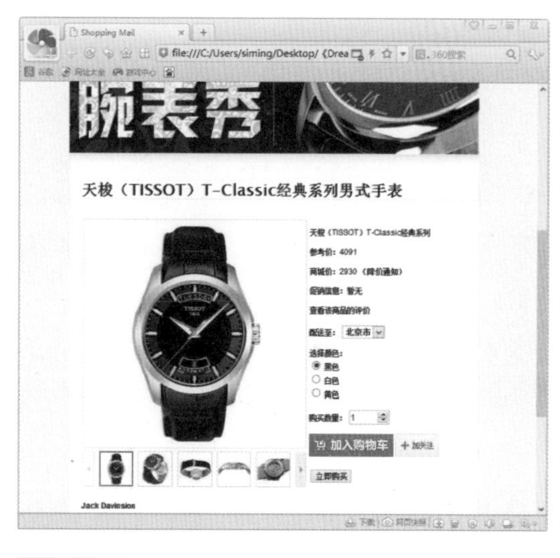

步骤 20 单击订单页面中的【配送至】下拉列表按钮，可以从弹出的下拉列表中选择商品的配送地区。

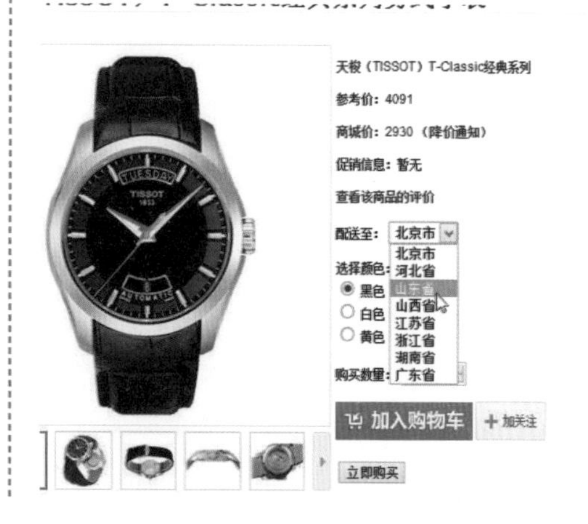

步骤 21 在页面中的【选择颜色】选项区域中，可以选择商品的颜色。

步骤 22 在【购买数量】文本框中单击文本框右侧的调节按钮，可以设定商品的购买数量。

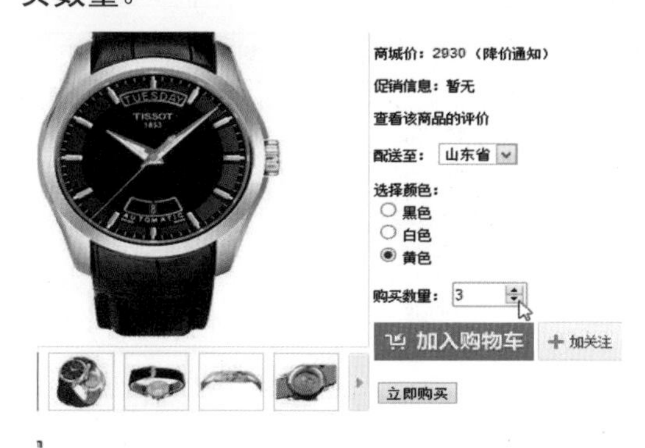

专家答疑

» 问：除了本章所介绍的表单对象以外，在Dreamweaver CC中还可以创建哪些表单对象？

答：Dreamweaver CC相比以往版本的Dreamweaver软件，在表单对象方面更加细化，除了本章所介绍的表单对象以外，还可以利用【插入】面板的【表单】选项卡，在页面中插入电子邮件、Url、Tel、搜索、范围等各类表单对象，从而在网页中实现丰富多样的表单效果。

读书笔记

第7章

利用CSS样式表修饰网页

对应光盘视频

例7-1　创建CSS样式表
例7-2　附加CSS样式表
例7-3　设定媒体查询
例7-4　定义CSS样式选择器
例7-5　设置margin属性
例7-6　设置padding属性
例7-7　设置禁用CSS属性
例7-8　在网页中应用CSS样式
本章其他视频文件参见配套光盘

由于HTML语言本身的一些客观因素，导致其结构与显示不分离的特点，这也是阻碍其发展的一个原因。因此，W3C发布CSS(层叠样式表)解决这一问题，使不同的浏览器能够正常地显示同一页面。

7.1 认识CSS样式表

CSS是英语Cascading Style Sheets(层叠样式表)的缩写，它是一种用于表现HTML或 XML 等文件式样的计算机语言。在设计与制作网页的过程中，使用CSS样式，可以有效地对页面的布局、字体、颜色、背景和其他效果实现精确地控制。

7.1.1 CSS样式表简介

要管理一个系统的网站，使用CSS样式，可以快速格式化整个站点或多个文档中的字体、图像等网页元素的格式。并且，CSS样式可以实现多种不能用HTML样式实现的功能。

CSS，是用来控制一个网页文档中的某文本区域外观的一组格式属性。使用CSS能够简化网页代码，加快下载速度，减少上传的代码数量，从而可以避免重复操作。CSS样式表是对HTML语法的一次革新，它位于文档的<head>区，作用范围由CLASS或其他任何符合CSS规范的文本来设置。对于其他现有的文档，只要其中的CSS样式符合规范，Dreamweaver就能识别它们。

在制作网页时采用CSS技术，可以有效地对网页页面所表现出的各类效果实现更加精确的控制。CSS样式表的主要功能有以下几点：

- 几乎所有的浏览器中都可以使用。
- 以前一些只有通过图片转换实现的功能，现在只要用CSS就可以轻松实现，从而可以更快地下载页面。
- 使页面的字体变得更漂亮、更容易编排，使页面更加赏心悦目。
- 可以轻松控制页面布局。
- 可以将许多网页的风格格式同时更新，不用再一页一页地更新。

7.1.2 CSS的规则分类

CSS样式规则由两部分组成：选择器和声明(大多数情况下为包含多个声明的代码块)。选择器是标识已设置格式元素的术语，例如p、h1、类名称或ID，而声明块则用于定义样式属性。例如下面CSS规则中，h1是选择器，大括号({})之间的所有内容都是声明块。

```
h1 {
font-size: 12 pixels;
font-family: Times New Roman;
font-weight:bold;
}
```

每个声明都由属性(例如如上规则中的font-family)和值(例如Times New Roman)两部分组成。在如上的CSS规则中，已经创建了h1标签样式，即所有链接到此样式的h1标签的文本的大小为12像素、字体为Times New Roman、字体样式为粗体。

样式存放在与要设置格式的实际文本分离的位置，通常在外部样式表或HTML

文档的文件头部分中。因此，可以将h1标签的某个规则一次应用于许多标签(如果在外部样式表中，则可以将此规则一次应用于多个不同页面上的许多标签)。这样，CSS就可以提供非常便利的更新功能。若在一个位置更新CSS规则，使用已定义样式的所有元素的格式设置将自动更新为新样式。

1. CSS样式类型

在Dreamweaver中，可以定义以下几种CSS样式类型。

- 类样式：可将样式属性应用于页面上的任何元素。
- HTML标签样式：重新定义特定标签(如h1)的格式。创建或更改h1标签的CSS样式时，所有用h1标签设置了格式的文本都会立即更新。
- 高级样式：重新定义特定元素组合的格式，或其他CSS允许的选择器表单的格式(例如，每当h2标题出现在表格单元格内时，就会应用选择器td h2)。高级样式还可以重定义包含特定id属性的标签格式(例如，由#myStyle定义的样式可以应用于所有包含属性/值对id="myStyle"的标签)。

2. CSS规则应用范围

在Dreamweaver中，有外部样式表和内部样式表，区别在于应用的范围和存放位置。Dreamweaver可以判断现有文档中定义的符合CSS样式准则的样式，并且在【设计】视图中直接呈现已应用的样式。但要注意的是，有些CSS样式在Microsoft Internet Explorer、Netscape、Opera、Apple Safari或其他浏览器中呈现的外观不相同，而有些CSS样式目前不受任何浏览器支持。下面是这两种样式表的介绍。

- 外部CSS样式表：存储在一个单独的外部CSS(.css)文件中的若干组CSS规则。此文件利用文档头部分的链接或@import规则链接到网站中的一个或多个页面。
- 内部CSS样式表：若干组包括在HTML文档头部分的<style>标签中的CSS规则。

7.2 使用全新的【CSS设计器】面板

在Dreamweaver CC中，可以利用【CSS设计器】面板在页面中创建或附加CSS样式表，并设定其媒体查询、选择器以及具体的属性。

7.2.1 认识【CSS设计器】面板

在Dreamweaver CC中选择【窗口】|【CSS设计器】命令，可以打开【CSS设计器】面板，该面板中显示了当前所选页面元素的CSS规则和属性，包括【源】、【@媒体】、【选择器】和【属性】4个窗格，从中可以“可视化”地创建CSS文件、规则以及设定属性和媒体查询，如下图所示。

在【CSS设计器】面板中，各部分窗格主要功能如下。

- 【源】窗格：该窗格中列出了所有与文档相关的样式表。使用【源】窗格用户可以创建CSS并将其附加到文档，也可以定义文档中的样式。
- 【@媒体】窗格：在【源】窗格中列出了所选源中全部媒体查询。如果不选定特定的CSS，则【@媒体】窗格将显示与文档关联的所有媒体查询。
- 【选择器】窗格：在【源】窗格中列出了所选源中全部媒体查询。如果同时选择了一个媒体查询，则【选择器】窗格将为该媒体查询缩小选择器列表范围。如果没有选择CSS或媒体查询，则该窗格将显示文档中的所有选择器。
- 【属性】窗格：用于显示可为指定的选择器设定的属性。

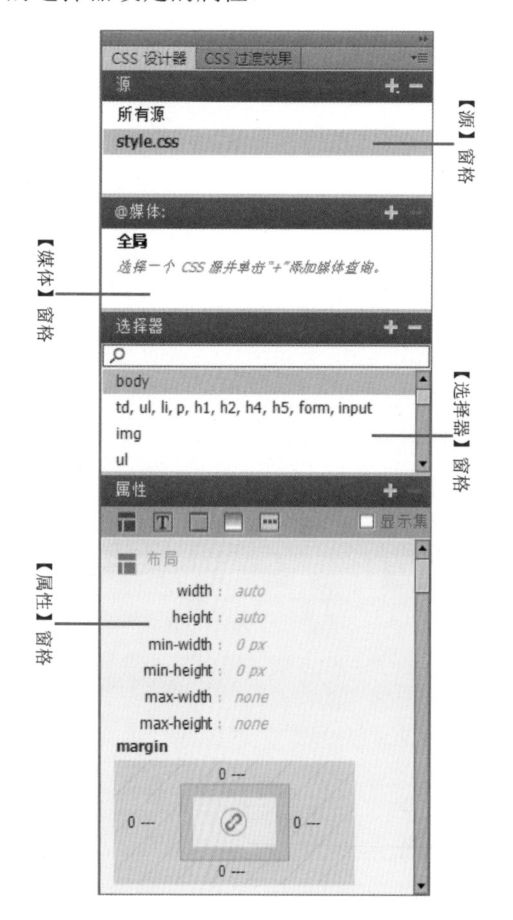

7.2.2 创建与附加CSS样式表

在Dreamweaver CC中，可以在【CSS设计器】面板中实现对CSS样式表的创建与附加操作。

1. 创建CSS样式表

通过在【CSS设计器】面板中单击【源】窗格内的+按钮，在弹出的列表中选择【创建新的CSS文件】选项，可以创建CSS样式表。

【例7-1】在Dreamweaver CC中创建一个CSS样式表文档并将其链接到网页。 视频

步骤 01 选择【窗口】|【CSS设计器】命令，显示【CSS设计器】面板后，单击该面板中【源】窗格内容的+按钮，在弹出的列表中选中【创建新的CSS文件】选项。

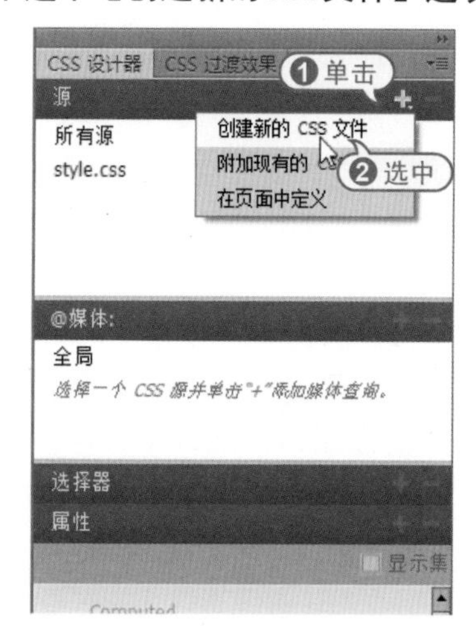

步骤 02 在打开的【创建新的CSS文件】对话框中，单击【文件/URL】文本框后的【浏览】按钮。

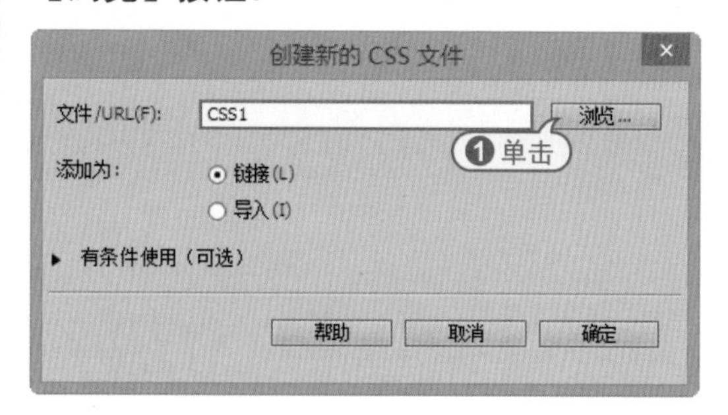

步骤 03 在打开的【将样式表文件另存为】对话框中设定CSS样式表文件的保存路径后，在【文件名】文本框中输入CSS样式表文件的文件名CSS1。

步骤 04 单击【保存】按钮，返回【创建新的CSS文件】对话框后，在该对话框中选中【链接】单选按钮，并单击【确定】按钮，即可在【CSS选择器】面板【源】窗格中新建一个名为CSS1的CSS样式表。

步骤 05 选择【文件】|【保存】命令，将网页保存后，选择【窗口】|【文件】命令，打开【文件】面板即可在该面板中看到创建的CSS样式表文件。

在【创建新的CSS文件】对话框中，个选项的功能说明如下。

- 【文件/URL】文本框：用于指定CSS文件的名称，可以单击该文本框后的【浏览】按钮，指定CSS样式表文件的保存路径。
- 【链接】单选按钮：用于设置将Dreamweaver文档链接到CSS文件。
- 【导入】单选按钮：用于设置将CSS文件导入到当前文档。
- 【有条件使用(可选)】按钮，单击该按钮后，可以在显示的选项区域中指定要与CSS文件发生关联的媒体查询。

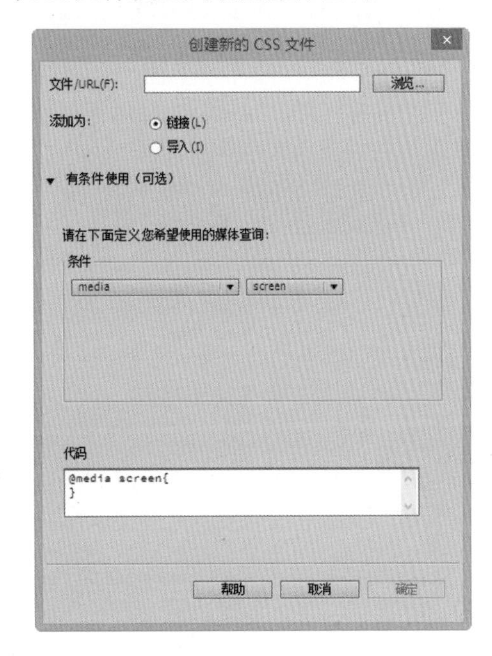

2. 附加CSS样式表

在【CSS设计器】面板中单击【源】窗格内的+按钮，在弹出的列表中选择【附加现有CSS文件】选项，然后在打开的【使用现有的CSS文件】对话框中，可以将现有的CSS样式表附加至当前网页中。

【例7-2】在网页中附加一个CSS样式表。

视频+素材 (光盘素材\第07章\例7-2)

步骤 01 在Dreamweaver CC中打开一个网

页文档后，选择【窗口】|【CSS设计器】命令，显示【CSS设计器】面板。

步骤 02 在【CSS设计器】面板的【源】窗格中单击+按钮，在弹出的列表中选中【附加现有的CSS文件】选项

步骤 03 在打开的【使用现有的CSS文件】对话框中单击【浏览】按钮。

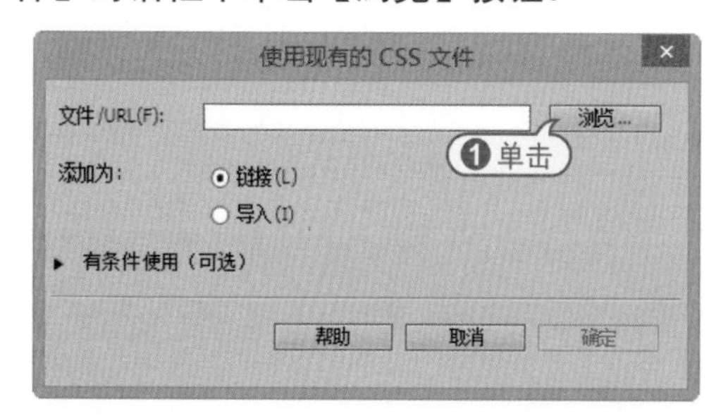

步骤 04 在打开的【选择样式表文件】对话框中选中一个CSS文件后，单击【确定】按钮。

步骤 05 返回【使用现有的CSS文件】对话框后，在该对话框中选中【导入】单选按钮，并单击【确定】按钮。

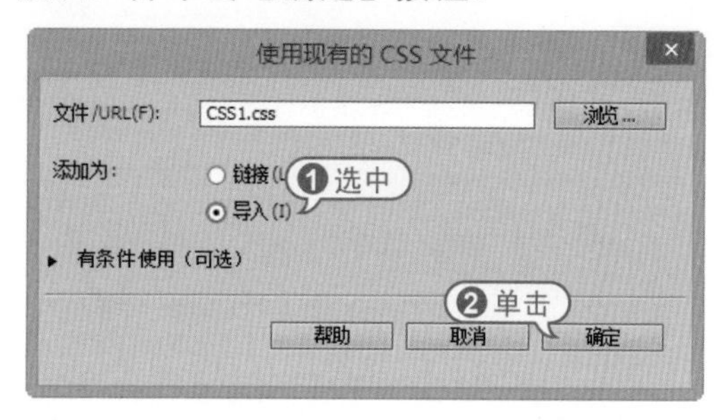

步骤 06 此时，CSS1.css文件将被导入至【CSS设计器】面板的【源】窗格中。

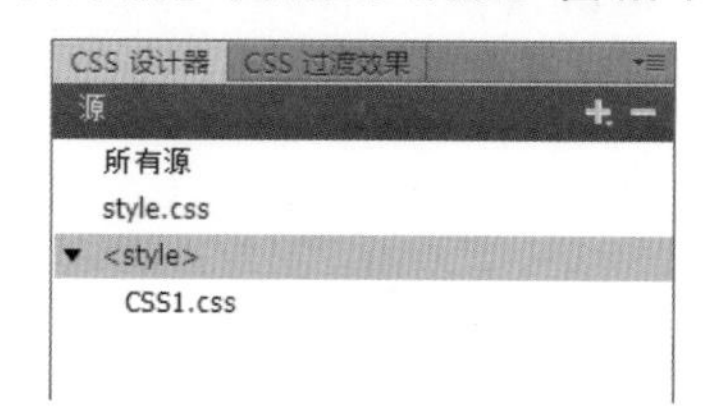

7.2.3 设定媒体查询

在Dreamweaver CC中，可以在【CSS设计器】面板的【媒体查询】窗格中，通过设定媒体查询为不同大小和尺寸的媒体定不同的CSS，以适合相应的设备显示。

【例7-3】在Dreamweaver CC的【CSS设计器】中设定媒体查询。

视频+素材(光盘素材\第07章\例7-3)

步骤 01 继续【例7-1】的操作，在【CSS设计器】面板【源】窗格中单击选中CSS1源后，单击【@媒体】窗格中的+按钮。

步骤 02 在打开的【定义媒体查询】对话框中单击【条件】下拉列表按钮，在弹出

的下拉列表中列出了Dreamweaver所支持的所有媒体查询条件，选中其中的某一项。

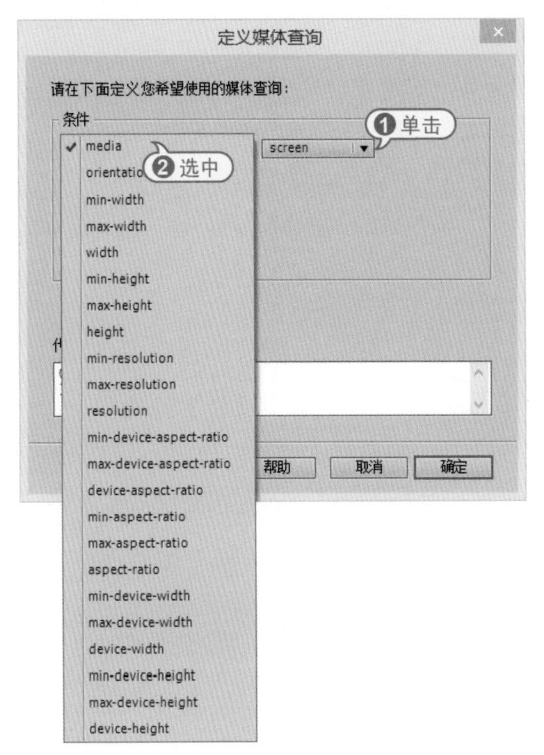

步骤 03 单击【条件】下拉列表后的下拉列表按钮，在弹出的下拉列表中，可以根据需求选择条件，设定媒体差选的详细信息(应确保为所有选择的条件指定有效值，否则将无法创建相应的媒体查询)。

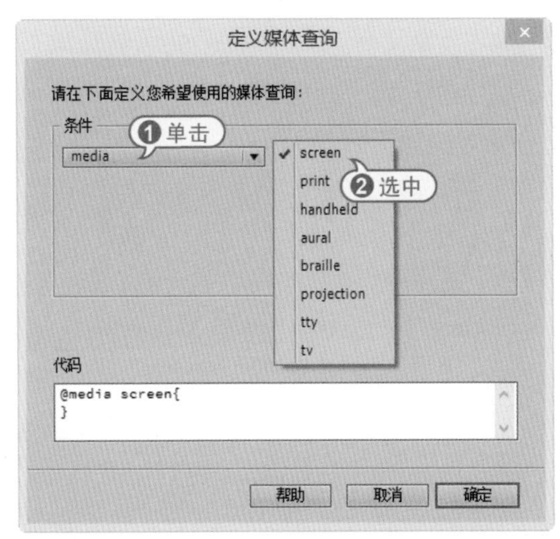

步骤 04 将鼠标光标移动至条件的后方，然后单击显示的【添加条件】按钮，可以添加新的条件。

步骤 05 完成以上设置后，在【定义媒体查询】对话框中单击【确定】按钮，即可在【@媒体】窗格中创建如下图所示的媒体查询。

7.2.4 定义选择器

在Dreamweaver CC中，选择网页中的某个页面元素后，【CSS设计器】面板将智能选定并提示使用相关的选择器。在默认设置中，由Dreamweaver选择的选择器更具体，也可以编辑选择器，使其并不非常具体。

【例7-4】在Dreamweaver CC中定义CSS样式选择器。

视频+素材(光盘素材\第07章\例7-4)

步骤 01 继续【例7-2】的操作，在【CSS

设计器】面板【源】窗格中单击选中CSS1源后，单击【选择器】窗格中的+按钮。

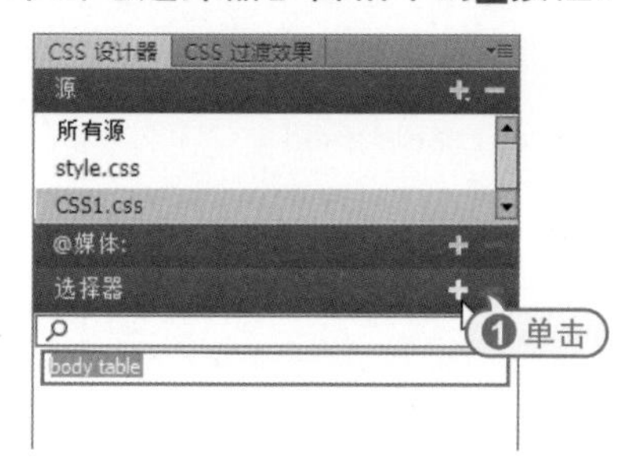

步骤 02 在显示的文本框中输入所需设定选择器的第1个英文字母，在显示的列表框中选择需要的选择器。

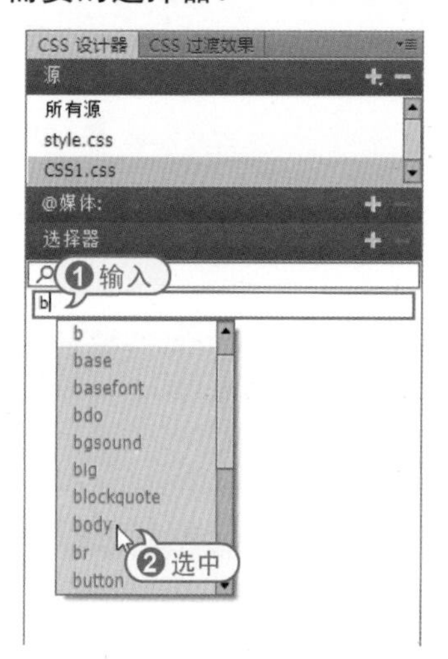

步骤 03 在【源】窗格中选中Style1源，在【选择器】窗格中右击img选择器，在弹出的菜单中选择【直接复制】命令。

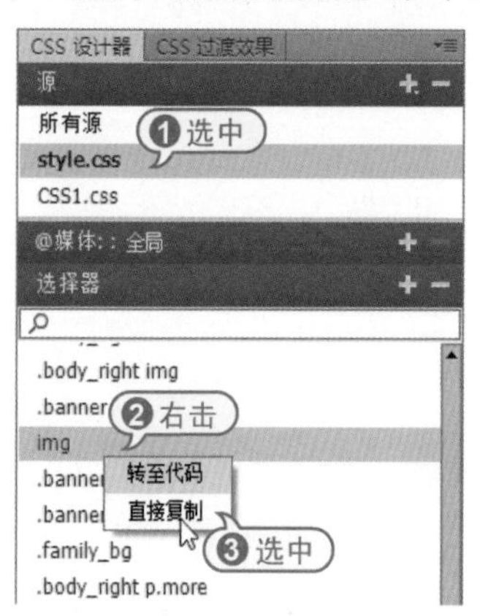

步骤 04 选中复制的img选择器后，将其拖拽至CSS1源中。

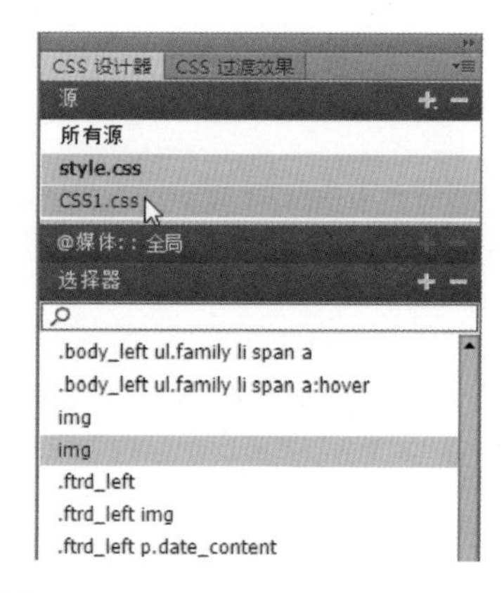

步骤 05 在【源】窗格中选中CSS1源，即可在【选择器】窗格中看到复制的img选择器。

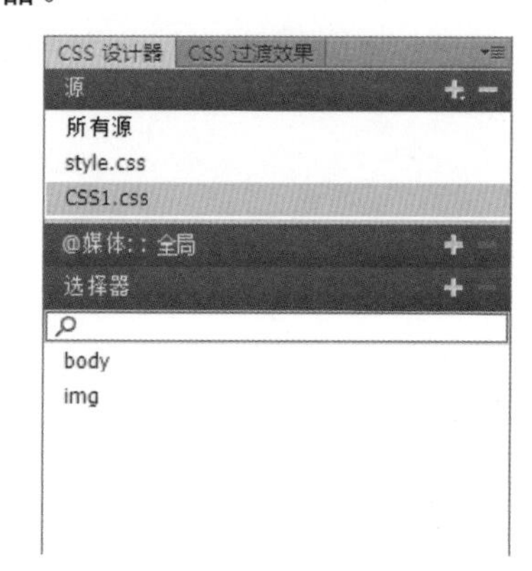

7.2.5 设置CSS规则属性

在Dreamweaver CC中，CSS样式的属性分为布局、文本、边框、背景和其他等几个类别。

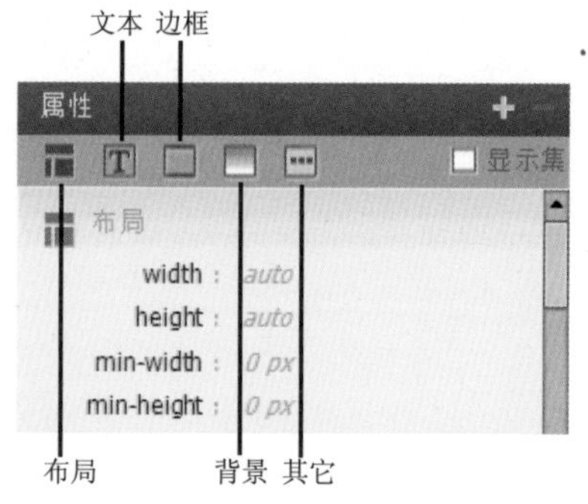

在【CSS设计器】窗口【选择器】窗格中选中一个选择器后，选中【属性】窗格中的【显示集】复选框，可以查看集合属性。

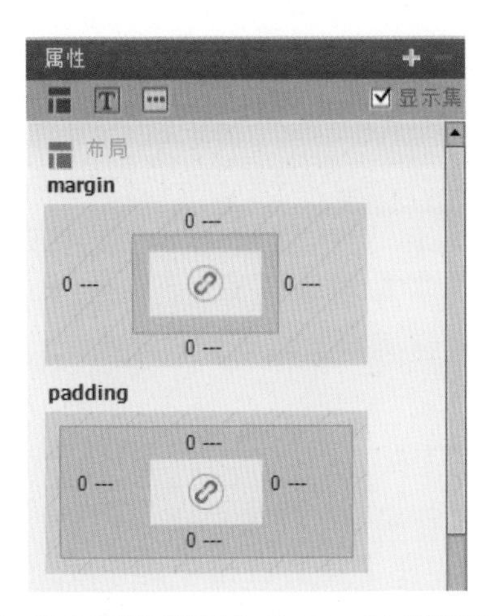

如果需要设置例如宽度、边框等属性，可以在【属性】检查器中选中CSS选项，然后在显示的选项区域中进行设置。

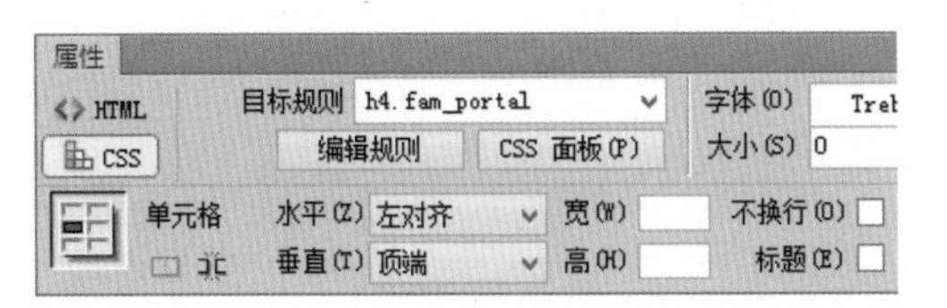

如果需要设定渐变背景或边距、填充或位置等框控件信息，可以参考下面介绍的方法进行设置。

1. 设置外边距

在【CSS设计器】窗口的【属性】窗格中，可以通过margin属性快速设置外边距。

【例7-5】在Dreamweaver CC中设置CSS样式的外边距属性。

视频+素材(光盘素材\第07章\例7-5)

步骤 01 使用Dreamweaver打开一个网页文档后，选中页面中的一张图片。

步骤 02 选择【窗口】|【CSS设计器】命令，显示【CSS设计器】窗口后，在该窗口的【属性】窗格中调整margin属性，设置图像的右侧外边距为50px。

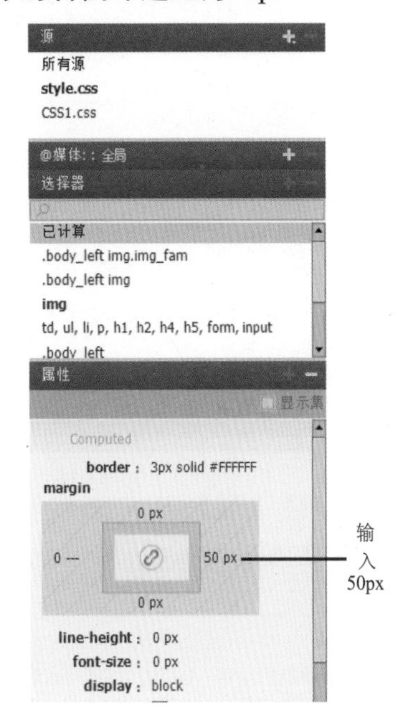

步骤 03 此时，页面中图像的效果如下图所示。

步骤 04 参考以上介绍的方法，在【属性】窗格中设置margin属性的其他参数。

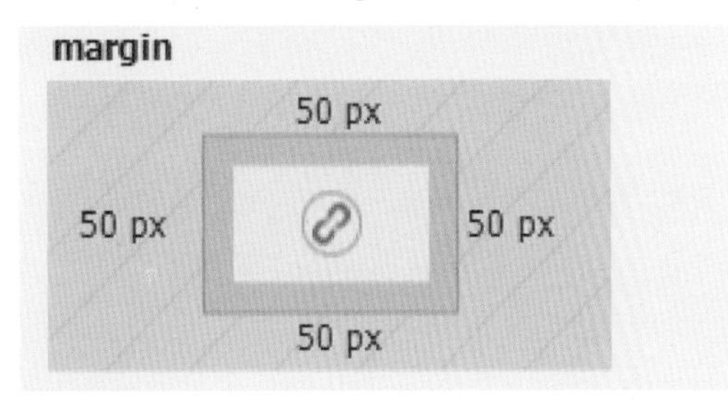

步骤 05 完成以上设置后，保存网页，页

面中图像的效果如下图所示。

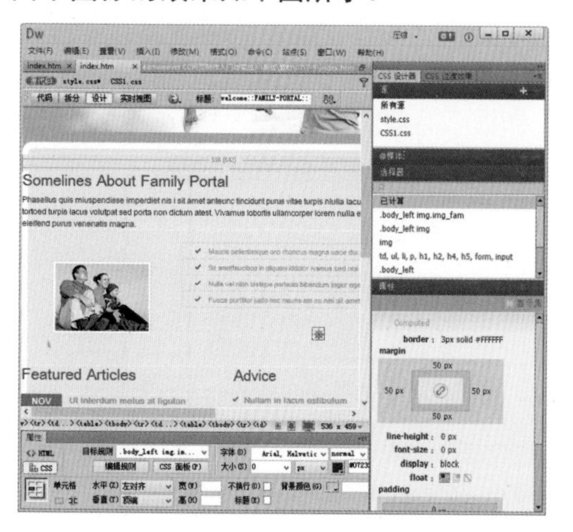

2. 设置内边距

在【CSS设计器】窗口的【属性】窗格中，可以通过padding属性快速设置内边距。

【例7-6】在Dreamweaver CC中设置CSS样式的内边距属性。

视频+素材(光盘素材\第07章\例7-6)

步骤 01 使用Dreamweaver打开一个网页文档后，选中页面中如下图所示的文本。

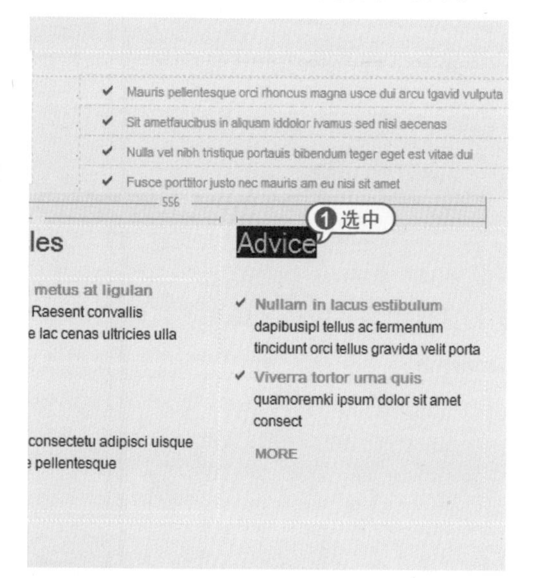

步骤 02 在【CSS设计器】窗口中的【属性】窗格中调整padding属性，设置图像的上方内边距为50px。

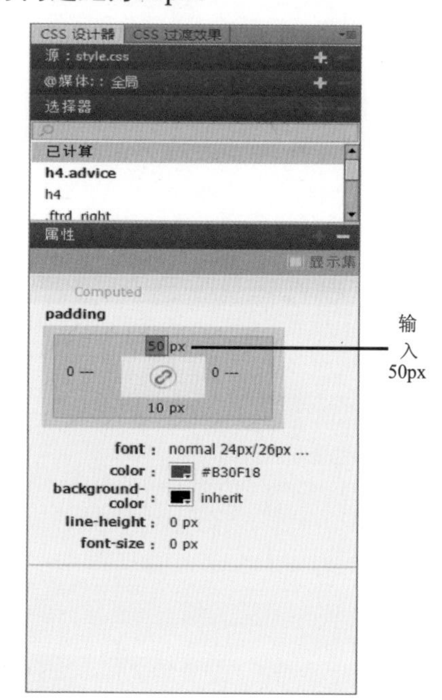

步骤 03 此时，页面中被选中文本的效果如下图所示。

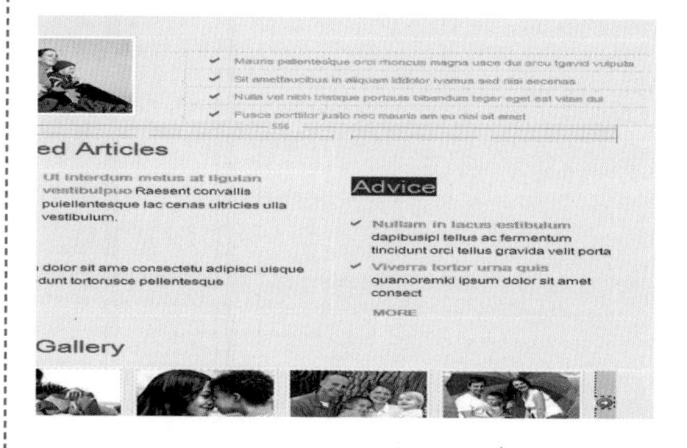

3. 设置位置

在【CSS设计器】窗口的【属性】窗格中，可以通过position属性快速设置目标对象的位置。

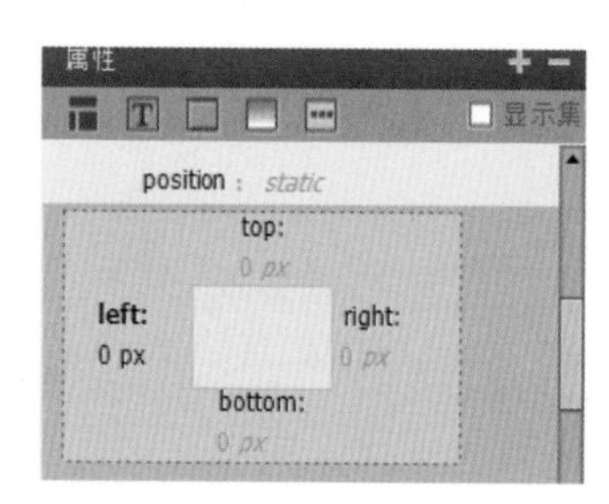

4. 设置禁用或删除CSS属性

在【CSS设计器】窗口中，可以设置禁用或删除各种CSS属性。将鼠标光标移动至具体CSS属性的后方，然后单击按钮，可以禁用该属性，单击按钮，可以删除相应的CSS属性。

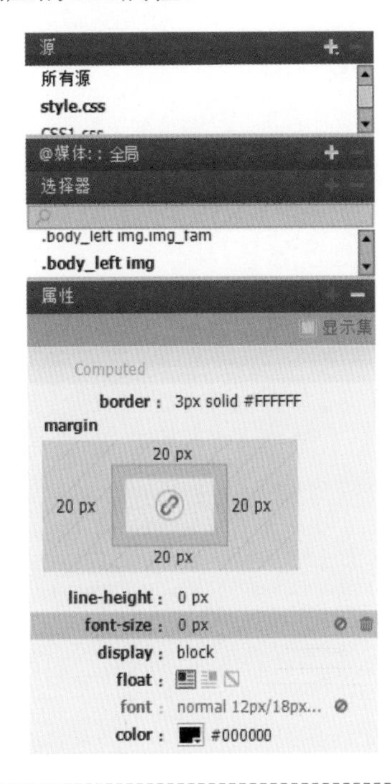

【例7-7】在【CSS设计器】窗口中设置禁用CSS属性。

视频+素材(光盘素材\第07章\例7-7)

步骤 01 在Dreamweaver中打开一个网页文档后，选中页面中的一个图像，然后选择【窗口】|【CSS设计器】命令，显示【CSS设计器】面板。

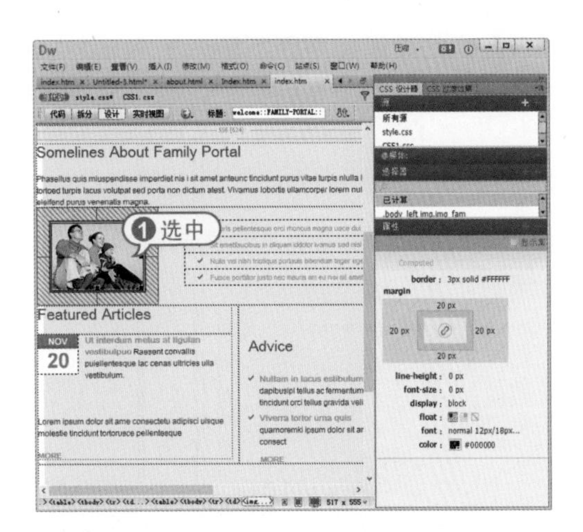

步骤 02 在【CSS设计器】面板的【属性】窗格中将鼠标移动至margin属性的后方，然后单击【禁用CSS属性】按钮。

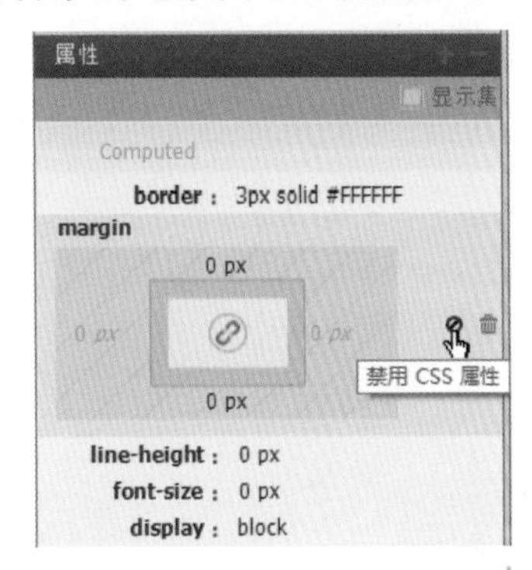

步骤 03 此时，被选中图像的外边距属性将被禁用，图像效果如下图所示。

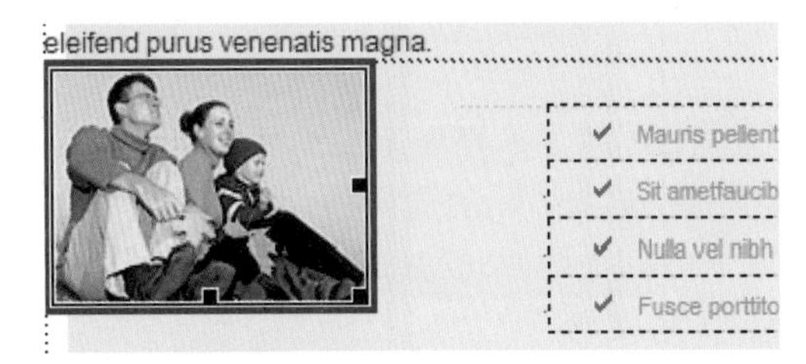

7.3 在Dreamweaver中使用CSS样式

在Dreamweaver中新建CSS规则样式后，就可以利用该样式快速设置页面上的网页元素样式，使网站具有统一的风格。在Dreamweaver CC中，可以在【属性】检查器中对文档中选中的网页元素套用CSS样式，也可以使用【多类选区】面板将多个CSS样式应用于单个网页元素。

7.3.1 应用CSS样式

可以参考以下实例所介绍的方法，通过设置Dreamweaver【属性】检查器在网页中应用CSS样式。

【例7-8】在Dreamweaver中为网页中的文本应用CSS样式。

视频+素材(光盘素材\第07章\例7-8)

步骤 01 在Dreamweaver CC中打开如下图所示的网页文档。

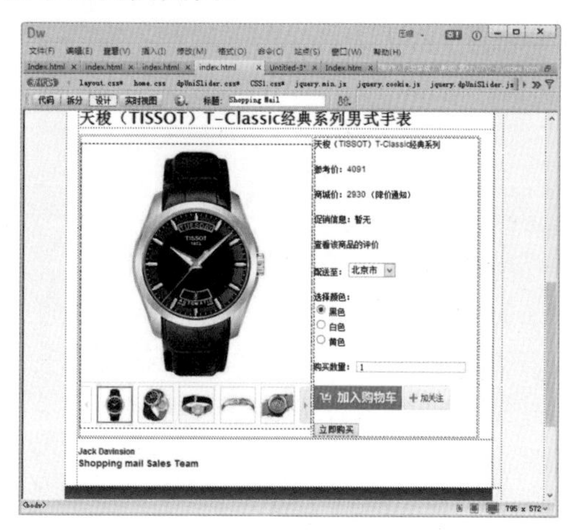

步骤 02 选择【窗口】|【CSS设计器】命令，显示【CSS设计器】窗口，然后选中【源】窗格中的【所有源】选项。

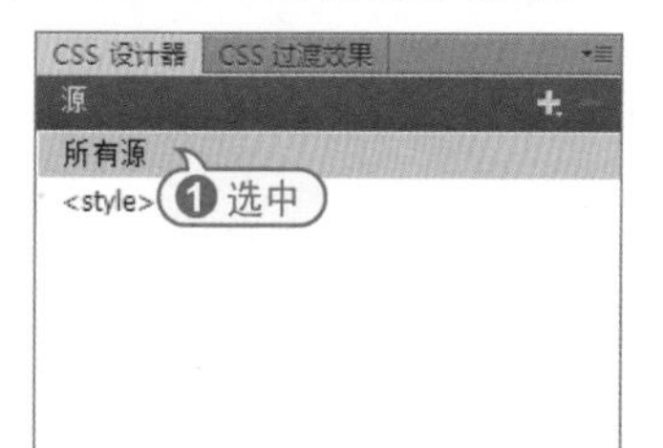

步骤 03 在【选择器】窗格中选中定义一个名为.add-border的选择器。

步骤 04 选中定义的选择器，然后在【属性】窗格中单击【边框】按钮，并参考下图所示，设置.add-border选择器的属性。

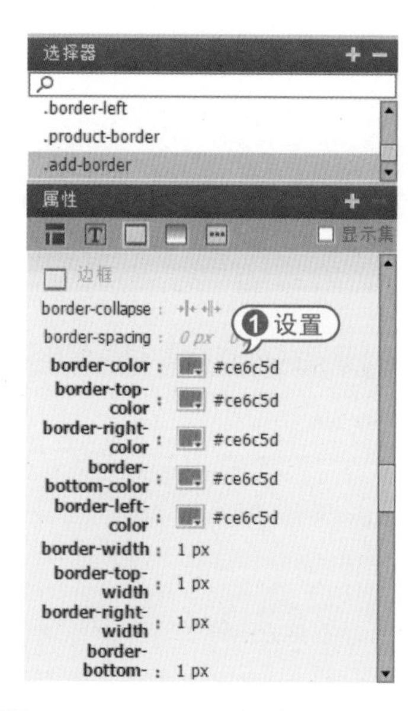

步骤 05 选中页面中的图像域【加关注】后，选择【窗口】|【属性】命令，显示【属性】检查器。

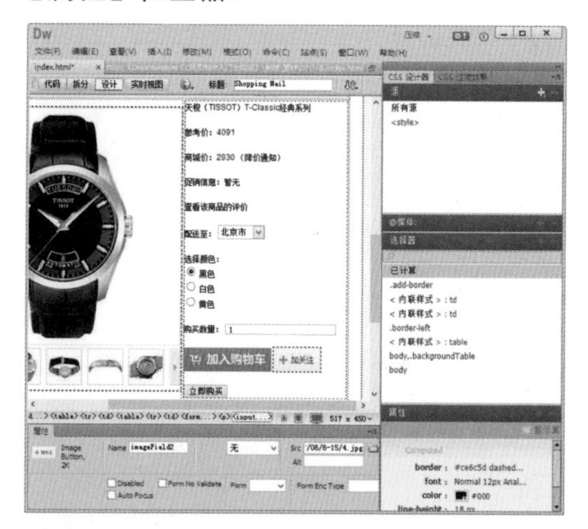

步骤 06 单击【属性】检查器中的Class下拉列表按钮，在弹出的下拉列表中选中.add-border选项。

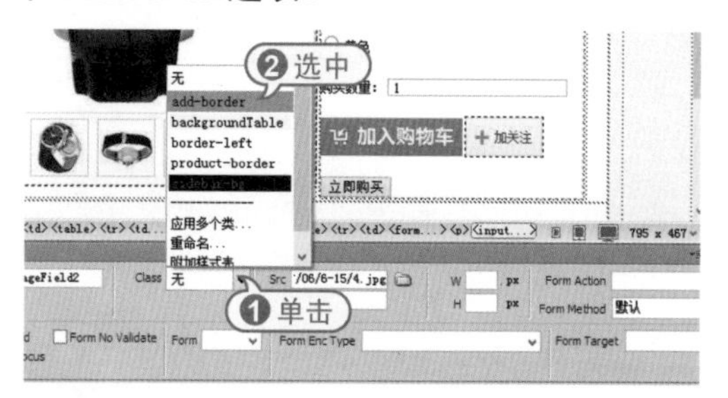

步骤 07 此时，页面中被选中的图像域将

自动套用相应的CSS样式，效果如下。

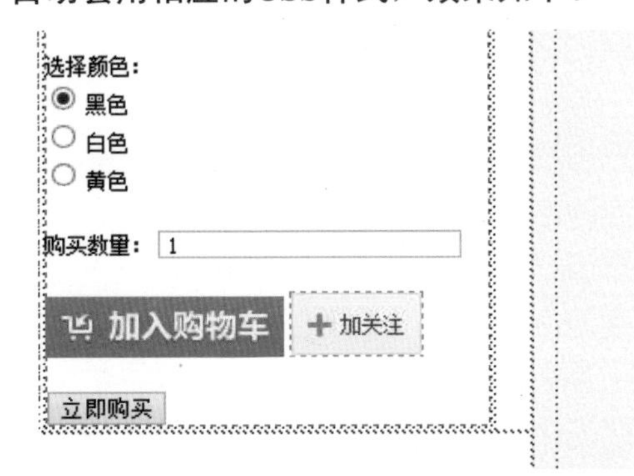

7.3.2 使用多CSS类选区

在Dreamweaver中使用【多类选区】面板可以将多个CSS类应用于单个元素。

【例7-9】在Dreamweaver中为网页中的文本应用CSS样式。

视频+素材(光盘素材\第07章\例7-9)

步骤 01 继续【例7-8】的操作，在【CSS设计器】窗口的【选择器】窗格中定义一个名为.backgroundTable的选择器，并在【属性】窗格中设置背景颜色为#666666。

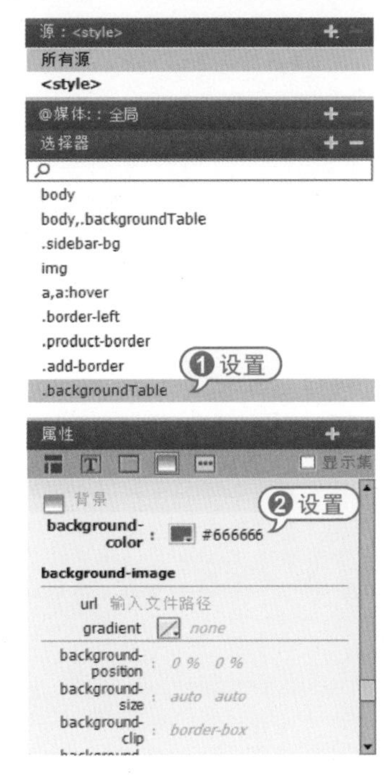

步骤 02 选中页面中的文本，单击【属性】检查器的【类】下拉列表按钮，在弹出的下拉列表中选中【应用多个类】选项。

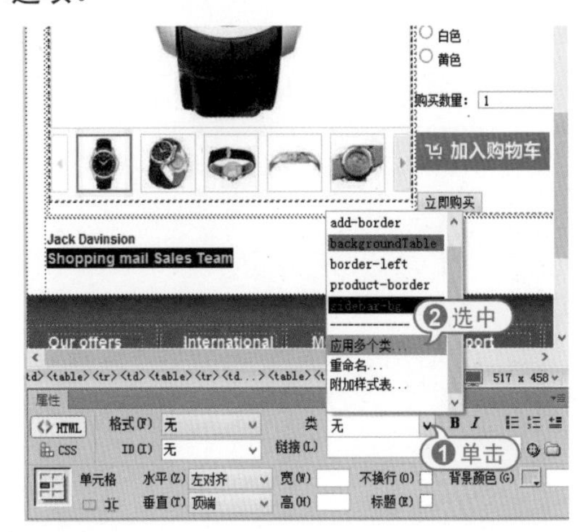

步骤 03 在打开的【多类选取】对话框中选中backgroundTable复选框和add-border复选框后，单击【确定】按钮。

步骤 04 此时，在文本上应用两个类，效果如下图所示。

7.4 在Dreamweaver中编辑CSS规则

在Dreamweaver CC中要编辑CSS规则属性，除了可以使用【CSS设计器】面板的【属性】窗格以外，还可以在【属性】检查器中单击【目标规则】下拉列表按钮，选择具体的选择器，然后单击【编辑规则】按钮，打开【CSS规则定义】对话框进行设定。下面将详细介绍【CSS规则定义】对话框中重要选项的功能。

7.4.1 设定类型属性

用户在Dreamweaver CC中选中【CSS规则定义】对话框中【分类】列表框中的【类型】选项，将显示【类型】选项区域，在该选项区域中可以定义CSS样式的基本字体和类型设置。

【例7-10】在Dreamweaver打开中打开【规则定义】对话框设定CSS样式的类型属性。

视频+素材(光盘素材\第07章\例7-10)

步骤 01 继续【例7-10】的操作，在【属性】检查器中单击【目标规则】下拉列表按钮，然后在弹出的下拉列表中选中.backgroundTable选项。

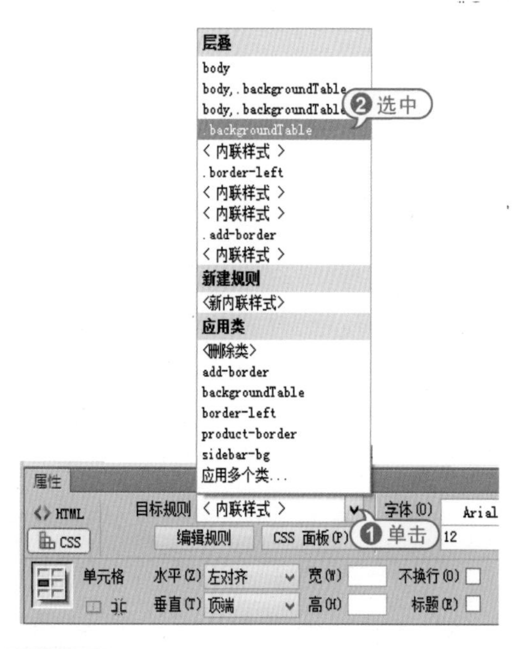

步骤 02 单击【属性】检查器中的【编辑规则】按钮，然后在打开的【CSS规则定义】对话框中选中【分类】列表框中的【类型】选项，即可在显示的【类型】选项区域中设置CSS样式的类型属性。

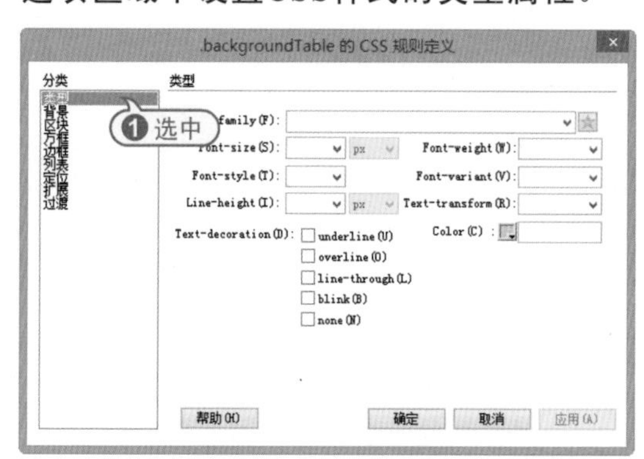

在【类型】选项区域中，其中比较重要选项功能如下。

- Font-family下拉列表：用于为样式设置字体。

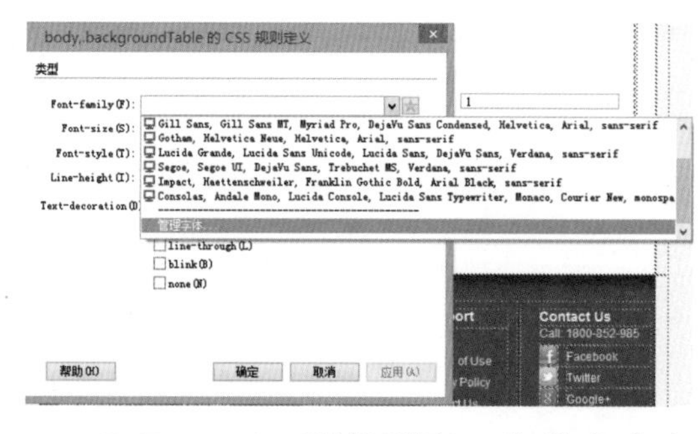

- Font-size下拉列表：定义文本大小，可以通过选择数字和度量单位选择特定的大小，也可以选择相对大小。
- Font-style下拉列表：用于设置字体样式。
- Line-height下拉列表：设置文本所在行的高度。
- Text-decoration选项区域：向文本中添加下划线、上划线或删除线，或使文本闪烁。

● Font-weight下拉列表：对字体应用特定或相对的粗体量。

● Font-variant下拉列表：设置文本的小型大写字母变体。

● Font-transform下拉列表：将所选内容中的每个单词的首字母大写，或将文本设置为全部大写或小写。

● Color文本框：用于设置文本颜色。

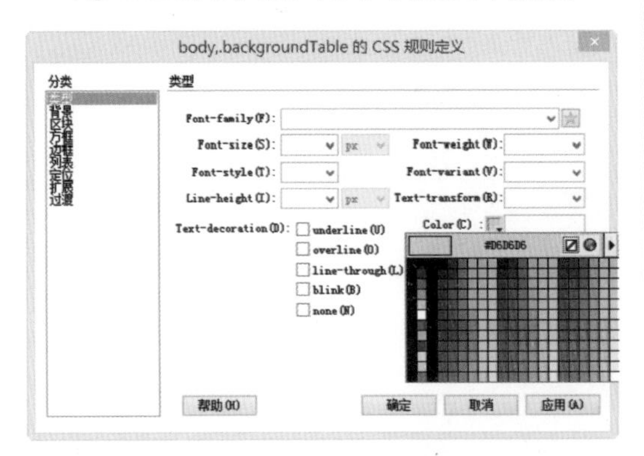

7.4.2 设定背景属性

在【CSS规则定义】对话框中选中【背景】选项后，将显示【背景】选项区域，在该选项区域中不仅能够设定CSS样式对网页中的任何元素应用背景属性，还可以设置背景图像的位置。

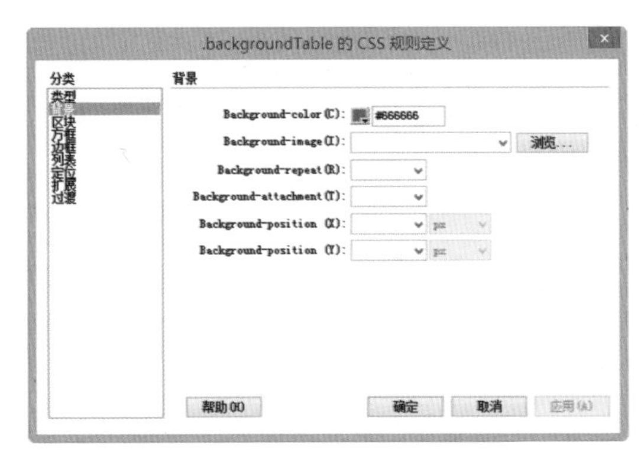

【背景】选项区域中比较重要的选项功能如下。

● Background-color(背景颜色)下拉列表：设置元素的背景颜色。

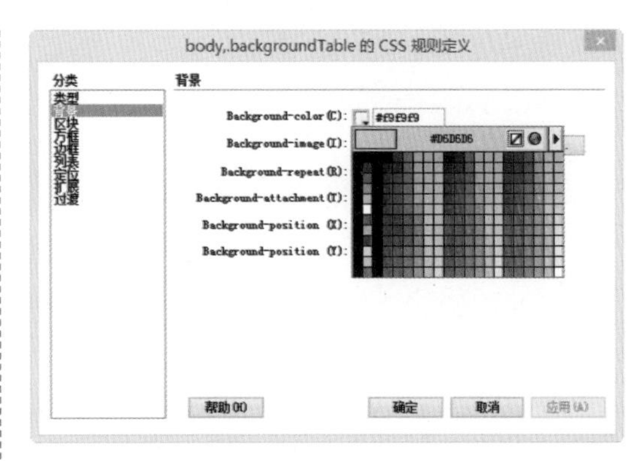

● Background-image(背景图片)下拉列表：设置元素的背景图像。

● Background repeat下拉列表：确定是否以及如何重复背景图像。

● Background Attachment下拉列表：确定背景图像是固定在其原始位置，还是随内容一起滚动。

●Background Position (X)和Background Position (Y)下拉列表：指定背景图像相对于元素的初始位置。

7.4.3 设定区块属性

在【CSS规则定义】对话框中选中【区块】选项，将显示【区块】选项区域，在该选项区域中可以定义标签和属性的间距和对齐设置。

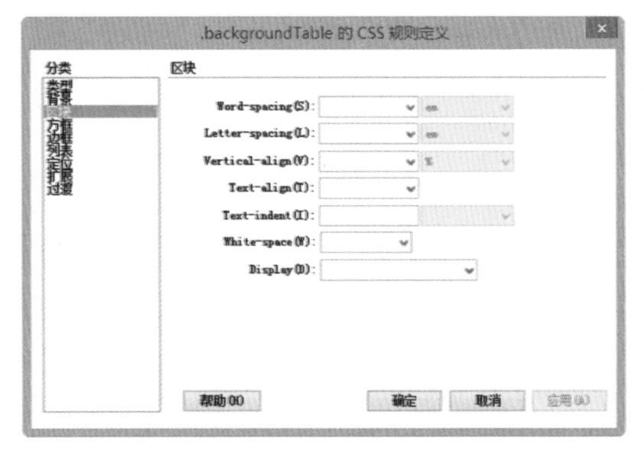

【区块】选项区域中比较重要的选项的功能如下。

● Word-spacing(单词间距)：设置字词的间距。如果要设置特定的值，在下拉菜单中选择【值】选项后输入数值。

◆ Letter-spacing(字母间距)下拉列表：该下拉列表用于设置增加或减小字母或字符的间距。

◆ Vertical-align下拉列表：该下拉列表用于指定应用此属性的元素的垂直对齐方式。

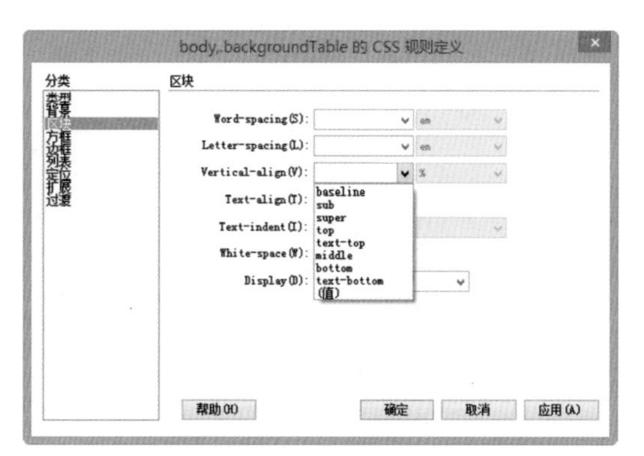

◆ Text-align(文本对齐)下拉列表：设置文本在元素内的对齐方式。

◆ Text-indent(文本缩进)文本框：指定第1行文本缩进的程度。

◆ White-space(空格)下拉列表：确定如何处理元素中的空格。

◆ Display(显示)下拉列表：该下拉列表用于指定是否以及如何显示元素(若选择none选项，它将禁用指定元素的CSS显示)。

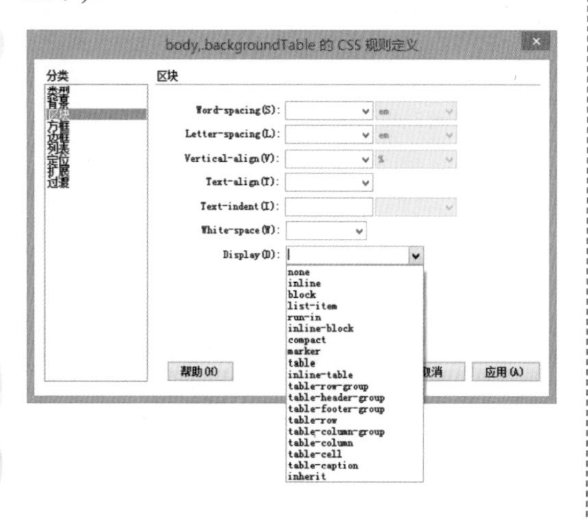

7.4.4 设定方框属性

在【CSS规则定义】对话框中选中【方框】选项，将显示如下图所示的【方框】选项区域，在该选项区域中可以设置用于控制元素在页面上放置方式的标签和属性。

【方框】选项区域中的主要参数选项设置如下。

Width(宽)和Height(高)下拉列表：设置元素的宽度和高度。

◆ Float(浮动)下拉列表：该下拉列表用于在网页中设置各种页面元素(如文本、AP Div、表格等)在围绕元素哪个具体的边浮动。

◆ Clear(清除)下拉列表：该下拉列表用于定义不允许AP元素的边。如果清除边上出现AP元素，则带清除设置的元素将移到该元素的下方。

◆ Padding(填充)选项区域：该选项区域用于指定元素内容与元素边框之间的间距，取消选中【全部相同】复选框，可以设置元素各个边的填充。

◆ Margin(边距)选项区域：该选项区域用于指定一个元素的边框与另一个元素之间的间距。取消选中【全部相同】复选框，可以设置元素各个边的边距。

7.4.5 设定边框属性

在【CSS规则定义】对话框中选中

【边框】选项后，将显示【边框】选项区域，在该选项区域中可以设置网页元素周围的边框属性，如宽度、颜色和样式等。

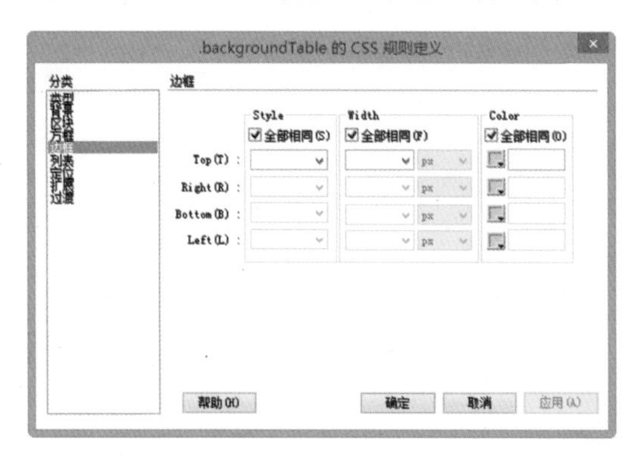

【边框】选项区域中比较重要的选项的功能如下。

● Style(类型)下拉列表：设置边框的样式外观，取消选中【全部相同】复选框，可以设置元素各个边的边框样式。

● Width(宽)下拉列表：设置元素边框的粗细，取消选中【全部相同】复选框，可以设置元素各个边的边框宽度。

● Color(颜色)：设置边框的颜色，取消选中【全部相同】复选框，可以设置元素各个边的边框颜色。

7.4.6 设定列表属性

在【CSS规则定义】对话框中选中【列表】选项后，将显示【列表】选项区域，在该选项区域中可以设置列表标签属性，如项目符号大小和类型等。

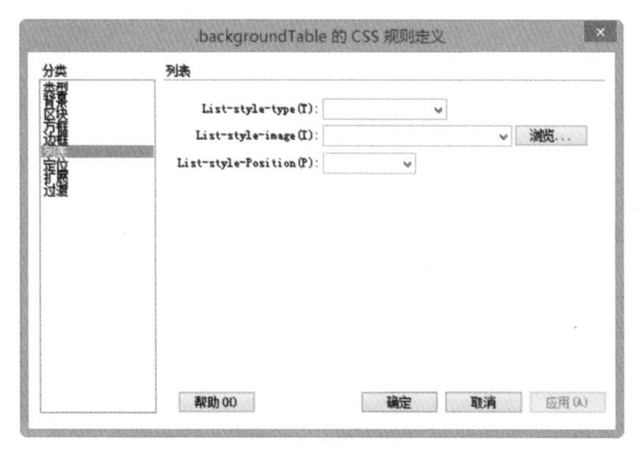

【列表】选项区域中比较重要的选项的功能如下。

● List-style-type(列表目录类型)下拉列表：设置项目符号或编号的外观。

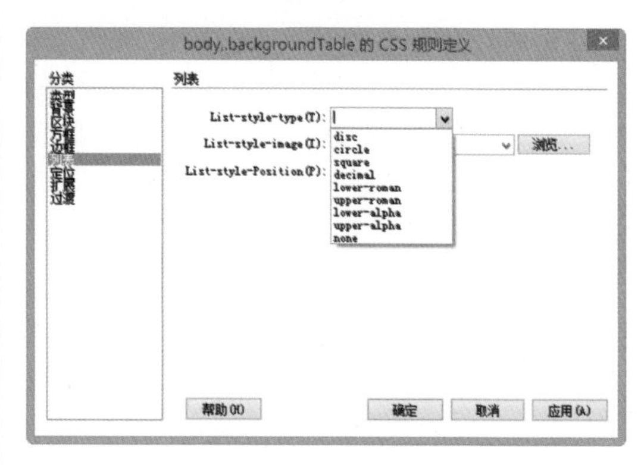

● List-style-image(列表样式图像)下拉列表：可以自定义图像项目符号。

● List-style-position(列表样式段落)下拉列表：用于设置列表项文本是否换行并缩进(外部)或者文本是否换行到左边距(内部)。

7.4.7 设定定位属性

在【CSS规则定义】对话框中选中【定位】选项后，将显示【定位】选项区域，在该选项区域中可以设置与CSS样式相关的内容在页面上的定位方式。

【定位】选项区域中比较重要的选项的功能如下。

● Position(位置)下拉列表：确定浏览器应如何来定位选定的元素。

● Visibility(可见性)下拉列表：确定内

容的初始显示条件，默认情况下，内容将继承父级标签的值。

- Z-index(Z轴)下拉列表：确定内容的堆叠顺序，Z轴值较高的元素显示在Z轴值较低的元素的上方。值可以为正，也可以为负。
- Overflow(溢出)下拉列表：确定当容器的内容超出容器的显示范围时的处理方式。
- Placement(位置)下拉列表：指定内容块的位置和大小。
- Clip(剪辑)下拉列表：定义内容的可见部分，如果指定了剪辑区域，可以通过脚本语言访问它，并设置属性以创建像擦除这样的特殊效果。

7.4.8 设定扩展属性

在【CSS规则定义】对话框中选中【列表】选项后，将显示【列表】选项区域，在该选项区域中包括滤镜、分页和指针等选项。

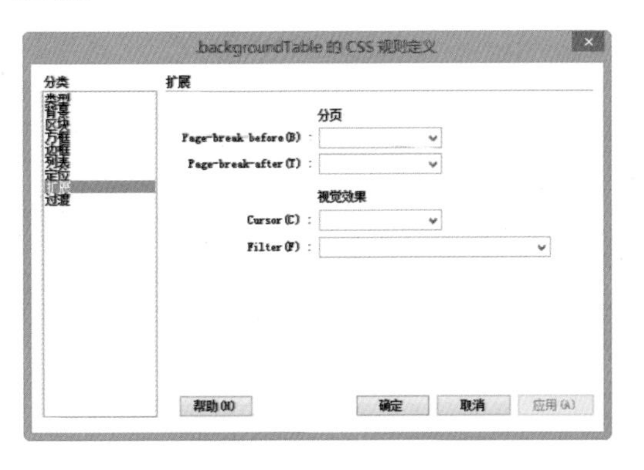

【扩展】选项区域中比较重要的选项的功能如下。

- Page-break-before(分页符位置)下拉列表：打印期间在样式所控制的对象之前或者之后强行分页。在弹出菜单中选择要设置的选项。此选项不受任何4.0版本浏览器的支持，但可能受未来的浏览器的支持。
- Cursor(光标)下拉列表：当指针位于样式所控制的对象上时改变指针图像。
- Filter(过滤器)下拉列表：对样式所控制的对象应用特殊效果。

7.4.9 设定过渡属性

在【CSS规则定义】对话框中选中【过渡】选项后，将显示【过渡】选项区域，在该选项区域中，可以设定各种CSS3过渡效果。在Dreamweaver CC中，软件提供了【CSS过渡效果】窗口，在该窗口中，用户可以非常方便地创建并应用CSS3过渡效果，在下面一节中将具体介绍。

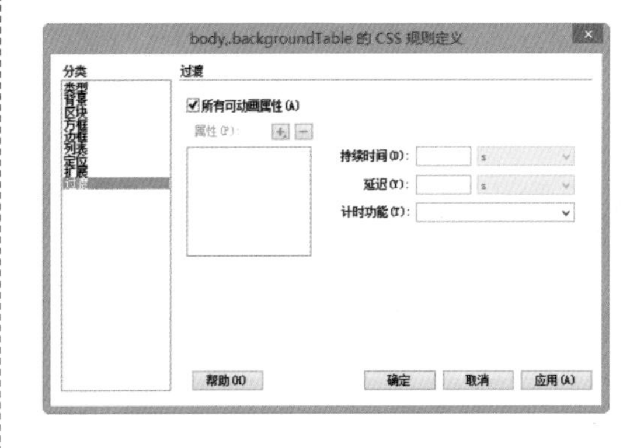

7.5 创建并应用CSS3过渡效果

在Dreamweaver CC中，可以使用【CSS过渡效果】面板创建、修改和删除CSS3过渡效果。下面将介绍【CSS过渡效果】面板的具体使用方法。

7.5.1 创建CSS3过渡效果

在Dreamweaver CC中，选择【窗口】|【CSS过渡效果】命令，显示【CSS过渡效果】窗口，然后在该窗口中单击【新建过渡效果】按钮+，可以为网页中具体的页面元素设置CSS3过渡效果，具体方法如下。

【例7-11】在Dreamweaver CC中为网页中的页面元素设置CSS3过渡效果。

视频+素材(光盘素材\第07章\例7-11)

步骤 01 在Dreamweaver中打开如下图所示的网页，并选中页面中的文本。

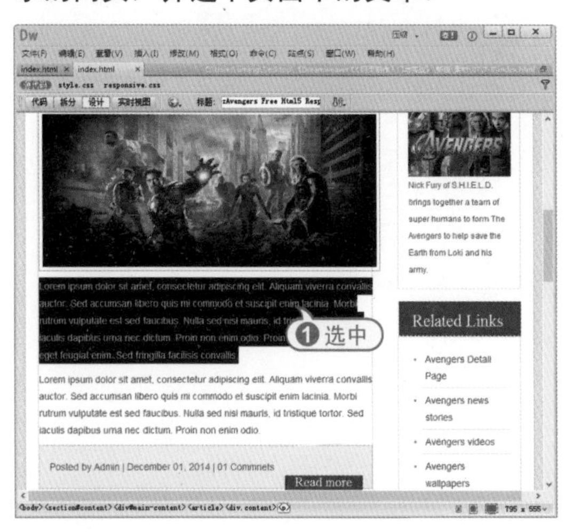

步骤 02 选择【窗口】|【属性】命令，显示【属性】检查器，在其【目标规则】文本框中查看被选文本的选择器(本例为#main-content article p)。

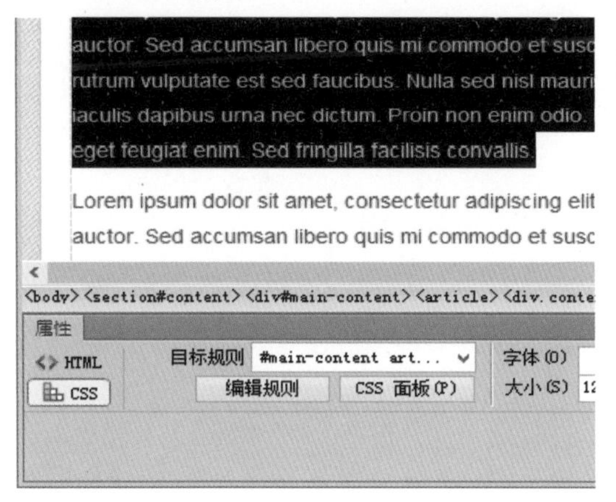

步骤 03 选择【窗口】|【CSS过渡效果】命令，显示【CSS过渡效果】面板，然后单击该面板中的【新建过渡效果】按钮+。

步骤 04 在打开的【新建过渡效果】对话框中单击【目标规则】下拉列表按钮，在弹出的下拉列表中选中#main-content article p选项。

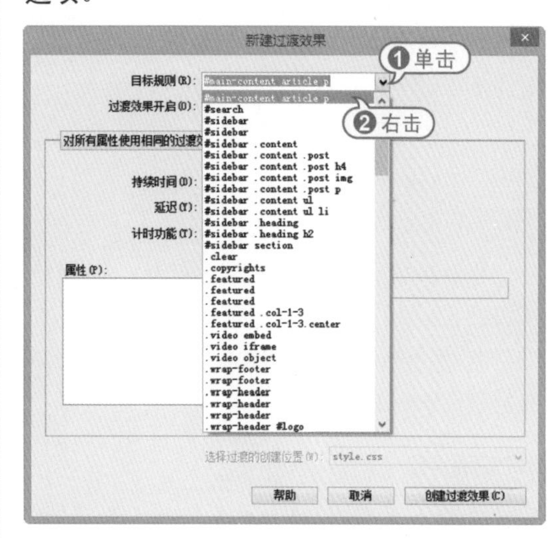

步骤 05 在【新建过渡效果】对话框中单击【过渡效果开启】下拉列表按钮，在弹出的下拉列表中选中hover选项，设置当鼠标光标移动至目标对象上时间，启动过渡效果。

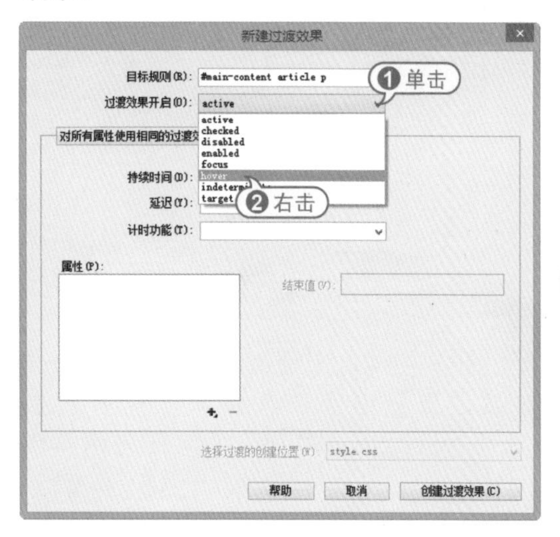

步骤 06 在【新建过渡效果】对话框中单击【属性】列表框下的+按钮，在弹出的下拉列表中选中color选项，设置过渡效果的变化属性为color。

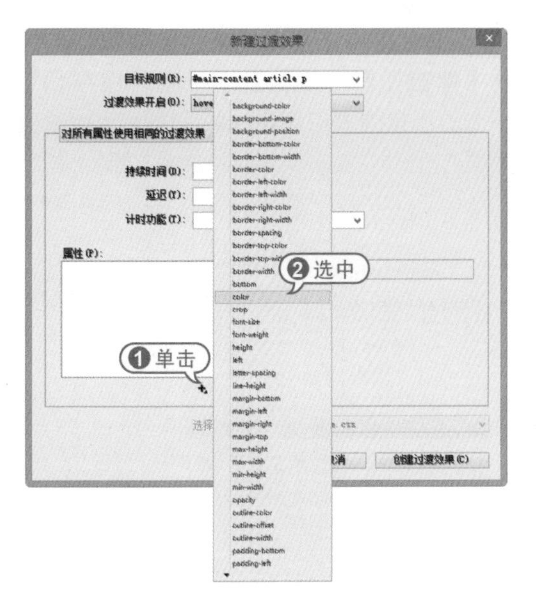

步骤 07 在【新建过渡效果】对话框的【结束值】文本框中输入参数#F00，然后单击【创建过渡效果】按钮。

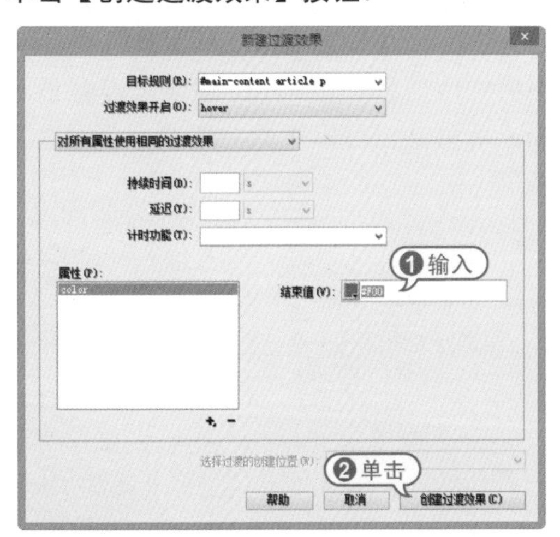

步骤 08 完成以上操作后，即可在【CSS过渡效果】面板中创建如下图所示的CSS3过渡效果，并显示效果所应用实例的个数。

步骤 09 选择【文件】|【保存】命令，将网页保存后，按下F12键预览网页效果如下图所示。

步骤 10 当将鼠标光标移动至页面中的文本上时，文本的颜色将发生变化。

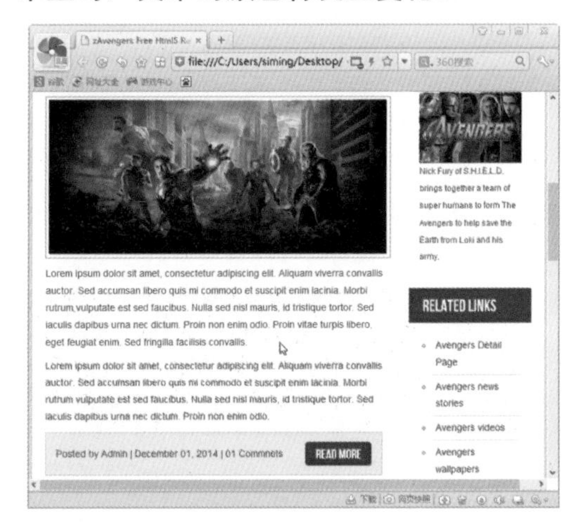

7.5.2 编辑CSS3过渡效果

在Dreamweaver CC的【CSS设计器】窗口中，选中某个过渡效果后，可以单击窗口中的【编辑所选过渡效果】按钮，编辑页面中的CSS3过渡效果。

【例7-12】在Dreamweaver CC中编辑【例7-8】创建的CSS3过渡效果。

视频+素材(光盘素材\第07章\例7-12)

步骤 01 继续【例7-8】的操作，在【CSS过渡效果】窗口中选中创建的CSS3过渡效果，然后单击窗口中的【编辑所选过渡效果】按钮。

步骤 02 在打开的【新建过渡效果】对话框的【持续时间】文本框中输入5，在【延迟】文本框中输入2。

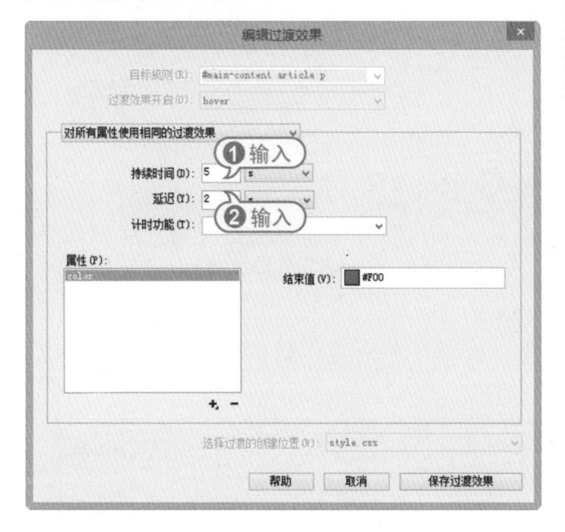

步骤 03 在【新建过渡效果】对话框中单击【计时功能】下拉列表按钮，在弹出的下拉列表中选中ease选项。

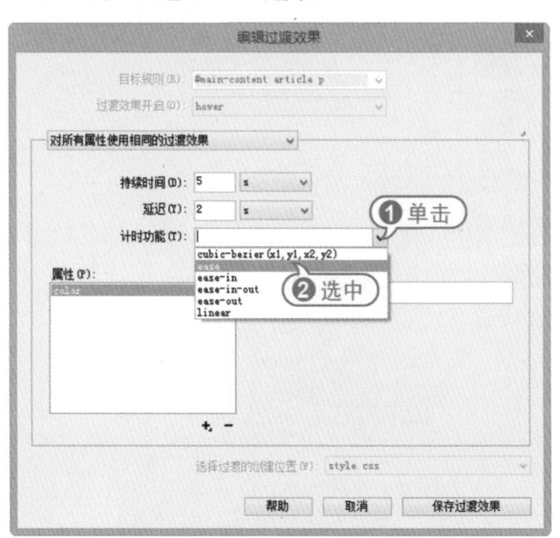

步骤 04 单击【新建过渡效果】对话框中的【保存过渡效果】按钮，然后保存网页并按下F12键预览网页，当鼠标光标移动至页面中的文本上方时，文本字体将经过2秒的延迟，才自动由黑色转为红色

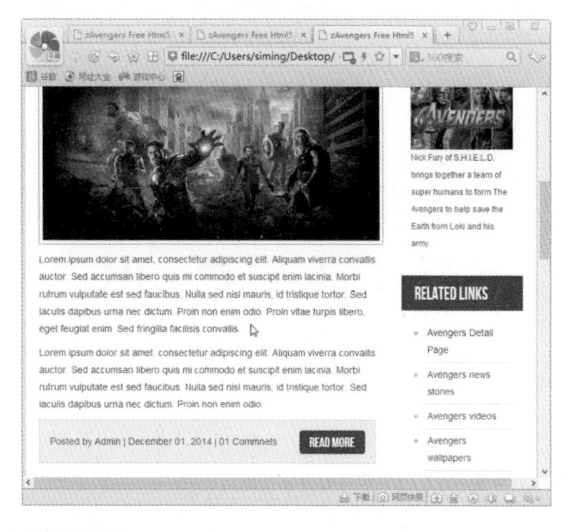

步骤 05 当鼠标光标离开页面中的文本上方后，红色的文本将会持续5秒才逐渐变为黑色。

7.5.3 删除CSS3过渡效果

要删除页面中设置的CSS3过渡效果，可以参考下面实例所介绍的方法。

【例7-13】在Dreamweaver CC中删除【例7-8】所创建的CSS3过渡效果。

视频+素材(光盘素材\第07章\例7-13)

步骤 01 继续【例7-8】的操作，在【CSS过渡效果】面板中选中创建的CSS3过渡效果，然后单击-按钮。

步骤 02 在打开的【删除过渡效果】对话框中，可以选择删除目标规则的【过渡属性】或【完整规则】，若在该对话框中选中【过渡属性】单选按钮，再单击【删除】按钮，将删除页面中设置的过渡属性。

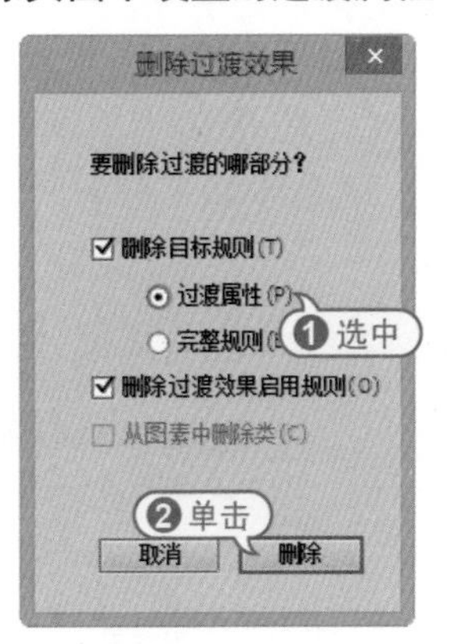

步骤 03 若在【删除过渡效果】对话框中选中【完整规则】单选按钮，再单击【删除】按钮，将会把CSS3过渡属性，连同#main-content article p规则一并删除。

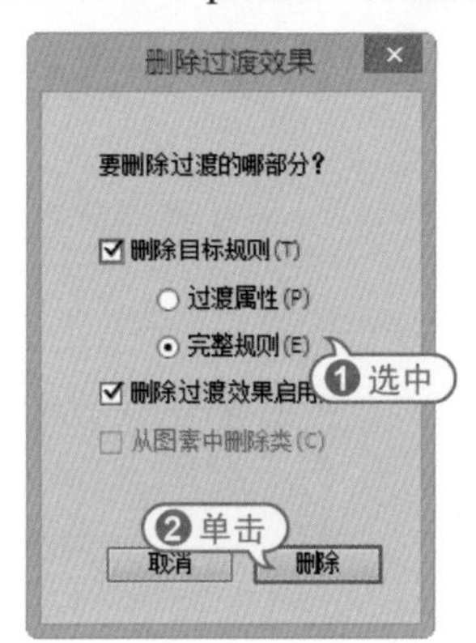

7.6 实战演练

本章的实战演练将通过实例介绍在Dreamweaver中使用CSS修饰网页的方法，可以通过实例巩固所学的知识。

用户可以参考下面介绍的方法，在网页中利用CSS样式修饰网页。

【例7-14】在Dreamweaver CC中使用CSS样式修饰网页。

视频+素材 (光盘素材\第07章\例7-14)

步骤 01 启动Dreamweaver CC后，打开一个网页文档。

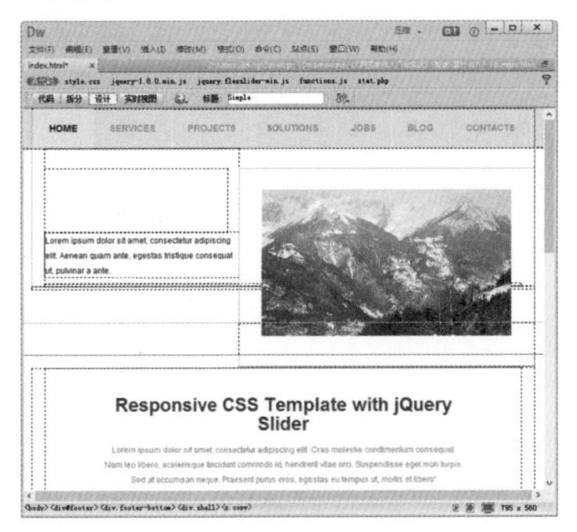

步骤 02 选择【窗口】|【CSS设计器】命令，显示【CSS设计器】窗口。

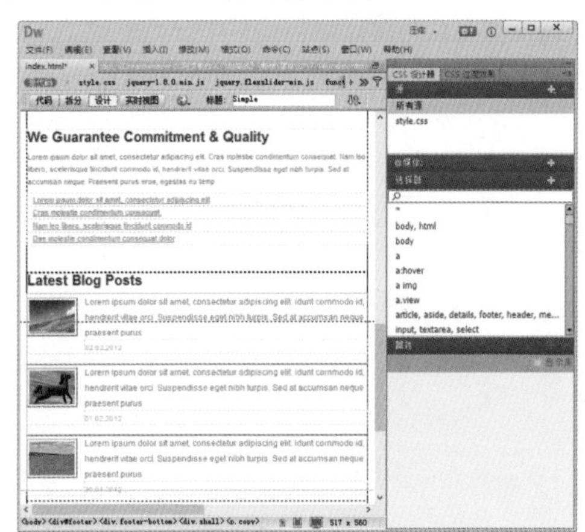

步骤 03 在【CSS设计器】窗口的【源】窗格中单击+按钮，在弹出的下拉列表中选择【创建新的CSS文件】选项。

步骤 04 在打开的【创建新的CSS文件】对话框中单击【浏览】按钮。

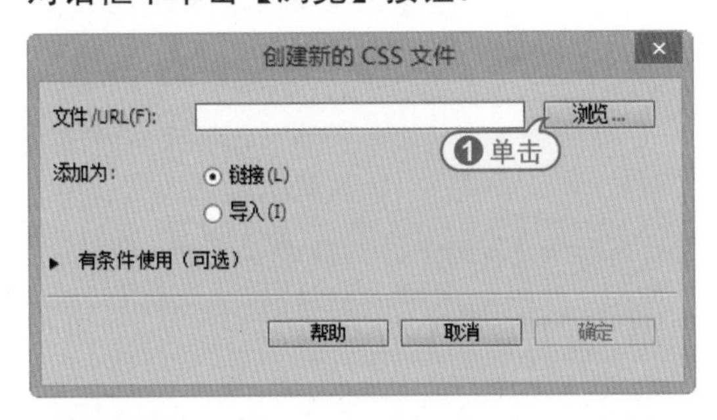

步骤 05 在打开的【将样式表文件另存为】对话框的【文件名】文本框中输入CSS1.css后，单击【保存】按钮。

步骤 06 返回【创建新的CSS文件】对话框后，单击该对话框中的【确定】按钮，在【CSS设计器】面板的【源】窗格中创建一个新的CSS样式表。

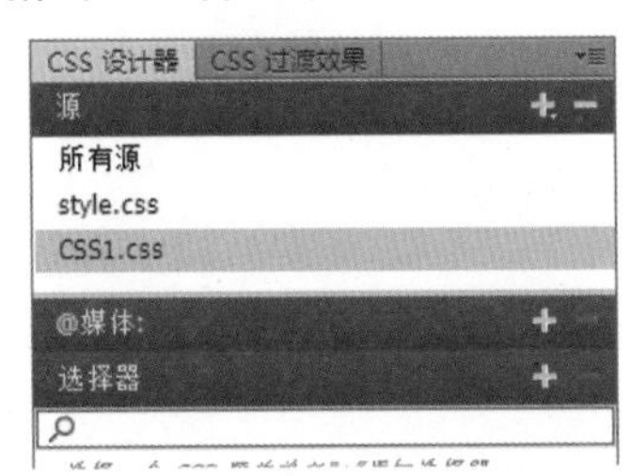

步骤 07 在【CSS设计器】面板的【选择器】窗格中单击+按钮，然后在窗格中输入.font-size并按下Enter键，在该窗格中定义一个新的选择器。

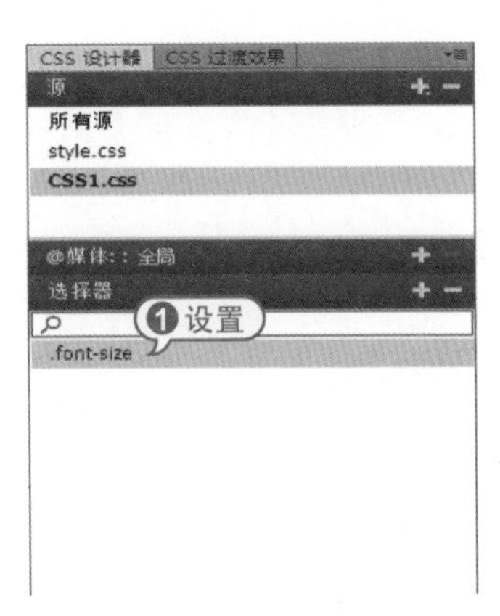

步骤 08 在【CSS设计器】窗格【选择器】窗格中选中.font-size选择器，然后在【属性】窗格中单击【文件】按钮T。

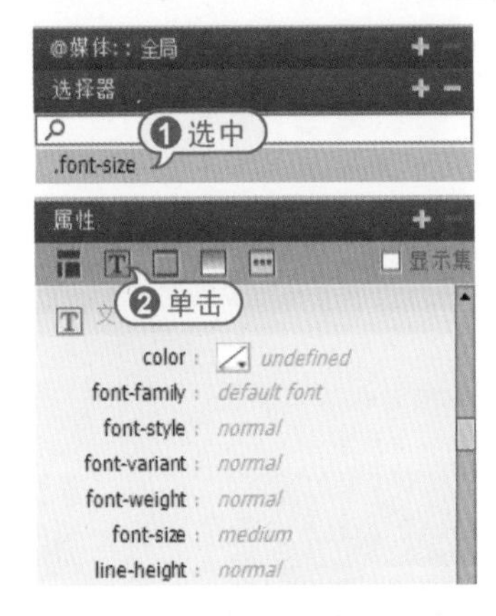

步骤 09 在【属性】窗格中显示的【文本】选项区域中，单击font-size选项，在弹出的下拉列表中选中medium选项。

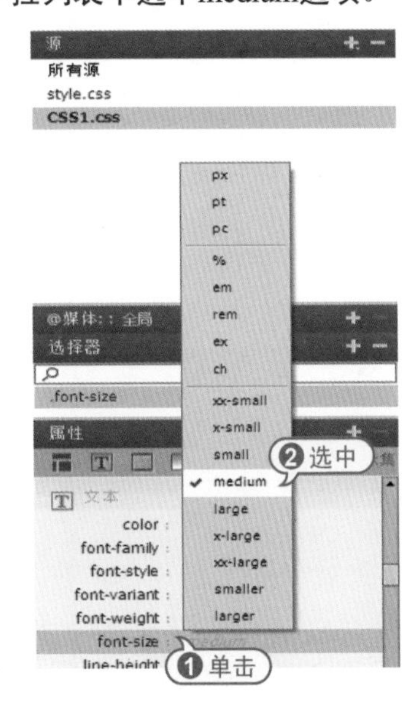

步骤 10 选中页面中的一段文本，然后选择【窗口】|【属性】命令，显示【属性】检查器。

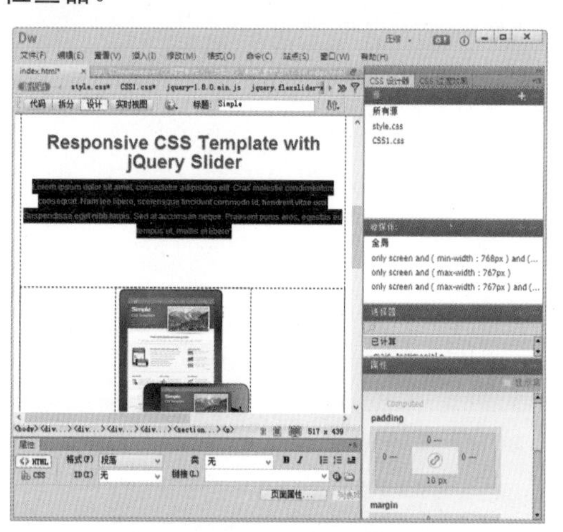

步骤 11 单击【属性】检查器中的【类】下拉列表按钮，在弹出的下拉列表中选中.font-size选项。

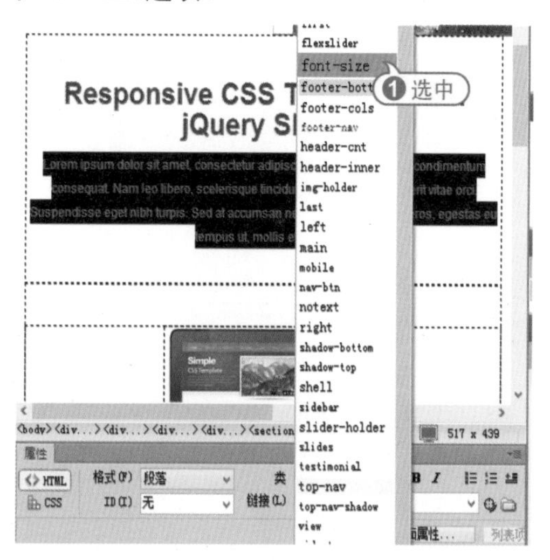

步骤 12 此时，页面中被选中的文本字体大小将改变。

Responsive CSS Template with jQuery Slider

Lorem ipsum dolor sit amet, consectetur adipiscing elit. Cras molestie condimentum consequat. Nam leo libero, scelerisque tincidunt commodo id, hendrerit vitae orci. Suspendisse eget nibh turpis. Sed at accumsan neque. Praesent purus eros, egestas eu tempus ut, mollis et libero"

步骤 13 重复步骤(7)的操作，在【CSS设计器】面板的【选择器】窗格中定义一个名为.background-color的选择器，然后在【属性】窗格中单击【背景】按钮。

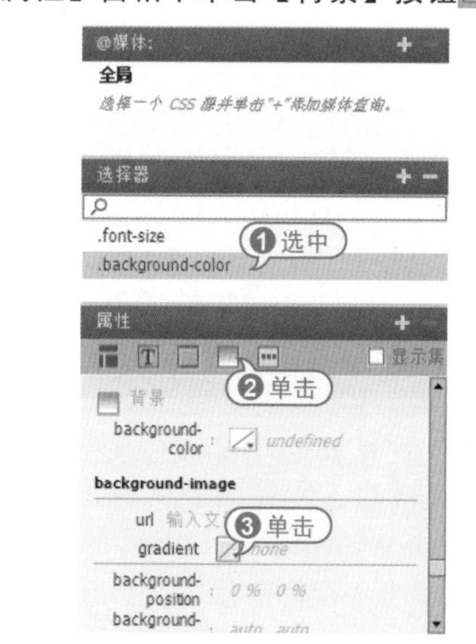

步骤 14 在【属性】窗格中单击gradient选项后的【设置背景图像渐变】按钮，然后在打开的对话框中设定一个背景图像渐变效果。

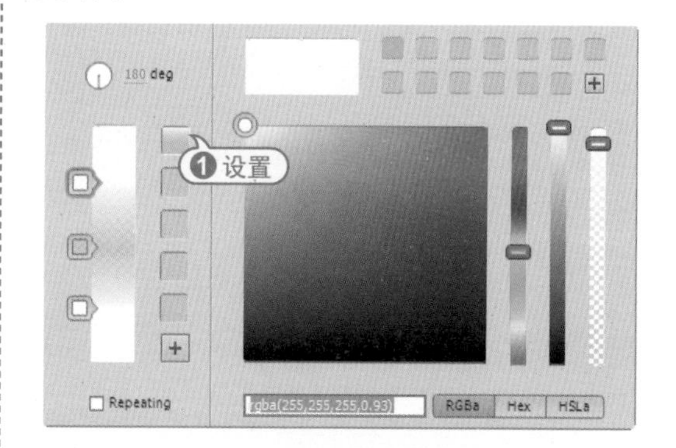

步骤 15 完成背景图像渐变效果的设置后，在页面中任意位置单击，此时【属性】窗格中将显示定义的背景图像渐变。

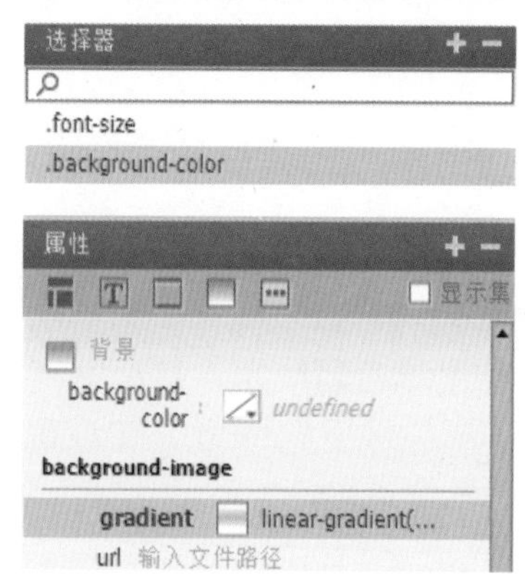

步骤 16 在标签检查器中单击选中<body>标签。

步骤 17 单击【属性】检查器中的【类】下拉列表按钮，在弹出的下拉列表中选中.background-color选项，在<body>标签上应用设置的背景渐变效果。

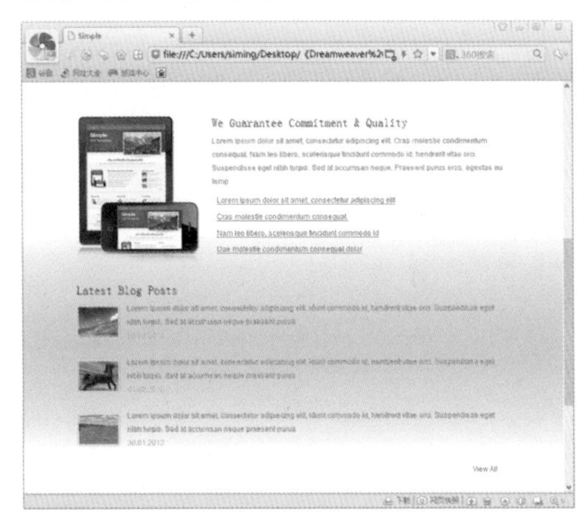

步骤 18 选择【文件】|【保存】命令，将网页保存，然后按下F12键预览网页，页面的效果将如下图所示。

步骤 19 返回Dreamweaver，在【CSS设计器】面板的【选择器】窗格中单击+按钮，然后在窗格中输入.cont并按下Enter键，定义一个新的选择器。

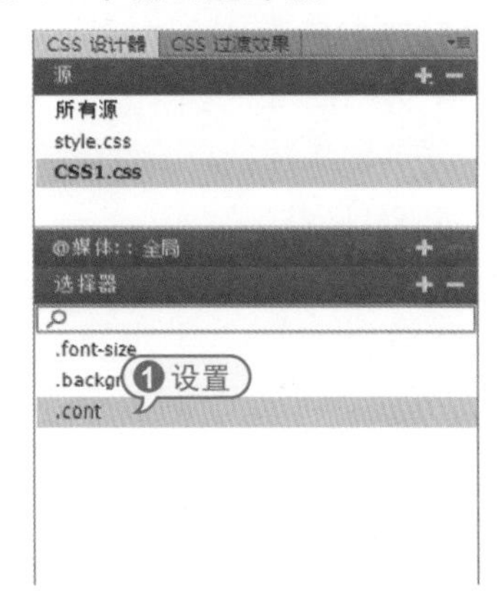

步骤 20 选择【窗口】|【CSS过渡效果】命令，显示【CSS过渡效果】窗口。

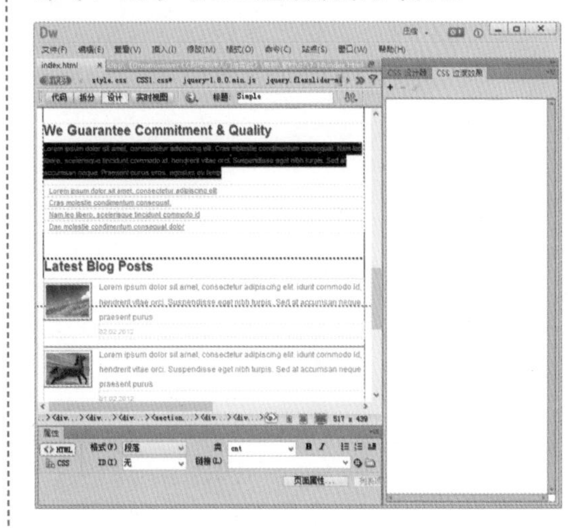

步骤 21 在【CSS过渡效果】窗口中单击【建立新过渡效果】按钮+，打开【新建过渡效果】对话框。

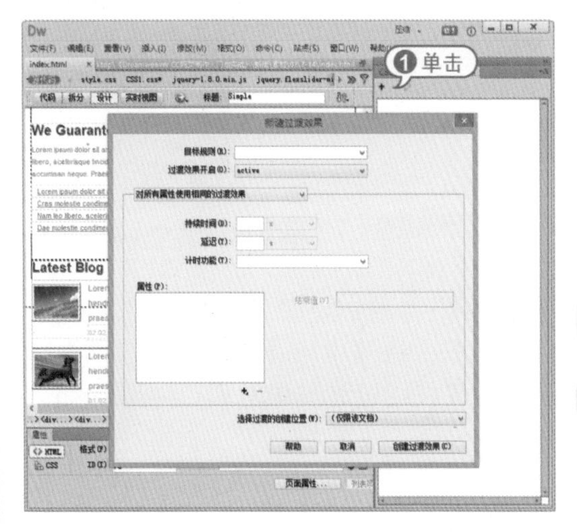

步骤 22 在【新建过渡效果】对话框中单击【目标规则】下拉列表按钮，在弹出的下拉列表中选中.cont选项，单击【过渡效果开启】下拉列表按钮，在弹出的下拉列表中选中hover选项。

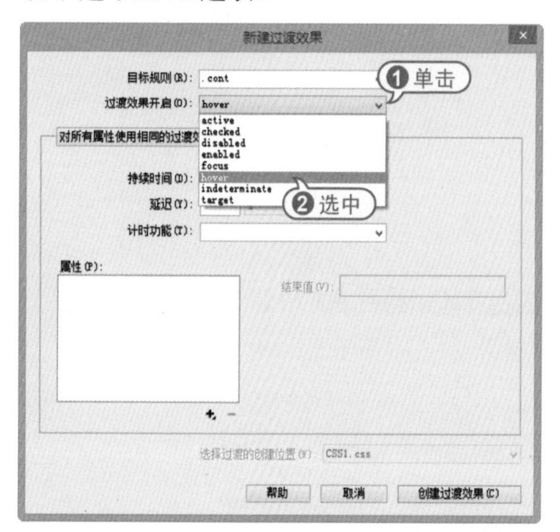

步骤 23 单击【新建过渡效果】对话框中【属性】列表框下的+按钮，在弹出的下拉列表中选中color选项，然后单击【结束值】按钮，在弹出的颜色选择器中选择红色色块。

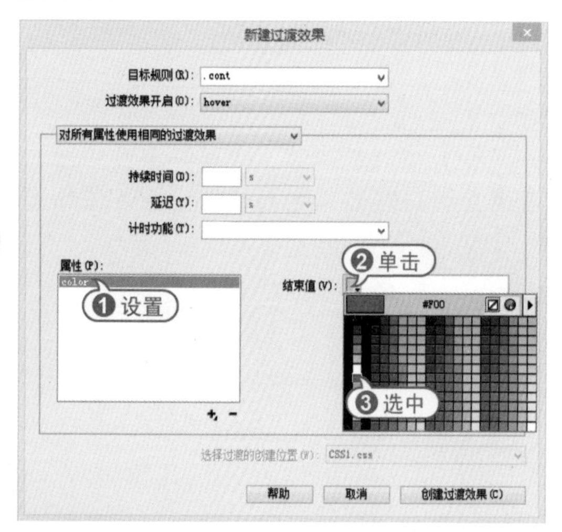

步骤 24 完成以上设置后，在【新建过渡效果】对话框中的【创建过渡效果】按钮，在【CSS过渡效果】窗口中添加如下图所示的过渡效果。

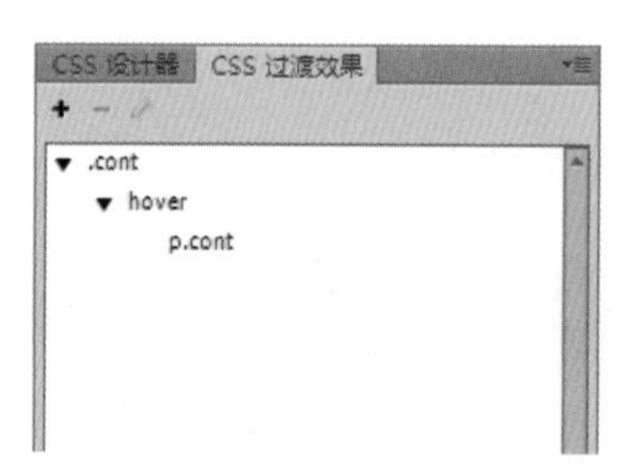

步骤 25 选中页面中的链接，然后单击【属性】检查器中的【类】下拉列表按钮，在弹出的下拉列表中选中cont选项。

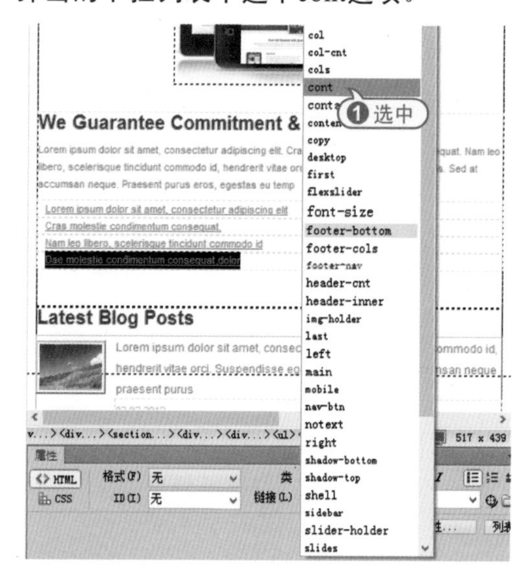

步骤 26 选择【文件】|【保存】命令，保存网页后，按下F12键预览网页，当鼠标光标移动至页面中的链接上时，链接的颜色将变为红色。

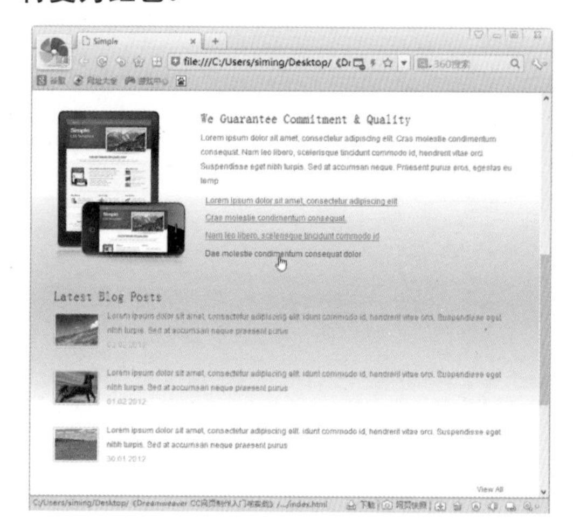

步骤 27 在Dreamweaver中，单击【属性】检查器中的 CSS，在显示选项区域中单击【目标规则】下拉列表按钮，在弹出的下拉列表中选中.cont选项。

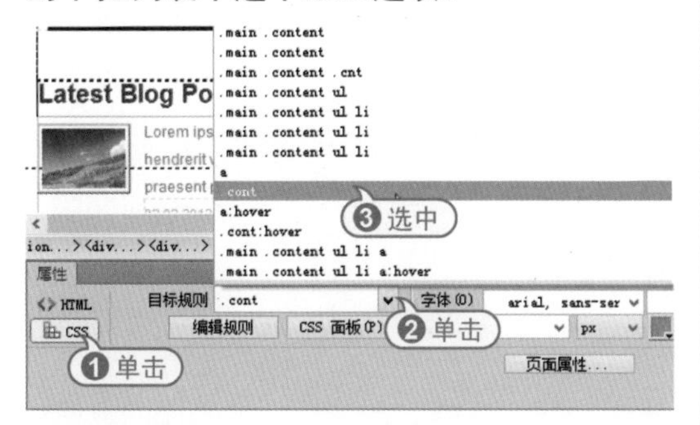

步骤 28 单击【属性】检查器中的【编辑规则】按钮，然后在打开的【CSS规则定义】对话框中选中【过渡】选项，显示【过渡】选项区域。

步骤 29 在【过渡】选项区域中取消【所有可动画属性】复选框，然后单击 + 按钮，在弹出的列表框中选中color选项，并单击【计时功能】下拉列表按钮，在弹出的下拉列表中选中ease选项。

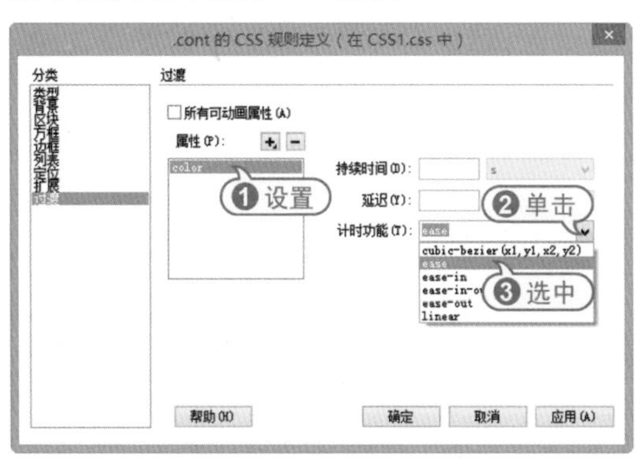

步骤 30 在【持续时间】文本框中输入5，在【延迟】文本框中输入2，然后单击【确定】按钮。

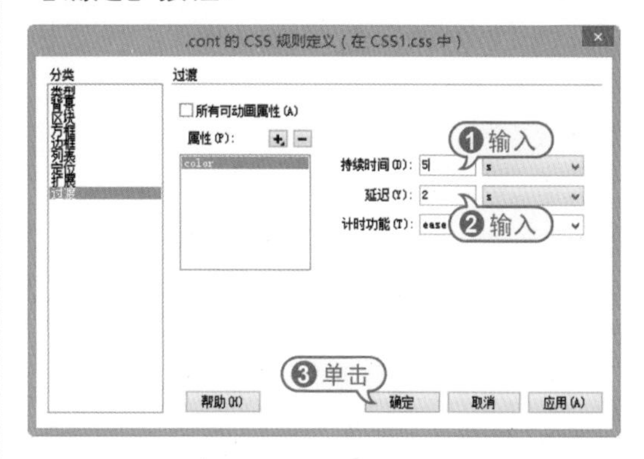

步骤 31 分别选中页面中所有的链接文本，并在【属性】检查器中应用.cont规则样式，然后选择【文件】|【保存】命令，保存网页。

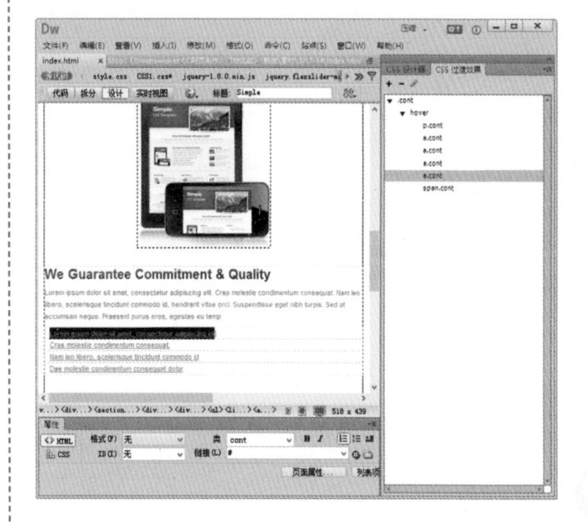

步骤 32 按下F12键预览网页，当将鼠标光标移动至网页中的链接上时，链接文本将逐渐由黑色变为红色，当将鼠标指针从链接上移开时，链接文本又会逐渐由红色变为黑色。

专家答疑

» 问：如何设置CSS样式首选参数？

答：CSS样式首选参数是定义在Dreamweaver中编写CSS样式的代码的方式。设置CSS样式首选参数能更好地应用CSS样式。选择【编辑】|【首选参数】命令，打开【首选参数】对话框，在【分类】列表框中选择【CSS样式】选项，打开该选项对话框。在【当创建CSS规则时使用速记】选项区域中可以选择Dreamweaver以速记形式重新编写现有样式，选中【如果原来使用速记】复选框，可以讲所有样式保留原样，选中【根据以上设置】复选框，可以以速记形式重新编写样式；在【当在CSS面板中双击时】选项区域中可以选择用于编辑CSS规则的工具。单击【确定】按钮，即可使设置的CSS样式首选参数生效。

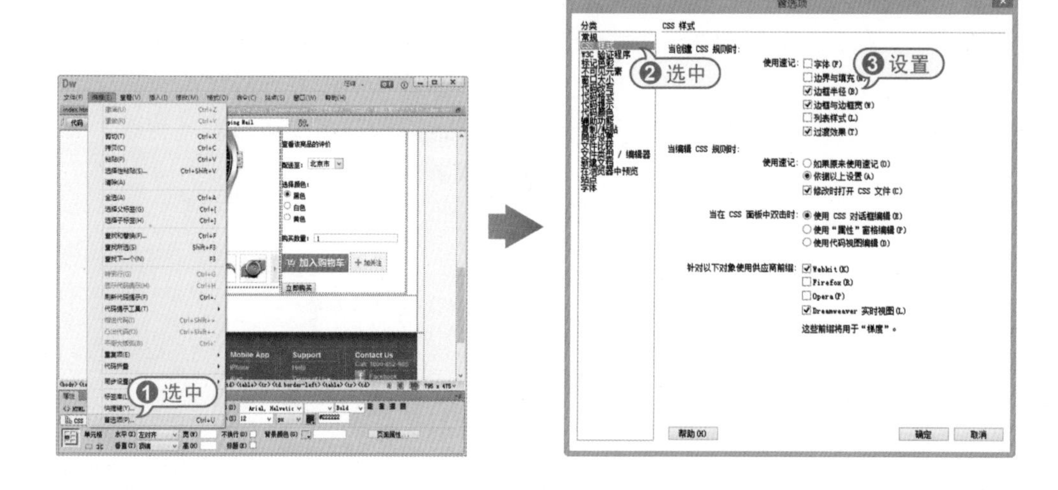

读书笔记

第8章

使用模板和库创建网页

对应光盘视频

例8-1 创建网页模板
例8-2 创建模板可编辑区域
例8-3 创建模板可选区域
例8-4 创建模板重复区域
例8-5 在模板中设置重复表格
例8-6 使用模板创建网页
例8-7 在网页中应用模板
例8-8 将页面从模板中分离
本章其他视频文件参见配套光盘

在进行大型网站的制作时，很多页面会用到相同的布局、图片和文字等元素，为了避免重复劳动，可以在Dreamweaver中，使用软件提供的模板和库功能将具有相同版面结构的页面制作成模板，将相同的元素制作成库项目，以便随时调用。

8.1 利用模板创建有重复内容的网页

模板的原意为制作某种产品的样板或构架。通常，为了保持一贯的设计风格，网页在整体布局上会使用统一的构架。在这种情况下，可以用模板来保存经常重复的图像或结果，这样在制作新网页时，在模板的基础上进行略微修改即可。

8.1.1 模板简介

大部分网页都会在整体上具有一定的格式，但有时也会根据网站建设的需要，只把主页设计成其他形式。在网页文件中对需要更换的内容部分和不变的固定部分分别进行标识，就可以很容易地创建出具有相似网页框架的模板。

使用模板可以一次性修改多个网页文档。使用模板的文档，只要没有在模板中删除该文档，它始终都会处于连接状态。因此，只要修改模板，就可以一次性地修改以它为基础的所有网页文件。

实战技巧

适当地使用模板可以节约大量时间，而且模板将确保站点拥有统一的外观和风格，更容易为访问者导航。模板不属于HTML语言的基本元素，是Dreamweaver特有的内容，它可以避免重复地在每个网页中输入或修改相同的部分。

8.1.2 建立模板

模板最强大的功能之一是可以更新多个页面。用模板创建的文档与该模板保持连接状态，可以修改模板并立即更新所有基于该模板的文档相应的部分。

在Dreamweaver CC中制作网页后，可以以它为基准制作模板，也可以在新的文档中制作模板。

【例8-1】利用已有的网页创建模板。

视频+素材(光盘素材\第08章\例8-1)

步骤 01 启动Dreamweaver CC后，打开如下图所示的网页文档。

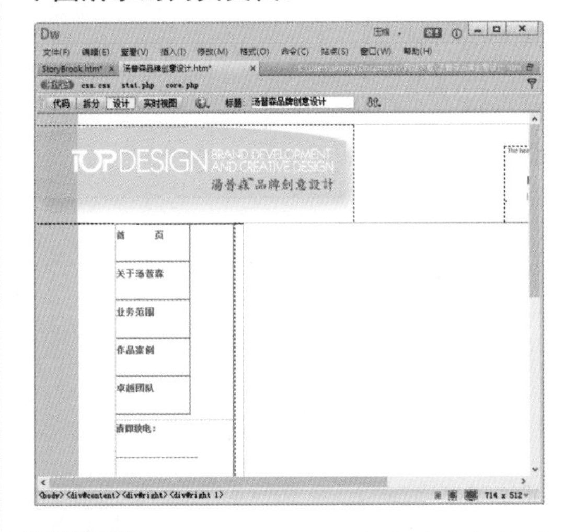

步骤 02 选择【文件】|【另存为模板】命令，在打开的【另存模板】对话框中单击【保存】按钮。

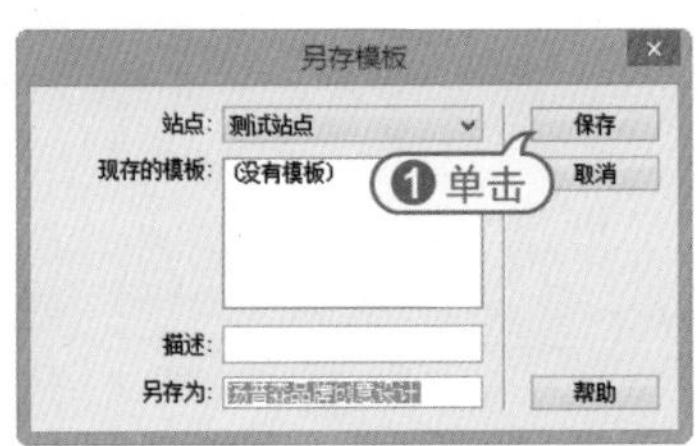

步骤 03 此时，在Dreamweaver CC标题栏中将显示当前文档为模板文档。

实战技巧

将文档指定为模板时，应先定义本地站点。在【另存模板】对话框中单击【站点】下拉列表按钮，在弹出的下拉列表中可以选择保存模板的本地站点。

8.1.3 创建模板区域

模板生成后，就可以在模板中分别定义可编辑区域、可选区域和重复区域等。

1. 可编辑区域

当在Dreamweaver中选择【文件】|【另存为模板】命令，将一个已经存在的网页转换为模板时，整个文档将被锁定。如果在这种锁定状态下从模板创建文档，那么系统将警告该模板没有任何可编辑区域，同时将不能改变页面上的任何内容。

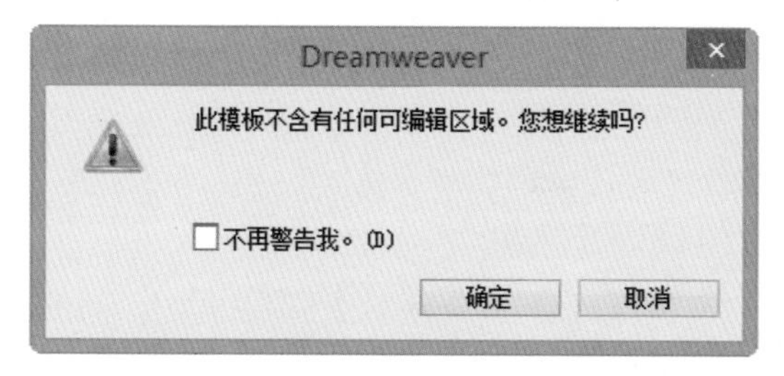

因此，可编辑范围对于任何模板而言，都是必不可少的，只有在模板中定义了可编辑区域的模板才能应用到网站的网页中。设置可编辑区域需要在制作模板时完成，可以将网页中任意选中的区域设置为可编辑区域。

【例8-2】在【例8-1】制作的模板中创建可编辑区域。

视频+素材 (光盘素材\第08章\例8-2)

步骤 01 选择【文件】|【打开】命令，然后在打开的【打开】对话框中选中创建的模板文件后，单击【打开】按钮。

步骤 02 打开模板后，将鼠标光标插入模板中合适的位置，然后选择【窗口】|【插入】命令，显示【插入】面板并选中该面板中的【模板】选项卡。

步骤 03 在【模板】选项卡中单击【可编

辑区域】按钮，在打开的【新建可编辑区域】对话框中单击【确定】按钮。

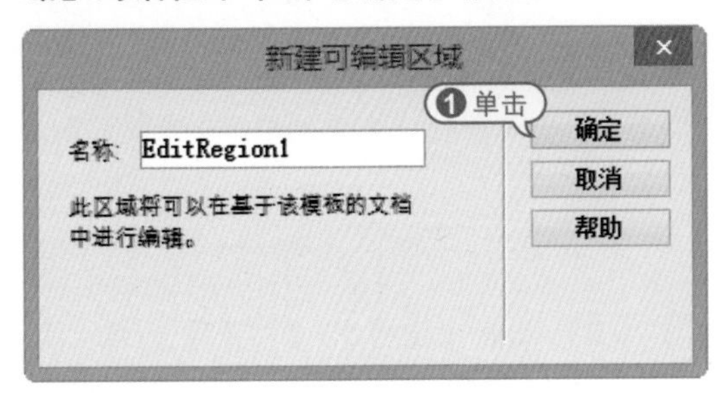

步骤 04 此时，将在模板中插入一个名为EditRegion1的可编辑区域，将鼠标光标插入可编辑区域中，可以在该区域中输入预置内容。

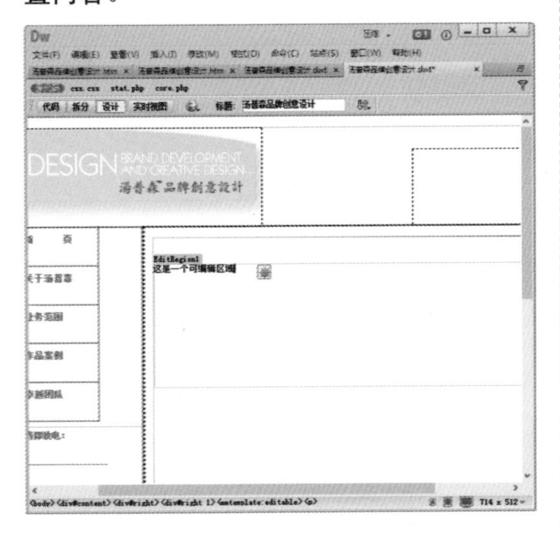

步骤 05 选择【文件】|【保存】命令，将创建的可编辑区域保存。

2. 可选区域

模板中的可选区域可以在创建模板时定义。在使用模板创建网页时，对于可选区域中的内容，可以选择是否显示。

【例8-3】在【例8-2】制作的模板中创建可选区域。

视频+素材(光盘素材\第08章\例8-3)

步骤 01 在Dreamweaver CC中选择选择【文件】|【打开】命令，打开【例8-2】创建的模板文件后，将鼠标光标插入模板中需要创建可选区域的位置，在【插入】面板的【模板】选项卡中单击【可选区域】按钮。

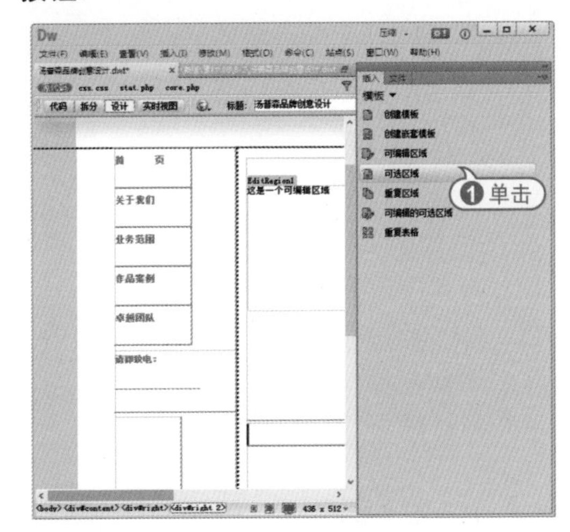

步骤 02 在打开的【新建可选区域】对话框中选择【基本】选项卡，然后在【名称】文本框中输入可选区域名称OptionalRegion1，并选中【默认显示】复选框。

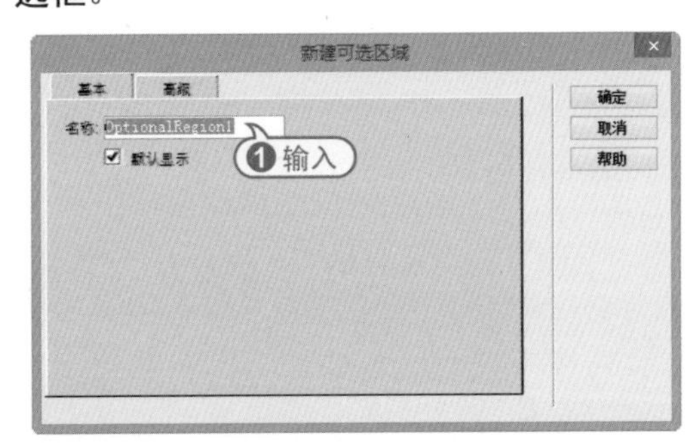

步骤 03 在【新建可选区域】对话框中单击【确定】按钮，即可在模板中创建一个可选区域，效果如下。

在【新建可选区域】对话框中，各选项的功能如下。

- 【名称】文本框：用于设定可选区域的名称。
- 【默认显示】复选框：用于设置可

选区域在默认情况下是否再基于模板的网页中显示。

➋【高级】选项卡：选择该选项卡，将显示【高级】选项区域，设置可选区域的使用参数和具体的表达式。

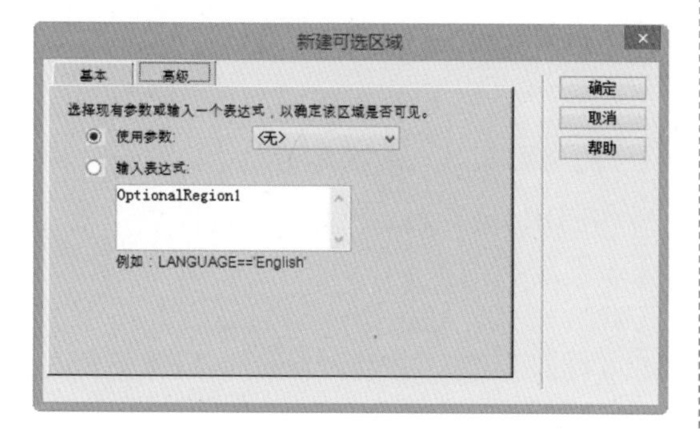

3. 重复区域

在模板中定义重复区域，可以在网页中创建可扩展的列表，并可保持模板中表格的设计不变。重复区域可以使用两种重复区域模板对象：区域重复或表格重复。重复区域是不可编辑的，如果想编辑重复区域中的内容，需要在重复区域内插入可编辑区域。

【例8-4】在模板中插入重复区域。

视频+素材(光盘素材\第08章\例8-4)

步骤 01 在Dreamweaver CC中打开一个模板文件后，将鼠标光标插入模板中需要插入重复区域的位置，然后在【插入】面板的【模板】选项卡中单击【重复区域】按钮。

步骤 02 在打开的【新建重复区域】对话框的【名称】文本框中输入重复区域的名称，然后单击【确定】按钮。

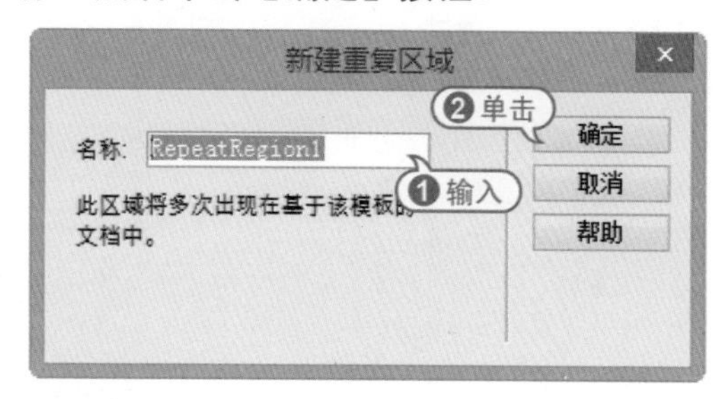

步骤 03 此时，将在模板中创建一个如下图所示的重复区域。

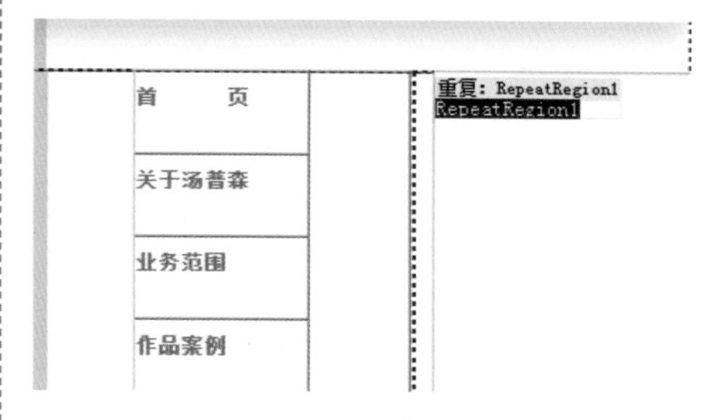

4. 重复表格

重复区域通常用于表格中，包括表格中可编辑区域的重复区域，可以定义表格的属性，设置表格中的那些单元格为可编辑的。

【例8-5】在模板内的表格中设置重复表格。

视频+素材(光盘素材\第08章\例8-5)

步骤 01 在Dreamweaver CC中打开一个模板文件后，将鼠标光标插入模板中需要插入重复表格的位置，并在【插入】面板的【模板】选项卡中单击【重复表格】按钮。

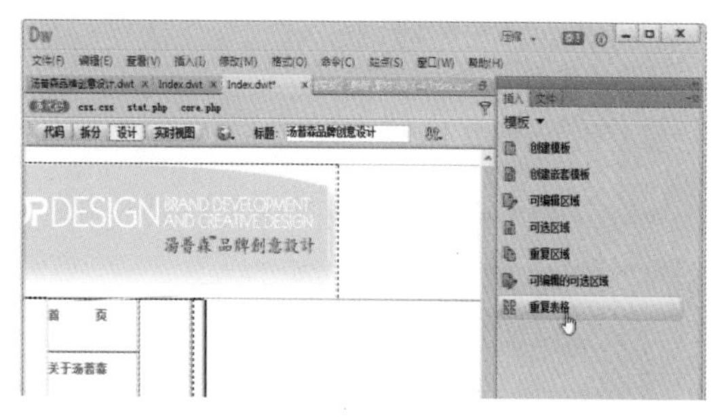

步骤 02 在打开的【插入重复表格】对话框中设置重复表格的具体参数后，单击

【确定】按钮即可。

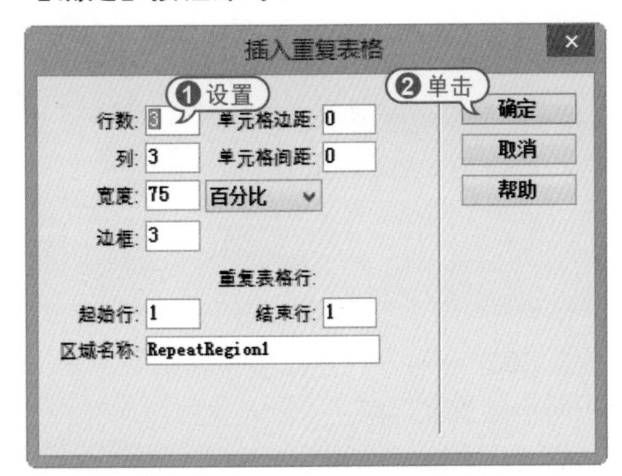

步骤 03 此时，将在模板中创建一个如下图所示的重复表格。

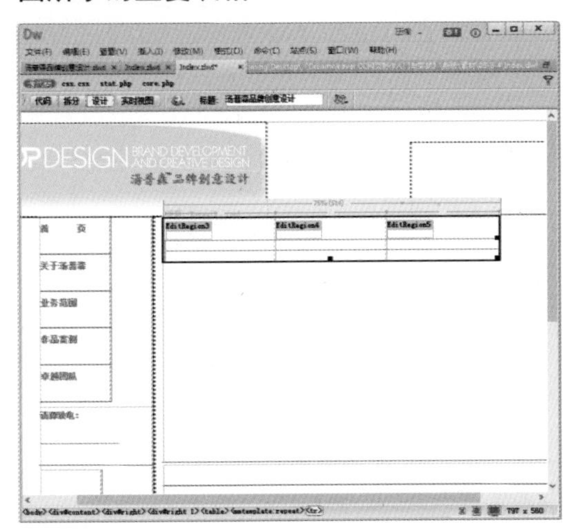

在【重复表格】对话框中各选项的功能如下。

- 【行数】文本框：用于设置插入表格的行数。
- 【列】文本框：用于设置插入表格的列数。
- 【单元格边框】文本框：用于设置表格的单元格边距。
- 【单元格间距】文本框：用于设置表格的单元格间距。
- 【宽度】文本框：用于设置表格的宽度。
- 【边框】文本框：用于设置表格的边框宽度。
- 【起始行】文本框：输入可重复行的起始行。
- 【结束行】文本框：输入可重复行的结束行。
- 【区域名称】文本框：输入该重复表格的名称。

8.1.4 使用模板创建网页

在Dreamweaver CC中，可以以模板为基础创建新的文档，或将一个模板应用于已有的文档。使用这样的方法创建网页文档，可以保持整个网站页面布局风格的统一性，并且提高网页的制作效率。

1. 利用模板新建网页

在Dreamweaver CC中，要使用模板新建网页，可以选择【文件】|【新建】命令，打开【新建文档】对话框，然后在该对话框在左侧的列表框中选择【网站模板】选项，并在【站点】列表框中选择模板所在的站点，在【站点的模板】列表框中选择所需创建文档的模板。完成以上操作后，在【新建文档】对话框中单击【创建】按钮即可。

【例8-6】在Dreamweaver CC中使用模板创建网页。视频

步骤 01 选择【文件】|【新建】命令，打开【新建文档】对话框，并选中【网站模板】选项。

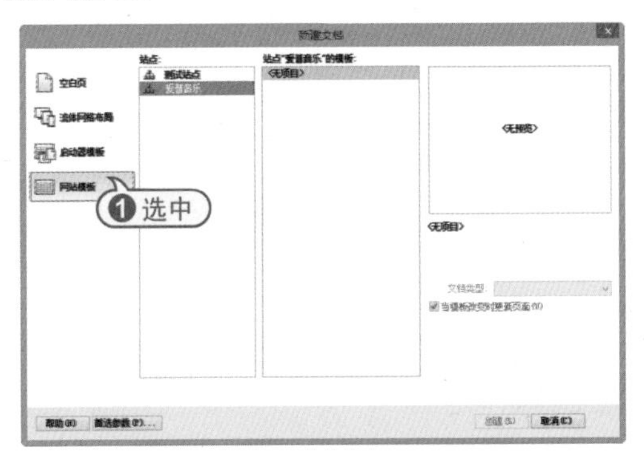

步骤 02 在【站点】列表框中选中【测试站点】选项，在【站点“测试站点”的模板】列表框中选中一个模板，然后单击【创建】按钮。

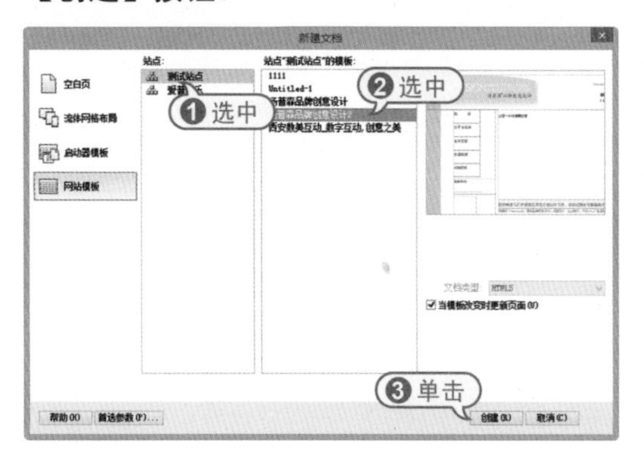

步骤 03 此时，即可使用模板在Dreamweaver CC中创建一个如下图所示的网页。

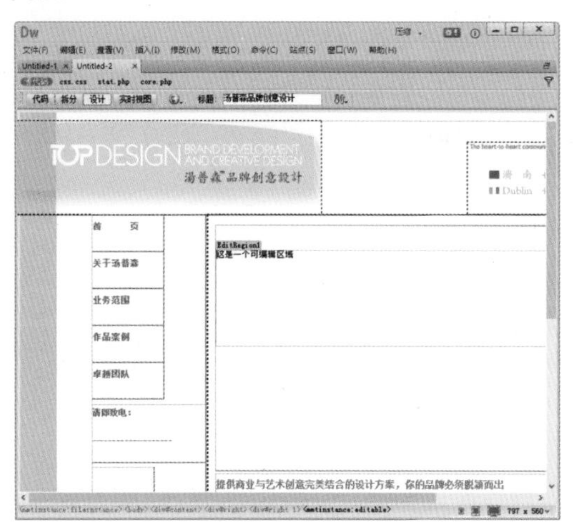

2. 在网页中应用模板

在Dreamweaver中，可以在现有文档上应用已创建好的模板。在文档窗口中打开需要应用模板的文档，然后选择【窗口】|【资源】命令，打开【资源】面板，并在模板列表中选中需要应用的模板，然后单击面板下方的【应用】按钮，此时会出现以下两种情况。

- 如果现有文档是从某个模板中派生出来的，则Dreamweaver会对两个模板的可编辑区域进行比较，然后在应用新模板之后，将原先文档中的内容放入到匹配的可编辑区域中。

- 如果现有文档是一个尚未应用过模板的文档，将没有可编辑区域同模板进行比较，于是会出现不匹配情况，此时将打开【不一致的区域名称】话框，这时可以选择删除或保留不匹配的内容，决定是否将文档应用于新模板。可以选择未解析的内容，然后在【将内容移到新区域】下拉列表框中选择要应用到的区域内容。

【例8-7】在网页中应用模板。视频

步骤 01 在Dreamweaver中新建一个空白网页文档，然后选择【窗口】|【资源】命令，显示【资源】面板。

步骤 02 在【资源】面板中单击【模板】按钮，显示当前站点中的模板列表。

步骤 03 在【资源】面板中选中要应用在网页中的模板后，单击【应用】按钮，即可将模板应用在当前网页中。

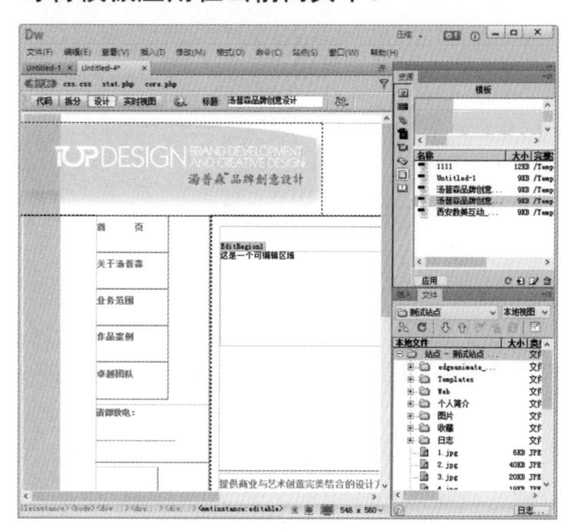

3. 分离模板网页

用模板设计网页时，模板有很多锁定区域(即不可编辑区域)。为了能够修改基于模板的页面中的锁定区域和可编辑区域内容，必须将页面从模板中分离出来。当页面被分离后，它将成为一个普通的文档，不再具有可编辑区域或锁定区域，也不再与任何模板相关联。因此，当文档模板被更新时，文档页面也不会随之更新。

【例8-8】在Dreamweaver CC中，将页面从模板中分离。

视频+素材(光盘素材\第08章\例8-8)

步骤 01 继续【例8-5】的操作，使用模板创建网页后，选择【修改】|【模板】|【从模板中分离】命令。

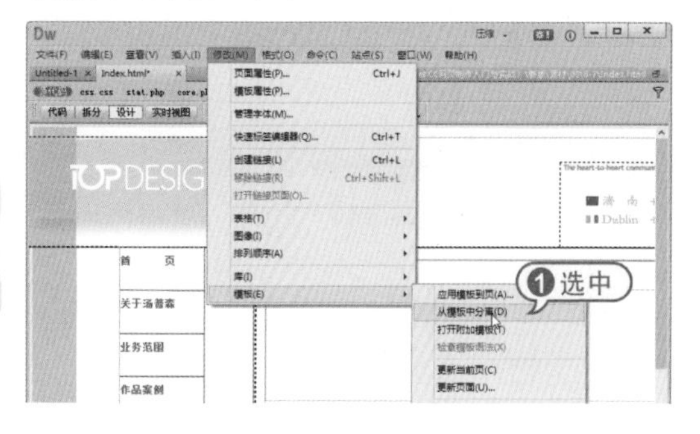

步骤 02 完成以上操作后，模板中的锁定区域将被全部删除，可以对网页中由模板创建的内容进行编辑。

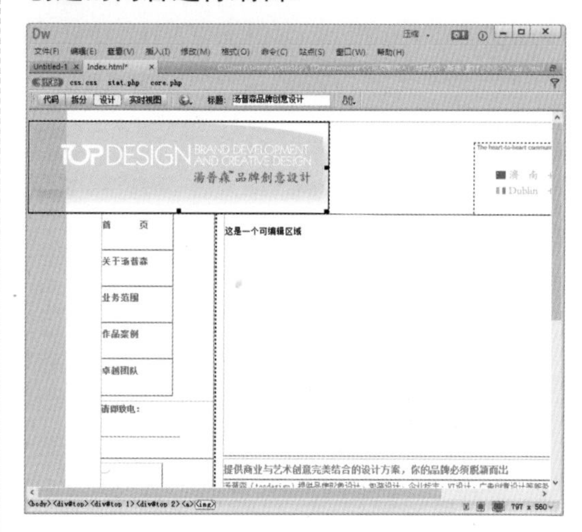

4. 更新模板页面

在调整网页模板时，Dreamweaver会提示是否更新基于该模板的文档，同时也可以使用更新命令来更新当前页面或整个站点。

- 更新站点模板：选择【修改】|【模板】|【更新页面】命令，可以更新整个站点或所有使用特定模板的文档。选择命令后，打开【更新页面】对话框。在对话框的【查看】下拉列表框中选择需要更新的范围，在【更新】选项区域中选择【模板】复选框，单击【开始】按钮后将在【状态】文本框中显示站点更新的结果。

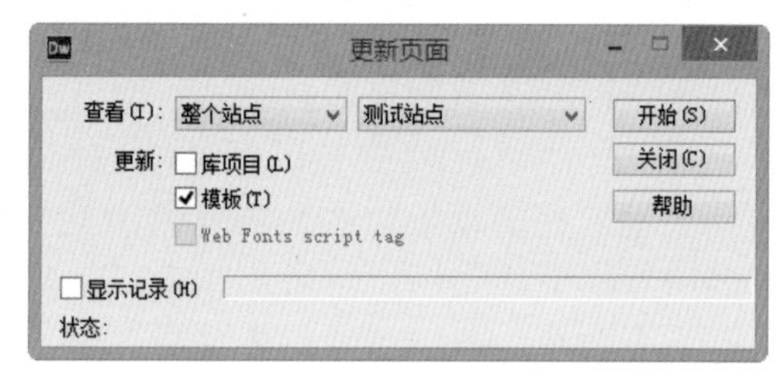

- 更新基于模板的文档：要更新基于模板的页面，打开一个基于模板的网页文档，选择【修改】|【模板】|【更新当前页】命令，即可更新当前文档，同时反映模板的最新面貌。

8.1.5 创建嵌套模板

嵌套模板对于控制共享许多设计元素的站点页面中的内容很有用，但在各页之间有些差异。基本模板中的可编辑区域被传递到嵌套模板，并在根据嵌套模板创建的页面中保持可编辑状态，除非在这些区域中插入了新的模板区域。对基本模板所做的更改在基于基本模板的模板中自动更新，并在所有基于主模板和嵌套模板的文档中自动更新。

【例8-9】在Dreamweaver中创建嵌套模板。

视频+素材(光盘素材\第08章\例8-9)

步骤 01 在Dreamweaver CC中打开【新建文档】对话框后，在该对话框左侧的列表框中选择【网站模板】选项，在【站点】列表框中选择包含要使用的模板的站点，在【模板】列表框中选择要使用的模板来创建新文档。

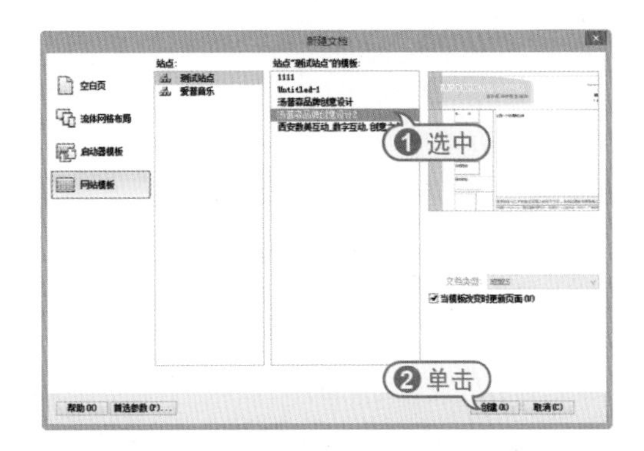

步骤 02 在【新建文档】对话框中单击【创建】按钮后，选择【文件】|【另存为模板】命令，在打开的【另存模板】对话框中单击【保存】按钮即可创建嵌套模板。

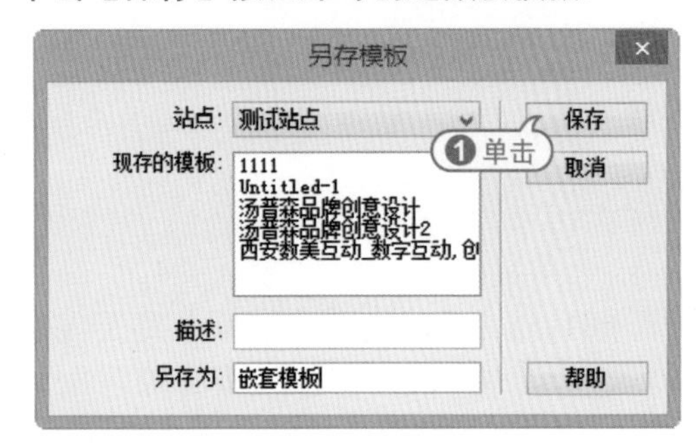

8.2 利用库创建每页相似的内容

在Dreamweaver中，利用库可以创建一些内容(如图像和版权信息等)反复出现的网页。在设计结构完全不同的网页时，若页面内容存在重复，就可以使用库来处理这些重复内容。

8.2.1 认识库项目

库是一种特殊的文件，它包含可添加到网页文档中的一组单个资源或资源副本。库中的这些资源称为库项目。库项目可以是图像、表格或SWF文件等元素。当编辑某个库项目时，可以自动更新应用该库项目的所有网页文档。

在Dreamweaver中，库项目存储在每个站点的本地根文件夹下的Library文件夹中。可以从网页文档中的选中任意元素来创建库项目。对于链接项，库只存储对该项的引用。原始文件必须保留在指定的位置，这样才能使库项目正确工作。

使用库项目时，在网页文档中会插入

该项目的链接，而不是项目原始文件。如果创建库项目附加行为的元素时，系统会将该元素及事件处理程序复制到库项目文件，但不会将关联的JavaScript代码复制到库项目中，不过将库项目插入文档时，会自动将相应的JavaScript函数插入该文档的head部分。

8.2.2 创建库项目

在Dreamweaver文档中，可以将网页文档中的任何元素创建为库项目，这些元素包括文本、图像、表格、表单、插件、ActiveX控件以及Java程序等。

【例8-10】在Dreamweaver CC中将网页元素保存为库项目。

视频+素材(光盘素材\第08章\例8-10)

步骤 01 选中要保存为库项目的网页元素后，选择【修改】|【库】|【增加对象到库】命令，即可将对象添加到库中。

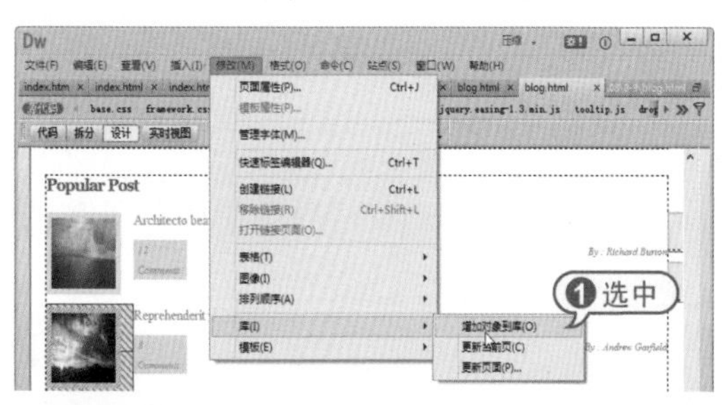

步骤 02 选择【窗口】|【资源】命令，打开【资源】面板，单击【库】按钮，即可在该面板中显示添加到库中的对象。

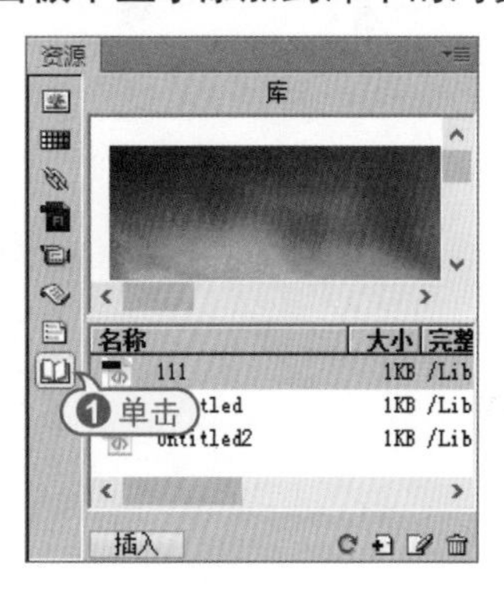

8.2.3 设置库项目

在Dreamweaver中，可以方便地编辑库项目。在【资源】面板中选择创建的库项目后，可以直接拖动到网页文档中。选中网页文档中插入的库项目，在打开的【属性】面板中，可以设置库项目的属性参数。

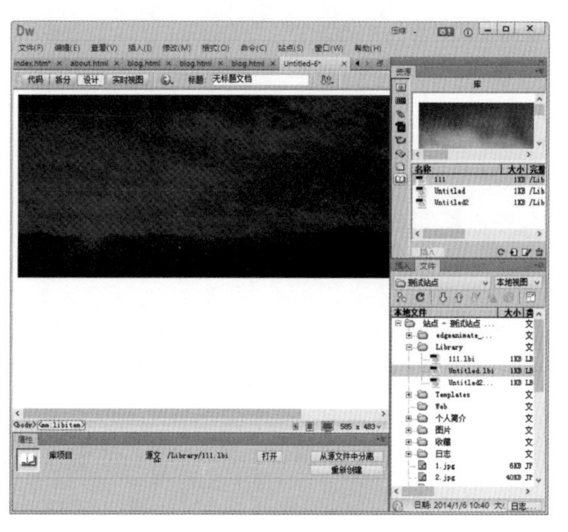

库项目【属性】面板中主要参数选项的功能如下。

【打开】按钮：单击【打开】按钮，将打开一个新文档窗口，在该窗口中可以对库项目进行各种编辑操作。

- 【从源文件中分离】按钮：用于断开所选库项目与其源文件之间的链接，使库项目成为文档中的普通对象。当分离一个库项目后，该对象不再随源文件的修改而自动更新。

- 【重新创建】按钮：用于选定当前的内容并改写原始库项目，使用该功能可以在丢失或意外删除原始库项目时重新创建库项目。

8.2.4 应用库项目

在网页中应用库项目时，并不是在页面中插入库项目，而是插入一个指向库项目的链接，即Dreamweaver向文档中插入的是该项目的HTML源代码副本，并添加一个包含对原始外部项目的说明性链接。可以先将光标置于文档窗口中需要应用库项目的位置，然后选择【资源】面板左侧的【库】选项，并从中拖拽一个库项目到文档窗口(或者选中一个库项目，单击【资源】面板中的【插入】按钮)，即可将库项目应用于文档。

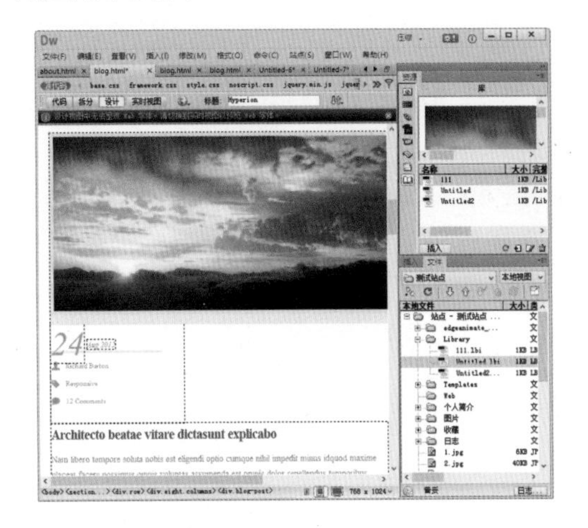

知识点滴

如果要插入库项目内容到网页中，而又不是要在文档中创建该库项目的实体，可以在按住Ctrl键的同时拖拽库项目至网页中。采用这种方法应用的库项目，可以在Dreamweaver中对创建的项目进行编辑，但当更新使用库项目的页面时，文档将不会随之更新。

8.2.5 修改库项目

在Dreamweaver中通过对库项目的修改，可以引用外部库项目一次性更新整个站点的上的内容。例如，如果需要更改某些文本或图像，则只需要更新库项目即可自动更新所有使用该库项目的页面。

1. 更新关于所有文件的库项目

当修改一个库项目时，可以选择更新使用该项目的所有文件。如果选择不更新，文件将仍然与库项目保持关联；也可以在以后选择【修改】|【库】|【更新页面】命令，打开【更新页面】对话框，对库项目进行更新设置。

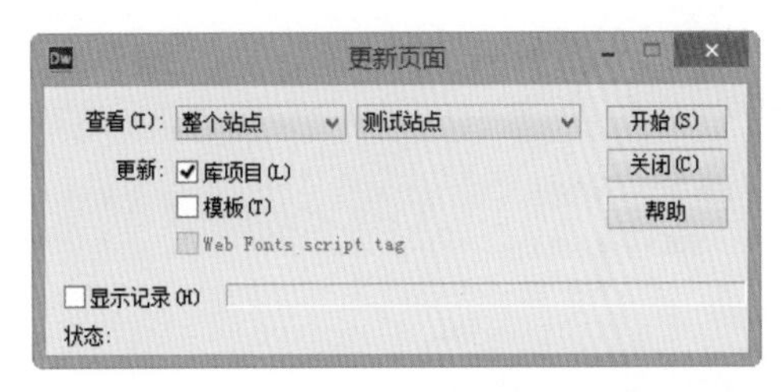

修改库项目可以在【资源】面板的【库】类别中选中一个库项目后，单击面板底部的【编辑】按钮，此时Dreamweaver将打开一个新的窗口用于编辑库项目。

2. 应用特定库项目的修改

当需要更新应用特定库项目的网站站点(或所有网页)时，可以在Dreamweaver中选择【修改】|【库】|【更新页面】命令打开【更新页面】对话框，然后在该对话框的【查看】下拉列表框中选中【整个站点】选项，并在该选项相邻的下拉列表中选中需要更新的站点名称。

如果在【更新页面】对话框的【查

看】下拉列表框中选中【文件使用】选项，然后在该选项相邻的下拉列表框中选择库项目的名称，则会更新当前站点中所有应用了指定库项目的文档。

3. 重命名库项目

当需要在【资源】面板中对一个库项目重命名时，可以先选择【资源】面板左侧的【库】选项，然后单击需要重命名的库项目，并在短暂的停顿后再次单击库项目，可使库项目的名称变为可编辑状态，此时输入名称，按下回车键确定即可。

4. 从库项目中删除文件

若需要从库中删除一个库项目，可以参考下面介绍的方法。

【例8-11】在Dreamweaver CC中删除库项目中的文件。

视频+素材(光盘素材\第08章\例8-11)

步骤 01 选择【窗口】|【资源】命令显示【资源】面板后，单击该面板上的【库】按钮。

步骤 02 在打开的库项目列表中选中需要删除的库项目，然后单击面板底部的【删除】按钮。

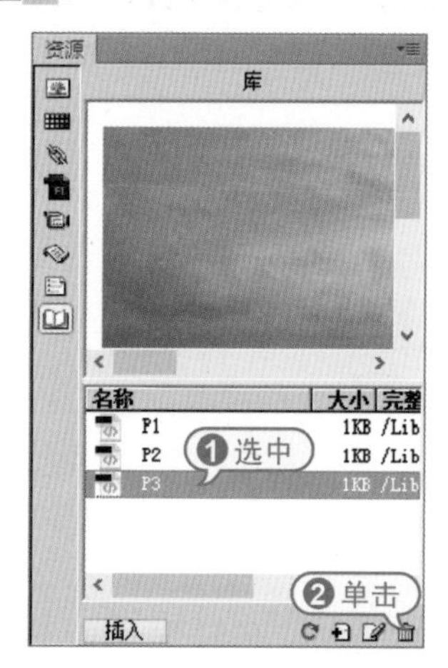

步骤 03 在Dreamweaver打开的提示对话框中单击【是】按钮，即可将选中的库项目删除。

8.3 实战演练

本章的实战演练包括使用模板制作网页和使用库项目制作网页两个实例，可以通过实例操作巩固所学的知识。

8.3.1 使用模板制作网页

下面将通过实例操作，介绍在Dreamweaver CC中使用模板制作“家常菜”网页的方法。

【例8-12】在Dreamweaver CC中利用模板创建并更新网站中的页面。

视频+素材(光盘素材\第08章\例8-12)

步骤 01 在Dreamweaver中打开如下图所示的网页。

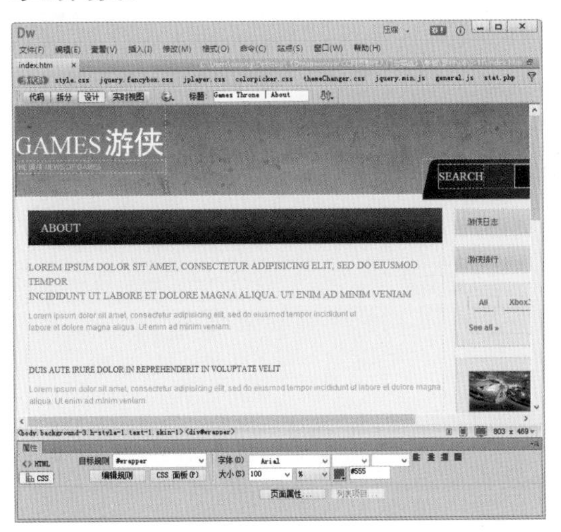

步骤 02 选择【文件】|【另存为模板】命令，打开【另存模板】对话框，然后在该对话框的【另存为】文本框中输入Index后，单击【保存】按钮。

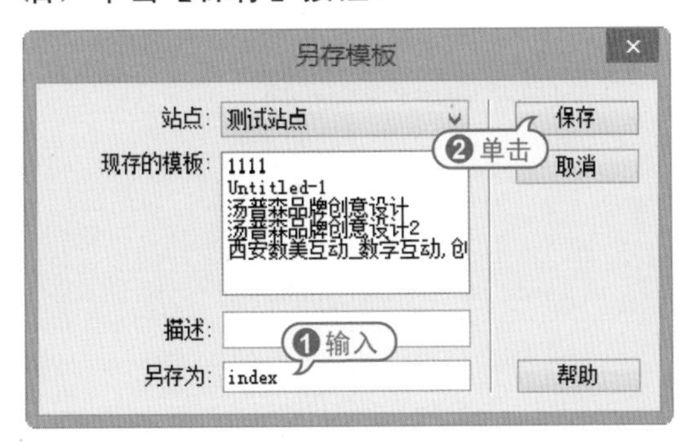

步骤 03 在打开的【更新链接吗?】提示对话框中单击【是】按钮，创建一个名为Index.dwt的模板。

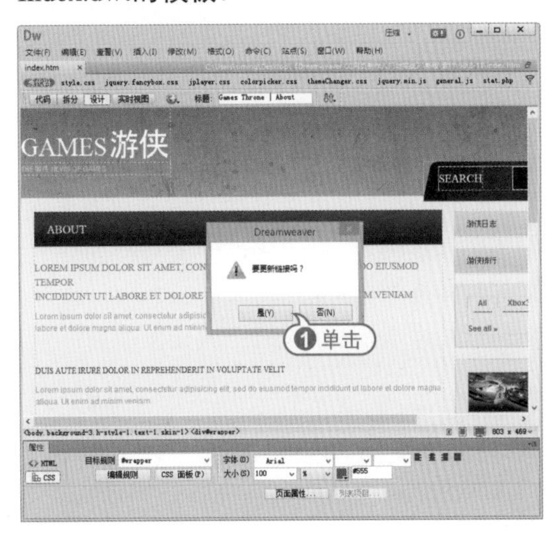

步骤 04 选择【窗口】|【插入】命令，显示【插入】面板，并在该面板中选中【模板】选项卡。

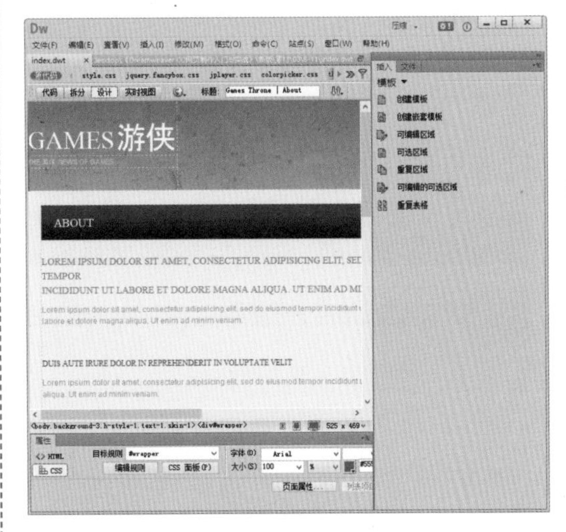

步骤 05 选中模板页面中如下图所示的一段文本，然后单击【插入】面板【模板】选项卡中的【可编辑区域】选项。

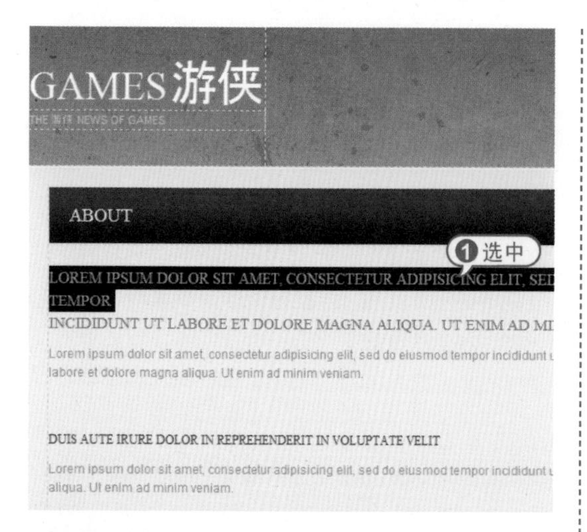

步骤 06 在打开的【新建可编辑区域】对话框的【名称】文本框中输入EditRegion1，然后单击【确定】按钮。

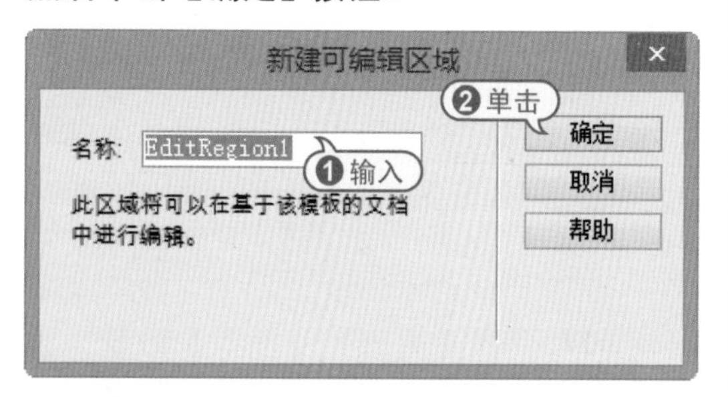

步骤 07 此时，将在模板页面中创建一个名为EditRegion1的可编辑区域。

步骤 08 重复以上操作，在模板页面中创EditRegion2、EditRegion3、EditRegion4、EditRegion5、EditRegion6和EditRegion7这6个可编辑区域。

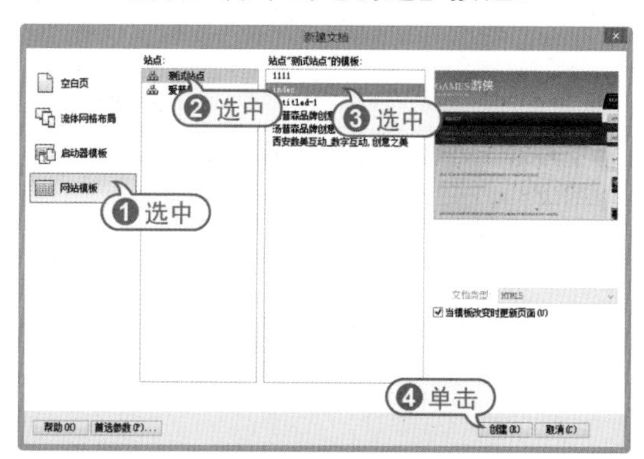

步骤 09 选择【文件】|【保存】命令，将Index.dwt文件保存。选择【文件】|【新建】命令，打开【新建文档】对话框，在该对话框中选中【网站模板】选项，然后在【站点“测试站点”的模板】对话框中选中Index选项，并单击【创建】按钮。

步骤 10 在使用模板新建的网页中，将鼠标光标插入页面中的可编辑区域内。

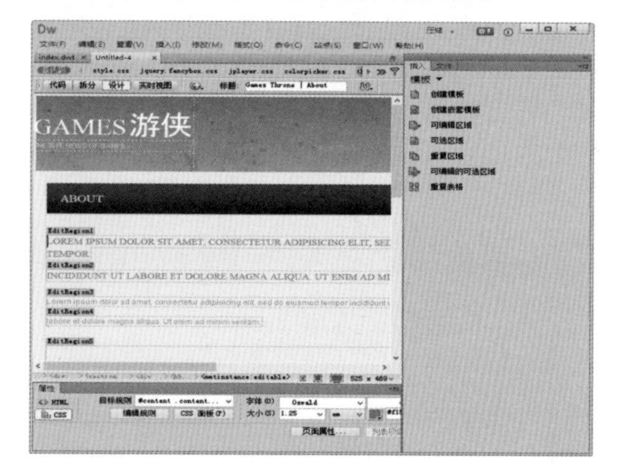

步骤 11 在EditRegion1、EditRegion2、EditRegion3、EditRegion4和EditRegion5可编辑区域中输入如下图所示的内容。

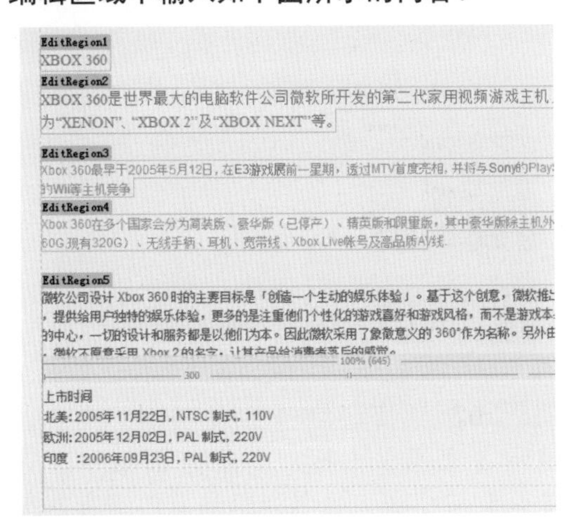

步骤 12 在EditRegion1、EditRegion2可编辑区域中输入如下图所示的内容。

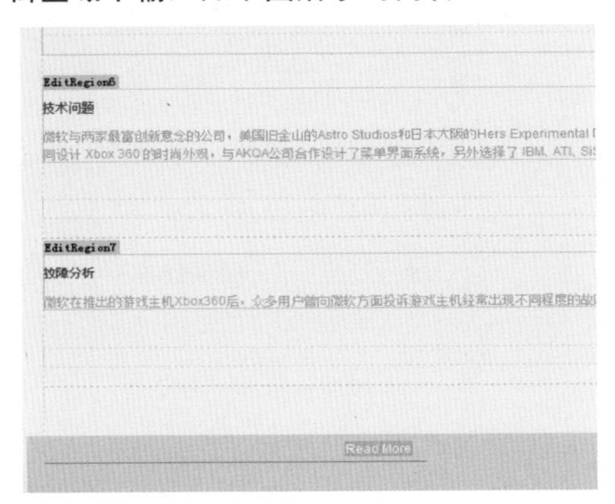

步骤 13 选择【文件】|【另存为】命令，在打开的【另存为】对话框的【文件名】文本框中输入About.html，并单击【确定】按钮。

步骤 14 选择【文件】|【保存】命令，将网页保存后，按下F12键预览网页，效果如下图所示。

步骤 15 返回Dreamweaver后打开Index.dwt模板文件，然后选中并删除模板页面中的EditRegion7可编辑区域。

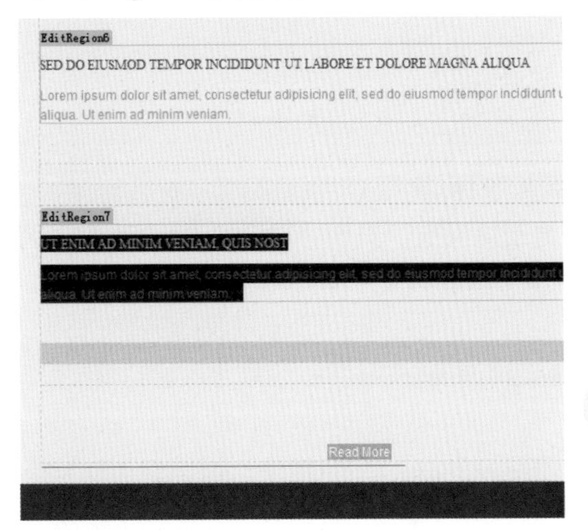

步骤 16 选择【文件】|【保存】命令，在打开的【更新模板文件】对话框中单击【更新】按钮。

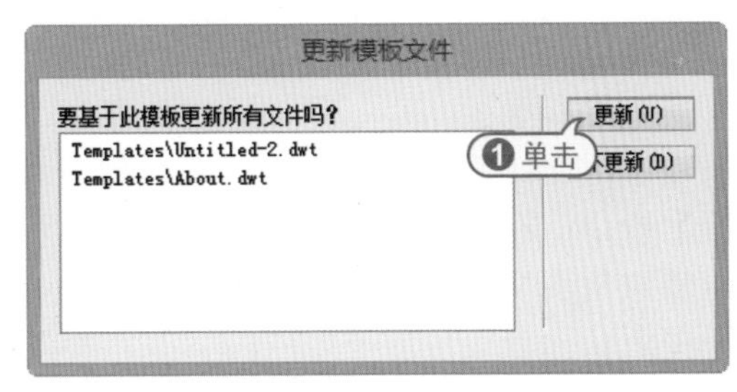

步骤 17 完成模板更新后，在打开的【更新页面】中单击【关闭】按钮。

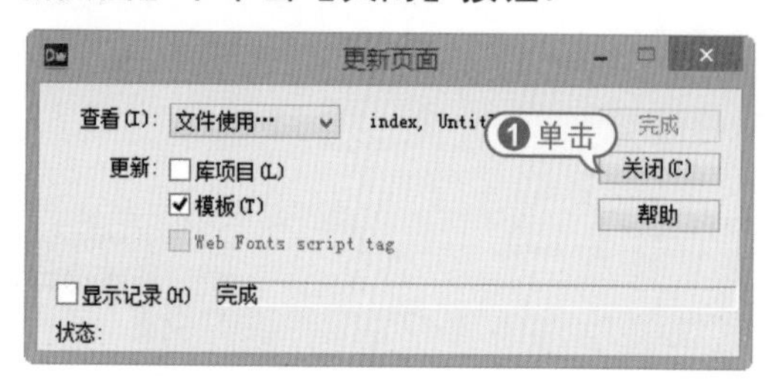

步骤 18 此时，About.html页面将随着模板的更新而自动更新。

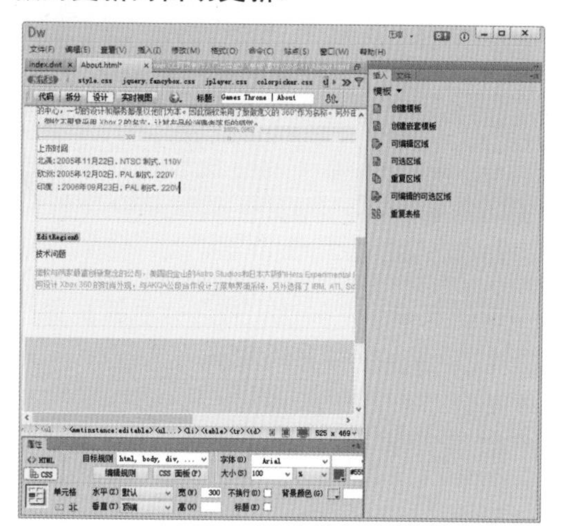

步骤 19 保存About.html页面后，按下F12键预览网页，页面中EditRegion7可编辑区域将被删除。

8.3.2 使用库项目制作网页

下面将通过实例操作，介绍在Dreamweaver CC中使用库项目制作网页内容的具体方法。

【例8-13】在Dreamweaver CC利用模板结合库项目制作网页内容。

视频+素材(光盘素材\第08章\例8-13)

步骤 01 在Dreamweaver CC中打开一个网页文档后，选择【文件】|【另存为模板】命令，在打开的【另存模板】对话框中将该网页文档以文件blog.dwt保存为一个模板。

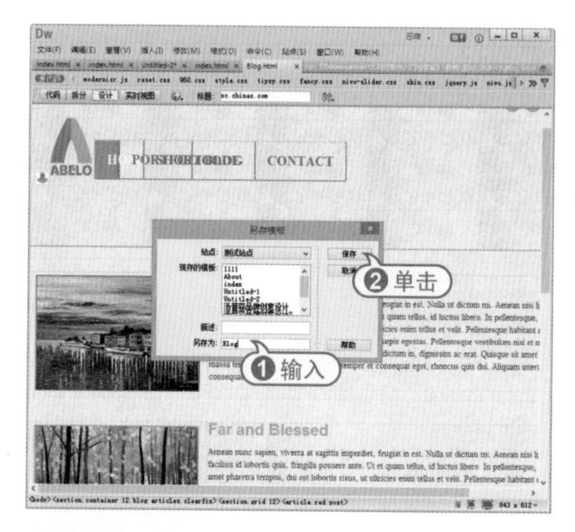

步骤 02 选择【窗口】|【资源】命令，显示【资源】面板，并在该面板中单击【库】按钮，显示当前站点中保存的库项目。

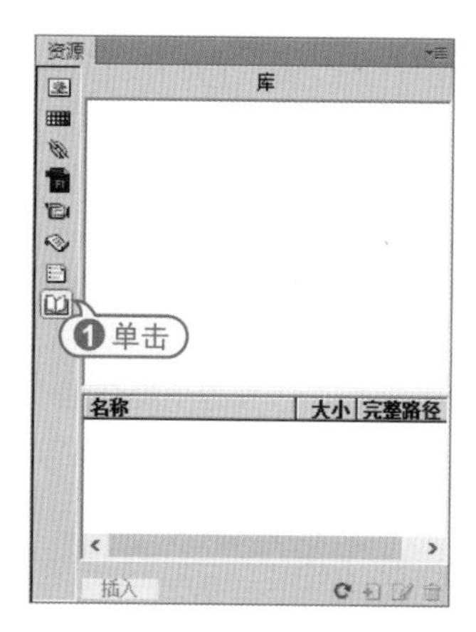

步骤 03 选中模板页面中的图片，然后单击【资源】面板下方的【新建库项目】按钮，将该图片添加为库项目，并命名为P1。

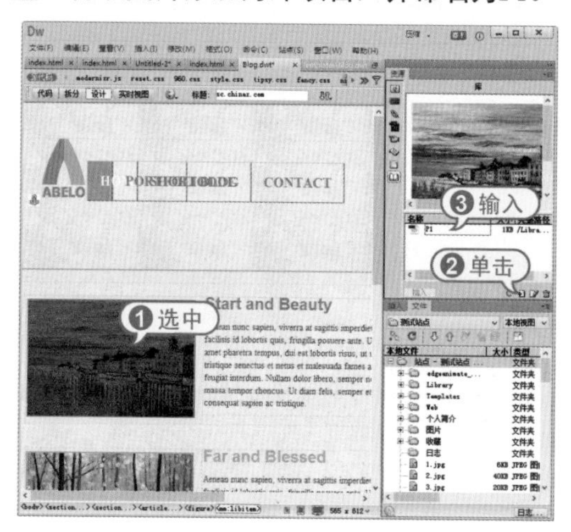

步骤 04 分别选中页面中的其他图片，然后重复步骤(3)的操作，在【资源】面板中创建库项目P2和P3。

步骤 05 选中页面中的文本，然后单击【资源】面板下方的【新建库项目】按钮，将该文本添加为库项目，并命名为T1。

步骤 06 分别选中页面中的其他文本段落，然后重复步骤(5)的操作，在【资源】面板中创建库项目T2和T3。

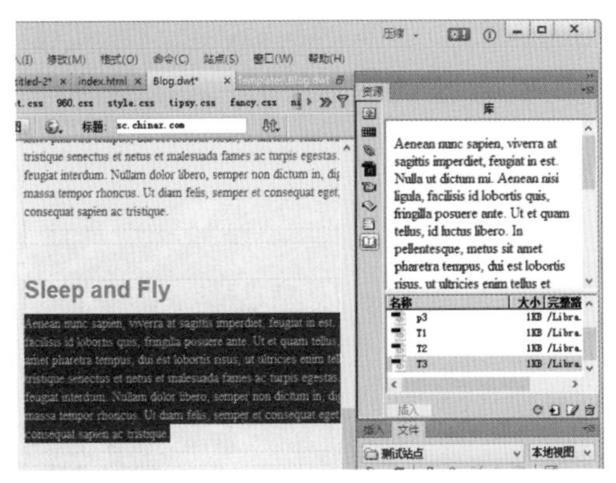

步骤 07 完成以上操作后，在Blog.dwt模版文档中选择【插入】|【模板】|【可编辑区域】命令，创建如下图所示的可编辑区域。

步骤 08 将Blog.dwt文件保存后，选择【文件】|【新建】命令，打开【新建文档】对话框，并参考下图所示，使用Blog.dwt模板创建一个网页。

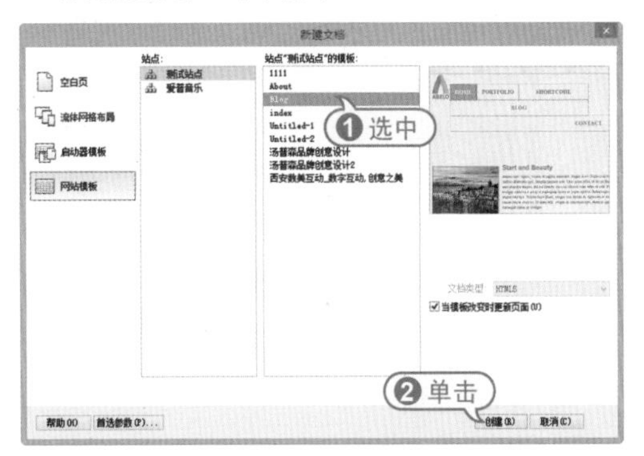

步骤 09 选择【文件】|【保存】命令，将新建的网页以文件名Index.html保存，然后双击【资源】面板中的T1库项目。

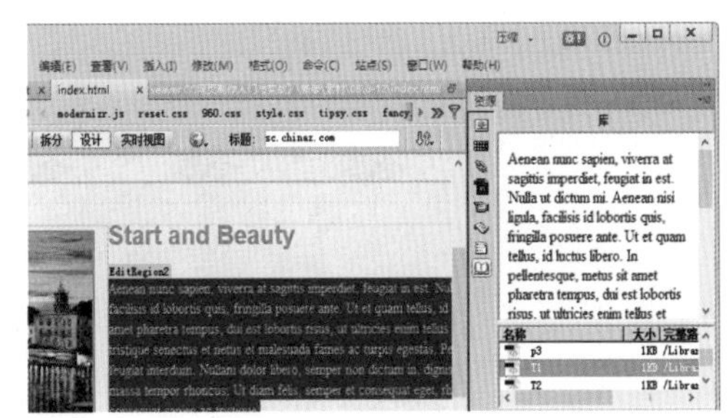

步骤 10 在打开的T1.lbi文档中，选择【插入】|【图像】|【图像】插入如下图所示的一组图片。

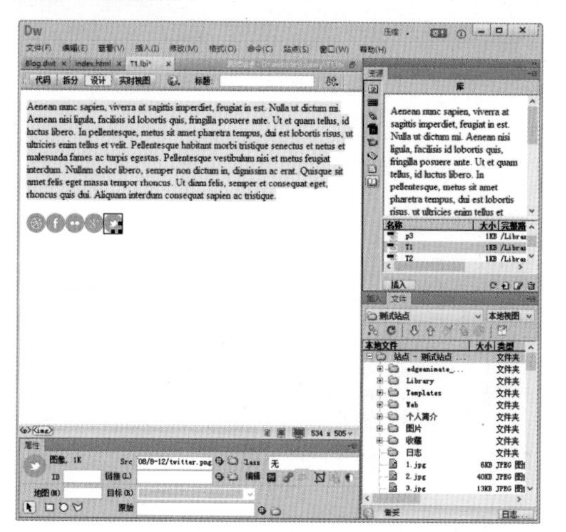

步骤 11 选择【文件】|【保存】命令，然后在打开的【更新库项目】对话框中单击【更新】按钮。

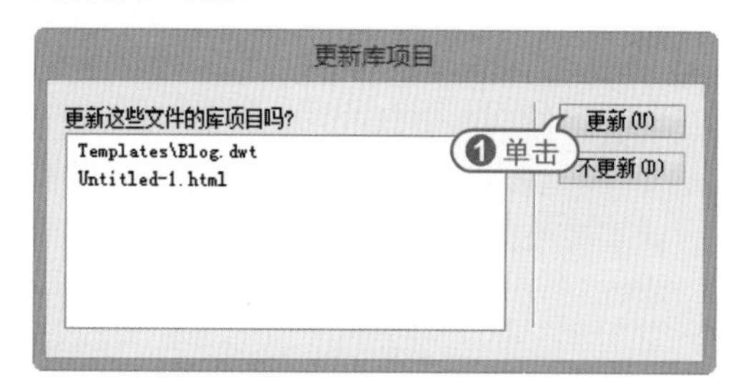

步骤 12 完成库项目更新后，打开的【更新页面】对话框中单击【关闭】按钮。

步骤 13 此时，Index.html页面中库项目T1的效果将如下图所示。

步骤 14 重复以上操作，修改并更新T2和T3库项目，完成后保存并预览Index.html页面，效果如下图所示。

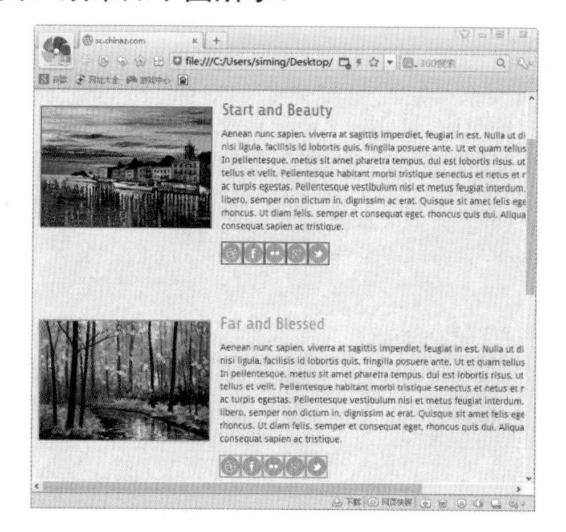

专家答疑

» 问：Dreamweaver CC中使用模板有什么需要注意的吗？

答：在Dreamweaver中，模板被保存在本地站点文件夹的Templates文件夹中，在使用模板时应注意不能将Templates文件夹移动到本地站点根文件夹之外(这样做将在模板中的路径中引起错误)，也不要将模板移动到Templates文件夹之外或者任何非模板文件夹中。

第9章

利用行为创建特效网页

对应光盘视频

例9-1　使用【打开浏览器窗口】行为
例9-2　使用【调用JavaScript】行为
例9-3　使用【转到URL】行为
例9-4　使用【交换图像】行为
例9-5　使用【预先载入图像】行为
例9-6　使用【弹出信息】行为
例9-7　使用【设置状态栏文本】行为
例9-8　使用【设置容器的文本】行为
本章其他视频文件参见配套光盘

在网页中使用行为可以创建各种特殊的网页效果，例如弹出信息、交换图像、跳转菜单等。行为是一系列使用JavaScript程序预定义的页面特效工具，是JavaScript在Dreamweaver中内建的程序库。

9.1 认识网页行为

Dreamweaver网页行为是Adobe公司借助JavaScript开发的一组交互特效代码库。在Dreamweaver中，可以通过简单的可视化操作对交互特效代码进行编辑，从而创建出丰富的网页应用。

9.1.1 行为的基础知识

行为是指在网页中进行的一系列动作，通过这些动作，可以实现同网页的交互，也可以通过动作使某个任务被执行。在Dreamweaver中，行为由事件和动作两个基本元素组成。通常动作是一段JavaScript代码，利用这些代码可以完成相应的任务；事件则由浏览器定义，事件可以被附加到各种页面元素上，也可以被附加到HTML标记中，并且一个事件总是针对页面元素或标记而言的。

1. 行为的概念

行为是Dreamweaver中重要的一个部分，通过行为，可以方便地制作出许多网页效果，从而提高工作效率。行为由两个部分组成，即事件和动作，通过事件的响应进而执行对应的动作。

在网页中，事件是浏览器生成的消息，表明该页的访问者执行了某种操作。例如，当访问者将鼠标光标移动到某个链接上时，浏览器将会为该链接生成一个onMouseOver事件。不同的页元素定义了不同的事件。在大多数浏览器中，onMouseOver和onClick是与链接关联的事件，而onLoad是与图像和文档的body部分关联的事件。

2. 事件的分类

Dreamweaver中的行为事件可以分为鼠标时间、键盘事件、表单事件和页面事件。每个事件都含有不同的触发方式。

- onClick：单击选定元素(如超链接、图片、按钮等)将触发该事件。
- onDblClick：双击选定元素将触发该事件。
- onMouseDown：当按下鼠标按钮(不必释放鼠标按钮)时触发该事件。
- onMouseMove：当鼠标光标停留在对象边界内时触发该事件。
- onMouseOut：当鼠标光标离开对象边界时触发该事件。
- onMouseOver：当鼠标首次移动指向特定对象时触发该事件。该事件通常用于链接。
- onMouseUp：当按下的鼠标按钮被释放时触发该事件。

9.1.2 使用【行为】面板

在网页中应用行为之前，需要了解【行为】面板，该面板的作用是显示当前选择的网页对象的事件和行为属性。在Dreamweaver中选择【窗口】|【行为】命令，即可显示如下图所示的【行为】面板。

在【行为】面板中，除了显示显示当

前所选择的网页标签类型以外，还提供了6个按钮，允许选择以下行为，进行编辑操作。

- 【显示设置时间】按钮：显示添加到当前文稿的事件。
- 【显示所有时间】按钮：显示所有添加的行为事件。
- 【添加行为】按钮：单击弹出行为菜单中选项添加行为。
- 【删除事件】按钮：从当前行为列表中删除选中的行为。
- 【增加事件值】按钮：动作项向前移动，改变执行的顺序。
- 【降低事件值】按钮：动作项向后移动，改变执行的顺序。

9.1.3 编辑网页行为

在Dreamweaver中打开【行为】面板后，单击该面板中的【添加行为】按钮，即可在弹出的菜单中选择相关的网页行为，通过各种设置属性，将其添加至网页中。

在【行为】面板的列表框中，显示当前标签已经添加的所有行为，以及触发这些行为的事件类型。对于网页中已经存在的各种行为，可以通过【删除事件】按钮将其删除。如果网页内同时存在多个行为，还可以使用【增加事件值】按钮和【降低事件值】按钮改变其中某个行为的顺序，从而决定页面中这些行为的执行次序。

在【网页行为】列表中显示了网页标签已添加的行为，包括行为的触发器类型和触发的行为名称两个部分，在选中行为后，可以单击触发器的名称更换触发器，也可以双击行为的名称，编辑行为的内容。

9.2 利用行为调节浏览器窗口

在网页中最常使用的JavaScript源代码是调节浏览器窗口的源代码，它可以按照设计者的要求打开新窗口或更换新窗口的形状，同时根据所使用的浏览器，将浏览器中的显示内容设置为不同的形式。

9.2.1 打开浏览器窗口

创建链接时，若目标属性设置为blank，则可以使链接文档显示在新窗口中，但是不可以设置新窗口的脚本。此时，利用【打开浏览器窗口】行为，不仅可以调节新窗口的大小，还可以设置工具箱或滚动条是否显示。

【例9-1】在Dreamweaver中为网页设置一个【打开浏览器窗口】行为。

视频+素材 (光盘素材\第09章\例9-1)

步骤 01 启动Dreamweaver CC后，打开如下图所示的网页，并选中页面中的图片。

步骤 02 选择【窗口】|【行为】命令，打开【行为】面板，然后单击该面板中的【添加行为】按钮 +，在弹出的列表中选择【打开浏览器窗口】选项。

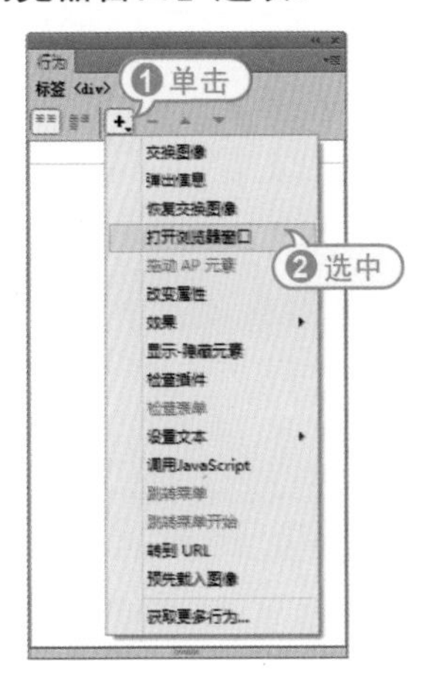

步骤 03 在打开的【打开浏览器窗口】对话框中单击【浏览】按钮。

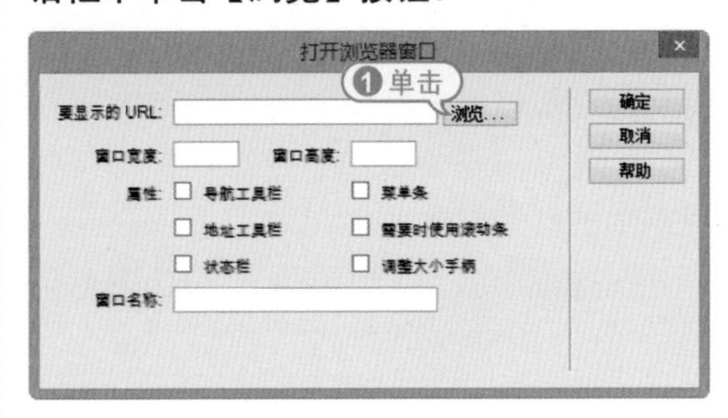

步骤 04 在打开的【选择文件】对话框中选中一个网页文件后，单击【确定】按钮，返回【打开浏览器窗口】对话框。

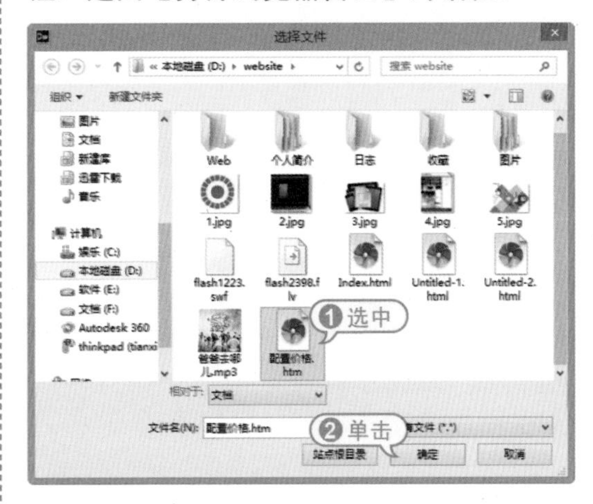

步骤 05 在【打开浏览器窗口】对话框中单击【确定】按钮即可在页面中设置一个【打开浏览器窗口】行为。按下F12键预览网页，单击页面中的图片，可在打开的窗口中浏览设置的网页效果。

在【打开浏览器窗口】对话框中各选项的功能如下。

- 【要显示的URL】文本框：用于输入链接的文件名或网络地址。链接文件时，单击该文本框后的【浏览】按钮进行选择。
- 【窗口宽度】和【窗口高度】文本框：用于设定窗口的宽度和高度，其单位为像素。
- 【属性】选项区域：用于设置需要显示的结构元素。
- 【窗口名称】文本框：指定新窗口的名称。输入同样的窗口名称时，并不是继续打开新的窗口，而是只打开一次新窗口，然后在同一个窗口中显示新的内容。

9.2.2 调用JavaScript

调用JavaScript动作允许使用【行为】面板指定当发生某个事件时应该执行的自定义函数或JavaScript代码行。

【例9-2】在Dreamweaver中为网页设置【调用javaScript】行为。

视频+素材(光盘素材\第09章\例9-2)

步骤 01 在Dreamweaver中选中网页中的图片后，选择【窗口】|【行为】命令，打开【行为】面板并单击【添加行为】按钮+，在弹出的列表框中选中【调用JavaScript】行为，打开【调用JavaScript】对话框。

步骤 02 在【调用JavaScript】对话框中的JavaScript文本框中输入以下代码：

```
window.close()
```

步骤 03 在【调用JavaScript】对话框中单击【确定】按钮，然后按下F12键预览网页，单击网页中的图片，将弹出如下图所示的提示框，单击提示框中的【是】按钮将关闭网页。

9.2.3 转到URL

在网页中使用【转到URL】行为，可以在当前窗口或指定的框架中打开一个新页面。该操作尤其适用于通过一次单击更改两个或多个框架的内容。

【例9-3】在Dreamweaver中为网页设置【转到URL】行为。

视频+素材(光盘素材\第09章\例9-3)

步骤 01 选中页面中合适的网页元素(图片或文字)后，单击【行为】面板中的【添加行为】按钮+，在弹出的列表框中选中【转到URL】选项，打开【转到URL】对话框。

步骤 02 在【转到URL】对话框中单击【浏览】按钮，然后在打开的【选择文

件】对话框中选中一个网页文件，并单击【确定】按钮。

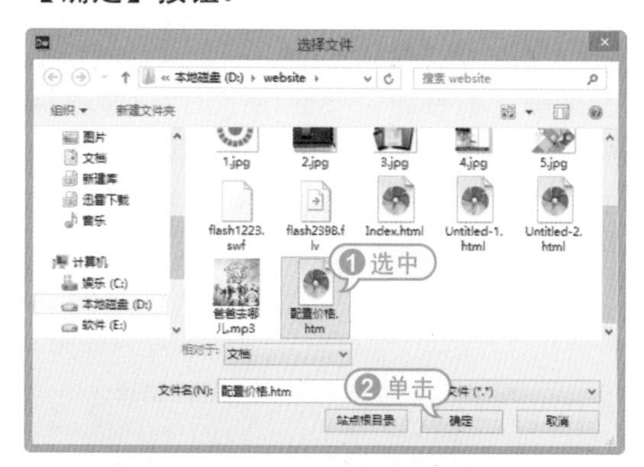

步骤 03 返回【转到URL】对话框后，单击【确定】按钮，即可在网页中创建【转到URL】行为。按下F12键预览网页，单击步骤(1)选中的网页元素，浏览器将自动转到相应的网页。

【转到URL】对话框中各选项的具体功能说明如下。

- 【打开在】列表框：从该列表框中选择URL的目标。列表框中自动列出当前框架集中所有框架的名称以及主窗口，如果网页中没有任何框架，则主窗口是唯一的选项。
- URL文本框：单击该文本框后的【浏览】按钮，可以在打开的对话框中选择要打开的网页文档。

9.3 利用行为应用图像

图像是网页设计中必不可少的元素。在Dreamweaver中，可以通过使用行为，以各种各样的方式在网页中应用图像元素，从而制作出富有动感的网页效果。

9.3.1 交换图像

在Dreamweaver中，应用【交换图像】行为和【恢复交换图像】行为，设置拖动鼠标经过图像时的效果或使用导航条菜单，可以轻易制作出光标移动到图像上方时图像更换为其他图像而光标离开时再返回到原来图像的效果。

【交换图像】行为和【恢复交换图像】行为并不是只有在onMouseOver事件中可以使用。如果单击菜单时需要替换其他图像，可以使用onClicks事件。同样，也可以使用其他多种事件。

【例9-4】在网页中设置【交换图像】和【恢复交换图像】行为。

视频+素材 (光盘素材\第09章\例9-4)

步骤 01 在Dreamweaver中打开如下图所示的网页，并选中页面中的图片。

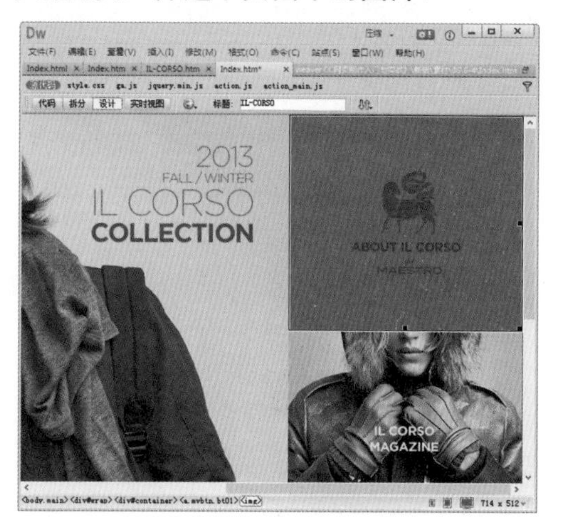

步骤 02 选择【窗口】|【行为】命令，打开【行为】面板后，单击【添加行为】按钮 +，在弹出的列表框中选中【交换图像】命令，打开【交换图像】对话框。

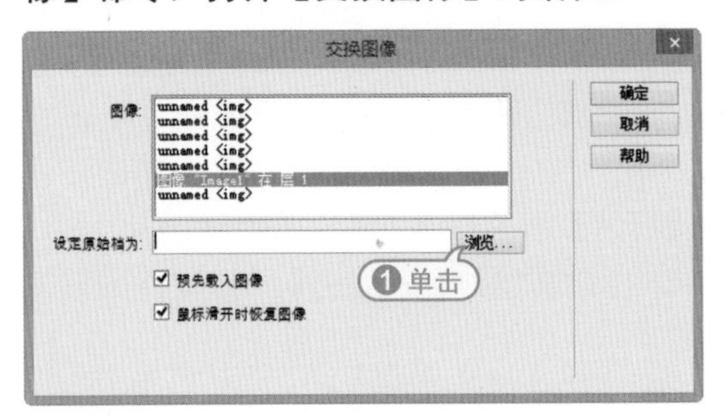

步骤 03 在【交换图像】对话框中单击【浏览】按钮，然后在打开的【选择图像源文件】对话框中选中一个图像文件，并单击【确定】按钮。

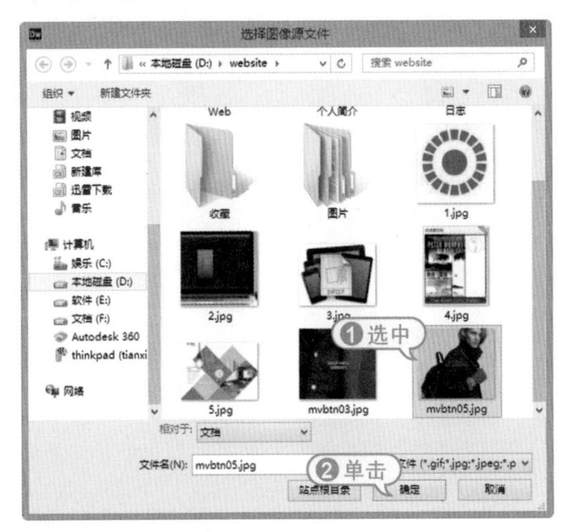

步骤 04 返回【交换图像】对话框后，单击该对话框中的【确定】按钮，即可在【行为】面板中添加如下图所示的【交换图像】行为和【恢复交换图像】行为。

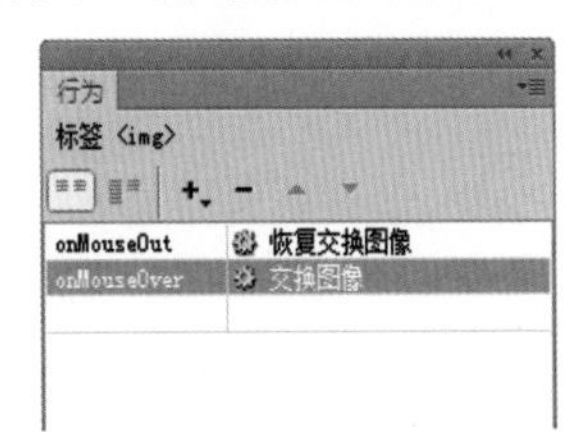

步骤 05 单击【行为】面板中【交换图像】行为前的 ⌄ 按钮，在弹出的下拉列表中选中onClicks选项。

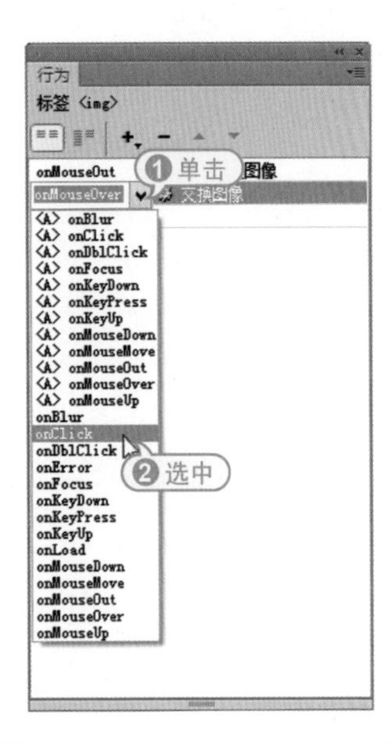

步骤 06 保存网页，按下F12键预览网页。此时，单击页面中设置【交换图像】行为的图片，该图片将自动变化为另一张图片。而将鼠标光标从图片中移开后，图片将自动恢复。

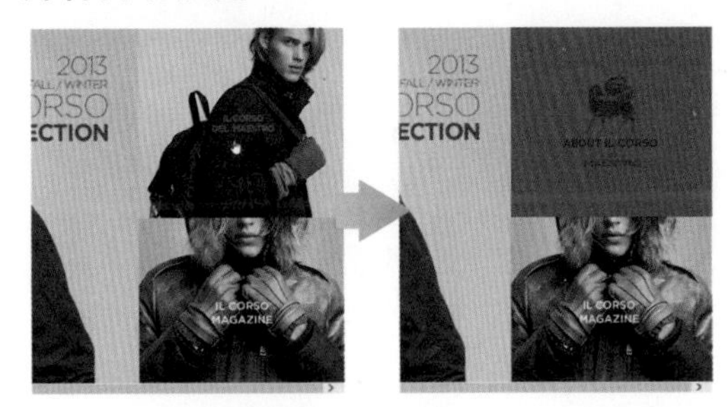

【交换图像】对话框中，比较重要选项的具体功能说明如下。

- 【图像】列表框：列出了插入当当前文档中的图像名称。unnamed<img>是没有另外赋予名称的图像，赋予了名称后才可以在多个图像中选择应用【交换图像】行为替换图像。
- 【设定原始档为】文本框：用于指定替换图像的文件名。
- 【预先载入图像】复选框：在网页服务器中读取网页文件时，选中该复选框，可以预先读取要替换的图像。如果不选中该复选框，则需要重新到网页服务器上读取图像。

在网页中设定【交换图像】行为后，Dreamweaver将会自动创建一个【恢复交换图像】行为。

利用【恢复交换图像】行为，可以将所有被替换显示的图像恢复为原始图像。在【行为】面板中双击【恢复交换图像】行为将打开下图所示的对话框，提示【恢复交换图像】行为的作用。

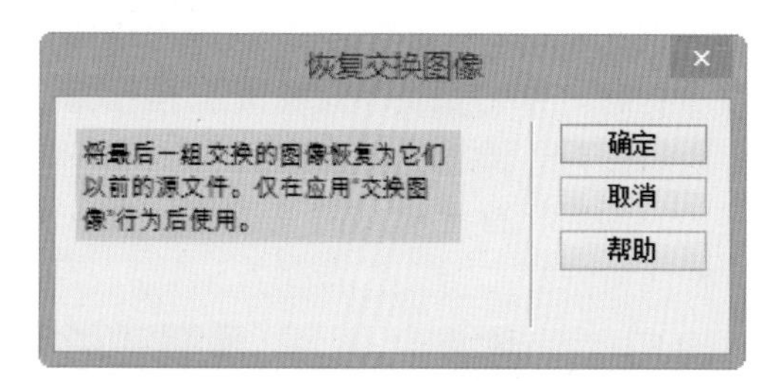

9.3.2 预先载入图像

【预先载入图像】行为是预先导入图像的功能。在网页中预先载入图像，可以更快地将页面中的图像显示在浏览者的计算机中。例如，为了使光标移动到a.gif图片上方时将其变成b.gif，假设使用了【交换图像】行为而没有使用【预先载入图像】行为，当光标移动至a.gif图像上时，浏览器要到网页服务器中去读取b.gif图像；而如果利用【预先载入图像】行为预先载入了b.gif图像，则可以在光标移动到a.gif图像上方时立即更换图像。

在创建【交换图像】行为时，如果在【交换图像】对话框中选中了【预先载入图像】复选框，就不需要在【行为】面板中另外应用【预先载入图像】行为了。但如果没有在【交换图像】对话框中选中【预先载入图像】复选框，则可以参考下面介绍的方法，通过【行为】面板，设置【预先载入图像】行为。

【例9-5】在网页中设置【预先载入图像】行为。

视频+素材 (光盘素材\第09章\例9-5)

步骤 01 继续【例9-4】的操作，选中页面中添加了【交换图像】行为的图像，在【行为】面板中单击【添加行为】按钮 +，在弹出的列表框中选中【预先载入图像】命令。

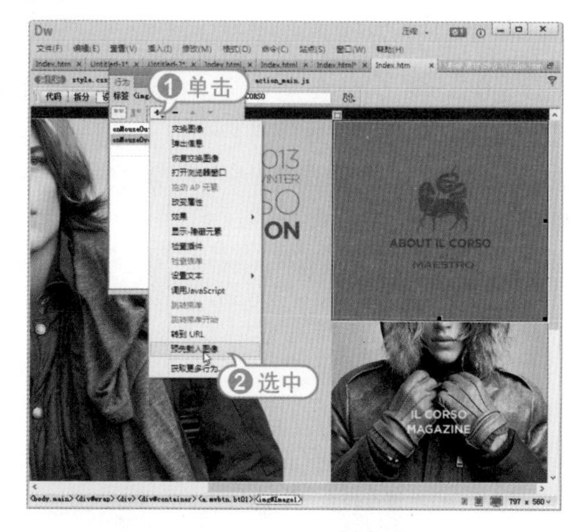

步骤 02 在打开的【预先载入图像】对话框中单击【浏览】按钮。

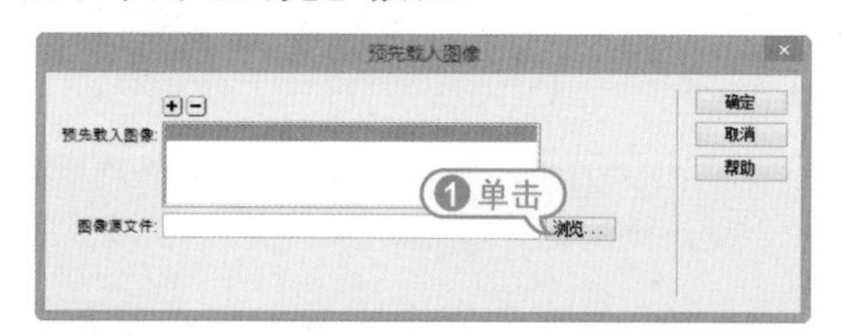

步骤 03 在打开的【选择图像源文件】对话框中选中需要预先载入的图像后，单击【确定】按钮。

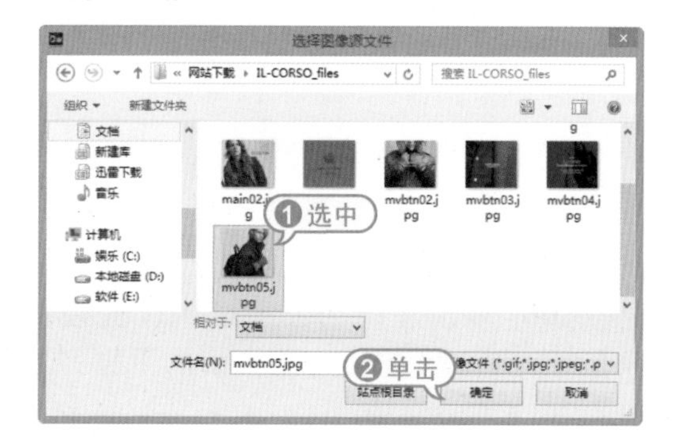

步骤 04 返回【预先载入图像】对话框后，在该对话框中单击【确定】按钮。

步骤 05 此时，在【行为】面板中将自动添加【预先载入图像】行为。

在【预先载入图像】对话框中，比较重要选项的功能说明如下。

- 【预先载入图像】列表框：该列表框中列出了所有需要预先载入的图像。
- 【图像源文件】文本框：用于设置要预先载入的图像文件。

9.4 利用行为显示文本

文本作为网页文件中最基本的元素，比图像或其他多媒体元素具有更快的传输速度，因此网页文件中的大部分信息都是用文本来表示的。本节将通过实例介绍在网页中利用行为显示特殊位置上文本的方法。

9.4.1 弹出信息

当需要设置从一个网页跳转到另一个网页或特定的链接时，可以使用【弹出信息】行为，设置网页弹出消息框。消息框是具有文本消息的小窗口，在例如登录信息错误或即将关闭网页等情况下，使用消息框能够快速、醒目地进行信息提示。

下面将通过一个简单的实例，介绍在Dreamweaver CC中设置【弹出信息】行为的具体方法。

【例9-6】在网页中设置【弹出信息】行为。

视频+素材(光盘素材\第09章\例9-6)

步骤 01 在Dreamweaver中打开一个网页文档后，选中页面中的文本“单击这里关闭当前网页”，并选择【窗口】|【行为】命令，显示【行为】面板。

步骤 02 在【行为】面板中单击【添加行为】按钮 +，在弹出的列表框中选中【弹出信息】命令，然后在打开的【弹出信息】对话框中输入文字“5秒后网页自动关闭”。

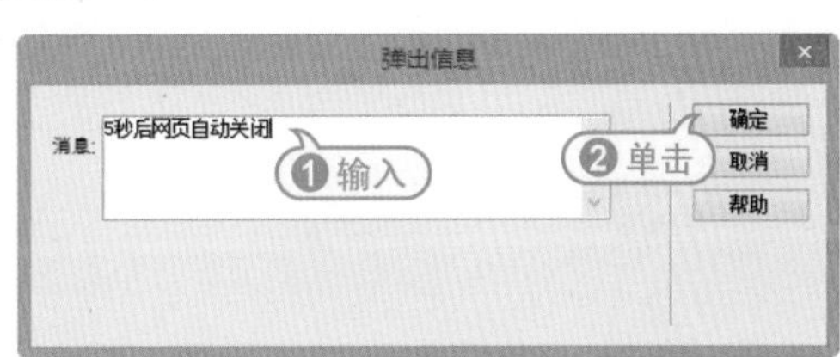

步骤 03 在【弹出信息】对话框中单击【确定】按钮后，即可在【行为】面板中添加【弹出信息】行为。单击【弹出信息】行为前的列表框按钮，在弹出的列表框中选中onClick选项。

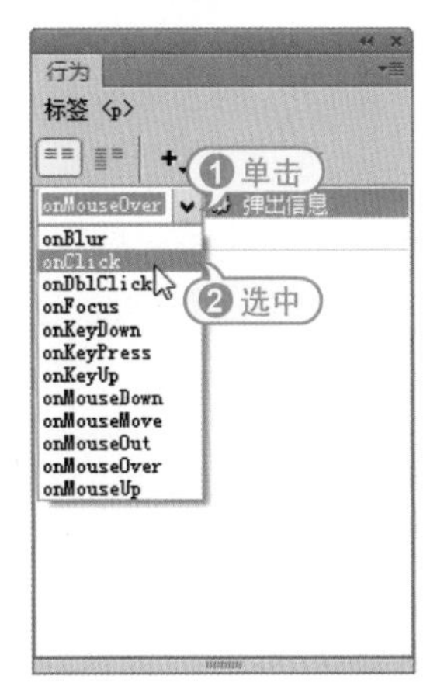

步骤 04 保存并预览网页，当单击页面上方设置“弹出信息”行为的文字时，浏览器将自动弹出下图所示的消息框。

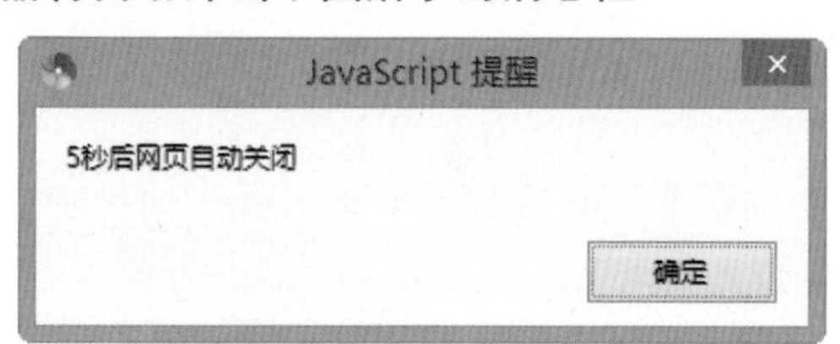

知识点滴

【弹出信息】行为只能显示一个带有指定消息的JavaScript警告。因为JavaScript警告只有一个【确定】按钮，所以使用该动作只可以提供信息，而不能为访问者提供选择。

9.4.2 设置状态栏文本

浏览器的状态栏可以作为传达文档状态的空间，可以直接指定画面中的状态栏是否显示。要在浏览器中显示状态栏(以IE10浏览器为例)，在浏览器窗口中选择【查看】|【工具】|【状态栏】命令即可。

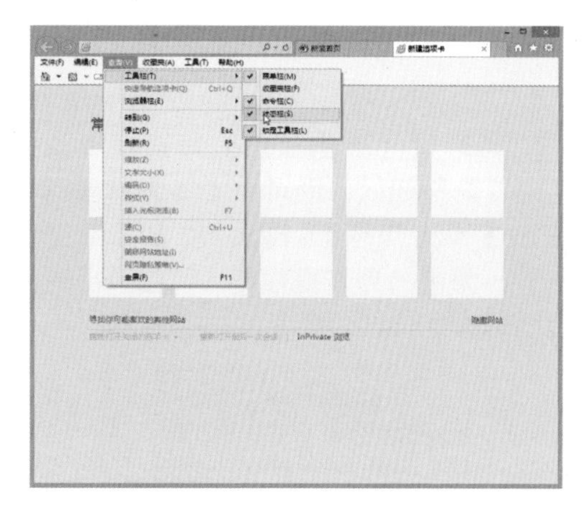

下面将通过一个简单的实例，介绍在Dreamweaver中设置【设置状态栏文本】行为的具体操作方法。

【例9-7】在网页中设置【设置状态栏文本】行为。

视频+素材(光盘素材\第09章\例9-7)

步骤 01 在Dreamweaver中打开一个网页文档后，选中页面中的文字Home，选择【窗口】|【行为】命令，显示【行为】面板。

步骤 02 在【行为】面板中单击【添加行为】按钮+，在弹出的列表框中选择【设置文本】|【设置状态栏】命令，然后在打开的【设置状态栏文本】对话框的【消息】文本框内容输入状态栏文本内容。

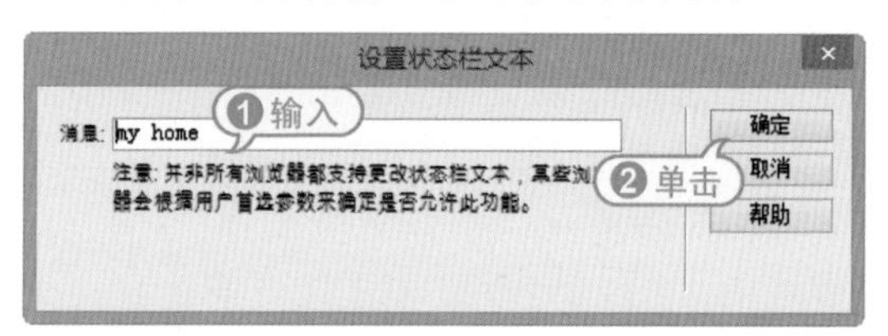

步骤 03 在【设置状态栏文本】对话框中单击【确定】按钮。然后单击【行为】面板中添加的【设置状态栏文本】行为前的列表框按钮∨，在弹出的列表框中选中onMouseOver选项。

步骤 04 最后，保存并按下F12键预览网页，将鼠标移动至页面中的文本Home的上

方，浏览器状态栏将显示相应的文字介绍。

在网页中设置状态栏文本，一般能够实现以下几种功能：

- 显示文档状态。载入完成文档时会显示完成，而在文档中出现脚本错误时，会显示发生了错误。
- 将光标移动到链接上方时，在状态栏中显示链接的地址。

可以利用JavaScript在状态栏中显示特定的文本，从而遮盖链接地址或吸引浏览者注意。

> **知识点滴**
>
> 状态栏文本只能提示页面中简要的信息，而不能明确地指出相关的详细信息。

9.4.3 设置容器的文本

【设置容器的文本】行为将以指定的内容替换网页上现有层的内容和格式设置(该内容可以包括任何有效的HTML源代码)。

【例9-8】在网页中设置【设置容器的文本】行为。

视频+素材(光盘素材\第09章\例9-8)

步骤 01 在Dreamweaver中打开一个网页文档后，将鼠标光标插入网页中合适的位置，然后选择【插入】| Div命令，在页面中插入一个层，并将其命名为Div11。

步骤 02 重复步骤(1)的操作，在页面中再插入一个层，并将其命名为Div12。

步骤 03 将鼠标光标插入Div11中，输入文本Our Site，然后选中该文本。

步骤 04 选择【窗口】|【行为】命令，打开【行为】面板，在【行为】面板中单击【添加行为】按钮+，在弹出的列表框中选择【设置文本】|【设置容器文本】命令，打开【设置容器文本】对话框，然

后单击该对话框中的【容器】下拉列表按钮，在弹出的下拉列表中选中Div"Div12"选项，并在【新建HTML】文本框中输入相应的文本。

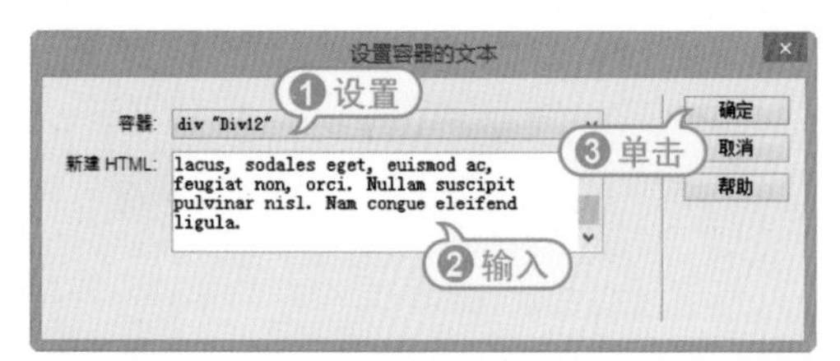

步骤 05 在【设置容器的文本】对话框中单击【确定】按钮，即可在【行为】面板中创建一个【设置容器的文本】行为。单击【行为】面板中添加的【设置容器的文本】行为前的列表框按钮⌄，在弹出的列表框中选中onClick选项。

步骤 06 保存并按下F12键预览网页，在浏览器中单击Our Site文本，将显示相应的文字内容。

在【设置容器的文本】对话框中，主要选项的功能如下。

- 【容器】下拉列表框：该下拉列表框中列出了页面中所有的层，可以在其中选择要进行操作的层。
- 【新建HTML】文本框：在文本框中输入要替换内容的HTML代码。

9.4.4 设置文本域文字

在Dreamweaver中，使用【设置文本域文字】行为能够在页面中动态的更新任何文本或文本区域。

【例9-9】在网页中设置【设置文本域文字】行为。

视频+素材(光盘素材\第09章\例9-9)

步骤 01 在Dreamweaver中打开一个网页文档后，选择【插入】|【表单】|【文本】命令，在页面中插入一个名称为textfield的文本域。

步骤 02 在【行为】面板中单击【添加行为】按钮+，在弹出的列表框中选择【设置文本】|【设置文本域文字】命令，打开【设置文本域文字】对话框，在该对话框的【文本域】下拉列表中选中input "textfield"选项，在【新建文本】文本框中输入“请输入用户名”。

步骤 03 在【设置文本域文字】对话框中单击【确定】按钮，即可在【行为】面板中添加一个【设置容器的文本】行为。单击【设置容器的文本】行为前的列表框按钮⌄，在弹出的列表框中选中onClick选项。

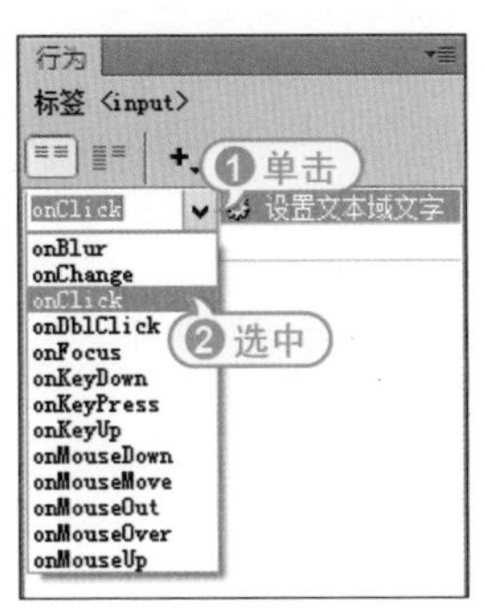

步骤 04 保存并按下F12键预览网页，单击页面中的文本域，即可在其中显示相应的文本信息。

> **知识点滴**
>
> 【设置文本域文字】行为接受任何文本或JavaScrript代码，该行为所作用的文本域必须位于当前页面中。

9.5 利用行为控制多媒体

在Dreamweaver中，可以利用行为控制网页中的多媒体，包括确认多媒体插件程序是否安装、显示隐藏元素、改变属性等。

9.5.1 检查插件

插件程序是为了实现IE浏览器自身不能支持的功能而与IE浏览器连接在一起使用的程序，通常简称为插件。具有代表的程序是Flash播放器，IE浏览器没有播放Flash动画的功能，初次进入含有Flash动画的网页时，会出现需要安装Flash播放器的警告信息。访问者可以检查自己是否已经安装了播放Flash动画的插件，如果安装了该插件，就可以显示带有Flash动画对象的网页；如果没有安装该插件，则显示一副仅包含图像替代的网页。

安装好Flash播放器后，每当遇到Flash动画时，IE浏览器会运行Flash播放器。IE浏览器的插件除了Flash播放器以外，还有Shockwave播放软件、QuickTime播放软件等。在网络中遇到IE浏览器不能显示的多媒体时，可以查找适当的插件来进行播放。

在Dreamweaver中可以确认的插件程序又Shockwave、Flash、Windows Media Player、Live Audio、Quick Time等。若想确认是否安装了插件程序，则可以应用【检查插件】行为。

【例9-10】在网页中设置【检查插件】行为。

视频+素材(光盘素材\第09章\例9-10)

步骤 01 在Dreamweaver中打开一个网页文档后，选择【窗口】|【行为】命令，打开【行为】面板，在【行为】面板中单击【添加行为】按钮 +，在弹出的列表框中选择【检查插件】命令。

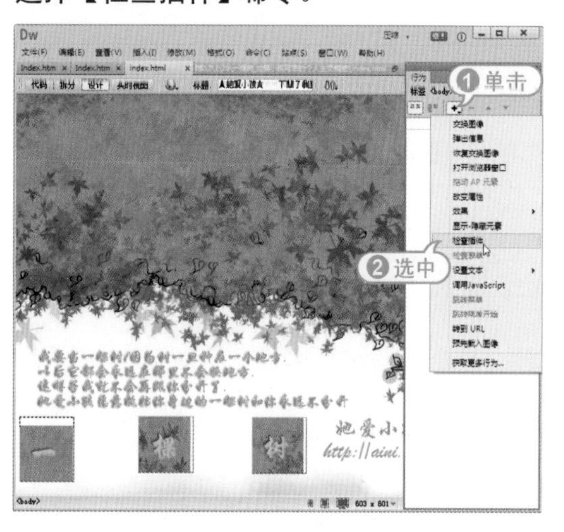

步骤 02 在打开的【检查插件】对话框中选中【选择】单选按钮，然后单击其后的下拉列表按钮，在弹出的下拉列表中选中Flash选项。

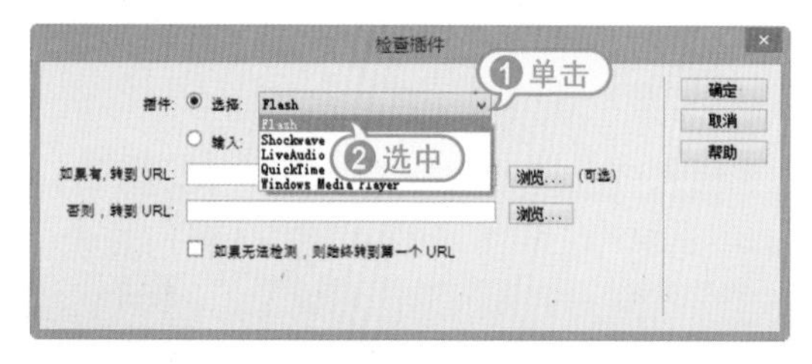

步骤 03 在【如果有，转到URL】文本框中输入在浏览器中已安装Flash插件的情况下，要链接的网页；在【否则，转到URL】文本框中输入如果浏览器中未安装Flash插件的情况下，要链接的网页；选中【如果无法检测，则始终转到第一个URL】复选框。

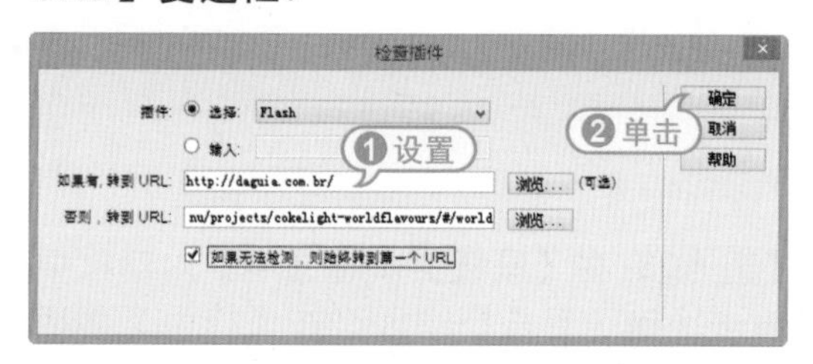

步骤 04 在【检查插件】对话框中单击【确定】按钮，即可在【行为】面板中设置一个【检查插件】行为，该行为将自动设置onLoad事件，设定在网页加载完成后自动执行【检查插件】行为。

在【检查插件】对话框中，比较重要的选项功能如下。

- 【插件】选项区域：该选项区域中包括【选择】单选按钮和【插入】单选按钮。单击【选择】单选按钮，可以在其后的下拉列表中选择插件的类型；单击【插入】单选按钮，可以直接在文本框中输入要检查的插件类型。
- 【如果有，转到URL】文本框：用于设置在选择的插件已经被安装的情况下，要链接的网页文件或网址。
- 【否则，转到URL】文本框：用于设置在选择的插件尚未已经被安装的情况下，要链接的网页文件或网址。可以输入可下载相关插件的网址，也可以链接另外制作的网页文件。
- 【如果无法检测，则始终转到第一个URL】复选框：选中该复选框后，如果浏览器不支持对该插件的检查特性，则直接跳转到上面设置的第一个URL地址中。

9.5.2 改变属性

使用【改变属性】行为，可以动态改变对象的属性值，例如改变层的背景颜色或图像的大小等。这些改变实际上是改变对象的相应属性值(是否允许改变属性值，取决于浏览器的类型)。

【例9-11】在网页中设置【改变属性】行为。

视频+素材 (光盘素材\第09章\例9-11)

步骤 01 在Dreamweaver中打开一个网页文档后，在页面中插入一个名为Div11的层，并在其中输入文本内容。

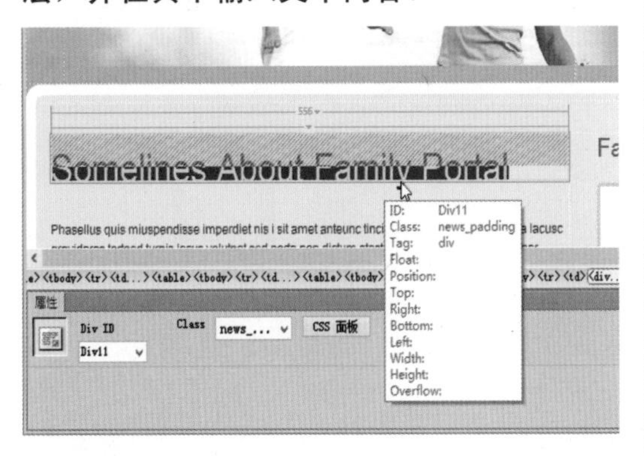

步骤 02 选择【窗口】|【行为】命令，打开【行为】面板，在【行为】面板中单击【添加行为】按钮+，在弹出的列表框中选择【改变属性】命令。

步骤 03 在打开的【改变属性】对话框中单击【元素类型】下拉列表按钮，在弹出的下拉列表中选中DIV选项。

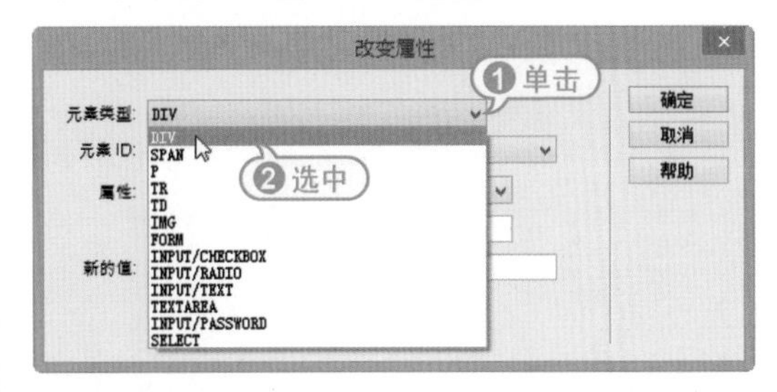

步骤 04 单击【元素ID】下拉列表按钮，在弹出的下拉列表中选中Div11选项，选中【选择】单选按钮，然后单击其后的下拉列表按钮，在弹出的下拉列表中选中color选项，并在【新的值】文本框中输入#FF0000。

步骤 05 在【改变属性】对话框中单击【确定】按钮，在【行为】面板中单击【改变属性】行为前的列表框按钮，在弹出的列表框中选中onClick选项。

步骤 06 完成以上操作后，保存并按下F12键预览网页，当用户单击页面中Div11层中的文字时，其颜色将发生变化。

在【改变属性】对话框中，比较重要的选项功能如下。

- 【元素类型】下拉列表按钮：用于

设置要更改的属性对象的类型。

- 【元素ID】下拉列表按钮：用于设置要改变的对象的名称。
- 【属性】选项区域：该选项区域包括【选择】单选按钮和【输入】单选按钮。选择【属性】单选按钮，可以使用其后的下拉列表选择一个属性；选择【输入】单选按钮，可以在其后的文本框中输入具体的属性类型名称。
- 【新的值】文本框：用于设定需要改变属性的新值。

9.5.3 显示-隐藏元素

【显示-隐藏元素】行为可以显示、隐藏或恢复一个或多个Div元素的默认可见性。该行为用于在访问者与网页进行交互时显示信息。例如，当网页访问者将鼠标光标滑过栏目图像时，可以显示一个Div元素，提示有关当前栏目的相关信息。

【例9-12】在网页中设置【显示-隐藏元素】行为。

视频+素材(光盘素材\第09章\例9-12)

步骤 01 继续【例9-11】的操作，选中页面中的Div11层，在【行为】面板中单击【添加行为】按钮+，在弹出的列表框中选择【显示-隐藏元素】命令。

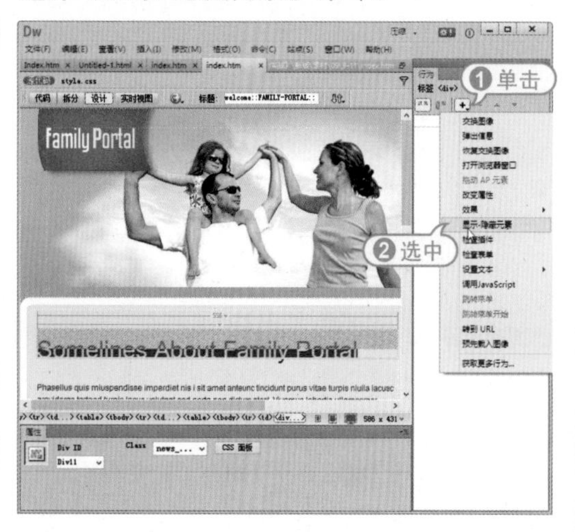

步骤 02 在打开的【显示-隐藏元素】对话框的【元素】列表框中选中div"Div11"选项，然后单击【隐藏】按钮，为Div11层设置隐藏效果。

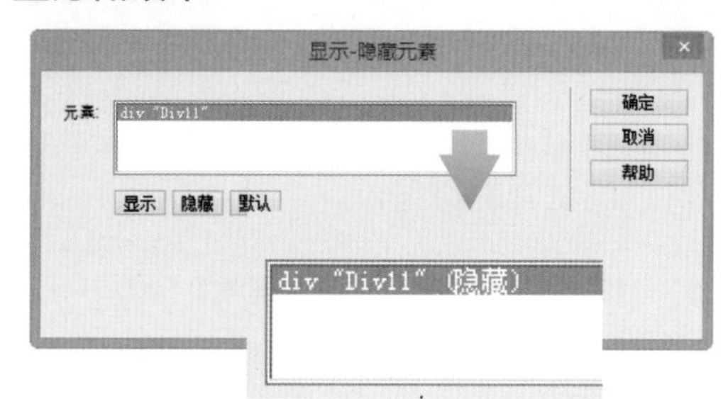

步骤 03 在【显示-隐藏元素】对话框中单击【确定】按钮，在【行为】面板中单击【显示-隐藏元素】行为前的列表框按钮，在弹出的列表框中选中onClick选项。

步骤 04 保存并按下F12键预览网页，在浏览器中单击Div11层，即可将该层隐藏。

在【显示-隐藏元素】对话框中，各选项的功能说明如下。

- 【元素】列表框：该列表框中列出

了当前文档中所有存在的Div元素的名称。

- 【显示】、【隐藏】和【默认】按钮：用于选择对【元素】列表框中选中的Div元素进行的控制类型。

9.6 利用行为控制表单

使用行为可以控制表单元素，如常用的菜单、验证等。在Dreamweaver中制作出表单后，在提交前首先应确认是否在必填域上按照要求格式输入了信息。

9.6.1 跳转菜单

在Dreamweaver中应用【跳转菜单】行为，可以编辑表单中的菜单对象。

【例9-13】在网页中设置【跳转菜单】行为。

视频+素材(光盘素材\第09章\例9-13)

步骤 01 在Dreamweaver中打开如下图所示的文档，并选中页面中表单内的选择。

步骤 02 选择【窗口】|【行为】命令，显示【行为】面板，并单击该面板中的【添加行为】按钮 +，在弹出的列表框中选择【跳转菜单】命令。

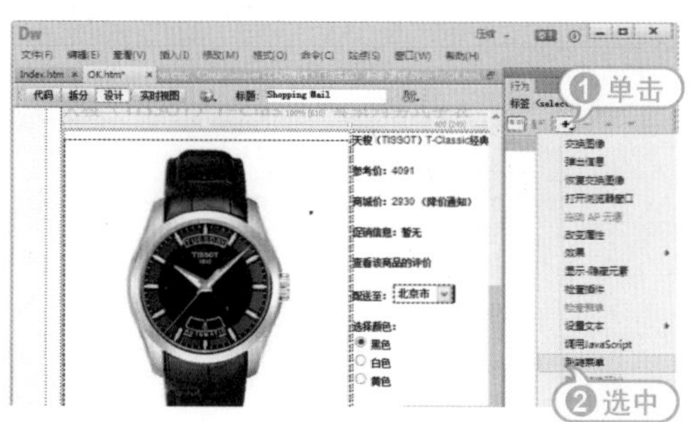

步骤 03 在打开的【跳转菜单】对话框的【菜单项】列表框中选中【北京市】选项，然后，单击【选择时，转到URL】文本框后的【浏览】按钮。

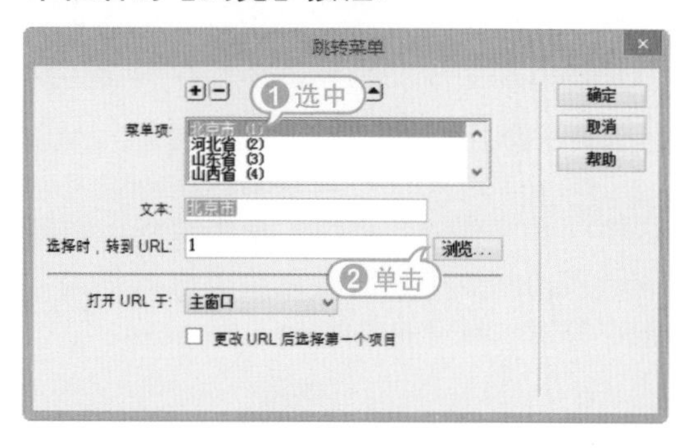

步骤 04 在打开的【选择文件】对话框中选中一个网页文档后，单击【确定】按钮返回【跳转菜单】对话框。

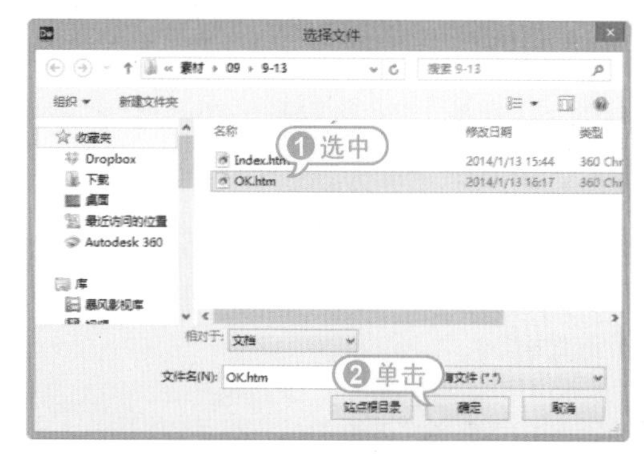

步骤 05 在【跳转菜单】对话框中单击【确定】按钮，即可在为表单中的选择设置一个【跳转菜单】行为。

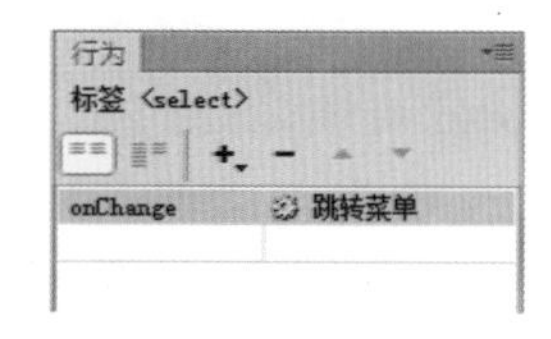

在【跳转菜单】对话框中，比较重要

选项的功能如下。

- 【菜单项】列表框：根据【文本】栏和【选择时，转到URL】栏的输入内容，显示菜单项目。
- 【文本】文本框：输入显示在跳转菜单中的菜单名称，可以使用中文或空格。
- 【选择时，转到URL】文本框：输入链接到菜单项目的文件路径(输入本地站点的文件或网址即可)。
- 【打开URL于】下拉列表：若当前网页文档由框架组成，选择显示连接文件的框架名称即可。若网页文档没有使用框架，则只能使用【主窗口】选项。
- 【更改URL后选择第一个项目】复选框：即使在跳转菜单中单击菜单，跳转到链接的网页中，跳转菜单中也依然显示指定为基本项目的菜单。

9.6.2 跳转菜单开始

在Dreamweaver中应用【跳转菜单开始】行为，可以手动指定单击某个表单对象前往特定的菜单项。

【例9-14】在网页中设置【跳转菜单开始】行为。

视频+素材(光盘素材\第09章\例9-14)

步骤 01 继续【例9-13】的操作，选中表单中的选择，在【属性】检查器的Name文本框中输入select。

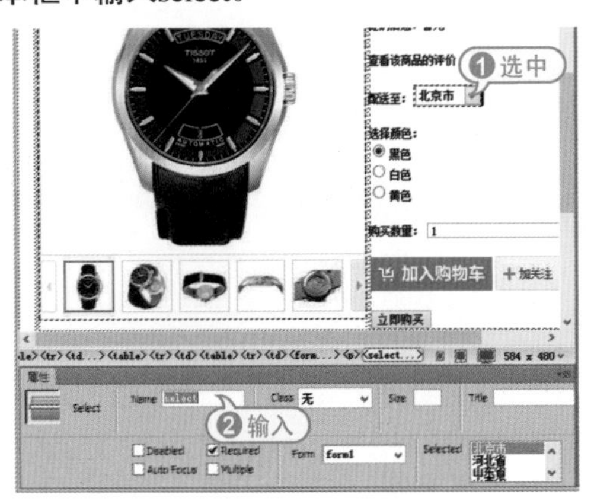

步骤 02 选中表单中的【立即购买】按钮，然后单击【行为】面板中的【添加行为】按钮+，在弹出的列表框中选择【跳转菜单开始】命令。

步骤 03 在打开的【跳转菜单开始】对话框中单击【选择跳转菜单】下拉列表按钮，在弹出的下拉列表中选中select选项，然后单击【确定】按钮。

步骤 04 此时，在【行为】面板中添加一个【跳转菜单开始】行为。

步骤 05 选择【文件】|【保存】命令，将当前网页保存后，按下F12键预览网页，在页面中的【配送至】列表框中选择【北京市】选项。

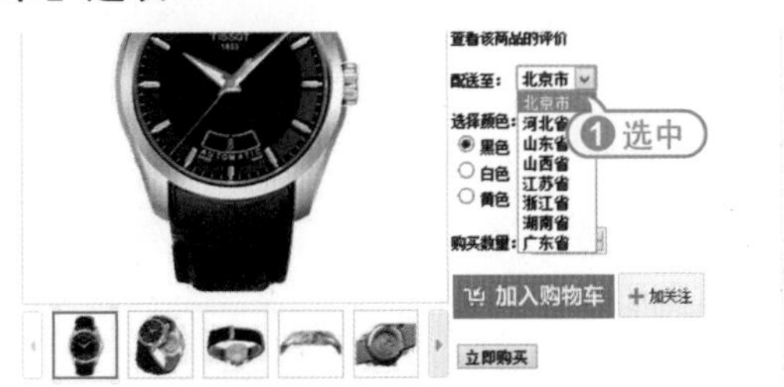

步骤 06 单击页面中的【立即购买】按钮，网页将自动跳转至OK.htm页面。

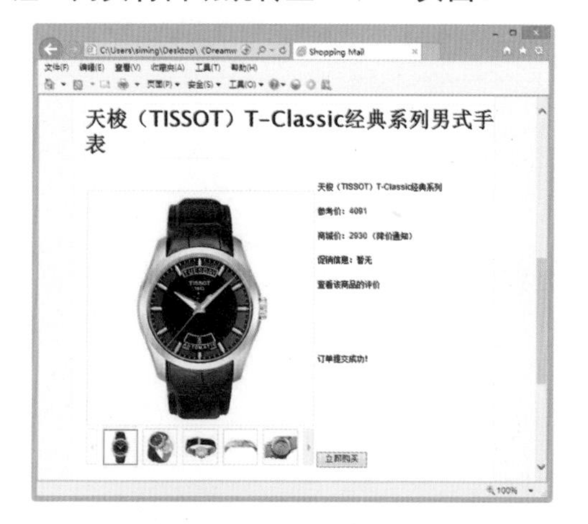

9.6.3 检查表单

在Dreamweaver中使用【检查表单】动作，可以为文本域设置有效性规则，检查文本域中的内容是否有效，以确保输入数据正确。一般来说，可以将该动作附加到表单对象上，并将触发事件设置为onSubmit。当单击【提交】按钮提交数据时会自动检查表单域中所有的文本域内容是否有效。

【例9-15】在Dreamweaver CC 中使用【检查表单】行为检查页面中的表单内容。

视频+素材 (光盘素材\第09章\例9-15)

步骤 01 打开一个表单网页后，选中页面中的表单form1。

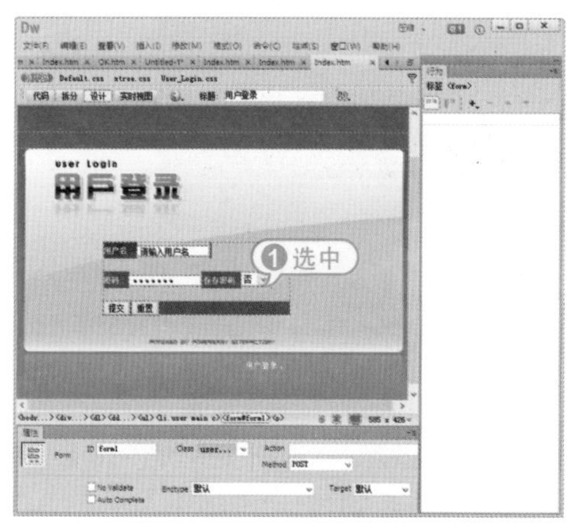

步骤 02 单击【行为】面板中的【添加行为】按钮 +，在弹出的列表框中选择【检查表单】命令。

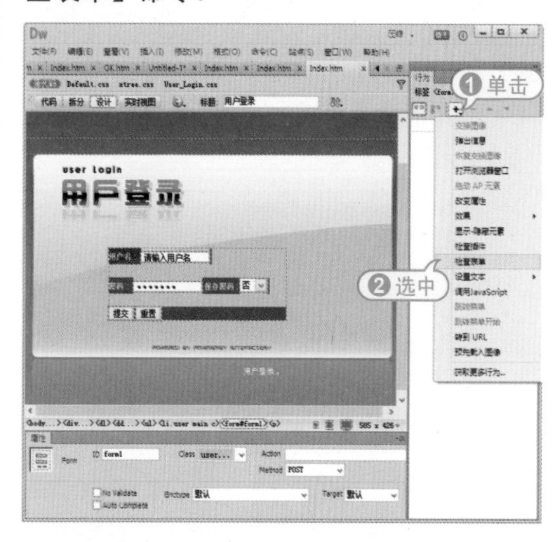

步骤 03 在打开的【检查表单】对话框中的【域】列表框内选中input"textfield1"选项后，选中【值】复选框和【任何东西】单选按钮。

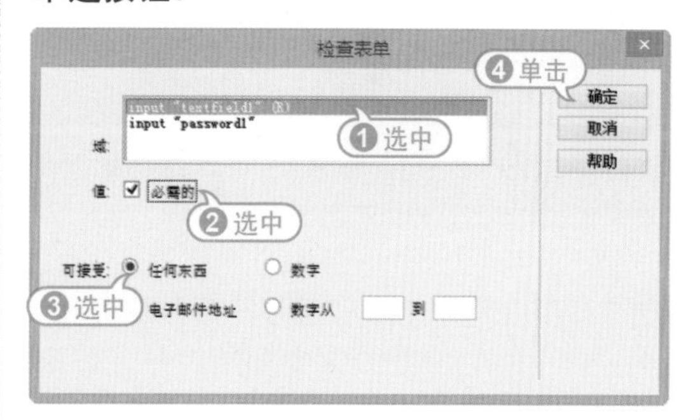

步骤 04 在【域】列表框内选中input "password1"选项后，选中【值】复选框和【任何东西】单选按钮。

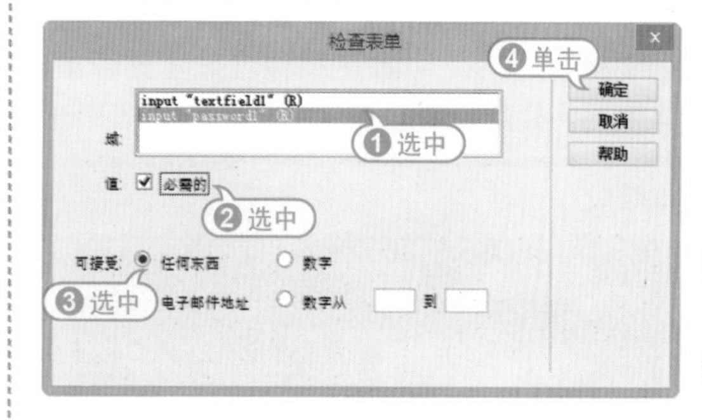

步骤 05 完成以上设置后，在【检查表

单】对话框中单击【确定】按钮即可为页面中的表单设置【检查表单】行为。选择【文件】|【保存】命令，保存网页后，按下F12键预览页面，如果在页面中的【用户名】和【密码】文本框中未输入任何内容就单击【提交】按钮，浏览器将打开如下图所示的提示对话框。

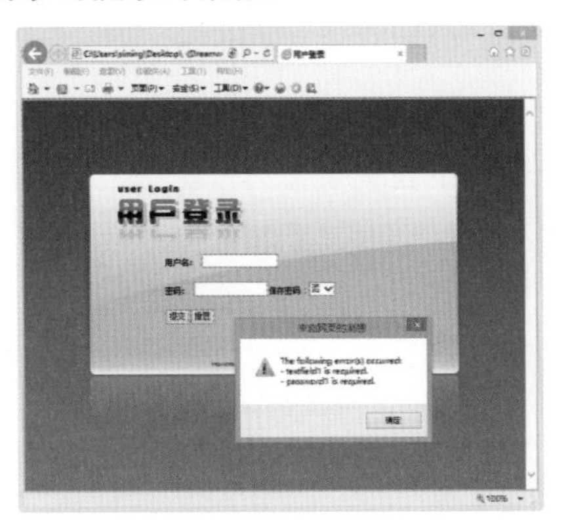

在【检查表单】对话框中，比较重要的选项功能如下。

- 【域】列表框：用于选择要检查数据有效性的表单对象。
- 【值】复选框：用于设置该文本域中是否使用必填文本域。
- 【可接受】选项区域：用于设置文本域中可填数据的类型，可以选择4种类型。选择【任何东西】选项表明文本域中可以输入任意类型的数据；选择【数字】选项表明文本域中只能输入数字数据；选择【电子邮件】选项表明文本域中只能输入电子邮件地址；选择【数字从】选项可以设置可输入数字值的范围，这时可在右边的文本框中从左至右分别输入最小数值和最大数值。

9.7 实战演练

本章的实战演练将包括制作网页动态菜单效果和网页文本显示效果两个实例，可以通过实例操作巩固所学的知识。

9.7.1 制作网页内容特效

可以参考下面介绍的方法，在网页中设置页面内容的显示与隐藏特效。

【例9-16】在Dreamweaver中使用【特效】行为制作网页内容显示与隐藏特效。

视频+素材(光盘素材\第09章\例9-16)

步骤 01 在Dreamweaver中打开一个网页，选中页面中的一个层，然后选择【窗口】|【属性】命令，显示【属性】检查器。

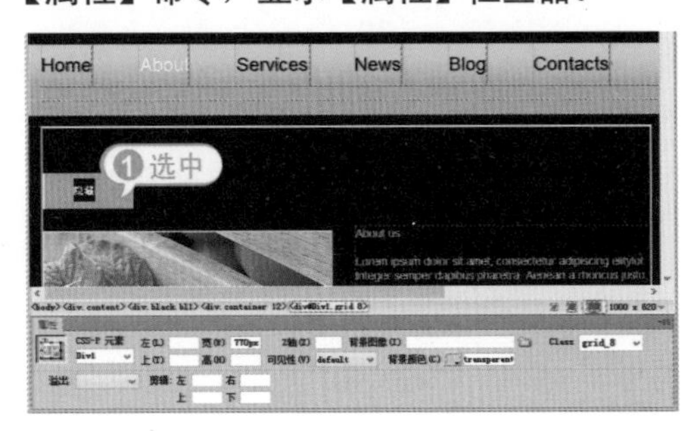

步骤 02 在【属性】检查器的【CSS-P元素】文本框中输入CSS1，然后选择【窗口】|【行为】命令，显示【行为】面板。

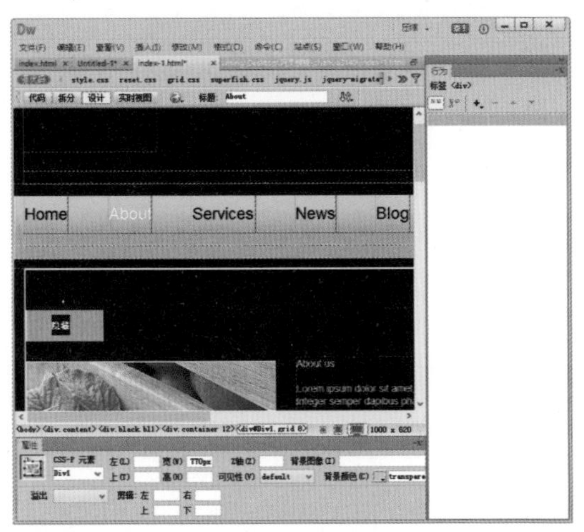

步骤 03 在页面中选中文本About，然后单击【行为】面板中的【添加行为】按钮+，在弹出的列表框中选择【效果】| Slide

命令。

步骤 04 在打开的Slide对话框中单击【目标元素】下拉列表按钮，在弹出的下拉列表中选中div"div1"选项，单击【可见性】下拉列表按钮，在弹出的下拉列表中选中show选项。

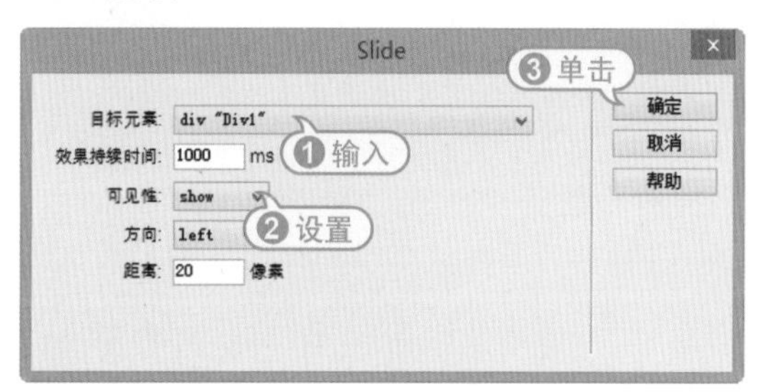

步骤 05 在slide对话框中单击【确定】按钮，在【行为】面板中添加一个Slide行为，该行为的触发事件为Onclick。

步骤 06 选中步骤(2)命名的Div1层中的按钮【隐藏】，然后单击【行为】面板中的【添加行为】按钮 +，在弹出的列表框中选择【效果】| Clip命令。

步骤 07 在打开的Clip对话框中单击【目标元素】下拉列表按钮，在弹出的下拉列表中选中div"div1"选项，单击【可见性】下拉列表按钮，在弹出的下拉列表中选中hide选项。

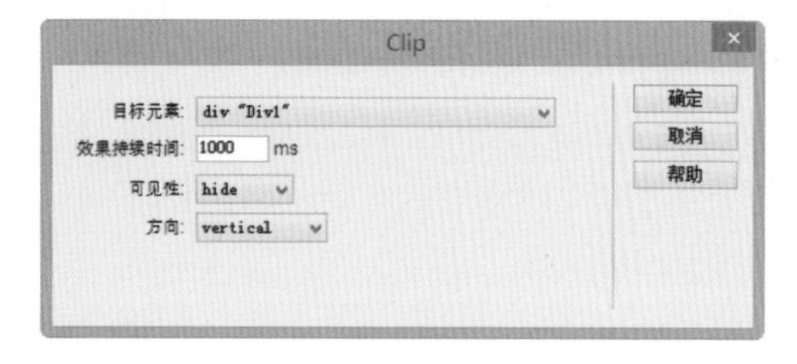

步骤 08 在Clip对话框中单击【确定】按钮，在【行为】面板中添加一个Clip行为，该行为的触发事件为Onclick。

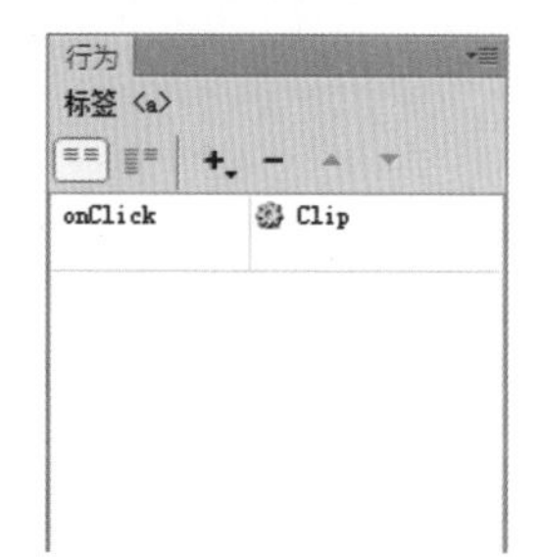

步骤 09 选中页面中如下图所示的图层，然后在【属性】检查器的【CSS-P元素】文本框中输入CSS2。

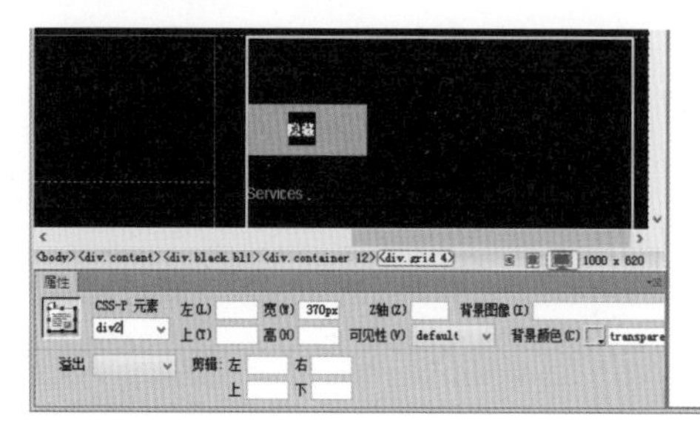

步骤 10 选中Div2层中的【隐藏】按钮，然后单击【行为】面板中的【添加行为】按钮+，在弹出的列表框中选择【效果】|Drop命令。

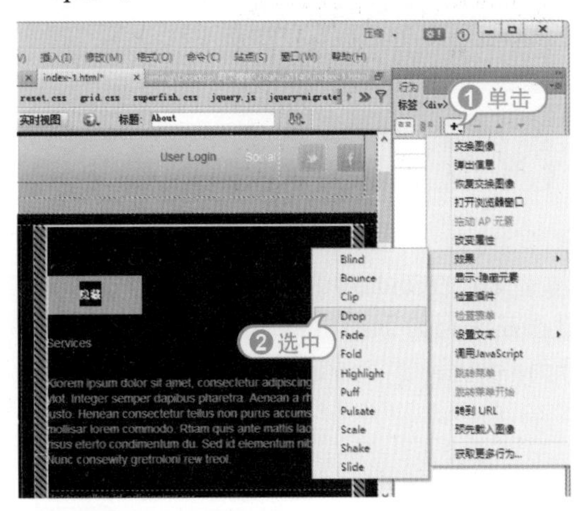

步骤 11 在打开的Drop对话框中单击【目标元素】下拉列表按钮，在弹出的下拉列表中选中div"div2"选项，单击【可见性】下拉列表按钮，在弹出的下拉列表中选中hide选项。

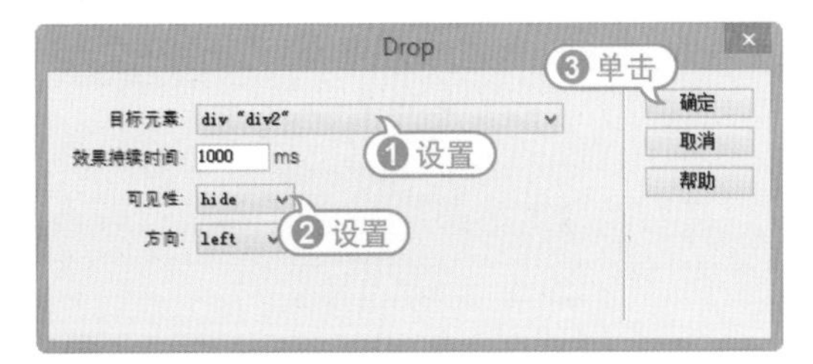

步骤 12 在Drop对话框中单击【确定】按钮，在【行为】面板中添加一个Drop行为，该行为的触发事件为Onclick。

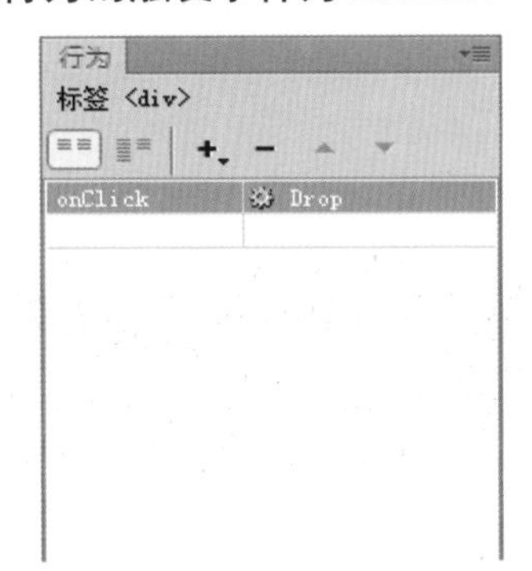

步骤 13 选中页面中的文本Services，然后单击【行为】面板中的【添加行为】按钮+，在弹出的列表框中选择【效果】|Shake命令，打开Shake对话框，并参考下图所示设置该对话框中的选项。

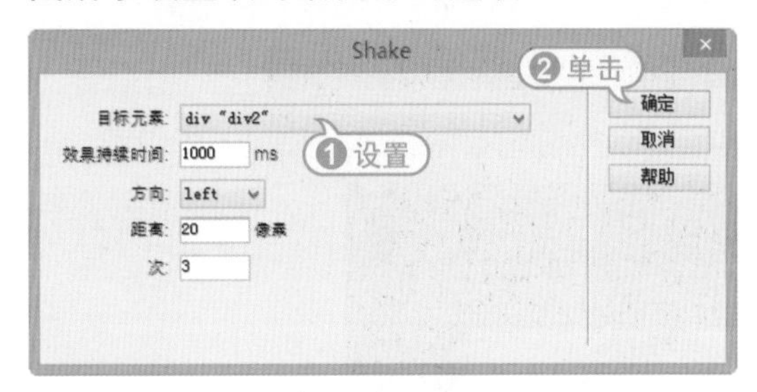

步骤 14 在Shake对话框中单击【确定】按钮，在【行为】面板中添加Shake行为。选择【文件】|【保存】命令保存网页，然后按下F12键预览网页效果如下图所示。

步骤 15 单击页面中div1层内的【隐藏】按钮，将隐藏Div层，显示div2层内容。

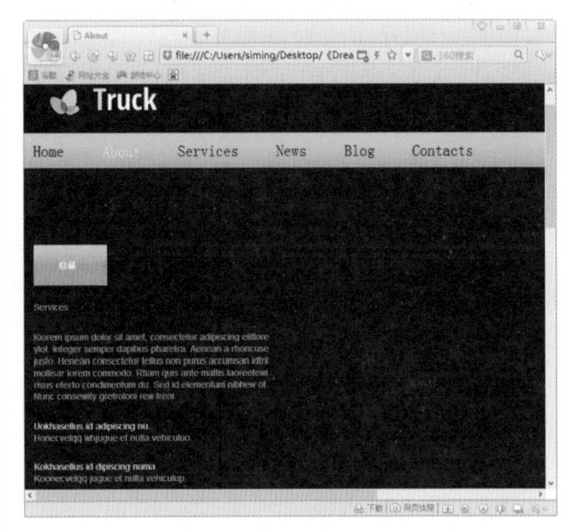

步骤 16 单击div2层中的【隐藏】按钮，将隐藏div2层，显示网页其他内容。

步骤 17 单击页面中的Service按钮，将在页面中重新显示div2层，单击About按钮，将在页面中显示div1层。

步骤 18 返回Dreamweaver后，选择如下图所示的层，在【属性】检查器的【CSS-P元素】文本框中输入CSS3。

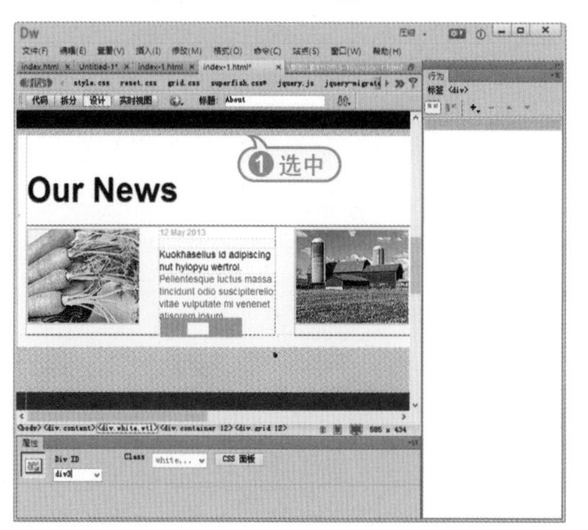

步骤 19 单击【行为】面板中的【添加行为】按钮+，在弹出的列表框中选择【效果】| Fade命令，然后参考如下图所示设置打开的Fade对话框。

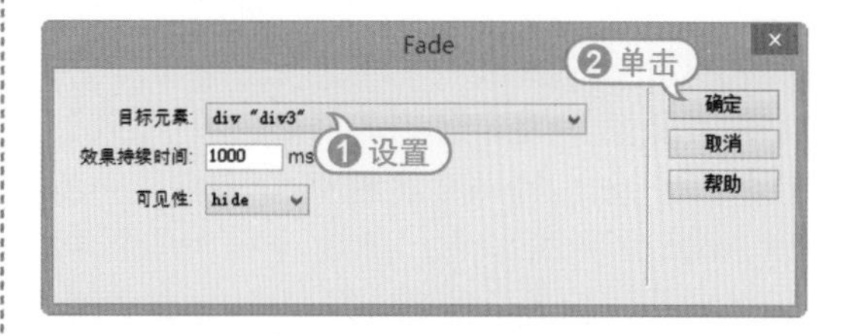

步骤 20 在Slide对话框中单击【确定】按钮，在【行为】面板中添加Fade行为，该行为的触发事件为Onclick。

步骤 21 选中页面中的文本News，单击【行为】面板中的【添加行为】按钮+，在弹出的列表框中选择【效果】|Slide命令，然后参考如下图所示设置打开的Slide对话框。

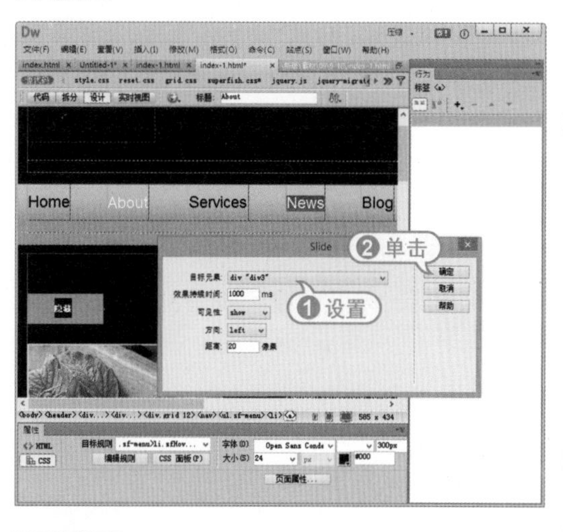

步骤 22 在Slide对话框中单击【确定】按钮，在【行为】面板中添加Slide行为。

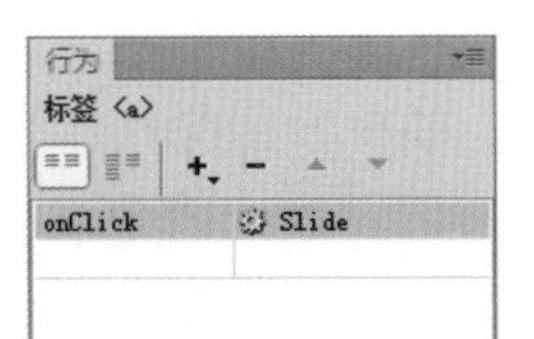

步骤 23 选中页面中如下图所示的层，然后在【属性】检查器中的【CSS-P元素】文本框中输入Div4，然后参考步骤(19)步骤(20)所介绍的方法，单击【行为】面板中的【添加行为】按钮 +，在弹出的列表框中选择【效果】| Fade命令，为该层设置Fade行为。

步骤 24 选中页面中的文本Blog，单击【行为】面板中的【添加行为】按钮 +，在弹出的列表框中选择【效果】| Slide命令，然后参考如下图所示设置打开的Slide对话框。

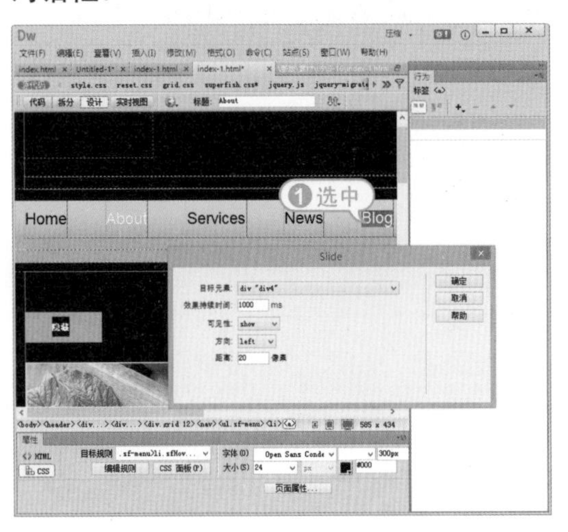

步骤 25 在Slide对话框中单击【确定】按钮，在【行为】面板中添加Slide行为。选择【文件】|【保存】命令保存网页，然后按下F12键预览网页，单击页面中的div3层和div4层，将隐藏层。

步骤 26 单击网页中的文本News将可以显示div3层，单击文本Blog将可以显示div4层。

9.7.2 制作网页文本特效

可以参考下面介绍的方法，在网页中制作包括页面弹出消息框和浏览器状态栏提示信息等效果。

【例9-17】使用行为制作网页文本的显示效果。

视频+素材 (光盘素材\第09章\例9-17)

步骤 01 在Dreamweaver CC中打开如下图所示的网页。

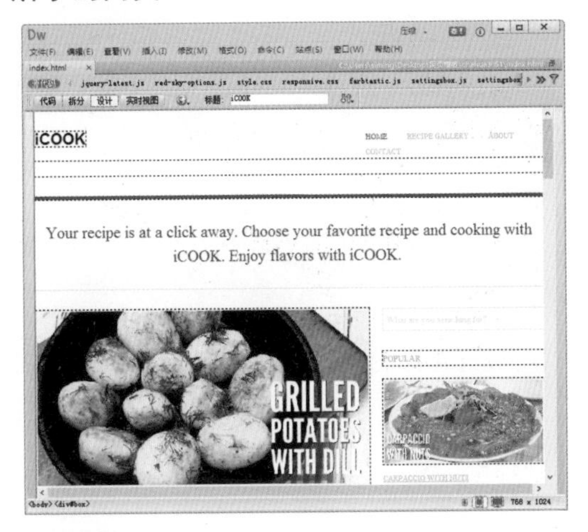

步骤 02 在标签选择器上单击<body>标签，然后选择【窗口】|【行为】命令，显示【行为】面板。

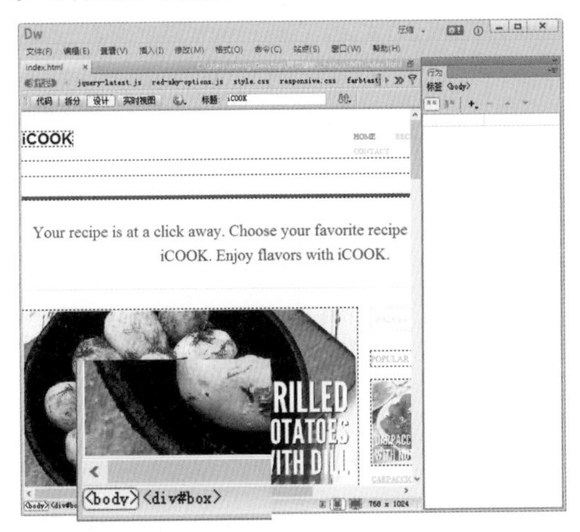

步骤 03 单击【行为】面板中的【添加行为】按钮+，在弹出的列表框中选择【弹出信息】命令。

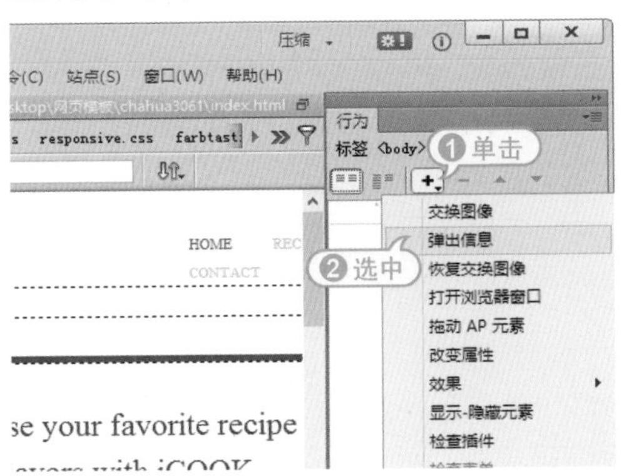

步骤 04 在打开的【弹出信息】对话框中输入一段文本内容后，单击【确定】按钮。

步骤 05 此时，在【行为】面板中添加一个【弹出信息】行为，该行为的触发事件为onFocus。

步骤 06 在标签选择器上保证<body>标签的选中状态，然后单击【行为】面板中的【添加行为】按钮+，在弹出的列表框中选择【设置文本】|【设置状态栏文本】命令。

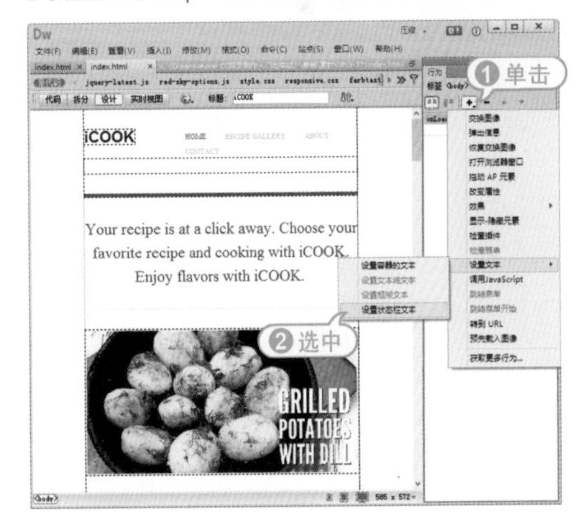

步骤 07 在打开的【设置状态栏文本】对话框的【消息】文本框中输入一段文本后，单击【确定】按钮。

步骤 08 选择【文件】|【保存】命令保存网页，然后按下F12键预览网页，页面在打开时将弹出如下图所示的消息框。

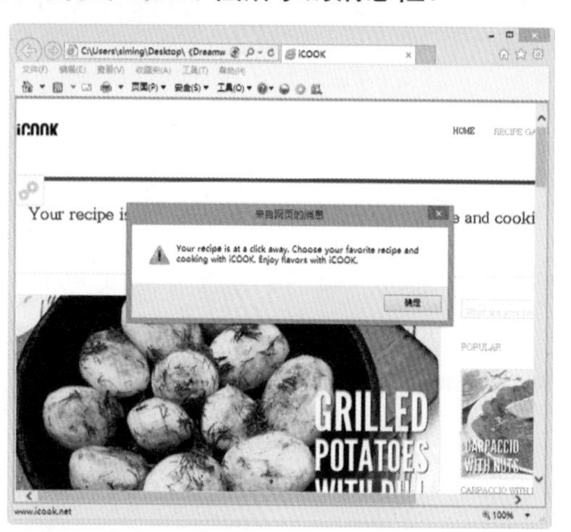

步骤 09 将鼠标光标移动至页面上方时，浏览器状态栏将显示如下图所示的信息。

专家答疑

» 问：<A>onClick事件和onClick事件有什么区别？

答：为了变换事件而打开事件列表时，有时会显示<A>onClick，而有时会显示onClick。

读书笔记

第10章

制作jQuery Mobile页面

对应光盘视频

- 例10-1　创建jQuery Mobile页面
- 例10-2　使用HTML5页面
- 例10-3　使用列表视图
- 例10-4　创建有序列表
- 例10-5　创建内嵌列表
- 例10-6　创建拆分按钮
- 例10-7　创建文本说明
- 例10-8　创建文本气泡列表

本章其他视频文件参见配套光盘

jQuery Mobile是jQuery 在手机上和平板设备上的版本。jQuery Mobile 不仅会给主流移动平台带来jQuery核心库，而且会发布一个完整统一的jQuery移动UI框架。支持全球主流的移动平台。

10.1 jQuery与jQuery Mobile简介

在使用Dreamweaver创建jQuery Mobile移动设备网页之前，首先应了解jQuery与jQuery Mobile的基本特征。

10.1.1 jQuery

jQuery是继prototype之后又一个优秀的Javascript框架。它是轻量级的js库，兼容CSS3，还兼容各种浏览器(IE 6.0+, FF 1.5+, Safari 2.0+, Opera 9.0+)。jQuery能更方便地处理HTML documents和events，实现动画效果，并且方便地为网站提供AJAX交互。jQuery还有一个比较大的优势，即它的文档说明很全，而且各种应用也说得很详细，同时还有许多成熟的插件可供选择。jQuery能够使html页面保持代码和html内容分离，也就是说，不用再在html里面插入一堆js来调用命令了，只需定义id即可。

使用jQuery的前提是首先要引用一个有jQuery的文件，jQuery库位于一个JavaScript文件中，其中包含了所有的jQuery函数，代码如下。

```
<script type= "text/javascript " src= " http://code.
jQuery.com/jQuery-latest.min.js">
</script>
```

知识点滴

现在jQuery驱动着Internet上大量的网站，它可以在浏览器中提供动态的用户体验，使传统桌面应用程序越来越受到其影响。

10.1.2 jQuery Mobile

jQuery Mobile的使命是向所有主流移动浏览器提供一种统一体验，使整个Internet上的内容更加丰富(无论使用何种设备)。jQuery Mobile的目标是在一个统一的UI框架中交付JavaScript功能，跨最流行的智能手机和平板电脑设备工作。与jQuery一样，jQuery Mobile是一个在Internet上直接托管、免费可以使用的开源代码基础。实际上，当jQuery Mobile致力于统一和优化这个代码基础时，jQuery核心库受到了极大关注。这种关注充分说明，移动浏览器技术在极短的时间内取得了非常大的发展。

jQuery Mobile与jQuery核心库一样，在计算机上不需要安装任何程序，只要将各种*.js和*.css文件直接包含在web页面中即可。这样jQuery Mobile的功能就好像被放到了用户的指尖，让用户可以随时使用。

10.2 创建jQuery Mobile页面

Dreamweaver与jQuery Mobile相集成，可以帮助快速设计适合大部分移动设备的网页程序，同时也可以使网页自身适应各类尺寸的设备。下面将介绍在Dreamweaver中使用jQuery Mobile起始页创建应用程序和使用HTML5创建Web页面的方法。

10.2.1 使用jQuery Mobile起始页

用户在安装Dreamweaver时，软件会将jQuery Mobile文件的副本复制到计算机中。选择jQuery Mobile(本地)起始页时所打开的HTML页会链接到本地CSS、JavaScript和图像文件。可以参考下面介绍的方法创建jQuery Mobile页面结构。

【例10-1】使用Dreamweaver创建jQuery Mobile页面。视频

步骤 01 启动Dreamweaver后选择【文件】|【新建】命令，打开【新建文档】对话框，然后在该对话框中选中【启动器模板】选项。

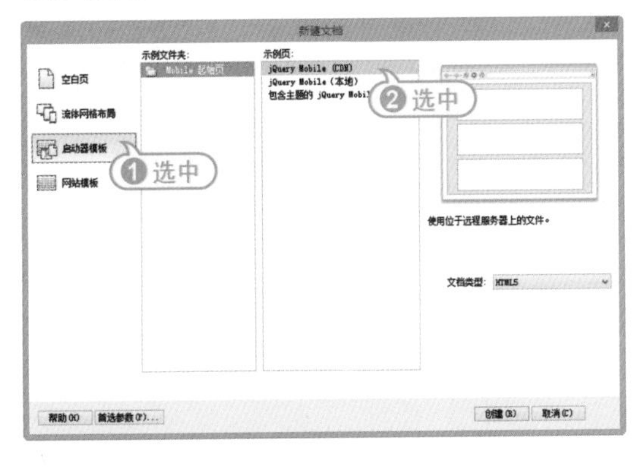

步骤 02 在【新建文档】对话框的【示例文件夹】列表框中选中【Mobile起始页】选项后，在【示例页】列表框中选中jQuery Mobile(CDN)、jQuery Mobile(本地)或包含主题的jQuery Mobile(本地)选项中的一项。单击【确定】按钮，即可创建jQuery Mobile页面结构的网页，其页面效果如下图所示。

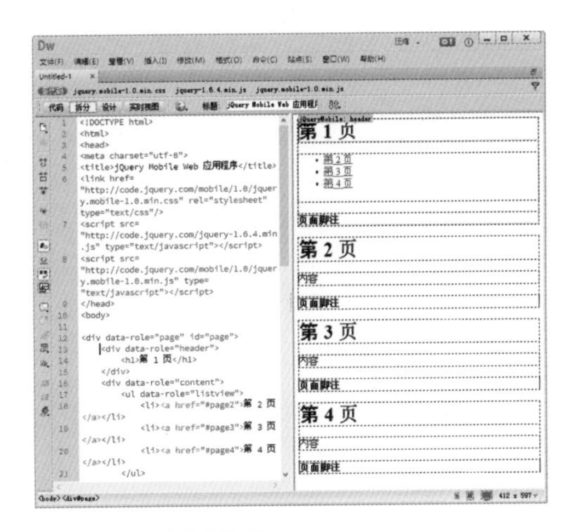

知识点滴

CDN(内容传送网络)是一种计算机网络，其所含的数据副本分别放置在网络中的多个不同点上。使用CDN的URL创建Web应用程序时，应用程序将使用URL中指定的CSS和JavaScript文件。

10.2.2 使用HTML5页面

【jQuery Mobile页面】组件充当所有其他jQuery Mobile组件的容器。在新的使用HTML5的页面中添加【jQuery Mobile页面】组件，可以创建出jQuery Mobile的页面结构。

【例10-2】 通过新建HTML5页面创建jQuery Mobile页面结构。视频

步骤 01 启动Dreamweaver CC后，选择【文件】|【新建】命令，打开【新建文档】对话框，然后在该对话框中选中【空白页】选项，单击【文档类型】下拉列表按钮，在弹出的下拉列表中选中HTML5选项。

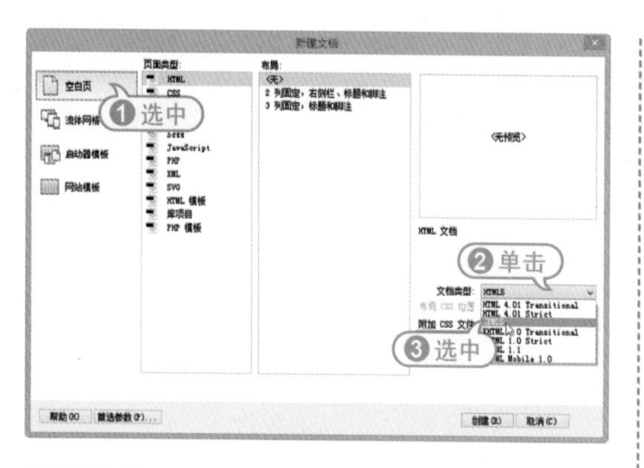

步骤 02 在【新建文档】对话框中单击【创建】按钮即可新建空白HTML5页面。

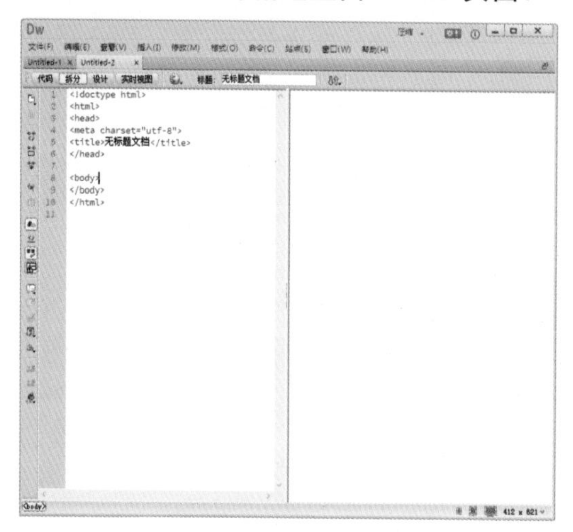

步骤 03 选择【窗口】|【插入】命令，显示【插入】面板，然后在【插入】面板中选中jQuery Mobile分类，jQuery Mobile组件将显示在分类列表中。

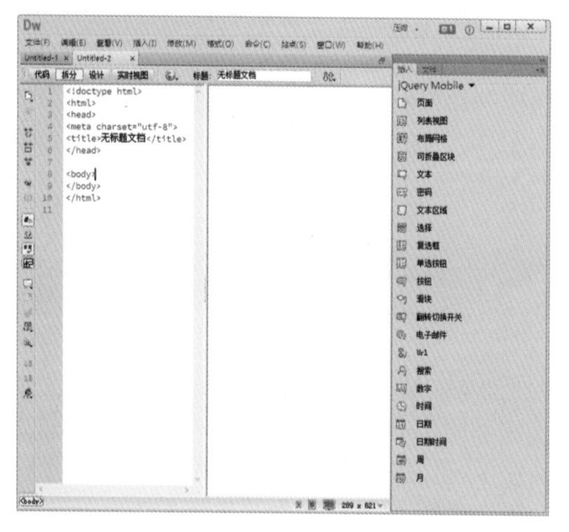

步骤 04 接下来，单击jQuery Mobile分类中的【页面】选项，打开【jQuery Mobile文件】对话框。在该对话框中选中【远程】和【组合】单选按钮后，单击【确定】按钮。

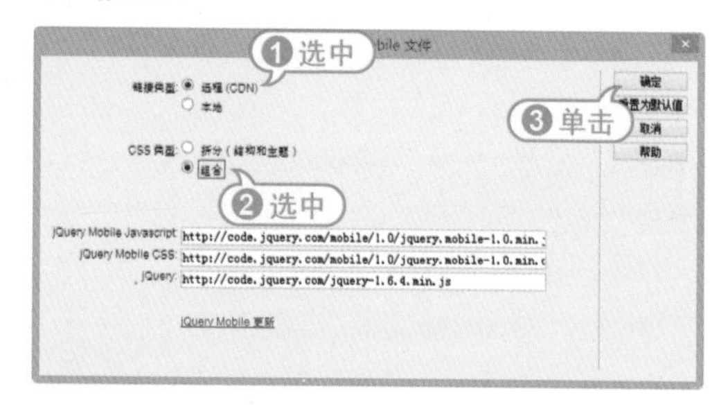

步骤 05 在打开的【页面】对话框中输入【页面】组件的属性，然后单击【确定】按钮。

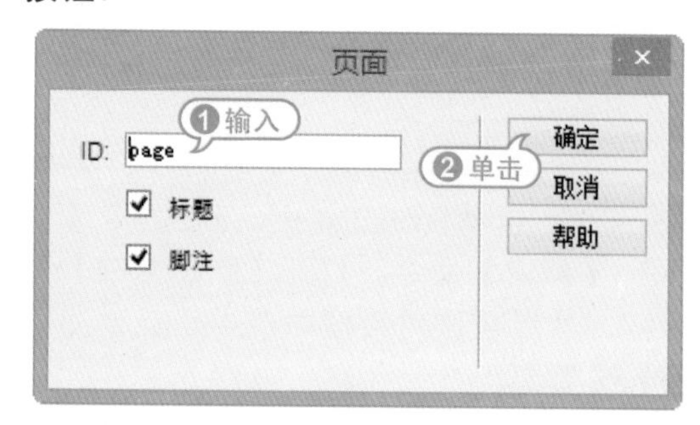

步骤 06 此时，将创建如下图所示的jQuery Mobile页面结构。

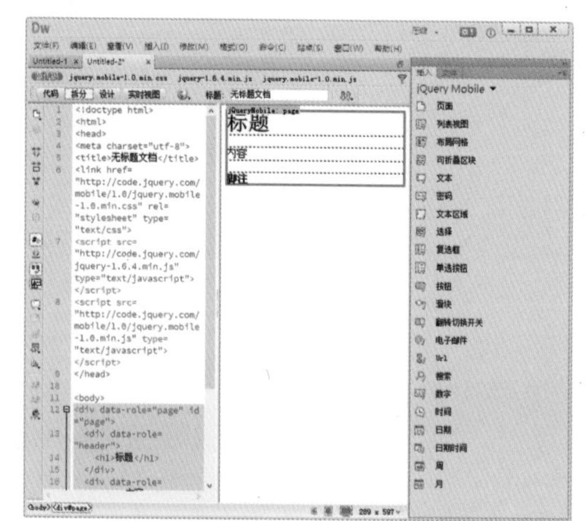

【jQuery Mobile文件】对话框中比较重要的选项功能如下。

【远程(CDN)】单选按钮：如果要链接到承载jQuery Mobile文件的远程CDN服务器，并且尚未配置包含jQuery Mobile文件的站点，则对jQuery站点使用默认选项。

● 【本地】单选按钮：显示Dreamweaver中提供的文件。可以指定其他包含jQuery Mobile文件的文件夹。

● 【CSS类型】选项区域：选择【组合】选项，使用完全CSS文件，或选择【拆分】选项，使用被拆分成结构和主题组件的CSS文件。

10.2.3 jQuery Mobile页面结构

jQuery Mobile Web应用程序一般都要遵循下面所示的基本模板。

```
<!DOCTYPE html>
<html>
<head>
<title>Page Title</title>
<link rel="stylesheet"
href="http://code.jquery.com/mobile/1.0/jquery.mobile-1.0.min.css" >
<script src=
http://code.jquery.com/jquery-1.6.4.min.js type="text/javascript"></script>
<script src=
"http://code.jquery.com/mobile/1.0/jquery.mobile-1.0.min.js" type="text/javascript"></script>
</head>
<body>
<div data-role="page" >
 <div data-role="header">
 <h1> Page Title </h1>
 </div>
<div data-role="content">
<p>page content goes here.</p>
 </div>
<div data-role="footer">
<h4>Page Footer</h4>
</div>
</div>
</body>
</html>
```

要使用jQuery Mobile，首先需要在开发的界面中包含以下3个内容。

● CSS文件；

● jQuery library；

● jQuery Mobile library。

在以上的页面基本模板中，引入这3个元素采用的是jQuery CDN方式，网页开发者也可以下载这些文件及主题到自己的服务器上。

> **知识点滴**
>
> 以上基本页面模板中的内容都包含在div标签中，并在标签中加入了data-role="page"属性。这样jQuery Mobile就会知道哪些内容需要处理。

另外，在"page"div中还可以包含header、content、footer的div元素。这些元素都是可选的，但至少要包含一个"content" div，具体解释如下。

● <div data-role="header" ></div>：在页面的顶部建立导航工具栏，用于放置标题和按钮(典型的至少要放置一个【返回】按钮，用于返回前一页)。通过添加额外的属性data-position="fixed"，可以保证头部始终保持在屏幕的顶部。

● <div data-role="content" ></div>：包含一些主要内容，如文本、图像、按钮、列表、表单等。

● <div data-role="footer" ></div>：在页面的底部建立工具栏，添加一些功能按钮。为了通过添加额外的属性data-position="fixed"，可以保证它始终保持在屏幕的底部。

10.3 使用jQuery Mobile组件

jQuery Mobile提供了多种组件，包括列表、布局、表单等多种元素，在Dreamweaver中使用【插入】面板的jQuery Mobile分类可以可视化地插入这些组件。

10.3.1 使用列表视图

在Dreamweaver中单击【插入】面板jQuery Mobile分类下的【列表视图】按钮，可以在页面中插入jQuery Mobile列表。

【例10-3】在jQuery Mobile页面中插入列表视图。

视频

步骤 01 参考【例10-1】介绍的方法，创建jQuery Mobile页面后，将鼠标光标插入页面中合适的位置。

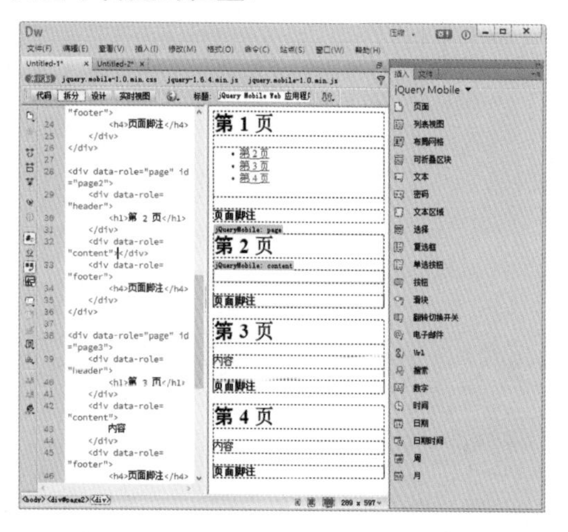

步骤 02 单击【插入】面板jQuery Mobile选项卡中的【列表视图】按钮，打开【列表视图】对话框。

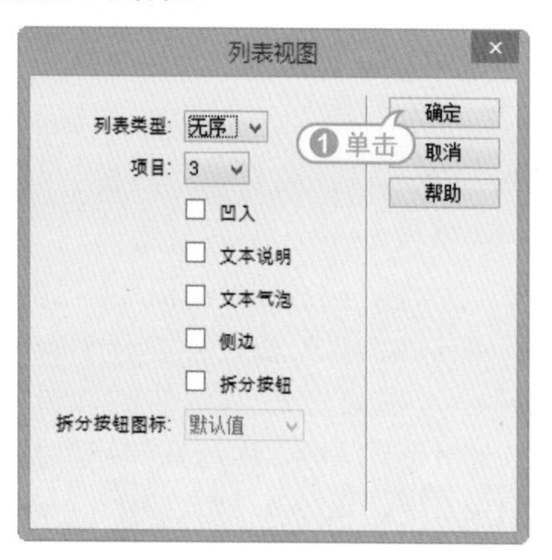

步骤 03 在【列表视图】对话框中单击【确定】按钮，即可在页面中插入如下图所示的列表视图。

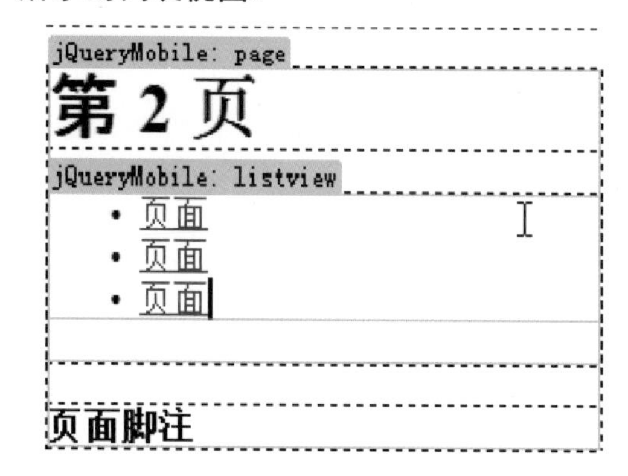

步骤 04 在界面左侧的【代码】视图中，可以看到列表的代码为一个含data-role="listview"属性的无序列表ul。

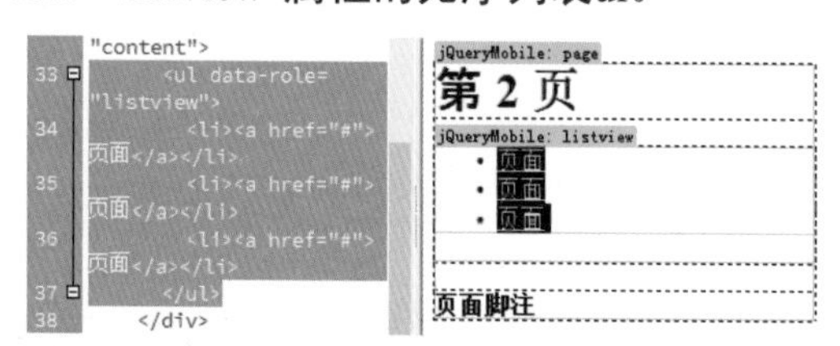

步骤 05 在【文档】工具栏中单击【实时视图】按钮，页面中的列表视图效果如下图所示。

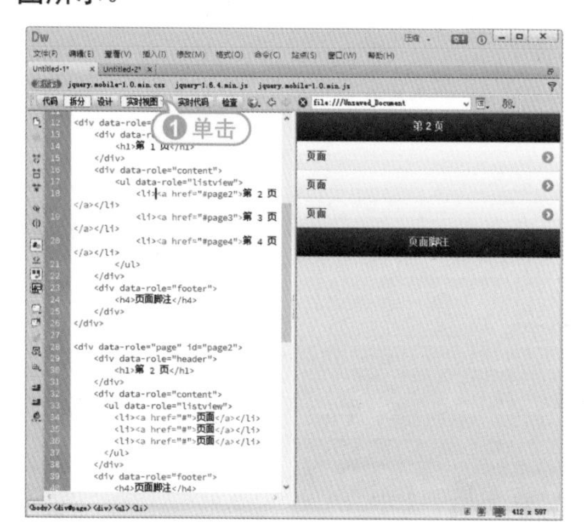

通过有序列表ol可以创建数字排序的列表，用于表现顺序序列，例如在设置搜索结果或电影排行榜时非常有用。当增强效果应用在列表时，jQuery Mobile优先使用CSS的方式为列表添加编号，当浏览器不支持该方式时，框架会采用JavaScript将编号写入列表中。jQuery Mobile有序列表源代码如下。

```
<ol data-role="listview">
    <li><a href="#">页面</a></li>
    <li><a href="#">页面</a></li>
    <li><a href="#">页面</a></li>
    </ol>
```

【例10-4】在Dreamweaver修改列表视图源代码，创建有序列表。

视频+素材(光盘素材\第10章\例10-4)

步骤 01 继续【例10-3】的操作，在页面中创建列表视图后，在页面左侧的【代码】视图中修改列表视图源代码，如下图所示。

步骤 02 在【文档】工具栏中单击【实时视图】按钮，列表效果如下图所示。

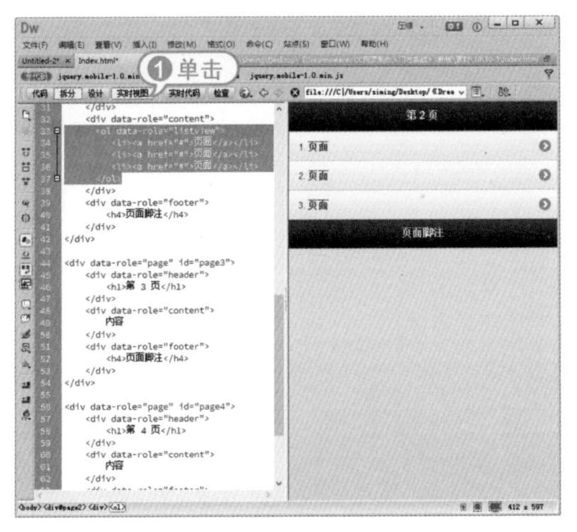

列表也可以用于展示没有交互的条目。通常会是一个内嵌的列表。通过有序或者无序列表都可以创建只读列表，列表项内没有链接即可，jQuery Mobil默认将它们的主题样式设置为c白色无渐变色，并将字号设置得比可点击的列表项小，以达到节省空间的目的。jQuery Mobile内嵌列表源代码如下所示。

```
<ul data-role="listview" data-inset="true">
        <li><a href="#">页面</a></li>
        <li><a href="#">页面</a></li>
        <li><a href="#">页面</a></li>
        </ul>
```

【例10-5】在Dreamweaver修改列表视图源代码，创建内嵌列表。

视频+素材(光盘素材\第10章\例10-5)

步骤 01 在页面中创建列表视图后，在页面左侧的【代码】视图中修改列表视图源代码，如下图所示。

步骤 02 在【文档】工具栏中单击【实时视图】按钮，列表效果如下图所示。

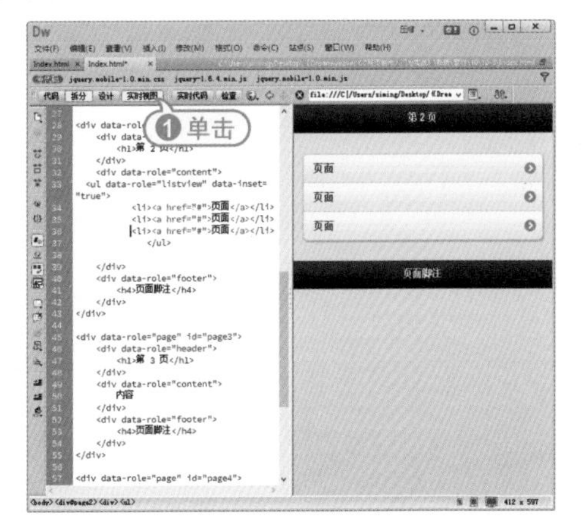

当每个列表项有多个操作时，【拆分】按钮可以用于提供两个独立的可点击的部分：列表项本身和列表项侧边的icon。要创建这种拆分按钮，在<li>标签中插入第二链接即可，框架会创建一个竖直的分割线，并把链接样式化为一个只有icon的按钮(注意设置title属性以保证可访问性)。jQuery Mobile拆分按钮的源代码如下。

```
<ul data-role="listview">
    <li><a href="#">页面</a><a href="#">默认值</a></li>
    <li><a href="#">页面</a><a href="#">默认值</a></li>
    <li><a href="#">页面</a><a href="#">默认值</a></li>
</ul>
```

【例10-6】在Dreamweaver修改列表视图源代码，创建【拆分】按钮。

视频+素材(光盘素材\第10章\例10-6)

步骤 01 在页面中创建列表视图后，在页面左侧的【代码】视图中修改列表视图源代码，如下图所示。

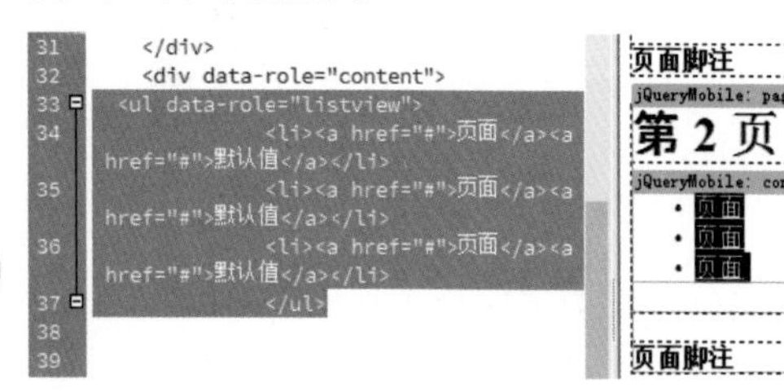

步骤 02 在【文档】工具栏中单击【实时视图】按钮，列表效果如下图所示。

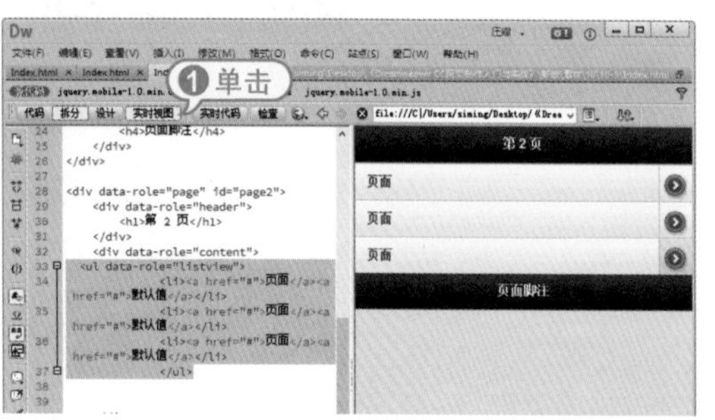

jQuery Mobile支持通过HTML语义化的标签来显示列表项中所需常见的文本格式(例如标题/描述、二级信息、计数等)。jQuery Mobile文本说明源代码如下。

```
<ul data-role="listview">
    <li><a href="#">
    <h3>页面</h3>
    <p>lorem ipsum</p>
    </a></li>
    ……
</ul>
```

【例10-7】在Dreamweaver修改列表视图源代码，创建jQuery Mobile文本说明。

视频+素材(光盘素材\第10章\例10-7)

步骤 01 在页面中创建列表视图后，在页面左侧的【代码】视图中修改列表视图源代码，如下图所示。

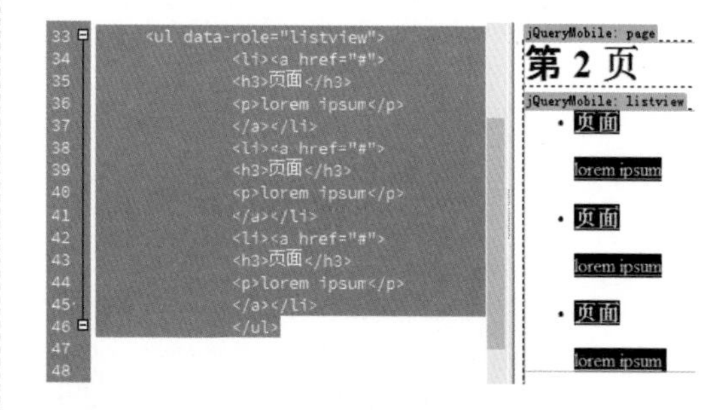

步骤 02 在【文档】工具栏中单击【实时视图】按钮，列表效果如下图所示。

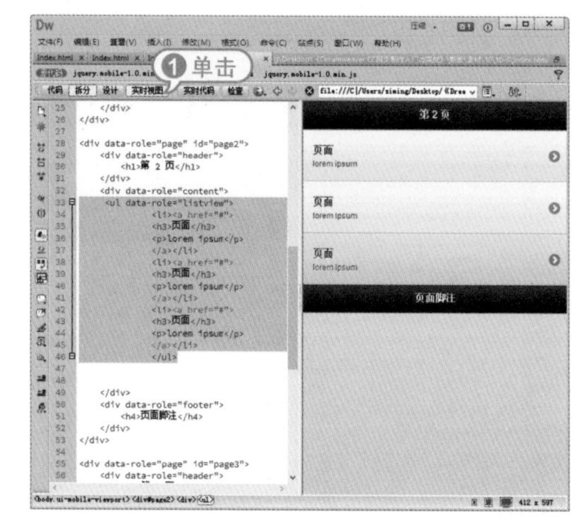

创建jQuery Mobile文本气泡列表效果的源代码如下。

```
<ul data-role="listview">
    <li><a href="#">页面<span class="ui-li-count">1</span></a></li>
    <li><a href="#">页面<span class="ui-li-count">1</span></a></li>
    <li><a href="#">页面<span class="ui-li-count">1</span></a></li>
</ul>
```

【例10-8】在Dreamweaver修改列表视图源代码，创建jQuery Mobile文本气泡列表。

视频+素材(光盘素材\第10章\例10-8)

步骤 01 在页面中创建列表视图后，在页面左侧的【代码】视图中修改列表视图源代码，如下图所示。

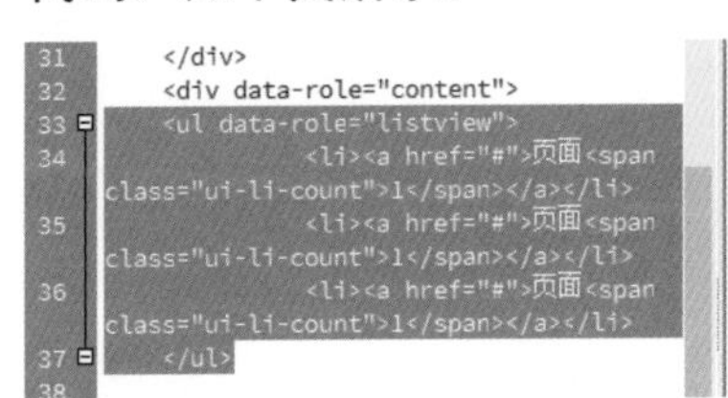

步骤 02 在【文档】工具栏中单击【实时视图】按钮，列表效果如下图所示。

将数字用一个元素包裹，并添加ui-li-count的class，放置于列表项内，可以为列表项右侧增加一个计数气泡。补充信息(如日期)可以通过包裹在class="ui-li-aside"的容器中来添加到列表项的右侧。jQuery Mobile补充信息列表源代码如下。

```
<ul data-role="listview">
    <li><a href="#">页面
        <p class="ui-li-aside">侧边</p>
    </a></li>
    ……
</ul>
```

【例10-9】在Dreamweaver修改列表视图源代码，创建jQuery Mobile补充信息列表。

视频+素材(光盘素材\第10章\例10-9)

步骤 01 在页面中创建列表视图后，在页面左侧的【代码】视图中修改列表视图源代码，如下图所示。

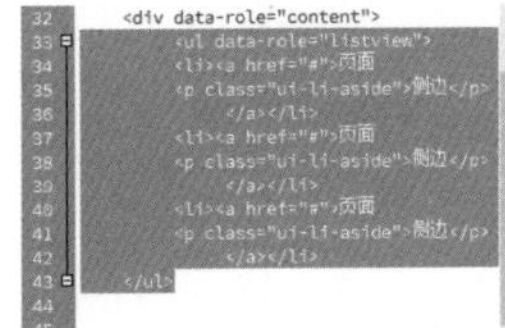

步骤 02 在【文档】工具栏中单击【实时视图】按钮，列表效果如下图所示。

10.3.2 使用布局网格

因为移动设备的屏幕通常都比较小，所以不推荐在布局中使用多栏布局方法。当需要在网页中将一些小的元素并排放置时，可以使用布局网格。jQuery Mobile框架提供了一种简单的方法构建基于CSS的分栏布局——ui-grid。jQuery Mobile提供两种预设的配置布局：两列布局(class含有ui-grid-a)和三列布局(class含有ui-grid-b)，这两种配置的布局几乎可以满足任何情况(网格是100%宽的，不可见，也没有padding和margin，因此它们不会影响内部元素样式)。

在Dreamweaver中单击【插入】面板jQuery Mobile分类下的【网格布局】选项，可以打开【jQuery Mobile布局网格】对话框，在该对话框中设置网格参数后单击【确定】按钮，可以在网页中插入布局网格。

【例10-10】在jQuery Mobile页面中插入布局网格。

视频+素材(光盘素材\第10章\例10-10)

步骤 01 创建jQuery Mobile页面后，将鼠标光标插入页面中合适的位置。

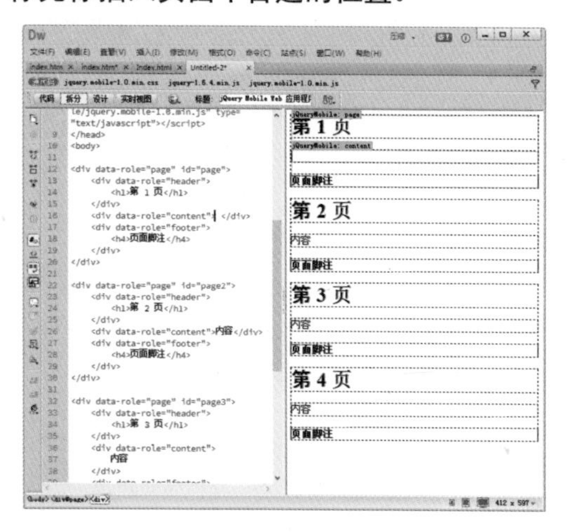

步骤 02 单击【插入】面板jQuery Mobile选项卡中的【布局网格】按钮，打开【布局网格】对话框。

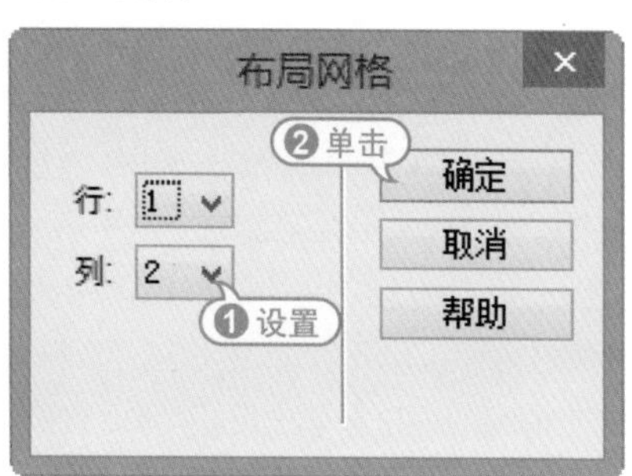

步骤 03 在【布局网格】对话框中设置网格参数后，单击【确定】按钮，即可在页面中插入如下图所示的布局网格。

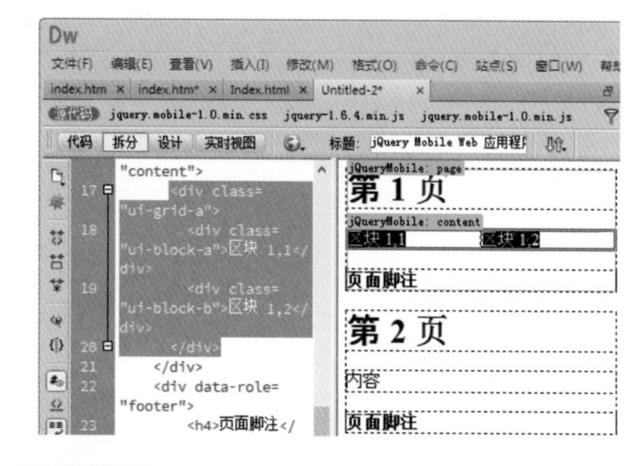

步骤 04 在【文档】工具栏中单击【实时视图】按钮，页面中的布局网格效果如下图所示。

要构建两栏的布局，需要先构建一个父容器，添加一个名称为ui-grid-a的calss，内部设置两个子容器，并分别为第一个子容器添加class: "ui-block-a"，为第二个子容器添加class: "ui-block-b"。默认两栏没有样式，并行排列。分类的class可以应用到任何类型的容器上。jQuery Mobile两栏布局源代码如下。

```
<div data-role="content">
    <div class="ui-grid-a">
    <div class="ui-block-a">区块 1,1</div>
    <div class="ui-block-b">区块 1,2</div>
    </div>
    </div>
```

另一种布局的方式是三栏布局，为父容器添加class="ui-grid-b"，然后分别为3个子容器添加class= "ui-block-a"、class= "ui-block-b"、class= "ui-block-c"。以此类推，如果是4栏布局，则为父容器添加class= "ui-grid-ac"(2栏为a，3栏为b，4栏为c……)，子容器分别添加class= "ui-block-a"、class= "ui-block-b"、class= "ui-block-c"……。jQuery Mobile三栏布局源代码如下。

```
<div class= "ui-grid-b">
    <div class= "ui-block-a">区块1,1</div>
    <div class= "ui-block-b">区块1,2</div>
    <div class= "ui-block-c">区块1,3</div>
    </div>
```

10.3.3 使用可折叠区块

要在网页中创建一个可折叠区块，先创建一个容器，然后为容器添加data-role="collapsible"属性。jQuery Mobile会将容器内的(h1~h6)子节点表现为可点击的按钮，并在左侧添加一个【+】按钮，表示其可以展开。在头部后面可以添加任何需要折叠的html标签。框架会自动将这些标签包裹在一个容器中用于折叠或显示。

【例10-11】在jQuery Mobile页面中插入可折叠区块。

视频+素材 (光盘素材\第10章\例10-11)

步骤 01 创建jQuery Mobile页面后，将鼠标光标插入页面中合适的位置，单击【插入】面板jQuery Mobile选项卡中的【可折叠区块】按钮。

步骤 02 此时，即可在页面中插入如下图所示的可折叠区块。

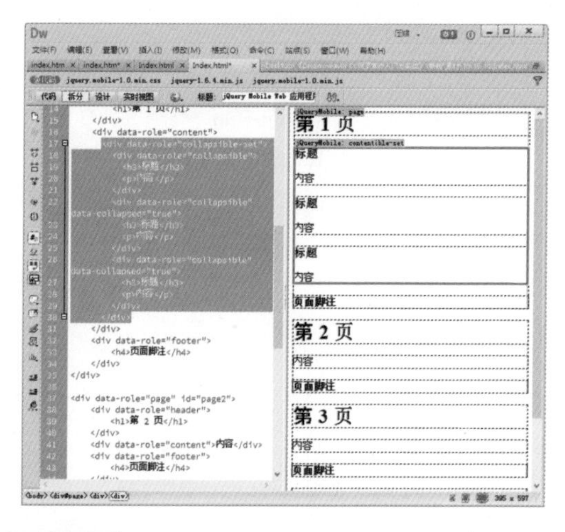

步骤 03 在【文档】工具栏中单击【实时视图】按钮，页面中的可折叠区块效果如下图所示。

要构建两栏布局(50%/50%)，需要先构建一个父容器，添加一个class名称为ui-grid-a，内部设置两个子容器，其中一个子容器添加class:ui-block-a，另一个子容器添加class:ui-block-b。在默认设置中，可折叠容器是展开的，可以通过点击容器的头部收缩。为折叠的容器添加data-collapsed="true"的属性，可以设置默认收缩。jQuery Mobile可折叠区块源代码如下。

```
15      </div>
16      <div data-role="content">
17        <div data-role="collapsible-set">
18          <div data-role="collapsible">
19            <h3>标题</h3>
20            <p>内容</p>
21          </div>
22          <div data-role="collapsible" data-collapsed="true">
23            <h3>标题</h3>
24            <p>内容</p>
25          </div>
26          <div data-role="collapsible" data-collapsed="true">
27            <h3>标题</h3>
28            <p>内容</p>
29          </div>
30        </div>
```

10.3.4 使用文本输入框

文本输入框和文本输入域使用标准的HTML标记，jQuery Mobile会让它们在移动设备中变得更加易于触摸使用。在Dreamweaver中单击【插入】面板中jQueryMobile分类下的【文本】按钮，即可插入jQuery Mobile文本输入框。

【例10-12】在jQuery Mobile页面中插入一个文本输入框。

视频+素材(光盘素材\第10章\例10-12)

步骤 01 创建jQuery Mobile页面后，将鼠标光标插入页面中合适的位置，单击【插入】面板jQuery Mobile选项卡中的【文本】按钮，即可在页面中插入文本输入框。

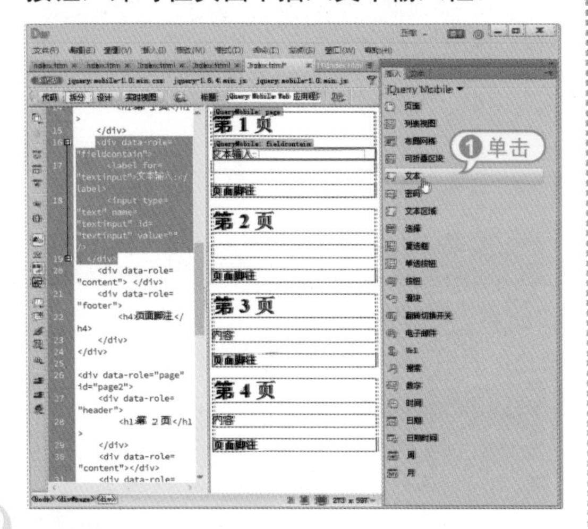

步骤 02 在【文档】工具栏中单击【实时视图】按钮，页面中的文本输入框效果如下图所示。

第1页

文本输入：

页面脚注

要使用标准字母数字的输入框，为input增加type="text"属性。需要将label的for属性设置为input的id值，使它们能够在语义上相关联。如果在页面中不想看到lable，可以将其隐藏。jQuery Mobile文本输入源代码如下。

```
15      </div>
16      <div data-role="content">
17
18          <div data-role="fieldcontain">
19            <label for="textinput">文本输入:</label>
20            <input type="text" name="textinput" id="textinput" value="" />
21          </div>
22      </div>
```

10.3.5 使用密码输入框

在jQuery Mobile中，可以使用现存的和新的HTML5输入类型，如password。有一些类型会在不同的浏览器中被渲染成不同的样式，例如Chrome浏览器会将range输入框渲染成滑动条，所以应通过将类型转换为text来标准化它们的外观(目前只作用于range和search元素)。可以使用page插件的选项来配置那些被降级为text的输入框。使用这些特殊类型输入框的好处是，在智能手机上不同的输入框对应不同的触摸键盘。

【例10-13】在jQuery Mobile页面中插入一个密码输入框。

视频+素材(光盘素材\第10章\例10-13)

步骤 01 创建jQuery Mobile页面后，将鼠标光标插入页面中合适的位置，单击【插入】面板jQuery Mobile选项卡中的【密码】按钮，即可在页面中插入密码输入框。

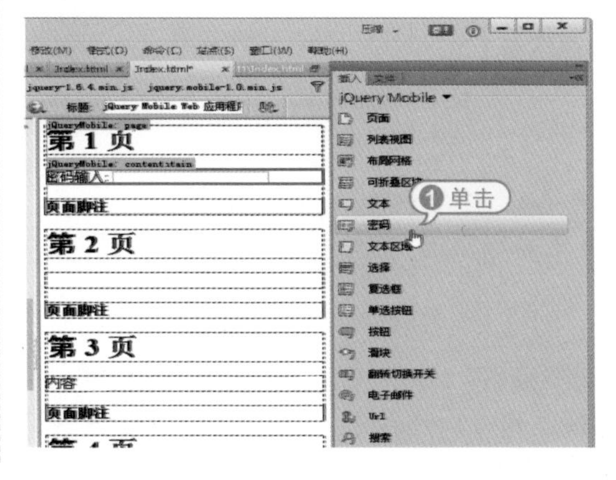

步骤 02 在【文档】工具栏中单击【实时视图】按钮，页面中的密码输入框效果如下图所示。

为input设置type="password"属性，可以设置为密码框，注意要将label的for属性设置为input的id值，使它们能够在语义上相关联，并且要用div容器将其包括，设定data-role="fieldcontain"属性。jQuery Mobile密码输入源代码如下。

```
15        </div>
16        <div data-role="content">
17            <div data-role="fieldcontain">
18                <label for="passwordinput">密码输入:</label>
19                <input type="password" name="passwordinput" id=
"passwordinput" value=""  />
20            </div>
21        </div>
```

10.3.6 使用文本区域

对于多行输入可以使用textarea元素。jQuery Mobile框架会自动加大文本域的高度，防止出现滚动。在Dreamweaver中单击【插入】面板中jQuery Mobile分类下的【文本区域】按钮，可以插入jQuery Mobile文本区域。

【例10-14】在jQuery Mobile页面中插入一个文本区域。

视频+素材 (光盘素材\第10章\例10-14)

步骤 01 创建jQuery Mobile页面后，将鼠标光标插入页面中合适的位置，单击【插入】面板jQuery Mobile选项卡中的【文本区域】按钮，即可在页面中插入一个文本区域。

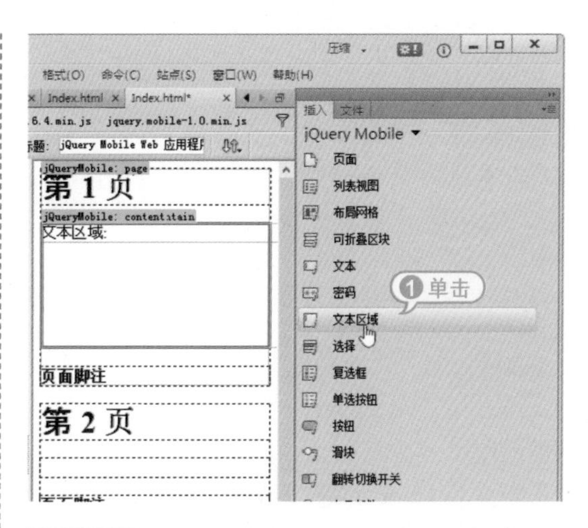

步骤 02 在【文档】工具栏中单击【实时视图】按钮，页面中的文本区域效果如下图所示。

在插入jQuery Mobile文本区域时，应注意将label的for属性设置为input的id值，使它们能够在语义上相关联，并且要用div容器包括它们，设定data-role="fieldcontain"属性。jQuery Mobile文本区域源代码如下。

```
15        </div>
16        <div data-role="content">
17            <div data-role="fieldcontain">
18                <label for="textarea">文本区域:</label>
19                <textarea cols="40" rows="8" name=
"textarea" id="textarea"></textarea>
20            </div>
21        </div>
```

10.3.7 使用选择菜单

选择菜单放弃了select元素的样式(select元素被隐藏，并由一个jQueryMobile框架自定义样式的按钮和菜单所替代)，菜单

ARIA(Accessible Rich Applications)不使用桌面电脑的键盘也能够访问。当选择菜单被点击时，手机自带的菜单选择器将被打开，菜单内某个值被选中后，自定义的选择按钮的值将被更新为选择的选项。

【例10-15】在jQuery Mobile页面中插入一个选择菜单。

视频+素材(光盘素材\第10章\例10-15)

步骤 01 创建jQuery Mobile页面后，将鼠标光标插入页面中合适的位置，单击【插入】面板jQuery Mobile选项卡中的【选择】按钮，即可在页面中插入选择菜单。

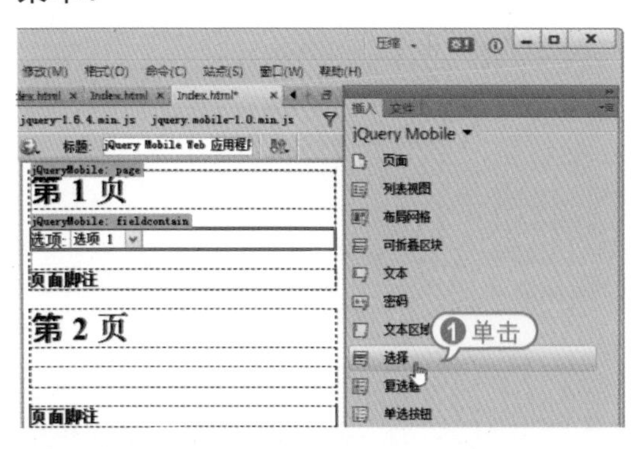

步骤 02 在【文档】工具栏中单击【实时视图】按钮，页面中的选择菜单效果如下图所示。

要添加jQuery Mobile选择菜单组件，应使用标准的select元素和位于其内的一组option元素。注意要将label的for属性设为select的id值，使它们能够在语义上相关联。把它们包裹在data-role="fieldcontain"的div中进行分组。框架会自动找到所有的select元素并自动增强为自定义的选择菜单。jQuery Mobile选择菜单源代码如下。

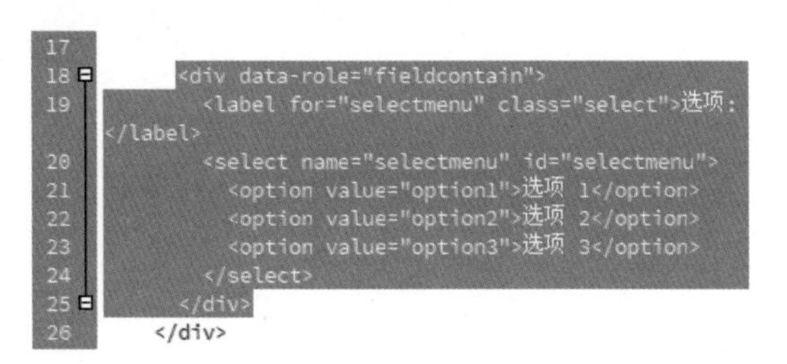

```
17
18        <div data-role="fieldcontain">
19          <label for="selectmenu" class="select">选项:</label>
20          <select name="selectmenu" id="selectmenu">
21            <option value="option1">选项 1</option>
22            <option value="option2">选项 2</option>
23            <option value="option3">选项 3</option>
24          </select>
25        </div>
26      </div>
```

10.3.8 使用复选框

复选框用于提供一组选项(可以选中不止一个选项)。传统桌面程序的单选按钮没有对触摸输入的方式进行优化，所以在jQuery Mobile中，lable也被样式化为复选框按钮，使按钮更长，更容易被点击，并添加了自定义的一组图标来增强视觉反馈效果。

【例10-16】在jQuery Mobile页面中插入一个复选框。

视频+素材(光盘素材\第10章\例10-16)

步骤 01 创建jQuery Mobile页面后，将鼠标光标插入页面中合适的位置，单击【插入】面板jQuery Mobile选项卡中的【复选框】按钮。

步骤 02 在打开的【复选框】对话框中设

置复选框的各项参数后，单击【确定】按钮。

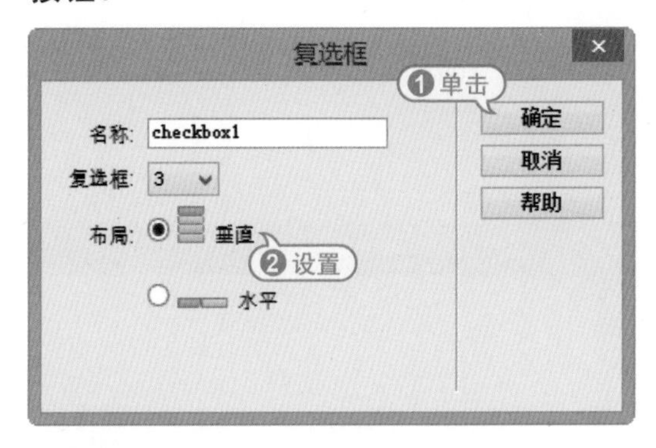

步骤 03 此时，即可在页面中插入一个如下图所示的复选框。

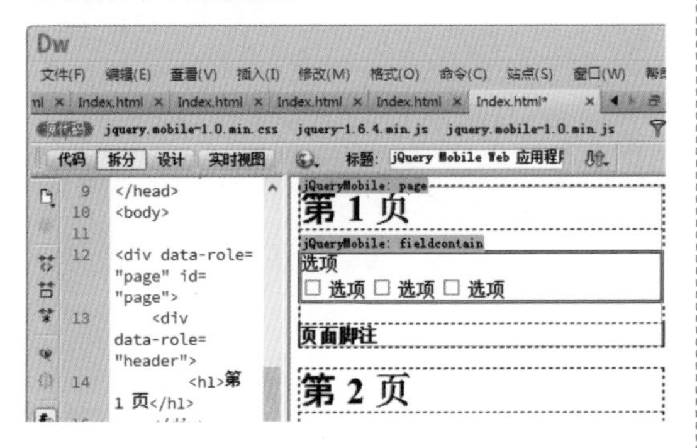

步骤 04 在【文档】工具栏中单击【实时视图】按钮，页面中的复选框效果如下图所示。

要创建一组复选框，为input添加type="checkbox"属性和相应的label即可。注意要将label的for属性设置为input值，使它们能够在语义上相关联。因为复选框按钮使用label元素放置checkbox后，用于显示其文本，推荐把复选框按钮组用fieldset容器包裹，并为fieldset容器内增加一个legend元素，用于表示该问题的标题。最后，还需要将fieldset包裹在有data-role="controlgroup"属性的div中，以便于为该组元素和文本框、选择框等其他表单元素同时设置样式。jQuery Mobile复选框源代码如下。

```
18
19      <div data-role="fieldcontain">
20        <fieldset data-role="controlgroup">
21          <legend>选项</legend>
22          <input type="checkbox" name="checkbox1" id=
"checkbox1_0" class="custom" value="" />
23          <label for="checkbox1_0">选项</label>
24          <input type="checkbox" name="checkbox1" id=
"checkbox1_1" class="custom" value="" />
25          <label for="checkbox1_1">选项</label>
26          <input type="checkbox" name="checkbox1" id=
"checkbox1_2" class="custom" value="" />
27          <label for="checkbox1_2">选项</label>
28        </fieldset>
29      </div>
```

10.3.9 使用单选按钮

单选按钮和复选框都是使用标准的HTML代码，并且更容易被点击。其中，可见的控件是覆盖在input上的label元素，因此如果图片没有正确加载，仍然可以正常使用控件。在大多数浏览器中，点击lable会自动触发在input上的点击，但是不得不在部分不支持该特性的移动浏览器中手动触发该点击(在桌面程序中，键盘和屏幕阅读器也可以使用这些控件)。

【例10-17】在jQuery Mobile页面中插入一个单选按钮。

视频+素材 (光盘素材\第10章\例10-17)

步骤 01 创建jQuery Mobile页面后，将鼠标光标插入页面中合适的位置，单击【插入】面板jQuery Mobile选项卡中的【单选按钮】按钮。

步骤 02 在打开的【单选按钮】对话框中设置单选按钮的各项参数后，单击【确定】按钮。

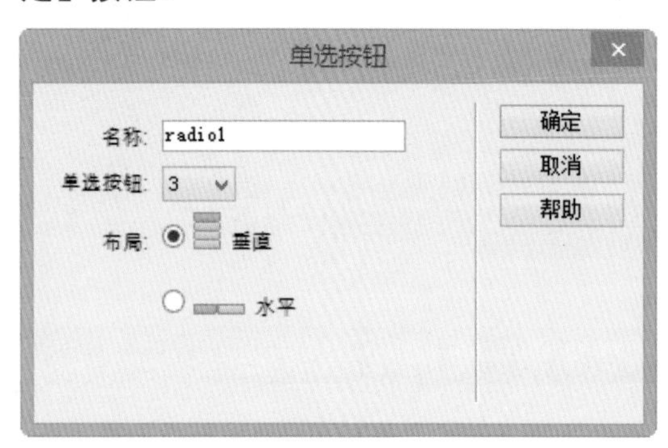

步骤 03 此时，即可在页面中插入一个如下图所示的单选按钮组。

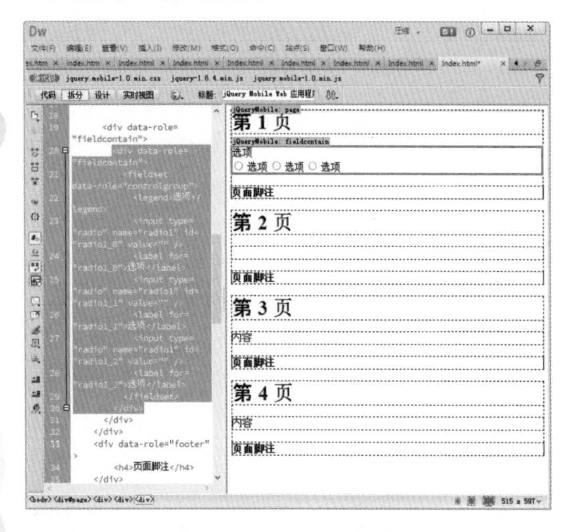

步骤 04 在【文档】工具栏中单击【实时视图】按钮，页面中的单选按钮效果如下图所示。

单选按钮与jQuery Mobile复选框的代码类似，只需将checkbox替换为radio，jQuery Mobile单选按钮源代码如下。

```
19        <div data-role="fieldcontain">
20          <div data-role="fieldcontain">
21            <fieldset data-role="controlgroup">
22              <legend>选项</legend>
23              <input type="radio" name="radio1" id=
"radio1_0" value="" />
24              <label for="radio1_0">选项</label>
25              <input type="radio" name="radio1" id=
"radio1_1" value="" />
26              <label for="radio1_1">选项</label>
27              <input type="radio" name="radio1" id=
"radio1_2" value="" />
28              <label for="radio1_2">选项</label>
29            </fieldset>
30          </div>
```

10.3.10 使用按钮

按钮是由标准HTML代码的a标签和input元素编写而成的，jQueryMobile可以使其更加易于在触摸屏上使用。在Dreamweaver中单击【插入】面板中jQuery Mobile分类下的【按钮】按钮，打开【jQuery Mobile按钮】对话框，然后在该对话框中单击【确定】按钮，即可插入jQueryMobile按钮。

【例10-18】在jQuery Mobile页面中插入一个按钮。

视频+素材 (光盘素材\第10章\例10-18)

步骤 01 创建jQuery Mobile页面后，将鼠标光标插入页面中合适的位置，单击【插入】面板jQuery Mobile选项卡中的【按钮】按钮。

步骤 02 在打开的【按钮】对话框中设置按钮的各项参数后，单击【确定】按钮。

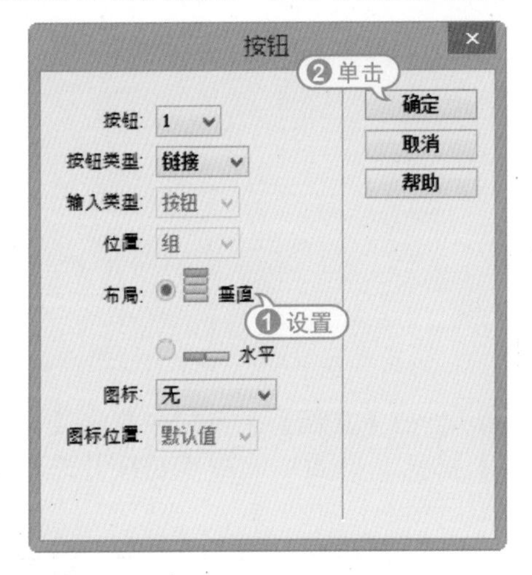

步骤 03 此时，即可在页面中插入一个如下图所示的按钮。

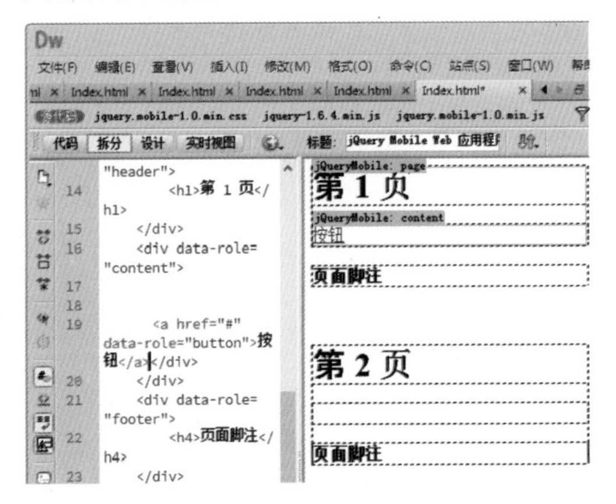

步骤 04 在【文档】工具栏中单击【实时视图】按钮，页面中的按钮效果如下图所示。

在page元素的主要block内，可通过为任意链接添加data-role= "button"的属性使其样式化的按钮。jQuery Mobile会为链接添加一些必要的class以使其表现为按钮。jQuery Mobile普通按钮的代码如下。

<a href= "#" data-role= "button">按钮</a>

10.3.11 使用滑块

在Dreamweaver中单击【插入】面板中jQuery Mobile分类下的【滑块】按钮，可以插入jQuery Mobile滑块。

【例10-19】在jQuery Mobile页面中插入一个滑块。
视频+素材(光盘素材\第10章\例10-19)

步骤 01 创建jQueryMobile页面后，将鼠标光标插入页面中合适的位置，单击【插入】面板jQueryMobile选项卡中的【滑块】按钮即可在页面中插入一个滑块。

步骤 02 在【文档】工具栏中单击【实时视图】按钮，页面中的滑块效果如下图所示。

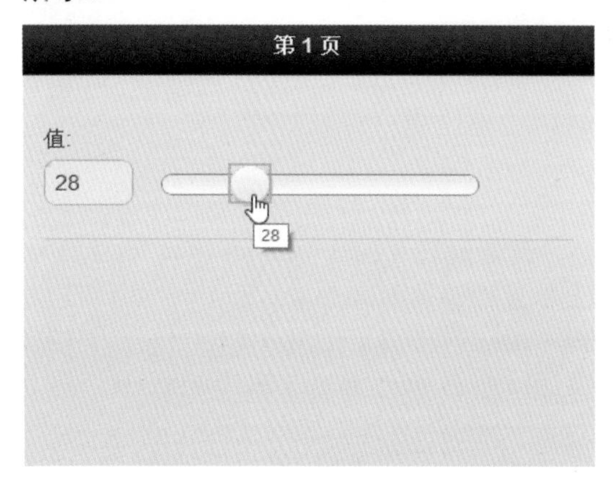

为input设置一个新的HTML5属性为type= "range"，可以为页面添加滑动条组件，并可以指定其value值(当前值)，min和max属性的值，jQuery Mobile会解析这些属性来配置滑动条。拖动滑动条时。Input会随之更新数值，使其能够轻易地在表单中提交数值。注意要将label的for属性设置为input的id值，使它们能够在语义上相关联，并且要用div容器包裹它们，给它们设定data-role="fieldcontain"属性。jQuery Mobile滑块源代码如下。

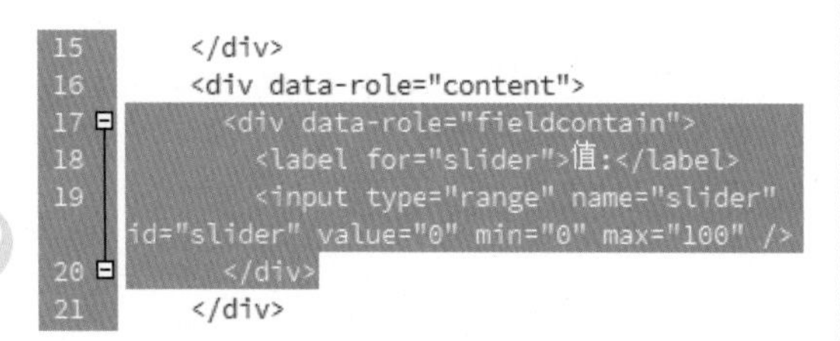

```
15      </div>
16      <div data-role="content">
17        <div data-role="fieldcontain">
18          <label for="slider">值:</label>
19          <input type="range" name="slider"
id="slider" value="0" min="0" max="100" />
20        </div>
21      </div>
```

10.3.12 设置翻转切换开关

开关在移动设备上是一个常用的ui元素，它可以二元地切换开/关或输入true/false类型的数据。可以像滑动框一样拖动开关，或者点击开关任意一半进行操作。

【例10-20】在jQuery Mobile页面中插入一个滑块。

视频+素材(光盘素材\第10章\例10-20)

步骤 01 创建jQuery Mobile页面后，将鼠标光标插入页面中合适的位置，单击【插入】面板jQuery Mobile选项卡中的【翻转切换开关】按钮即可在页面中插入翻转切换开关。

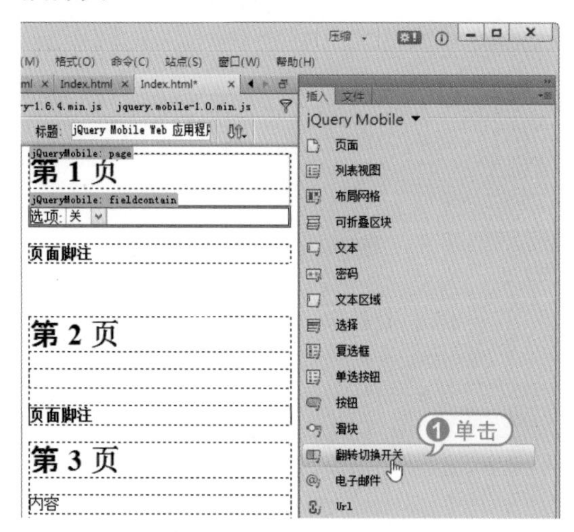

步骤 02 在【文档】工具栏中单击【实时视图】按钮，页面中的翻转切换开关效果如下图所示。

创建一个只有两个option的选择菜单即可构建一个开关，其中，第一个option会被样式化为“开”，第二个option会被样式化为“关”(需要注意代码的编写顺序)。在创建开关时，应将label的for属性设置

为input的id值，使它们能够在语义上相关联，并且要用div容器包裹它们，设定data-role="fieldcontain"的属性。jQuery Mobile翻转切换开关源代码如下。

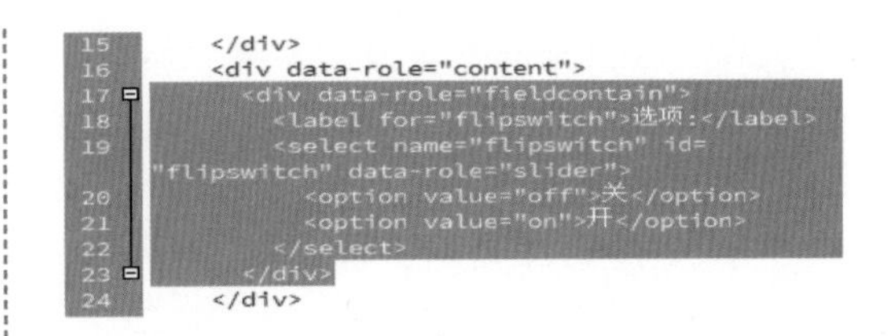

```
15        </div>
16        <div data-role="content">
17          <div data-role="fieldcontain">
18            <label for="flipswitch">选项:</label>
19            <select name="flipswitch" id=
"flipswitch" data-role="slider">
20              <option value="off">关</option>
21              <option value="on">开</option>
22            </select>
23          </div>
24        </div>
```

10.4 使用jQuery Mobile主题

jQuery Mobile中每一个布局和组件都被设计为一个全新页面的CSS框架，可以使用户能够为站点和应用程序使用完全统一的视觉设计主题。

jQuery Mobile的主题样式系统与jQuery UI的ThemeRoller系统非常类似，但是有以下几点重要改进：

- 使用CSS3来显示圆角、文字、颜色渐变，而不是图片，使主题文件轻量级，减轻了服务器的负担。
- 主体框架包含了几套颜色色板。每一套都包含了可以自由混搭和匹配的头部栏，主体内容部分和按钮状态。用于构建视觉纹理，创建丰富的网页设计效果。
- 开放的主题框架允许用户创建最多6套主题样式，为设计增加近乎无限的多样性。
- 一套简化的图标集，包含了移动设备上发布部分需要使用的图标，并且精简到一张图片中，从而减小了图片的大小。

知识点滴

主题系统的关键在于把针对颜色与材质的规则，和针对布局结构的规则(如padding和尺寸)的定义相分离。这使得主题的颜色和材质在样式表中只需要定义一次，就可以在站点中混合、匹配以及结合，使其得到广泛的使用。

每一套主题样式包括几项全局设置，包括字体阴影、按钮和模型的圆角值。另外，主题也包括几套颜色模板，每一个都定义了工具栏、内容区块、按钮和列表项的颜色以及字体的阴影。

jQuery Mobile默认内建了5套主题样式，用(a、b、c、d、e)引用。为了使颜色主题能够保持一直地映射到组件中，其遵从的约定如下：

- a主题是视觉上最高级别的主题；
- b主题为次级主题(蓝色)；
- c主题为基准主题，在很多情况下默认使用；
- d主题为备用的次级内容主题；
- e主题为强调用主题。

知识点滴

默认设置中，jQuery Mobile为所有的头部栏和尾部栏分配的是a主题，因为它们在应用中是视觉优先级最高的。如果要为bar设置一个不同的主题，只需要为头部栏和尾部栏增加data-theme属性，然后设定一个主题样式字母即可。如果没有指定，jQuery Mobile会默认为content分配主题c，使其在视觉上与头部栏区分开。

使用Dreamweaver CC的【jQuery Mobile色板】面板，可以在jQuery Mobile CSS文件中预览所有色板(主题)，然后使用此面板来应用色板，或从jQuery Mobile Web页的各种元素中删除它们。使用该功能可将色板逐个应用于标题、列表、按钮和其他元素中。

【例10-21】设置页面列表主题。

视频+素材 (光盘素材\第10章\例10-21)

步骤 01 在Dreamweaver CC中打开如下图所示的页面，并将鼠标光标插入页面中需要设置页面主题的位置。

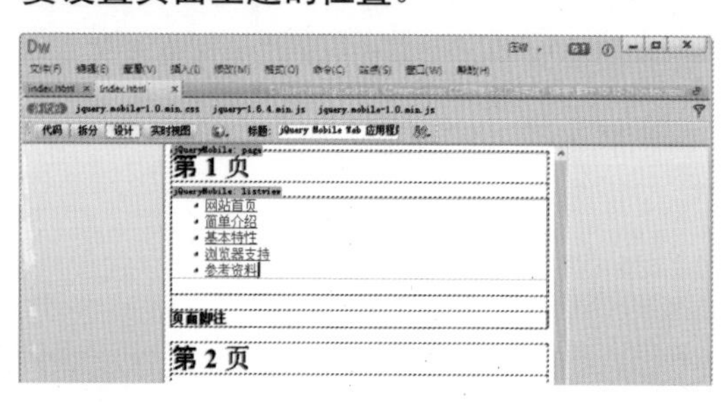

步骤 02 选择【窗口】|【jQuery Mobile色板】命令，显示【jQuery Mobile色板】面板。

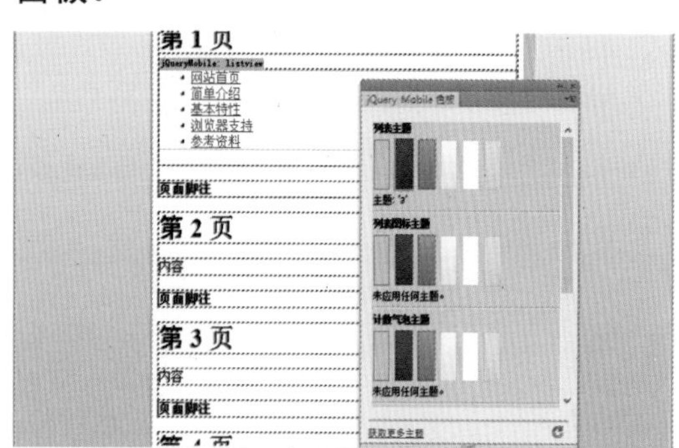

步骤 03 在【文档】工具栏中单击【实时视图】预览网页效果如下图所示。

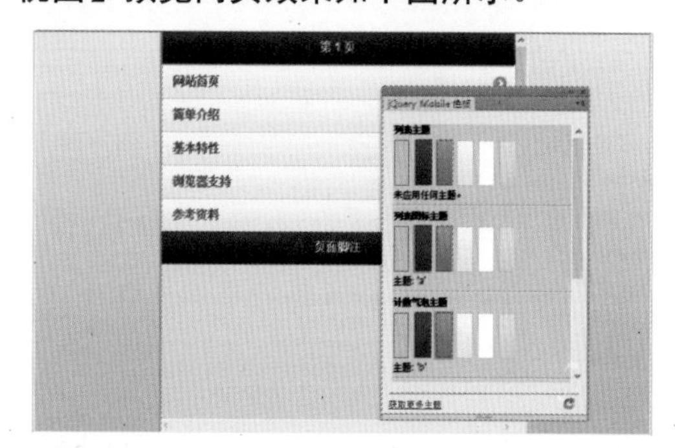

步骤 04 在【jQuery Mobile色板】面板中单击【列表主题】列表中的颜色，即可修改当前页面中列表主题。

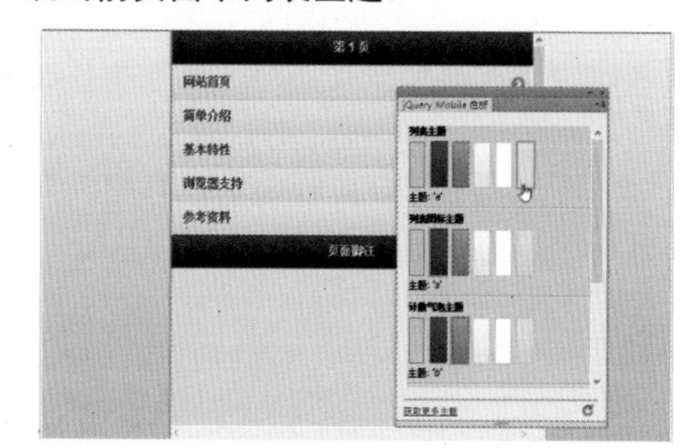

10.5 实战演练

本章的实战演练将通过实例在Dreamweaver CC中制作一个适合手机使用的jQuery Mobile网页，帮助用户进一步掌握所学的知识。

可以参考下面介绍的方法，在Dreamweaver CC中创建一个jQuery Mobile网页。

【例10-22】使用Dreamweaver CC制作一个简单的jQuery Mobile网页。

视频+素材(光盘素材\第10章\例10-22)

步骤 01 启动Dreamweaver CC后，选择【文件】|【新建】命令，打开【新建】对话框，然后在该对话框中单击【启动器模板】选项，并选中【示例页】列表中的【jQuery Mobile(本地)】选项。

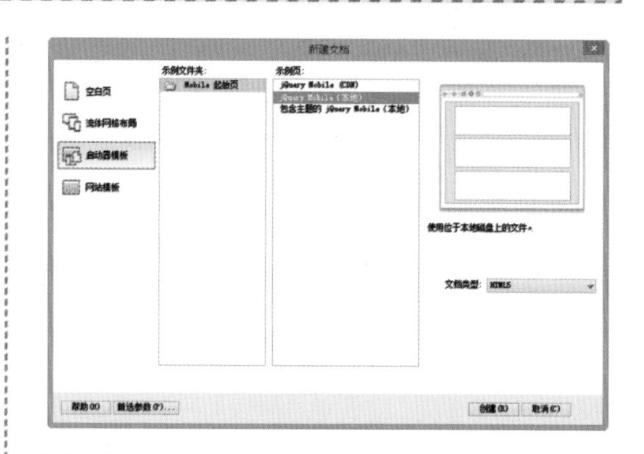

步骤 02 在【新建文档】对话框中，单击【创建】按钮，在Dreamweaver中创建一个如下图所示的jQuery Mobile页面。

步骤 03 在浏览器状态栏中单击【手机大小】按钮，设置工作区域显示范围。

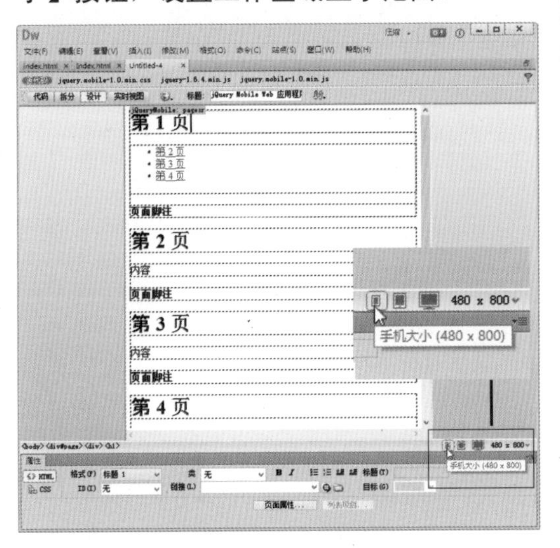

步骤 04 修改第1页界面中的文本，制作如下图所示的界面效果。

步骤 05 将鼠标光标插入第2页界面区域内，然后插入如下图所示的文本和图片，制作该界面内容。

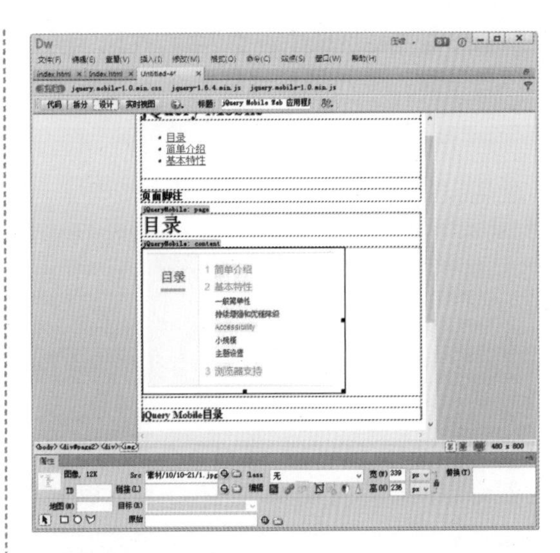

步骤 06 此时，在【文档】工具栏中单击【实时视图】按钮，预览网页，第1页界面效果如下图所示。

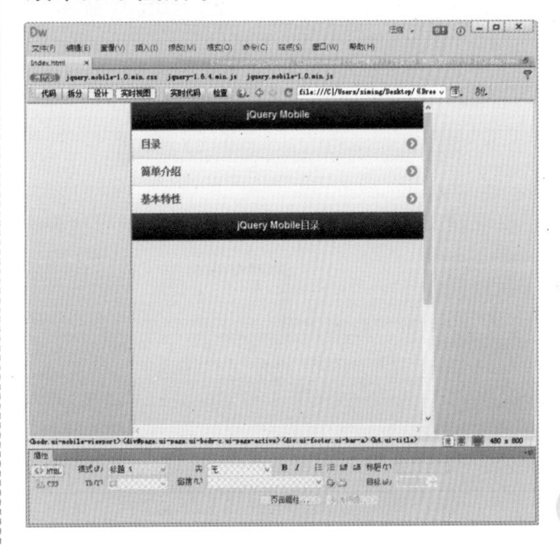

步骤 07 单击第1页界面中的【目录】按钮，将显示如下图所示的第2页界面。

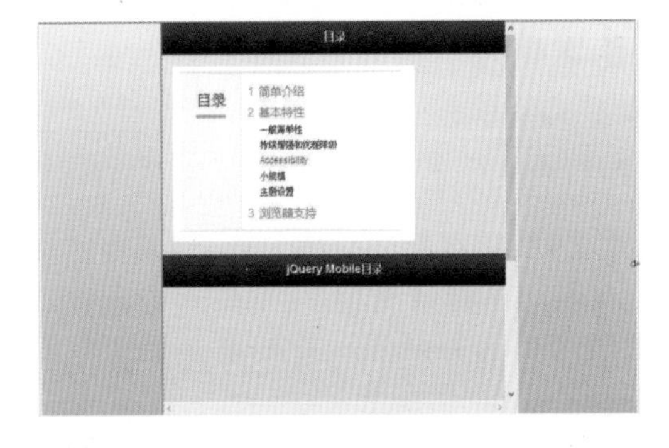

步骤 08 关闭【实时视图】状态，将鼠标

插入第3页界面区域中，插入如下图所示的文本和图片。

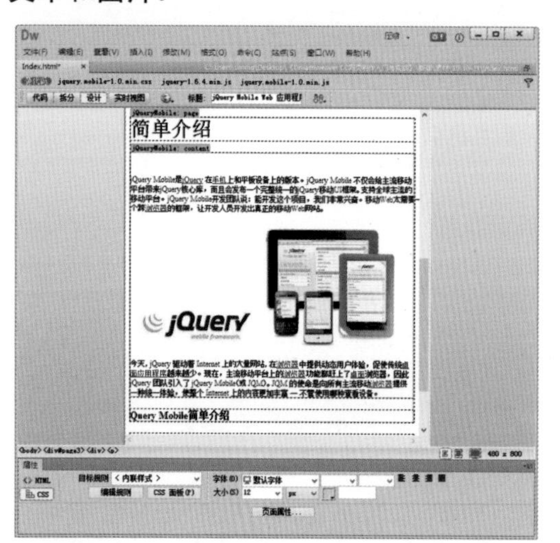

步骤 09 在【文档】工具栏中单击【实时视图】按钮，预览网页，在第1页界面中单击【简单介绍】按钮，将显示如下图所示的界面。

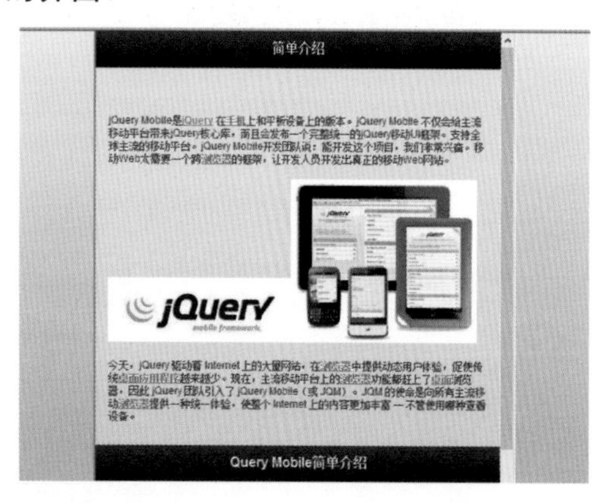

步骤 10 关闭【实时视图】状态，将鼠标插入第4页界面区域中，输入以下文本。

jQueryMobile: page
基本特性
内容
jQueryMobile: footer
Query Mobile基本特性

步骤 11 将鼠标光标插入第4页界面的内容位置，选择【窗口】|【插入】命令，显示【插入】面板，并在该面板中打开jQuery Mobile选项卡。

步骤 12 在Query Mobile选项卡中单击【列表视图】按钮，在打开的【列表视图】对话框中单击【列表类型】下拉列表按钮，在弹出的下拉列表中选中【无序】选项。

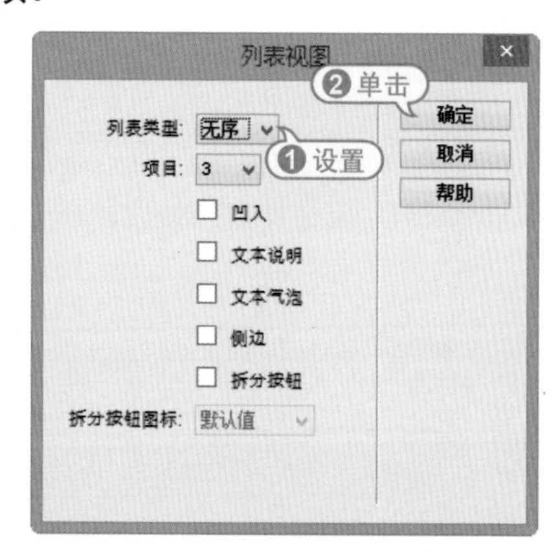

步骤 13 在【列表视图】对话框中设置列表项目为5并选中【文本说明】复选框后，单击【确定】按钮，在界面中插入如下图所示的列表。

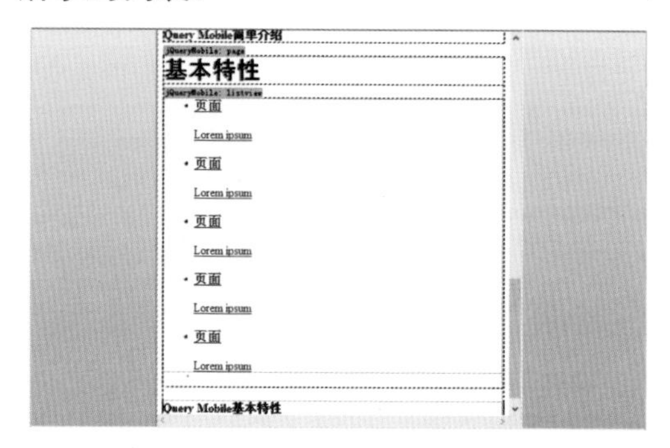

步骤 14 编辑列表内容，输入相应的文本，制作如下图所示的界面。

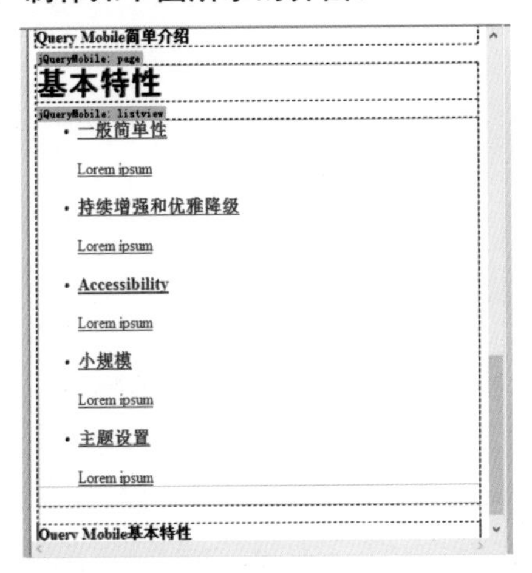

步骤 15 将鼠标光标插入第4页面界面中，然后在状态栏中单击<div#page4>标签，选中整个Div标签。

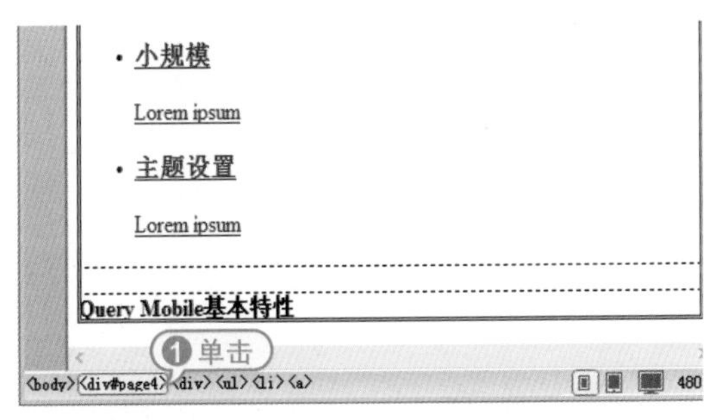

步骤 16 在【文档】工具栏中单击【代码】按钮，显示【代码】视图。

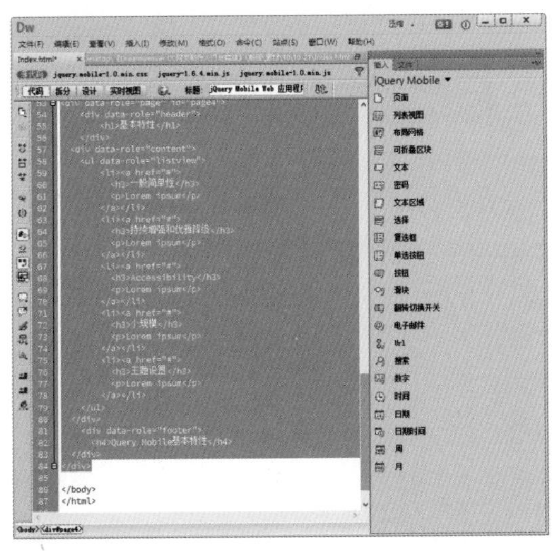

步骤 17 在【代码】视图中，将鼠标光标插入</div>标签之后。

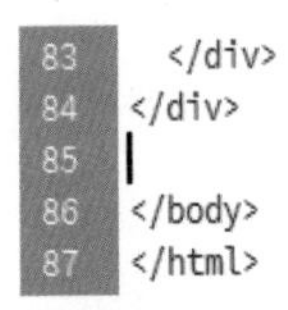

步骤 18 在【文档】工具栏中单击【设计】按钮，切换至【设计】视图。在【插入】面板的Query Mobile选项卡中单击【页面】按钮。

步骤 19 在打开的【页面】对话框中单击【确定】按钮。

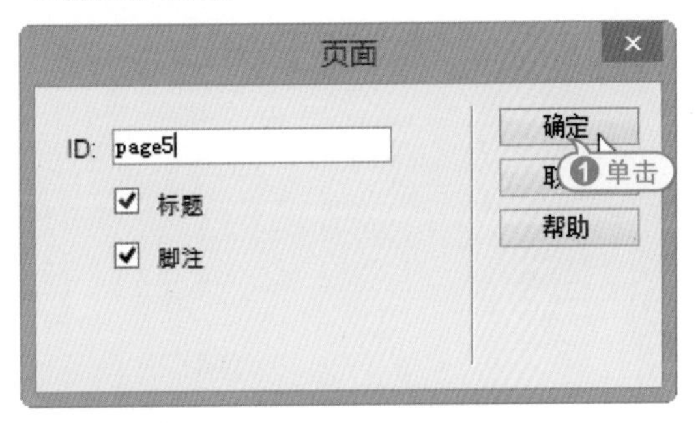

步骤 20 此时，将在页面底部，插入一个ID为page5的新页面。

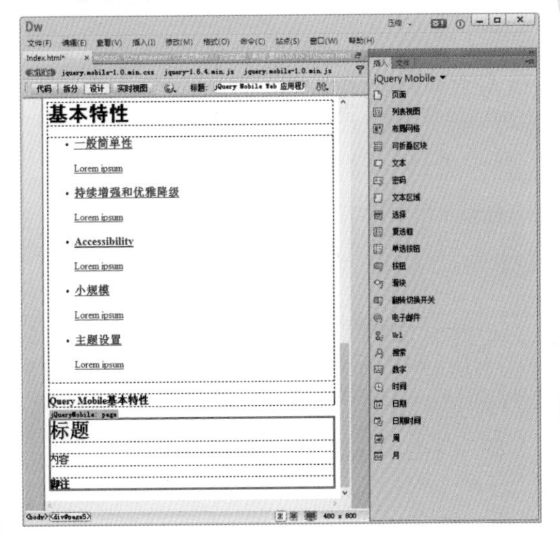

步骤 21 重复以上操作，在页面中插入page6、page7、page8和page9页面，并在这些页面中输入文本。

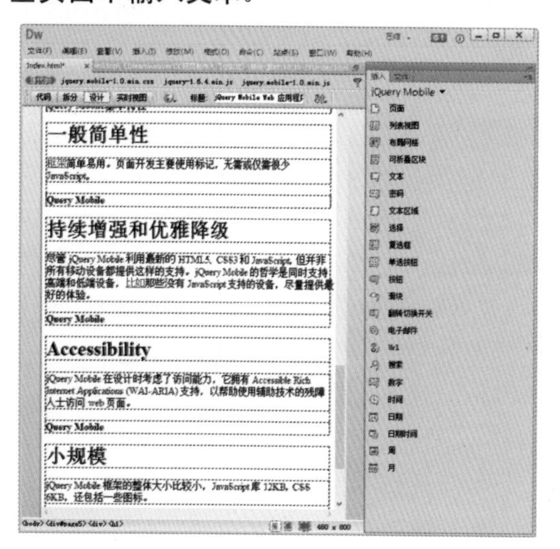

步骤 22 返回第4页界面中，选中页面中的文字“一般简单性”，然后在【属性】检查器的【链接】文本框中输入#page5。

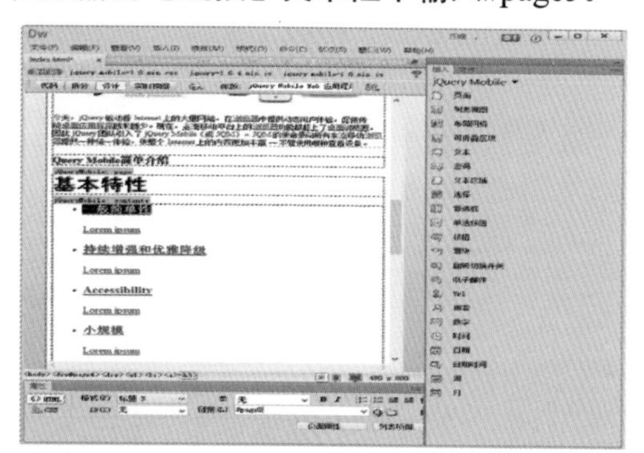

步骤 23 在【文档】工具栏中单击【实时视图】按钮，预览网页。在第1页界面中单击【基本特性】按钮，将显示如下图所示的界面。

步骤 24 在基本特性界面中单击【一般简单性】按钮，将显示如下图所示的界面。

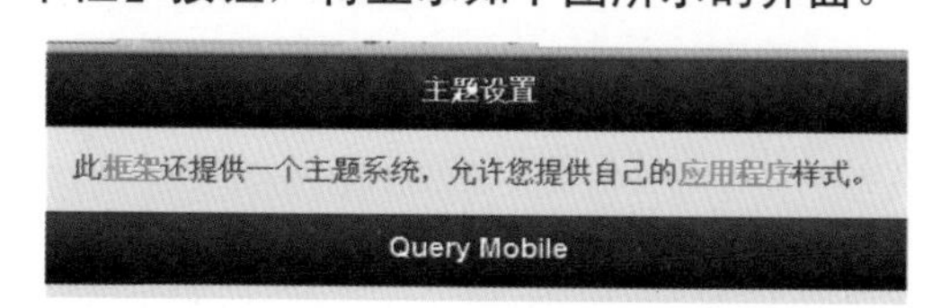

步骤 25 最后，参考步骤(22)的操作，在第4页界面中设置其他按钮的链接后，选择【文件】|【保存】命令将网页保存，按下F12键预览网页效果如下图所示。

专家答疑

» 问：什么是流动网格布局？

答：流体网页设计是一种能够使页面在大屏幕、小平面、PDA小平面上自动调节页面的网页布局方式。流动网格是智能的运用Div、百分比和简单的数学计算创建的，能够通过个性化定义处理客户端浏览器分辨率的比例大小，其布局样式跨浏览器兼容。